土壤重金属污染修复工程技术与管理

周 静 崔红标 徐 磊 等 著

U0287378

科学出版社

北 京

内 容 简 介

　　本书论述了土壤重金属污染修复新技术及发展趋势，结合工程案例剖析了土壤重金属污染修复治理工程实施的理论基础、技术和材料产品研发与应用、工程实施重点和难点；阐述了修复工程对土壤质量、土壤重金属钝化持久性、土壤生物的影响，并评价了修复工程潜在的环境风险及工程效益；梳理总结了土壤重金属污染修复工程实施流程、项目过程管理政策和方法。

　　本书可供污染修复领域的科研人员、工程技术人员、项目管理人员参考，也可作为环境科学、环境工程、土壤学、生态学等专业本科生和研究生的参考用书。

图书在版编目（CIP）数据

土壤重金属污染修复工程技术与管理／周静等著. —北京：科学出版社，2022.7
　ISBN 978-7-03-072538-7

　Ⅰ. ①土⋯　Ⅱ. ①周⋯　Ⅲ. ①土壤污染–重金属污染–生态恢复–研究
Ⅳ. ①X53

中国版本图书馆 CIP 数据核字（2022）第 099422 号

责任编辑：李明楠　程雷星／责任校对：杜子昂
责任印制：吴兆东／封面设计：蓝正设计

科 学 出 版 社 出版
北京东黄城根北街 16 号
邮政编码：100717
http://www.sciencep.com

北京中石油彩色印刷有限责任公司 印刷
科学出版社发行　各地新华书店经销
*
2022 年 7 月第 一 版　开本：720×1000　B5
2023 年 1 月第二次印刷　印张：21 1/2
字数：433 000

定价：128.00 元
（如有印装质量问题，我社负责调换）

前　　言

土壤污染是全球性环境问题。20 世纪 70 年代西方发达国家就开始对土壤污染防治技术进行研究，寻求解决方法。我国于 1995 年首次颁布《土壤环境质量标准》。2014 年 4 月 17 日，环境保护部和国土资源部联合公布了《全国土壤污染状况调查公报》，明确指出我国土壤环境状况总体不容乐观，部分地区土壤污染十分严重，尤以重金属污染为主。由于土壤重金属污染导致蔬菜和稻米重金属等超标，威胁群众"菜篮子"和"米袋子"等基本民生，引起我国政府和公众的高度关注。因此，开展土壤重金属污染修复与治理，是我国生态文明建设的现实所需，是民生改善所需。

2016 年 5 月国务院印发了《土壤污染防治行动计划》，明确提出：到 2020 年，全国土壤污染加重趋势得到初步遏制，土壤环境质量总体保持稳定，农用地和建设用地土壤环境安全得到基本保障，土壤环境风险得到基本管控。到 2030 年，全国土壤环境质量稳中向好，农用地和建设用地土壤环境安全得到有效保障，土壤环境风险得到全面管控。到本世纪中叶，土壤环境质量全面改善，生态系统实现良性循环。2019 年 1 月 1 日我国颁布实施了《中华人民共和国土壤污染防治法》。随着土壤污染防治相关技术标准和行动计划陆续发布实施，土壤修复工程产业化发展迅速，土壤重金属污染修复技术研发与工程实施和管理成为当下我国开展土壤环境保护的重要任务，对保障我国粮食安全和国民健康，促进我国生态文明建设内涵提升以及经济社会可持续发展具有重要意义。

我国幅员辽阔，土壤类型多样，土壤重金属污染修复工程须坚持"一区一策"路线，结合污染土壤性质、重金属类型及污染程度等"分类、分级"设计污染修复工程技术体系。本书针对土壤重金属污染治理与修复工程，从技术和管理角度，分析了开展土壤重金属污染治理工程时如何选择修复材料与产品、单项技术和技术体系、工程模式等问题。作者结合具体实施的工程案例剖析了土壤重金属污染修复工程的重点和难点，结合土壤修复工程技术验证的长期样地，分别从土壤团聚体及其有机碳结构演变、土壤微生物群落结构与功能、修复材料在土壤中的属性变化及潜在风险、修复工程效益评价等方面，进行了较全面和深入的讨论，总结了一整套适用于我国土壤重金属污染修复工程实施与管理的流程和方法。

全书共三篇。第一篇为土壤重金属污染修复工程技术研发与示范案例，共分为三章：第一章为土壤重金属污染修复技术概述；第二章为土壤重金属污染修复技术研发；第三章为土壤重金属污染修复工程示范案例。第二篇为土壤重金属污染修复工程生态效应评价，共分为五章：第四章为修复材料对土壤重金属活性的钝化效应；第五章为修复工程对土壤质量的影响——以土壤有机碳为例；第六章为修复工程对土壤生物的影响——以微生物群落和功能为例；第七章为修复工程环境风险评估；第八章为修复工程效益评价。第三篇为土壤污染修复工程项目管理，共分为三章：第九章为农用地土壤污染修复工程项目实施流程；第十章为建设用地土壤污染修复工程项目实施流程；第十一章为土壤污染修复工程项目管理对策。

　　本书吸收了两个中央重金属污染防治专项资金项目、3 个中央土壤污染防治专项资金项目、2 个国家重点研发计划项目(课题)、中国科学院土壤环境类重点专项等多个土壤重金属污染治理修复领域内的工程项目或研究课题的创新性研究成果，以及 2017 年度江西省科技进步奖一等奖"重金属超标农田和稀土尾矿地安全利用关键技术及应用"的主要原创技术，系作者团队在近 20 年开展土壤修复研究和工程实践中的系统总结。既有针对土壤重金属污染修复技术研发的基础理论阐明，又有基于土壤修复工程案例的具体实践论述，同时对开展的土壤污染修复工程的综合效益、修复效果进行科学评价，最后对土壤污染修复工程项目管理提出了具有针对性的政策和实践意义的建议。本书的主要撰写人员为：周静、崔红标、徐磊、范玉超、周俊、田瑞云、梁家妮、张文辉、章钢娅、杜志敏、林云青、吴爱国、刘弘禹、王维、周志高；参加相关研究和本书撰写工作的还有李帅、胡少军、夏睿智、张威、鲍丙露、程洁钰、刘莉雅、王子钰等。全书由崔红标和周静统稿，周静定稿。

　　由于作者水平有限，书中疏漏之处在所难免，恳切希望各位同仁给予批评指正。

作　者

2022 年 5 月于南京

目　　录

第三篇　土壤污染修复工程项目管理

第 一 篇

土壤重金属污染修复工程
技术研发与示范案例

第一章　土壤重金属污染修复技术概述

第一节　土壤重金属污染成因及危害

作为覆盖于地球陆地表面，具有肥力、能够生长绿色植物的疏松层，土壤的厚度通常在 2 m 左右，因其处于大气圈、水圈、岩石圈和生物圈之间的过渡地带，是联结地球环境各组成要素的枢纽，是运动着的物质体系和能量体系。土壤不仅为绿色植物生长提供支撑，还是植物生长发育所需的水、肥、气和热等肥力要素的主要来源，更是人类赖以生存的主要资源，以及地球生命活动不可缺少的物质。

一、重金属含义

重金属一般指密度在 $4.5 \ g/cm^3$ 以上的金属，而根据金属元素在环境中的毒性和环境行为等特点，环境研究领域所研究的重金属一般包括镉、汞、铅、铬以及类金属砷等生物毒性显著的金属元素；同时包括铜、锌、镍、钴、锡等毒性一般的金属元素。重金属元素中的锌、铜、镍、钴及铬等是植物、动物和微生物生长必需的元素，与人类的生产和生活有密切的联系；而毒性较强的重金属元素如镉、铅以及汞非生物必需元素对生物体有毒害作用。过量浓度的重金属对大部分生物都有明显的毒害作用，并能破坏生态系统(陈怀满，2005)。

研究领域通常将毒性最强的汞、镉、铅、铬、砷称为重金属污染中的"五毒"，这五种元素是目前关注最多的重金属。同时作为采矿和冶炼中经常出现且造成大面积土壤污染的铜和锌也逐渐引起国内外学者的关注(Yang et al.，2012)。

二、土壤重金属污染

土壤重金属污染一般是指由人类活动导致的土壤重金属含量明显高于背景值，并导致生态环境质量恶化的现象。进入土壤的重金属会对农作物和地下水等产生不良影响，并最终通过食物链危害人体健康。同时，多数重金属由于在土壤中相对稳定、难以降解，其长期存在于土体中，通过累积对土壤性质产生负面影响，从而破坏土壤的生态结构(Bermudez et al.，2012)。过量的重金属可导致土壤微生物种群数量减少、群落结构紊乱和生理活性改变。而在土壤-微生物-植物系统中，微生物中的细菌、真菌、藻类、原生动物等对维持土壤生产力具有重要意义(Ma et al.，2011)。因此，任何对土壤微生物产生扰动的因素都可能会导致土壤质量恶化。

三、土壤重金属污染来源

(一) 大气沉降

大气干湿沉降是重金属进入土壤的主要途径之一，工业生产、汽车尾气、石油开采、采矿冶炼等活动产生的重金属会进入大气中，最终通过干湿沉降进入土体。对前人的数据进行统计可以发现，1999~2006 年，大气沉降和畜禽粪便是重金属进入农田土壤的主要来源，其中大气沉降对我国农田土壤中砷、铬、汞、镍和铅的贡献率为 43%~85%；畜禽粪便对铜、镉和锌的贡献率大约为 69%、55%和 51%(Luo et al., 2009)；2006~2015 年，大气沉降仍是我国农田土壤中大部分重金属元素(除铜以外)的主要来源，贡献率占 54.8%~94.5%，铜主要受畜禽粪便影响(63.4%)，锌则同时受控于大气沉降(54.9%)和畜禽粪便(43.8%)(Ni et al., 2018)。近年来的研究结果也表明，近十年我国农田土壤中的重金属(除铜外)主要来自大气沉降(50%~93%)(Hao et al., 2019)。Yi 等(2018)研究了湖南省长株潭城市群的 4 类污染区(矿区、畜牧区、郊区和控制区)土壤中重金属浓度及其代表性的稻田输入输出通量，发现大气沉降输入通量(镉、铅和砷)占总输入通量的51.2%~94.7%，均显著高于化肥输入通量和灌溉用水。Hu 等(2018)结合空间分析(SA)、同位素比分析(IRA)、输入通量分析(IFA)和正矩阵分解(PMF)模型对中国东南部一个典型城郊地区的镉、砷、汞、铅、铜、锌和铬进行来源解析，发现表层土壤中重金属的积累受到人类活动的显著影响，IRA、IFA 和 PMF 模型的结果均表明，大气沉降和施肥是土壤中重金属积累的主要来源。研究人员对江西省贵溪市典型工业区周边土壤重金属分布调查和溯源的研究发现，大气铜、镉和铅的最高年沉降通量随着与排放源(冶炼厂)距离的增加而显著降低；冶炼厂附近九牛岗处湿沉降中金属(铜、镉和铅)的沉降量占总沉降量的 50%以上，其生物可利用性较高，且大部分湿沉降中的铜、镉和铅存在于直径＜0.45 μm 的离子和胶体部分中，尤其是在离子和小分子量胶体部分(Zhou et al., 2020；Liu et al., 2019, 2021)。这些研究表明，大气沉降是土壤中重金属的主要输入源之一，并且其生态风险较高。

(二) 污水灌溉

污水灌溉是重金属进入土体的另一种主要形式，按照灌溉用污水的来源可将其分为生活污水、工业废水和含污染物的雨水等。生活污水和含污染物的雨水因重金属含量低或覆盖面积小等因素，对土壤重金属含量的影响较小，工业废水灌溉是土体重金属含量增加的最主要原因。随着我国工业化进程的推进，工业生产中产生的废水越来越多，其中所含的重金属元素随污水进入自然水体并通过灌溉活动进入土壤(陈雅丽等，2019)。师荣光等(2017)研究表明，由于使用大量的工业污水灌溉，张士灌区土壤、米糠、稻谷中含有较高浓度的镉，导致该区家畜脏器中镉大量累积。同时，灌区居民通过饮食等途径每天摄取约 558 μg 的镉，约为对照区的 32 倍，导致该区居民器官中的镉明显积累。污水灌溉虽可解决干旱地区作物的需水问题，但却会导致土壤重金属含量超标的严重问题，因此在进行污水灌溉的过程中，要对灌溉用污水的水质进行监测(张书海等，2000)。

(三) 采矿和冶炼

金属矿山的开采和矿石冶炼是造成工矿地区土壤重金属含量超标的主要原因。戴清文等(1993)在对江西省贵溪市某冶炼厂周边的土壤调查中发现，该区土壤中铜和镉含量分别为 760 mg/kg 和 21.9 mg/kg，分别是我国《土壤环境质量 农用地土壤污染风险管控标准(试行)》(GB 15618—2018)铜和镉风险筛选值（铜 50mg/kg，镉 0.3mg/kg，pH<5.5）的 15.2 倍和 73 倍，而冶炼厂排放的废水、废气和废渣是该区土壤重金属超标的主要原因。相关学者研究发现，采矿和冶炼导致的土壤重金属污染与距离采矿业、冶炼点的远近有显著关系，并呈流域性分布，如美国科罗拉多州科罗拉多流域由于采矿活动的影响，土壤中镉、锌、铅、砷等重金属元素浓度较高，并呈现距采矿中心区越近，污染物浓度越高的规律(Deacon et al.，1999)。

(四) 农业物资的使用

化肥等农业物资的使用对农作物增收有重要作用，但长期不合理施用，会导致土壤重金属污染的风险。例如，农业生产使用的化肥中，磷肥中砷和镉的含量较高，长期施用会使土壤存在砷、镉污染的风险。畜牧业生产中应用的饲料添加剂中常含有高剂量的铜和锌，最终导致农用有机肥中含有高浓度的铜和锌，从而导致土壤中重金属铜和锌超标(杨柳等，2014)。部分农药组成中含有汞、铜、锌、砷等重金属(刘佳等，2015)，大量施用后导致土壤重金属含量超标。农用塑料薄膜生产过程因使用的热稳定剂中含有镉、铅，从而使其含有一定量的镉、铅，大量使用会造成土壤重金属含量超标(梁尧等，2013)。

四、土壤重金属污染的危害

(一) 重金属污染对植物的危害

土壤中的重金属中一类是植物生长代谢所必需的，如铜、锌等，这类重金属浓度达到一定范围才会对植物体产生毒害，一般在几十到几百毫克每千克；另一类是不参与植物正常生长代谢的重金属元素，如镉、汞、铅等，其土壤浓度达到几毫克每千克便会对植物产生毒害(周华，2003)。重金属通过植物根系进入植物体并达到一定浓度后，主要造成植物体代谢活动紊乱，从而影响植物正常生长甚至造成植株死亡。重金属还可以抑制植物种子中储藏的淀粉和蛋白质的分解，从而影响种子萌发。水稻受铜胁迫时的表现主要是根系发黑、腐烂，嫩苗枯萎、变黄，分蘖减少，产量大幅度下降。植物生长代谢的非必需元素，如镉对作物的危害机理主要是影响植物体内的钙代谢以及植物体内某些酶活性，从而影响植物的正常生长(Cao et al.，2000)。植物受到镉毒害的症状主要表现在生长迟缓、叶片较小、叶片失绿、植株矮小、茎秆鲜重降低、产量下降等(Sheoran et al.，1990)。

(二) 重金属污染对土壤微生物的影响

作为土壤系统中活性最高的组分之一，土壤微生物对土壤生态系统的物质循环与养分转化过程起着重要的作用。土壤重金属污染会导致土壤微生物数量和种群结构发生改变，进而影响微生物的土壤生物化学反应，如影响土壤中有机质的周转与矿化、养分转化以及有机废弃物的循环等(吴荣，2014)。不仅如此，微生物也可通过多种方式影响重金属的活性，使重金属在活动相和非活动相之间转化，但当土壤中重金属浓度达到一定限度值时，微生物的生长代谢会受到抑制，直至死亡。

(三) 重金属污染对土壤酶活性的影响

土壤中的酶多数由微生物分泌，土壤中最为常见的酶有脲酶、磷酸酶、水解酶等，这些酶与微生物同时参与土壤中物质和能量的循环过程。重金属元素对酶活性的抑制有两方面机制(Geiger et al.，1998)，首先由于重金属与酶蛋白结合形成稳定的复合物或与酶的金属配位因子竞争并进入活性位点而导致酶失活，因此，某种酶受重金属的抑制完全取决于酶蛋白的结合特性和氨基酸组成；其次是重金属通过影响微生物的生长和繁殖，减少酶的合成，从而降低单位土壤中酶的浓度与活性。

(四) 重金属污染对人体的危害

不同种类的重金属对人体危害的机制及表现不同，如铜主要通过影响人体细胞生长、造血、人体某些酶活性及内分泌腺功能等危害人体健康，人体摄入过量的铜最易蓄积在肝脏，肝硬化、肝癌患者的血清铜含量显著高于正常对照，过量的铜会导致人体血清铜含量过高，使血液黏稠度增大，肺动脉血压升高，加重肺源性心脏病，并伴有低氧血症、肾病综合征等(倪吾钟等，2003)。镉主要通过消化道、呼吸道和皮肤直接接触进入人体。进入人体的镉可与血红蛋白和低分子金属硫蛋白结合，然后随血液分布到肾脏和肝脏等器官，导致神经痛和贫血。此外，由于镉可进入骨质，影响骨质中钙的代谢，从而导致骨骼软化和变形，危及骨骼系统，导致患者自然骨折，甚至死亡(刘茂生，2005)。

五、我国土壤重金属污染现状

随着工业化和城市化进程的加快,我国开始面临越来越多的重金属污染问题。据不完全统计,仅 2009 年一年,我国发生重金属污染事件 12 起,如陕西省宝鸡市凤翔县长青镇血铅(Pb)超标事件、湖南武冈儿童血铅超标事件等,共导致 4035 人血铅超标,182 人血镉(Cd)超标(赵多勇,2012)。

我国土壤重金属污染面积大,程度深。2014 年 4 月环境保护部和国土资源部发布的《全国土壤污染状况调查公报》显示,耕地土壤环境质量堪忧。全国土壤总的超标率为 16.1%。污染类型以无机型为主,无机污染物超标点位数占全部超标点位的 82.8%。从污染分布情况看,南方土壤污染重于北方,西南、中南地区土壤重金属超标范围较大(环境保护部和国土资源部,2014)。

我国北方地区由于常年的污水灌溉,大面积土壤受到重金属污染,其中,天津、北京、辽宁、山西、陕西等地区的农田土壤重金属污染问题最为严重。我国南方地区的湘江流域、江西赣江及饶河流域、湖北大冶地区、安徽铜陵,以及中南、长三角、珠三角等地区也存在大量重金属污染农田现象。同时,土壤重金属含量在不同类型土壤中差异明显。在分析砷、硒、镍、锌、铬、铜、钴、镉、汞、铅等 10 种重金属元素在自然土壤、水稻土和潮土中的分布结果中发现,自然土壤中砷和硒的含量高于水稻土和潮土,而其他 8 种重金属的含量基本上都是自然土壤低于潮土和水稻土。毒性较高的镉、汞、砷、铅 4 种重金属元素含量分布呈现从我国西北到东南、东北到西南方向逐渐升高的态势。根据不同的土地利用类型,土壤污染大致可划分为农业土壤污染、城市土壤污染和矿区土壤污染。

第二节　土壤重金属污染物理修复技术

物理修复技术主要是基于土壤理化性质和重金属的不同特性,通过物理手段来分离或固定土壤中的重金属,达到清洁土壤和降低污染物环境风险及健康风险的技术手段。物理修复技术实施方便灵活,周期较短,适用于多种重金属的处理,在重金属污染土壤的工程修复中得到了广泛的应用,但该技术实施的工程量较大,实施成本较高,这在一定程度上限制了其推广应用。

一、客土、换土、去表土、深耕翻土法

此类方法适于小面积污染土壤的治理。客土法是在污染土壤表层加入非污染土壤,或将非污染土壤与污染土壤混匀,使得重金属浓度降低到临界危害浓度以下,从而达到减轻危害的目的。换土法是将污染土壤部分或全部换去,换入非污染土壤。客土或换土的厚度应大于土壤耕层厚度。去表土是根据重金属污染表层

土的特性，耕作活化下层的土壤。深耕翻土是翻动土壤上下土层，使得重金属在更大范围内扩散，浓度降低到可承受的范围。这些方法最初在英国、荷兰、美国等国家被采用，达到了降低污染物危害的目的，是一种切实有效的治理方法。但该方法需耗费大量的人力、财力和物力，成本较高，且未能从根本上清除重金属，存在占用土地、渗漏和二次污染等问题，因此不是一种理想的治理土壤重金属污染的方法(黄益宗等，2013)。

二、土壤淋洗

土壤淋洗是指用淋洗剂去除土壤中重金属污染物的过程，选择高效的淋洗剂是淋洗成功的关键。淋洗法可用于大面积、重度污染土壤的治理，尤其是在轻质土和砂质土中效果较好，但对渗透系数很低的土壤效果较差。影响土壤淋洗效果的因素主要有淋洗剂种类、淋洗浓度、土壤性质、污染程度、污染物在土壤中的形态等。研究结果表明，以 15 mmol EDTA/kg 土壤的比率淋洗铜污染土壤(400 mg Cu/kg 土壤)，总铜含量降低 41%，主要淋洗形态是碳酸盐结合态、铁锰氧化物结合态和有机物结合态(Udovic et al.，2010)。土壤淋洗后淋洗液的处理是一个关键的技术问题，转移络合、离子置换和电化学法是目前主要采取的技术手段。Pociecha 等(2010)采用电凝固法从 EDTA(乙二胺四乙酸)淋洗污染土壤的淋洗液中回收重金属，发现该方法可以去除污染土壤中 53%的铅、26%的锌和 52%的镉。土壤淋洗需添加昂贵的淋洗液，且淋洗液对地下水也有污染风险。另外，淋洗液在淋洗土壤重金属的同时也将植物必需的钙和镁等营养元素淋洗出根际，造成植物营养元素的缺失。

三、热解吸法

热解吸法是采用直接或间接的方式对重金属污染土壤进行连续加热，温度达到一定的临界温度时，土壤中的某些重金属(如汞、硒和砷)将从土壤中挥发，收集该挥发产物进行集中处理，从而达到清除土壤重金属污染物目的的技术。Kunkel 等(2006)的研究表明，在温度低于土壤沸点的条件下，原位热解吸技术可以去除污染土壤中 99.8%的汞。热解吸技术的一大缺陷是耗能，加热土壤必须要消耗大量的能量，这增加了修复的成本。Navarro 等(2009)的研究表明，可以采用天然太阳能来热解吸污染土壤中的汞和砷，这样可以解决能源消耗的问题。热解吸技术的另一个问题是挥发污染物的收集和处置，这方面还需要进行大量的科学研究工作。

四、玻璃化技术

玻璃化技术是指将重金属污染土壤置于高温高压的环境下，待其冷却后形成坚硬的玻璃体物质，这时土壤重金属被固定，从而达到阻抗重金属迁移目的的技术。玻璃化技术最早在核废料处理方面应用较多，该技术形成的玻璃类物质结构稳定，很难被降解，这使得玻璃化技术实现了对土壤重金属的永久固定。但是由于该技术需要消耗大量的电能，其成本较高而没有得到广泛的应用。

五、电动修复

电动修复是指向重金属污染土壤中插入电极，通过施加直流电压使重金属离子在电场作用下进行电迁移、电渗流、电泳等过程，使其在电极附近富集，进而将其从溶液中导出并进行适当的物理或化学处理，实现污染土壤清洁的技术。电动修复是美国路易斯安那州立大学研究出的一种净化土壤污染的原位修复技术，在欧美一些国家发展较快，已进入商业化阶段。采用电动修复方法修复锌和铜单一污染的土壤的实验结果表明，阳极附近的土壤中锌和铜的去除率分别达到74.3%和71.1%(Buchireddy et al., 2009)。研究者采用电动修复技术对木材防腐剂铬化砷铜(CCA)污染的土壤进行修复，去除了65%的铜、72%的铬和77%的砷(方一丰等，2008)。土壤中添加辅助试剂可增强土壤重金属的溶解性，从而提高电动修复的效率。添加络合剂(EDTA 和柠檬酸等)可以增强电动修复对铬和铅等重金属的修复效果(Fang et al., 2008)。电动修复技术目前还主要停留在实验室研究阶段，在污染场地的应用案例较少，加强电动修复技术在污染场地的应用将是今后的主要研究工作。

第三节　土壤重金属污染化学修复技术

作为一种原位修复技术,化学修复时通过向重金属污染土壤中添加钝化材料，调节土壤理化性质，使重金属发生沉淀、吸附、拮抗、离子交换、腐殖化和氧化还原等化学反应，降低其在土壤中的移动性和被植物吸收的可能性，从而达到修复的目的。目前，农田重金属污染修复中常用的钝化材料有石灰性物质、磷酸盐化合物、硅酸盐化合物、金属及其氧化物、黏土矿物、有机质等。化学修复虽然简单易行，但其只是改变了重金属在土壤中的存在形态，当土壤环境条件发生变化时，容易造成被固定重金属的再度活化，从而导致二次污染。

一、石灰等碱性材料

石灰和碳酸盐矿物是最常用的重金属钝化材料之一。研究表明，土壤中加入0.2%石灰后土壤有效态铜、镉分别降低 97%和 86%(崔红标等，2013)。修复重金属的碳酸盐材料主要是石灰石($CaCO_3$)和碳酸钙镁[$(Ca, Mg)CO_3$]，土壤施加石灰石和碳酸钙镁后，土壤交换态镉、锌分别降低 52.2%、78.8%，修复效果随着修复材料用量的增加而提高(周航等, 2010)。石灰和碳酸盐矿物固定土壤重金属主要有三方面的机理：①吸附作用及离子交换作用，石灰石和碳酸钙镁通过提高土壤 pH，加强土壤中黏土、有机质或铁、铝氧化物的螯合能力，降低重金属从土壤颗粒上的解吸(张茜等, 2008)，同时碳酸钙镁也具有黏土矿物的特点，可以增加土壤颗粒的吸附能力。②使重金属离子生成沉淀，碳酸盐材料可提高土壤的 pH，促进重金属生成氧化物或碳酸盐沉淀，如溶解度很小的 $CdCO_3$、$PbCO_3$ 沉淀等，从而降低重金属的生物可利用性。③拮抗作用，碳酸盐材料的施加会向土壤中带入大量 Ca^{2+}，Ca^{2+} 与 Cd^{2+} 等重金属离子之间存在离子拮抗作用，从而降低其生物有效性。

二、含磷材料

农田重金属污染修复中常用的含磷材料有：磷酸、羟基磷灰石、氟磷灰石、磷酸二氢钙、磷酸氢钙、磷酸钙、磷酸氢二铵、重过磷酸钙、过磷酸钙、钙镁磷肥及含磷污泥等。研究表明，土壤中加入 1.0% 和 2.0% 羟基磷灰石可分别使土壤有效态锌、镉、铜含量降低 50%、68%、70% 和 58%、73%、74%(王晓丽等, 2009)，在土壤中加入 0.6% 和 1.2% 氟磷灰石时，土壤有效态铜、镉含量分别降低 80%、72% 和 97%、99%。Liu 等(2007)运用 MINTEQ 模型得出纳米 $FePO_4$ 材料修复土壤中铜可形成 $Cu_3(PO_4)_2$ 和 $Cu_5(PO_4)_3OH$，以降低铜的生物可利用性。而羟基磷灰石固定镉的过程可以通过两步理论进行解释：①羟基磷灰石溶解，Cd^{2+} 被吸附于其表面；②Cd^{2+} 进一步扩散到羟基磷灰石晶格内部，Raicevic 等通过 XRE(X-ray emission，X 射线发射)和 RBS(Rutherford backscattering spectroscopy，卢瑟福背散射谱)已观测出镉通过扩散和离子交换进入羟基磷灰石内部(Raicevic et al., 2005)。

三、含硅材料

含硅修复材料主要通过增加植物对重金属的抗性，从而降低植物对土壤中重金属的吸收，修复实践中应用的含硅材料硅酸钠、硅酸钙、硅肥、含硅污泥、粉煤灰、硅酸盐类黏土矿物(沸石、海泡石、坡缕石、膨润土)对锌、镉等重金属均有一定的修复效果，农田土壤重金属污染修复中常用的硅酸盐材料主要有硅肥、硅酸钙、含硅污泥、粉煤灰和硅酸盐类黏土矿物等。研究表明，重金属污染土壤中添加 0.4% 硅肥可以显著降低有效态铜、镉含量，在施用硅肥 30 天时，有效态铜和镉含量分别降低 93% 和 85%。用于修复土壤重金属污染的含硅黏土矿物有蒙脱石、凹凸棒石、沸石、高岭石、海泡石、蛭石和伊利石等。含硅物质修复土壤中重金属的主要机理有(Dacunha et al., 2009；徐应星等, 2010)：①形成沉淀，含硅材料中的硅酸根离子在进入土壤后可与镉、铅等重金属发生化学反应，形成不易被植物吸收的硅酸化合物沉淀，如 Si—O—Pb、Pb_3SiO_5 或 Pb_2SiO_4 等沉淀物，从而降低重金属毒害；②吸附或配合作用，部分含硅材料，如硅酸钠等，被施加入土壤后可提高土壤的 pH，从而增强土壤的吸附能力，该机制与碱性材料相似，同时含硅材料还可以发生火山灰反应(pozzolanic reaction)降低铅、砷等重金属的移动性；③含硅材料促进植物生长，提高植物生物量和叶绿素含量，激发抗氧化酶的活性，从而缓解重金属污染对植物的毒害。

四、有机钝化材料

溶解性有机质中由于含有羧基、羟基、羰基和甲氧基等活性官能团，可以作为土壤中有机和无机污染物的载体，通过与土壤中的重金属氧化物之间的离子交换吸附、络合、螯合、氧化还原等反应，影响重金属离子在土壤中的吸附、解吸，从而降低土壤中重金属的移动性。目前农田土壤重金属污染修复中常用的有机钝化材料主要包括有机堆肥、畜禽粪便、城市污泥等。研究表明，向土壤中加入有机钝化材料后形成的正 2 价金属离子络合物稳定性顺序为：$Cu^{2+} > Ni^{2+} > Pb^{2+} > Co^{2+} > Zn^{2+} > Cd^{2+} > Fe^{2+} > Mn^{2+} > Mg^{2+} > Ca^{2+}$。研究发现，土壤中加入有机钝化材料，若土壤中铜浓度较低，则可降低迟滞系数，抑制土壤对铜的吸附，促进解吸；若铜浓度较高，则可增加迟滞系数，促进土壤对铜的吸附，抑制解吸(Kirkham，2006)。陈同斌和陈志军(2002)发现溶解性有机物对镉的吸附有明显的抑制作用。由于吸附影响因素多，吸附机制复杂，溶解性有机物对土壤吸附重金属的影响往往是这几个方面综合作用的结果。因此在进行土壤重金属污染修复时，要根据重金属的种类和浓度合理选择有机钝化材料，以达到良好的修复效果。

五、金属及金属氧化物材料

零价铁、氢氧化铁、硫酸亚铁、硫酸铁、针铁矿、水合氧化锰、锰钾矿、水钠锰矿、氢氧化铝、赤泥、炉渣等金属或金属氧化物均对土壤重金属有一定的钝化作用。零价铁、硫酸亚铁是常用的进行重金属污染修复的两种含铁物质。硫酸亚铁可进行砷污染土壤的修复，但其施加可导致土壤酸化问题产生，从而使土壤中被固定的镉、铜、锌等重新释放出来，因此在利用硫酸亚铁进行重金属污染修复时，须通过施用石灰等碱性材料控制土壤 pH。零价铁在土壤中转化成氧化物的速度较慢，但可生成大量的氧化物，因此使用零价铁进行土壤重金属污染修复的长效性和稳定性较好，同时可以避免土壤酸化现象的发生。

六、生物炭

生物炭是生物质在缺氧或无氧条件下热裂解得到的一类含碳的、稳定的、高度芳香化的固态物质，农业废物(如秸秆、木材)及城市生活有机废物(如垃圾、污泥)都可以作为生物炭的制备原料。近年来，越来越多的学者开始关注生物炭在土壤重金属污染修复中的应用(高译丹等，2014)。黄益宗等(2006)的研究表明，土壤镉含量为 1 mg/kg 时，通过添加 1%和 5%的生物炭，培养 60 天后，可使土壤中有效态镉的含量降低 18.3%和 43.9%。生物炭对土壤重金属的修复固定机制主要包括以下几个方面(李力等，2012)：①多数生物炭呈碱性，生物炭的添加可以提高土壤 pH，从而使土壤中游离的重金属离子形成金属氢氧化物、碳酸盐或磷酸盐沉淀；②离子交换和阳离子-π 作用；③生物炭表面官能团可与土壤中的重金属离子生成特定的金属配合物，从而降低其移动性；④生物炭对重金属离子通过表面吸附作用降低其移动性和生物有效性。

七、新型材料

近年来随着材料科学的发展，一些高效的新型材料开始用于土壤重金属污染钝化修复中，其中主要包括介孔材料、功能膜材料、植物多酚物质及纳米材料，这类材料因其独特的表面结构或组成成分，在较低的施加水平下即可获得较好的修复效果。研究表明，土壤中施加 0.15%、0.3%和 0.45%的介孔材料，培养一段时间后，可使土壤铜 BCR 分级中的酸可溶态降低 0.7%、1.1%和 1.9%；土壤镉的 BCR 分级中的酸可溶态降低 7.8%、11.5%和 14.6%；土壤铅 BCR 分级中的酸可溶态降低 8.5%、9.4%和 10.8%(林大松等，2006)。微米和纳米材料也对土壤中的重金属具有良好的钝化效果，Cui 等(2013)的研究结果表明，微米、纳米级羟基磷灰石对土壤铜、镉的吸附固定作用显著高于常规粒径的羟基磷灰石，这可能与低粒径材料具有较大的比表面积有关。然而，多数新型材料因为价格较高，所以其应用到农田土壤重金属污染修复中的成本过高，目前多数还处在室内研究或田间小实验，应用于大面积农田修复的案例鲜见报道。

第四节　土壤重金属污染生物修复技术

生物修复技术因具有成本低、环境友好等特点，近年来被广泛应用于土壤重金属污染修复实践中。目前，生物修复技术的主体主要包括植物、微生物和动物修复技术，目前应用最为广泛、治理效果最为显著的是植物修复技术(phytoremediation)和微生物修复技术。

一、植物修复

广义的植物修复技术是指利用植物提取、吸收、分解、转化和固定土壤、沉积物、污泥、地表水及地下水中有毒有害污染物技术的总称。植物修复技术不仅包括对污染物的吸收和去除，也包括对污染物的原位固定和转化，即植物提取

(phytoextraction)技术、植物固定(phytostabilization)技术、根系过滤技术、植物挥发(phytovolatilization)技术和根际降解技术。与重金属污染土壤有关的植物修复技术主要包括植物提取、植物固定和植物挥发。植物修复过程是土壤、植物、根际微生物综合作用的效应，修复过程受植物种类、土壤理化性质、根际微生物等多种因素控制。

(一) 植物提取

植物提取是指利用超富集植物(hyperaccumulator)吸收污染土壤中的重金属并在地上部积累，收割植物地上部分从而达到去除污染物的目的。植物提取分为两类：一类是持续型植物萃取(continuous phytoextraction)，直接选用超富集植物吸收积累土壤中的重金属；另一类是诱导性植物提取(induced phytoexraction)，在种植超富集植物的同时添加某些可以活化土壤重金属的物质，提高植物萃取重金属的效率。超富集植物是指相对于普通植物能从土壤或水体中吸收富集高含量的重金属，并具有将重金属从植株的地下部向地上部大量转运的特殊能力，表现出很高的富集系数。超富集植物的界定一般有3个点：①植物地上部重金属浓度积累达到一定临界值；②生物富集系数(地上部重金属浓度/土壤重金属浓度)>1；③转运系数(地上部重金属浓度/地下部重金属浓度)>1。植物提取技术的关键是超富集植物的筛选，目前世界上发现的超富集植物有400多种。关于植物提取技术的研究近年来成为科学界的热点，在实际污染场地的工程应用中也得到了推广应用。蜈蚣凤尾蕨(*Pteris vittata* L.)是世界上首次发现的砷超富集植物(Chen et al., 2002)，对砷具有超强的富集能力，通过刈割可以提高其对砷的去除能力。陈同斌等已在湖南郴州通过种植蜈蚣凤尾蕨建立了世界上第一个砷污染土壤的植物修复工程示范基地。后来相关调查和实验研究发现，凤尾蕨科的欧洲凤尾蕨(*Pteris cretica* L.)和粉叶蕨(*Pityrogramma calomelanos*)也是砷的超富集植物(韦朝阳等，2002)。中国科学院华南植物园张杏峰等开展了牧草对重金属污染土壤修复潜力的研究，发现杂交狼尾草(*Pennisetum alopecuroides*)和热研11号黑籽雀稗(*Paspalum atratum*)可作为植物提取技术的优良草种，前者可修复镉和锌污染土壤，后者可修复镉污染土壤(Zhang et al., 2010)。在进行植物修复的过程中，可通过向土壤中添加活化剂等成分，提高土壤中重金属的有效性，从而提高植物对土壤中重金属的去除效率。研究表明，乙二胺四乙酸(EDTA)和乙二胺二琥珀酸(EDDS)是强化植物提取重金属的高效螯合剂，添加EDTA可导致龙葵叶部、茎部和根部锌积累浓度分别提高231%、93%和81%；添加EDDS导致龙葵叶部、茎部和根部锌积累浓度分别提高140%、124%和104%(Marques et al., 2008)。此外，天然螯合剂柠檬酸、草酸、酒石酸等也可以提高植物提取重金属的效率。

(二) 植物固定

植物固定是指利用植物根系固定土壤重金属的方法。重金属被根系吸收积累或者吸附在根系表面，或通过根系分泌物在根际中被固定。此外，植物根际微生物(细菌和放线菌)通过改变根际土壤性质(如 pH 和 Eh)而影响重金属在根际的化学形态，也有利于降低重金属对植物根系的毒性(Vangronsveld et al., 2009)。植物固定可降低土壤中重金属的移动性和生物有效性，阻止重金属向地下水和空气的迁移及其在食物链的传递。植物固定技术并非真正意义上从土壤中去除重金属，只是将重金属固定在植物根部或根际土壤中，因此开展修复土壤的长期监测是必需的。植物固定对干旱、半干旱区的尾矿堆置地修复具有广阔的应用前景，可以实现此类污染场地的植被重建，如串叶松香草(*Silphium perfoliatum* Linn)可应用于镉污染土壤的修复(Mendez et al., 2008)。

(三) 植物挥发

植物挥发是一种利用植物根系分泌的一些特殊物质或微生物使土壤中的硒、汞、砷等转化为挥发形态以去除其污染的方法。植物挥发技术适用于修复那些受硒、汞、砷污染的土壤。在硒污染土壤中种植芥菜可以通过挥发的形式去除土壤硒(Banuelos et al., 1993)。洋麻可使土壤中三价硒转化为挥发性的甲基硒，从而达到去除的目的(Banuelos et al., 1997)。种植烟草可以使土壤中的汞转化为气态汞而把土壤中的汞去除(Meagher, 2000)。气态硒、汞、砷等挥发到大气中易引发二次污染，因此要妥善处置植物挥发产生的有害气体。

植物修复技术较传统的物理、化学修复技术具有技术和经济上的双重优势，主要体现在以下几个方面：①可以同时对污染土壤及其周边污染水体进行修复；②成本低廉，而且可以通过后置处理进行重金属回收；③具有环境净化和美化作用，社会可接受程度高；④种植植物可提高土壤的有机质含量和土壤肥力。但是植物修复技术也有缺点，如植物对重金属污染物的耐性有限，植物修复只适用于中等污染程度的土壤修复；土壤重金属污染往往是几种金属的复合污染，一种植物一般只能修复某一种重金属污染的土壤，而且有可能活化土壤中的其他重金属；超富集植物个体矮小，生长缓慢，修复土壤周期较长，难以满足快速修复污染土壤的要求。目前，基因工程技术可以克服上述植物修复技术上的某些弱点，但采用基因工程技术培育转基因植物用于重金属污染土壤的修复尚处于比较有争议的阶段，转基因植物容易诱发物种入侵、杂交繁殖等生态安全问题(Marques et al., 2009)。

二、微生物修复

微生物修复是指利用野生或人工培养的具有特定功能的微生物群,在适宜环境条件下,通过自身的代谢活动,降低有毒污染物活性或将其降解为无毒物质的修复技术。近年来,微生物修复技术已成为污染土壤生物修复技术的重要组成部分,目前应用较多的污染土壤原位、异位微生物修复技术有:生物堆沤技术、生物预制床技术、生物通风技术和生物耕作技术等。微生物修复技术进行土壤重金属污染修复的机理主要有生物富集、生物吸着和生物转化三个方面。

生物富集是指有毒重金属被微生物吸收后储存在细胞的不同部位或被结合到胞外基质上,通过代谢过程,将这些重金属离子转化为沉淀形式或被轻度螯合在可溶或不溶性生物多聚物上(Tiwari et al., 2008)。生物吸着主要是利用细胞表面带有负电荷,且存在氨基、羧基、羟基等多种官能团的特性,微生物可通过静电吸附或络合作用固定土壤中游离的重金属离子(Tiwari et al., 2008)。生物转化包括生物氧化还原、甲基化、去甲基化以及重金属的溶解和有机络合配位等作用方式。微生物能够转化土壤中的重金属元素主要是由于其体内携带的重金属抗性基因,这些基因可以激活和编码金属硫蛋白、操纵子、金属运输酶和透性酶等,通过利用这些物质与重金属结合、形成失活晶体或促进重金属排出体外等机制对重金属进行解毒(Zhang et al., 2012)。

三、动物修复

土壤重金属污染动物修复技术是指利用土壤动物及其肠道微生物在人工控制或自然条件下,在污染土壤中生长、繁殖、穿插等活动过程中对土壤重金属进行破碎、分解、消化和富集的作用,从而使土壤重金属浓度降低或消除的一种生物修复技术。土壤动物进行土壤重金属污染修复的生理基础包括:生成某种金属硫蛋白,与重金属结合形成低毒或无毒的络合物;代谢产生一些富含—SH 的多肽(如PC, phytochelatin, 植物螯合肽),与重金属螯合,降低重金属离子的活性;体内携带多种编码金属转运蛋白基因(如最早克隆的锌转运蛋白基因和铁转运蛋白基因),这些基因编码的转运蛋白能提高生物对重金属的抗性。然而由于土壤动物修复技术的局限性,目前应用土壤动物进行土壤重金属污染修复的报道较少。

四、综合修复技术

在进行土壤重金属污染修复的过程中,经常出现土壤中污染物种类繁多、复合污染普遍、污染程度与厚度差异大等现象,同时由于不同地区土壤类型差异较大,修复后土壤再利用的规划要求不同。在实际修复过程中,单项修复技术通常难以实现修复目标,因此越来越多的研究人员开始关注综合修复技术。目前应用较多的综合修复技术主要有植物/微生物联合修复、动物/植物联合修复以及化学/物化-生物联合修复。

参 考 文 献

陈怀满. 2005. 环境土壤学. 北京: 科学出版社.

陈同斌, 陈志军. 2002. 水溶性有机质对土壤中镉吸附行为的影响. 应用生态学报, 13(2): 183-186.

陈雅丽, 翁莉萍, 马杰, 等. 2019. 近十年中国土壤重金属污染源解析研究进展. 农业环境科学学报, 38(10): 2219-2238.

崔红标, 梁家妮, 周静, 等. 2013. 磷灰石和石灰联合巨菌草对重金属污染土壤的改良修复. 农业环境科学学报, 32(7): 1334-1340.

戴清文, 曾志明, 王继玉, 等. 1993. 江西省主要金属厂矿对畜牧业影响的初步调查. 农业环境保护, 12(3): 124-126.

戴树桂. 2006. 环境化学. 2 版. 北京: 高等教育出版社.

方一丰, 郑余阳, 唐娜, 等. 2008. EDTA 强化电动修复土壤铅污染. 农业环境科学学报, 27(2): 612-616.

高译丹, 梁成华, 裴中健, 等. 2014. 施用生物炭和石灰对土壤镉形态转化的影响. 水土保持学报, 28(2): 258-261.

黄益宗, 胡莹, 刘云霞, 等. 2006. 重金属污染土壤添加骨炭对苗期水稻吸收重金属的影响. 农业环境科学学报, 25(6): 1481-1486.

黄益宗, 郝晓伟, 雷鸣, 等. 2013. 重金属污染土壤修复技术及其修复实践. 农业环境科学学报, 32(3): 409-417.

环境保护部, 国土资源部. 2014. 全国土壤污染状况调查公报.

李力, 陆宇超, 刘娅, 等. 2012. 玉米秸秆生物炭对 Cd(Ⅱ)的吸附机理研究. 农业环境科学学报, 31(11): 2277-2283.

栗献锋. 2012. 太原市污灌区土壤重金属分布特征及风险评价. 山西农业科学, 40(7): 742-746.

梁尧, 李刚, 仇建飞, 等. 2013. 土壤重金属污染对农产品质量安全的影响及其防治措施. 农产品质量与安全, 3: 9-14.

林大松, 徐应明, 孙国红, 等. 2006. 应用介孔分子筛材料(MCM-41)对土壤重金属污染的改良. 农业环境科学学报, 25(2): 331-335.

刘佳, 王丽, 陆雪萍, 等. 2015. 三七药材中农药及重金属残留特征研究. 中国药房, 21: 2975-2977.

刘茂生. 2005. 有害元素镉与人体健康. 微量元素与健康研究, 22(4): 66-67.

鲁安怀. 2005. 矿物法——环境污染治理的第四类方法. 地学前缘, 12(1): 1-10.

南忠仁, 程国栋. 2001. 干旱区污灌农田作物系统重金属 Cd、Pb 生态行为研究. 农业环境保护, 20(4): 210-213.

倪吾钟, 马海燕, 余慎, 等. 2003. 土壤-植物系统的铜污染及其生态健康效应. 广东微量元素科学, 10(1): 1-5.

师荣光, 郑向群, 龚琼, 等. 2017. 农产品产地土壤重金属外源污染来源解析及防控策略研究.

环境监测管理与技术, 29(4): 9-13.

腾应. 2003. 重金属污染下红壤微生物生态特征及生物学指标研究. 杭州: 浙江大学.

王晓丽, 王婷, 杜显元, 等. 2009. 羟基磷灰石对沉积物中重金属释放特性的影响. 生态环境学报, 18(6): 2071-2075.

韦朝阳, 陈同斌, 黄泽春, 等. 2002. 大叶井口边草———一种新发现的富集砷的植物. 生态学报, 22(5): 777-778.

吴成, 张晓丽, 李关宾. 2007. 黑碳吸附汞砷铅镉离子的研究. 农业环境科学学报, 26(2): 770-774.

吴荣. 2014. 小麦-玉米轮作下有机废弃物施用对土壤重金属及微生物特性的影响. 泰安: 山东农业大学.

夏家淇. 1996. 土壤环境质量标准详解. 北京: 中国环境科学出版社.

徐应星, 李军. 2010. 硅和磷配合施入对镉污染土壤的修复改良. 生态环境学报, 19(2): 340-343.

许嘉琳, 杨居荣. 1995. 陆地生态系统中的重金属. 北京: 中国环境科学出版社.

杨柳, 雍毅, 叶宏, 等. 2014. 四川典型养殖区猪粪和饲料中重金属分布特征. 环境科学与技术, 37(9): 99-103.

张乃明, 张守萍, 武丕武. 2001. 山西太原污灌区农田土壤汞污染状况及其生态效应. 土壤通报, 32(2): 95-96.

张茜, 徐明岗, 张文菊, 等. 2008. 磷酸盐和石灰对污染红壤与黄泥土中重金属铜锌的钝化作用. 生态环境, 17(3): 1037-1041.

张书海, 沈跃文. 2000. 污灌区重金属污染对土壤的危害. 环境监测管理与技术, 12(2): 22-24.

赵多勇. 2012. 工业区典型重金属来源及迁移途径研究. 大连: 中国农业科学院.

周航, 曾敏, 刘俊, 等. 2010. 施用碳酸钙对土壤铅, 镉, 锌交换态含量及在大豆中累积分布的影响. 水土保持学报, 24(4): 123-126.

周华. 2003. 不同改良剂对 Cd、Pb 污染土壤改良效果研究. 武汉: 华中农业大学.

Acosta-Martinez V, Tabatabai M A. 2002. Inhibition of arylamidase activity on soils by toluene. Soil Biolology Biochemistry, 34(2): 229-237.

Banuelos G, Cardon G, Mackey B, et al. 1993. Boron and selenium removal in boron-laden soils by four sprinkler irrigated plant species. Journal of Environmental Quality, 22: 786-792.

Banuelos G, Ajwa H, Mackey B, et al. 1997. Evaluation of different plant species used for phytoremediation of high soil selenium. Journal of Environmental Quality, 26: 639-646.

Basta N, Gradwohl R, Snethen K, et al. 2001. Chemical immobilization of lead, zinc, and cadmium in smelter-contaminated soils using biosolids and rock phosphate. Journal of Environmental Quality, 30(4): 1222-1230.

Bermudez G, Jasan R, Plá R, et al. 2012. Heavy metals and trace elements in atmospheric fall-out: Their relationship with topsoil and wheat element composition. Journal of Hazardous Materials, 213: 447-456.

Buchireddy P R, Bricka R M, Gent D B. 2009. Electrokinetic remediation of wood preservative contaminated soil containing copper, chromium, and arsenic. Journal Hazardous Materials, 162(1): 490-497.

Cao Z H, Hu Z Y. 2000. Copper contamination in paddy soils irrigated with wastewater.

Chemosphere, 41(1-2): 3-6.

Chen T B, Wei C Y, Huang Z C, et al. 2002. Arsenic hyperaccumulator *Pteris vittata* L. and its arsenic accumulation. Chinese Science Bulletin, 47(11): 902-905.

Cui H B, Zhou J, Zhao Q G, et al. 2013. Fractions of Cu, Cd, and enzyme activities in a contaminated soil as affected by applications of micro-and nanohydroxyapatite. Journal of Soils and Sediments, 13(4): 742-752.

Dacunha K P V, Donascimento C W A. 2009. Silicon effects on metal tolerance and structural changes in maize (*Zea mays* L.) grown on a cadmium and zinc enriched soil. Water, Air, and Soil Pollution, 197(1-4): 323-330.

Deacon J R, Driver N E. 1999. Distribution of trace elements in streambed sediment associated with mining activities in the upper Colorado river basin, Colorado, USA, 1995~1996. Archives of Environmental Contamination Toxicology, 37(1): 7-18.

Fang Y F, Zhang Y Y, Tang N, et al. 2008. EDTA enhanced electrore mediation of lead-contaminated soil. Journal of Agro-Environment Science, 27(2): 612-616.

Geiger G, Livingston M P, Funk F, et al. 1998. β-glucosidase activity in the presence of copper and goethite. European Journal of Soil Science, 49: 17-23.

Hao P, Chen Y L, Weng L P, et al. 2019. Comparisons of heavy metal input inventory in agricultural soils in North and South China: A review. Science of the Total Environment, 660(C): 776-786.

Hu Z G, Wang C S, Li K, et al. 2018. Distribution characteristics and pollution assessment of soil heavy metals over a typical nonferrous metal mine area in Chifeng, Inner Mongolia, China. Environmental Earth Sciences, 77(18): 638-648.

Huang Q, Shindo H. 2000. Effects of copper on the activity and kinetics of free and immobilized acid phosphatase. Soil Biology and Biochemistry, 32: 1885-1892.

Kirkham M. 2006. Cadmium in plants on polluted soils: effects of soil factors, hyperaccumulation, and amendments. Geoderma, 137(1): 19-32.

Kunkel A M, Seibert J J, Elliott L J, et al. 2006. Remediation of elemental mercury using *in situ* thermal desorption(ISTD). Environmental Science & Technology, 40(7): 2384-2389.

Liu H L, Zhou J, Li M, et al. 2019. Study of the bioavailability of heavy metals from atmospheric deposition on the soil-pakchoi (*Brassica chinensis* L.) system. Journal of Hazardous Materials, 362: 9-16.

Liu H L, Zhou J, Li M, et al. 2021. Chemical speciation of trace metals in atmospheric deposition and impacts on soil geochemistry and vegetable bioaccumulation near a large copper smelter in China. Journal of Hazardous Materials, 413: 125346.

Liu R Q, Zhao D Y. 2007. In situ immobilization of Cu(Ⅱ) in soils using a new class of iron phosphate nanoparticles. Chemosphere, 68(10):1867-1876.

Lolkema P C, Doornhof M, Ernst W H O. 2006. Interaction between a copper-tolerant and a copper-sensitive population of *Silene cucubalus*. Physiologia Plantarum, 67(4): 654-658.

Luo L, Ma Y B, Zhang S Z, et al. 2009. An inventory of trace element inputs to agricultural soils in China. Journal of Environmental Management, 90(8): 2524-2530.

Ma Y, Prasad M, Rajkumar M, et al. 2011. Plant growth promoting rhizobacteria and endophytes accelerate phytoremediation of metalliferous soils. Biotechnology Advances, 29(2): 248-258.

Marques A, Oliveira R, Samardjieva K, et al. 2008. EDDS and EDTA-enhanced zinc accumulation by *Solanum nigrum* inoculated with arbuscular mycorrhizal fungi grown in contaminated soil. Chemosphere, 70(6): 1002-1014.

Marques A, Rangel A, Castro P M L. 2009. Remediation of heavy metal contaminated soils: Phytoremediation as a potentially promising clean-up technology. Critical Reviews in Environmental Science and Technology, 39: 622-654.

Meagher R B. 2000. Phytoremediation of toxic elemental and organic pollutants. Current Opinion in Plant Biology, 3: 153-162.

Mendez M, Maier R. 2008. Phytostabilization of mine tailings in arid and semiarid environments: an emerging remediation technology. Environmental Health Perspectives, 116: 278-283.

Navarro A, Canadas I, Martinez D, et al. 2009. Application of solar thermal desorption to remediation of mercury-contaminated soils. Soil Energy, 83(8): 1405-1414.

Neumann D, Zur Nieden U, Schwieger W, et al. 1997. Heavy metal tolerance of *Minuartia verna*. Journal of Plant Physiology, 151(1): 101-108.

Ni R, Ma Y, Li J T. 2018. Current inventory and changes of the input/output balance of trace elements in farmland across China. PLoS One, 13(6): 0199460.

Pociecha M, Lestan D. 2010. Using electrocoagulation for metal and chelant separation from washing solution after EDTA leaching of Pb, Zn and Cd contaminated soil. Journal of Hazardous Materials, 174(1-3): 670-678.

Raicevic S, Kaludjerovic-Radoicic T, Zouboulis A. 2005. *In situ* stabilization of toxic metals in polluted soils using phosphates: Theoretical prediction and experimental verification. Journal of Hazardous Materials, 117(1): 41-53.

Sheoran I S, Singal H R, Singh R. 1990. Effect of cadmium and nickel on photosynthesis and the enzymes of the photosynthetic carbon reduction cycle in pigeonpea(*Cajanus cajan* L.). Photosynthesis Research, 23: 345-351.

Tiwari S, Kumari B, Singh S. 2008. Evaluation of metal mobility/immobility in fly ash induced by bacterial strains isolated from the rhizospheric zone of *Typha latifolia* growing on fly ash dumps. Bioresource Technology, 99: 1305-1310.

Udovic M, Lestan D. 2010. Fractionation and bioavailability of Cu in soil remediated by EDTA leaching and processed by earthworms (*Lumbricusterrestris* L.). Environmental Science and Pollution Research, 17(3): 561-570.

Vangronsveld J, Herzig R, Weyens N, et al. 2009. Phytoremediation of contaminated soils and groundwater: lessons from the field. Environmental Science and Pollution Research, 16: 765-794.

Yang L Y, Wu S T. 2012. Assessment of soil heavy metal Cu, Zn and Cd pollution in Beijing, China. Advanced Materials Research, 356: 730-733.

Yi K, Fan W, Chen J, et al. 2018. Annual input and output fluxes of heavy metals to paddy fields in four types of contaminated areas in Hunan Province, China. Science of the Total Environment, 634: 67-76.

Zhang W, Chen L, Liu D. 2012. Characterization of a marine-isolated mercuryresistant *Pseudomonas putida* strain SP1 and its potential application in marine mercury reduction. Applied Microbiology and Biotechnology, 93(3): 1305-1314.

Zhang X, Xia H, Li Z, et al. 2010. Potential of four forage grasses in remediation of Cd and Zn contaminated soils. Bioresource Technology, 101(6): 2063-2066.

Zhou J, Du B Y, Liu H L, et al. 2020. The bioavailability and contribution of the newly deposited heavy metals (copper and lead) from atmosphere to rice (*Oryza sativa* L.). Journal of Hazardous Materials, 384:121285.

第二章　土壤重金属污染修复技术研发

根据中国招投标信息网和环境修复网资料，2010～2020 年我国累积开展的土壤修复工程项目约 2250 项，项目金额达 700 多亿元，尤其是 2010 年后修复工程起步加快。行政区域上，主要分布在湖南、江苏、江西、浙江、重庆、广东、云南等省(直辖市)，以湖南省最多。这些修复项目以有机污染和重金属复合污染为主，其中耕地以原位修复为主，钝化技术占主体地位。因此，本章重点围绕土壤重金属污染钝化修复技术的核心——钝化材料筛选技术和加工工艺进行阐述。

第一节　钝化材料对重金属的吸附能力

一、供试黏土矿物的 XRD 表征结果

三种黏土矿物的 X 射线衍射(XRD)结果如图 2.1 所示。由图 2.1 可知，凹凸棒土主要矿物成分为凹凸棒石(attapulgite)，其结晶程度较好，含少量石英(quartz)和长石(feldspar)；钙钠基膨润土主要矿物成分为蒙脱石(montmorillonite)，其含量大于 90%，结晶程度好，d_{001}=1.48 nm；钙基膨润土主要成分为蒙脱石和长石(图 2.1)，含有少量的伊利石，d_{001}=1.54 nm。

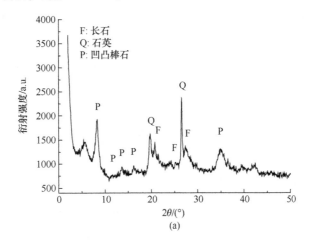

(a)

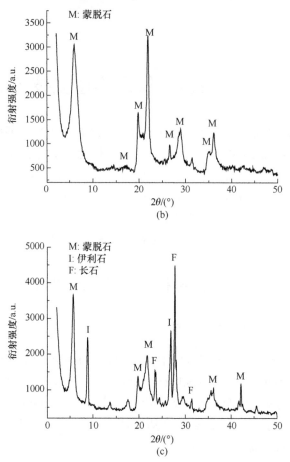

图 2.1 凹凸棒土(a)、钙钠基膨润土(b)和钙基膨润土(c)的 XRD 谱图

苗春省(1983)提出 d_{001} 基本上可以鉴别钙、钠基蒙脱石的属性，d_{001} 在 1.2～1.3 nm 为钠基蒙脱石，d_{001} 在 1.3～1.4 nm 为钠钙基蒙脱石，d_{001} 在 1.4～1.5 nm 为钙钠基蒙脱石，d_{001} 在 1.5～1.6 nm 为钙基蒙脱石(吴平霄，2004)。因此，可以确定购自浙江丰虹粘土化工有限公司的膨润土为钙钠基膨润土，购自南京安顺活性白土厂的膨润土为钙基膨润土。为探究低耗的修复途径，黏土矿物没有经过任何处理。

二、黏土矿物对 Cu^{2+} 的吸附性能研究

图 2.2 显示的是凹凸棒土、钙钠基膨润土和钙基膨润土三种黏土矿物对 Cu^{2+} 的吸附率随初始 Cu^{2+} 浓度的变化曲线。从图 2.2 可以看出，钙钠基膨润土、凹凸棒土和钙基膨润土三种材料对 Cu^{2+} 的吸附效果都比较好，在实验处理条件下，吸附率均达到了 70%以上。当 Cu^{2+} 初始浓度为 1～10 mg/L 时，凹凸棒土对 Cu^{2+} 的

吸附率为100%；当Cu^{2+}初始浓度超过50 mg/L时，吸附率随着初始Cu^{2+}浓度的增大而降低。这表明凹凸棒土对痕量铜具有极高的亲和力，对铜污染水体或土壤的修复具有重要的实际意义。

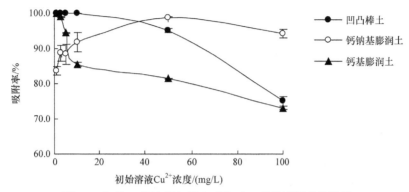

图2.2　初始Cu^{2+}浓度与黏土矿物对Cu^{2+}的吸附率的关系

与凹凸棒土不同的是，钙钠基膨润土对Cu^{2+}的吸附率都没有达到100%，其范围在83.6%~98.9%，吸附率随着Cu^{2+}初始浓度的升高先增加后降低。Morton等(2001)的研究表明，溶液体系Na^+浓度的升高，将引起蒙脱石层间的Cu^{2+}向边面迁移。本实验所采用的钠钙基膨润土，在钠化过程中，会有部分残留的钠存在于蒙脱石的表面，在溶液体系中，Na^+溶于水中，减少了Cu^{2+}在蒙脱石层间的吸附量。

本实验所用的钙基膨润土为粉红色，纯度比较低，蒙脱石占比为40%左右，所伴生的两种矿物为伊利石和长石，两种杂质矿物占了约60%，属于质量比较差的膨润土类别(熊慕慕，2007)。钙基膨润土的阳离子交换容量是钙钠基膨润土的2倍，其本应大于钙钠基膨润土的吸附量，然而Cu^{2+}初始浓度大于10 mg/L时，钙基膨润土的吸附率小于钙钠基膨润土。因此其修复机理需要做进一步研究。

吸附平衡溶液的pH(pH_{eq})随平衡吸附量的变化如图2.3所示。从图2.3中可以看出，平衡吸附量的变化对pH_{eq}影响较大。随着吸附量的增大，pH_{eq}下降明显。初始Cu^{2+}浓度在1~100 mg/L，添加0.5000 g的凹凸棒土、钙钠基膨润土和钙基膨润土吸附后，pH_{eq}分别下降了0.06~1.79个单位、0.09~1.05个单位和0.13~1.15个单位，即吸附绝对量的增加导致释放出H^+的数量也增加(图2.3)。凹凸棒土、钙钠基膨润土和钙基膨润土被加入1 mg/L Cu^{2+}溶液后，pH_{eq}都高于吸附前溶液的pH(5.0)，这与黏土矿物本身呈碱性有关，pH_{eq}的大小顺序为：钙钠基膨润土(pH=8.50)>凹凸棒土(pH=7.12)>钙基膨润土(pH=7.36)。可见，黏土矿物的pH越大，pH_{eq}就越大。虽然钙基膨润土的阳离子交换容量大于凹凸棒土和钙钠基膨润土，但由于体系的pH比另外两种黏土矿物低得多，导致钙基膨润土对Cu^{2+}的吸附量较小。

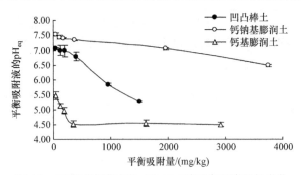

图 2.3　吸附平衡溶液的 pH(pH_{eq})随平衡吸附量的变化

三、黏土矿物对 Cu^{2+}的解吸性能研究

用解吸剂解吸胶体表面的 Cu^{2+}，其解吸离子的质量分数可以表征该离子与胶体表面吸附位结合的牢固度(虞锁富，1989)。解吸下来的离子百分数越高，表明结合得越松，反之则越紧。本实验中，Cu^{2+}在三种黏土矿物上的解吸结果见表 2.1。由表 2.1 可以看出，其解吸量与吸持量呈正相关，即吸附 Cu^{2+}量越多，解吸量也越大。钙钠基膨润土和钙基膨润土尤为明显。

表 2.1　凹凸棒土、钙钠基膨润土和钙基膨润土对 Cu^{2+}的解吸

样品	加入 Cu^{2+}浓度/ (mg/L)	吸附量/ (mg/kg)	解吸次数						残留 Cu^{2+}量	
			1		2		3		残留量/ (mg/kg)	残留/ 吸附 /%
			解吸量/ (mg/kg)	解吸/ 吸附 /%	解吸量/ (mg/kg)	解吸/ 吸附 /%	解吸量/ (mg/kg)	解吸/ 吸附 /%		
凹凸棒土	1	40.1	0.0	0.0	0.0	0.0	0.0	0.0	40.1	100
	3	120	0.0	0.0	0.0	0.0	0.0	0.0	120	100
	5	198	0.0	0.0	0.0	0.0	0.0	0.0	198	100
	10	399	0.0	0.0	0.0	0.0	0.0	0.0	399	100
	50	951	7.8	0.8	0.1	0.0	0.0	0.0	943	99.2
	100	1501	132	8.8	22	1.5	2.8	0.2	1344	89.5
钙钠基膨润土	1	38.6	2.5	6.5	1.6	4.1	0.0	0.0	34.4	89.1
	3	107	3.5	3.3	0.1	0.1	0.0	0.0	104	97.2
	5	177	12.9	7.3	2.0	1.1	0.0	0.0	162	91.5
	10	368	21.2	5.8	3.8	1.0	0.0	0.0	343	93.2
	50	1961	121	6.2	6.4	0.3	7.4	0.4	1826	93.1
	100	3741	265	7.1	70.3	1.9	46.3	1.2	3359	89.8
钙基膨润土	1	39.9	0.0	0.0	0.0	0.0	0.0	0.0	39.9	100
	3	119	1.0	0.8	0.0	0.0	0.0	0.0	118	99.2

续表

样品	加入Cu²⁺浓度/(mg/L)	吸附量/(mg/kg)	解吸次数						残留Cu²⁺量	
			1		2		3		残留量/(mg/kg)	残留/吸附/%
			解吸量/(mg/kg)	解吸/吸附/%	解吸量/(mg/kg)	解吸/吸附/%	解吸量/(mg/kg)	解吸/吸附/%		
钙基膨润土	5	188	4.4	2.3	2.7	1.4	1.5	0.8	179	95.2
	10	341	22.6	6.6	12.9	3.8	9.5	2.8	296	86.8
	50	1623	152	9.4	87.8	5.4	97.7	6.0	1285	79.2
	100	2917	321	11.0	189	6.5	205	7.0	2202	75.5

当解吸三次后，吸持黏土矿物胶体表面的 Cu²⁺ 量有显著差异，凹凸棒土有 4 个低浓度点吸附的 Cu²⁺ 被 100%固定，钙基膨润土只有浓度最低的一个点被 100%固定，而钙钠基膨润土在各浓度范围都有少量解吸。这表明凹凸棒土胶体表面的吸附位与 Cu²⁺ 结合的牢固程度远超过钙钠基膨润土和钙基膨润土。本实验用 KCl 溶液连续解吸 3 次，解吸率均随吸附量的增加而增加，每次的解吸率不同，解吸率第 1 次>第 2 次>第 3 次。可以看出第一次解吸的百分率较大，而第二和第三次的解吸率都较少，说明低能量吸附点位较多。总解吸率(即 3 次解吸量之和/吸附量×%)为非专性吸附量占总吸附量的百分率。对于凹凸棒土、钙钠基膨润土和钙基膨润土，总解吸率也随吸附量的增加而增加，总解吸率随吸附量增加得越多，则 Cu²⁺ 的专性吸附选择性或亲和力越低。凹凸棒土非专性吸附态铜占总吸附量 0%～10.5%，钙钠基膨润土非专性吸附态铜占总吸附量 10.2%～12.3%，钙基膨润土非专性吸附态铜占总吸附量 0%～24.5%。三种黏土矿物对 Cu²⁺ 的吸附以专性吸附为主。被专性吸附的离子均为非交换态，不能为通常提取交换性阳离子的提取剂所提取，只能为亲和力更强的金属离子所置换(或部分置换)，或在酸性条件下解吸。

吸附解吸实验表明，在 Cu²⁺ 浓度较低的情况下，凹凸棒土对 Cu²⁺ 的吸附主要为专性吸附，当浓度达到 50 mg/L 时，则是专性吸附和非专性吸附同时进行；钙钠基膨润土对 Cu²⁺ 的吸附在实验浓度范围内为专性吸附和非专性吸附同时进行；而钙基膨润土对 Cu²⁺ 的吸附只有在初始浓度为 1 mg/L 时表现为专性吸附，大于 1 mg/L 时则为专性吸附和非专性吸附同时进行。

表 2.2 为本实验在 Cu²⁺ 初始浓度 1～100 mg/L 条件下，根据溶度积计算的氢氧化铜沉淀起始 pH(记为 pH_{MPS})：$pH_{MPS}=14+\lg(K_{sp}/[Cu^{2+}])^{1/2}$(黄川徽，2004)。pH>$pH_{MPS}$ 时，Cu²⁺ 开始沉淀，初始溶液的 pH=5.0，均小于 pH_{MPS}，可见初始溶液 Cu²⁺ 均以离子态形式存在。当添加三种黏土矿物之后，溶液的 pH 均有不同程度的升高。

表 2.2 Cu²⁺沉淀的起始 pH$_{MPS}$

初始 Cu²⁺浓度/ (mg/L)	初始 Cu²⁺浓度/ (mmol/L)	pH$_{MPS}$	pH$_{eq}$		
			凹凸棒土	钙钠基膨润土	钙基膨润土
1	0.016	6.57	7.06	7.53	6.62
3	0.047	6.33	7.00	7.44	6.49
5	0.079	6.22	6.98	7.40	6.37
10	0.157	6.07	6.79	7.34	6.02
50	0.787	5.72	5.85	7.05	5.55
100	1.574	5.57	5.27	6.48	5.47

对于钙钠基膨润土，所有处理的 pH$_{eq}$＞pH$_{MPS}$，可见已经有铜沉淀产生，并不能单纯用吸附理论来解释对 Cu²⁺的去除机制，此时是吸附和沉淀的共同作用。对于凹凸棒土，在初始浓度为 1～50 mg/L 时，有铜的沉淀反应发生，而当离子浓度达到 100 mg/L 时，Cu²⁺发生大量质子化反应，导致体系产生大量的质子，pH$_{eq}$＜pH$_{MPS}$，在此条件下，为表面配位、表面离子交换、沉淀等共同作用。而对于钙基膨润土，在初始浓度为 1～5 mg/L 时，有铜的沉淀反应发生，而当离子浓度达到 10 mg/L 时，pH$_{eq}$＜pH$_{MPS}$，在此条件下，不产生铜沉淀。

尽管实验设计初始溶液的 pH 低于 Cu²⁺发生水解的 pH，但由于黏土矿物-水界面的互相作用，pH$_{eq}$大幅度升高，高于 pH$_{MPS}$，诱导了 Cu²⁺的水解沉淀。

添加凹凸棒土吸附解吸平衡后溶液 pH 的变化如图 2.4 所示。对于凹凸棒土，用 0.01 mol/L KCl 溶液解吸 Cu²⁺平衡后，平衡液的 pH 随着初始溶液铜浓度的增加而降低(图 2.4)。这是由于随着初始溶液 Cu²⁺的增加，凹凸棒土对 Cu²⁺的吸附量增加，溶液体系中大量的羟基参与反应，导致体系的 pH 下降。另外，三次解吸液的 pH 变化不显著。KCl 溶液解吸 Cu²⁺平衡液 pH 下降主要是解吸引起凹凸棒土表面电荷的变化，使进入溶液的 Cu²⁺或 Cu(OH)⁺水解作用增加了溶液中 H⁺的数量。实验中第一次的解吸量占吸附量的 0%～8.8%，第二次的解吸量占吸附量

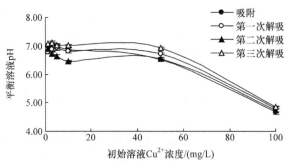

图 2.4 添加凹凸棒土吸附解吸平衡后溶液 pH 的变化

的 0%～1.5%，而第三次的解吸量仅占吸附量的 0%～0.2%(表 2.1)。由于第二次和
第三次的解吸量比较小，对溶液体系的 pH 影响不大，因此三次解吸平衡液的 pH
变化不大。

添加钙钠基膨润土吸附解吸平衡后溶液 pH 的变化如图 2.5 所示。用 0.01 mol/L
KCl 溶液解吸铜平衡后的钙钠基膨润土变化规律与凹凸棒土相似，平衡溶液的 pH
随着初始溶液铜浓度的增加而降低，三次解吸液的 pH 变化不显著。

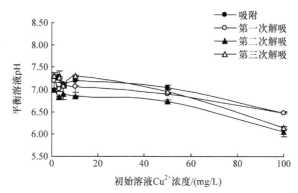

图 2.5　添加钙钠基膨润土解吸平衡后溶液 pH 的变化

用 0.01 mol/L KCl 溶液解吸铜平衡后的钙基膨润土，平衡溶液的 pH 随着初
始溶液铜浓度的增加而降低(图 2.6)。三次解吸液的 pH 变化不显著。从图中可以
看出，在初始溶液铜浓度为 5～10 mg/L，即在低解吸量时，曲线斜率较大，表明
随解吸量的增加 pH 降低较快，而在高的初始浓度下，解吸量较高，曲线变得较
为平缓，随解吸量的增加，pH 降低较慢。

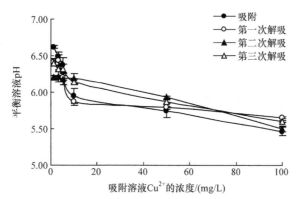

图 2.6　添加钙基膨润土解吸平衡后溶液 pH 的变化

平衡溶液的 pH 是重金属离子和黏土矿物与水作用的共同结果，而且三方面
关系密切，因此 pH 对溶液体系性质还具有一定的宏观指示作用。实际上，pH 的

变化仍是表象，导致 pH 变化的因素才是本质。黏土矿物表面吸纳质子，会导致溶液 pH 的增大，质子化表面既会释放质子又会对 pH 过低的溶液起到缓冲作用；重金属离子水解沉淀、共沉淀会导致溶液 pH 的降低，但同时能对 pH 过高的溶液起到缓冲作用。

四、黏土矿物吸附 Cu^{2+} 的红外光谱研究

前人对凹凸棒土的红外光谱做过详细的研究(蔡元峰等，2001)，认为主要由三个波段组成：①3700～3200 cm^{-1}(—OH 的伸缩振动区域)；②1600 cm^{-1}(—OH 的弯曲振动区域)；③1300～400 cm^{-1}(Si、Al 成键区域)。本实验所用凹凸棒土(ATP)及凹凸棒土吸附 Cu^{2+}(ATP-Cu)后的红外光谱如图 2.7 所示，凹凸棒土的红外吸收谱带分布与前人的结果基本相似，光谱主要分为三个波段，其振动归属如下。

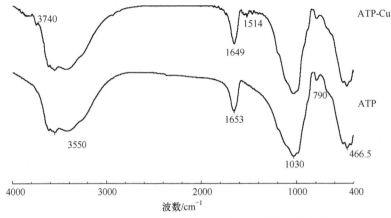

图 2.7　凹凸棒土及凹凸棒土吸附 Cu^{2+} 后的红外光谱

(1) 3700～3400 cm^{-1}(—OH 的伸缩振动区域)，其中出现 $\nu(Al^{3+}$—OH)(3618 cm^{-1})、$\nu(Fe^{3+}$、Fe^{2+}—OH)(3583 cm^{-1})、ν(—OH_2)(3550 cm^{-1})三个伸缩振动吸收峰。

(2) 1653 cm^{-1}(—OH 的弯曲振动区域)，属于配位水和吸附水分子的弯曲振动谱带。

(3) 1300～400 cm^{-1}(Si、Al 成键区域)，其中出现 ν_{as}(Si—O—Si)(1030 cm^{-1}、790 cm^{-1})，平行层的 Si—O 弯曲振动(512 cm^{-1}、466.5 cm^{-1}、425 cm^{-1})等振动峰。

当凹凸棒土吸附 Cu^{2+} 后，在高频区 3740 cm^{-1} 出现新的吸收振动。3740 cm^{-1} 为硅端基羟基(—Si—OH)吸收峰，伸缩振动频率受到与羟基配位的八面体阳离子、层间阳离子的影响，还受四面体晶格环境的配置与电荷分布的影响。笔者推断 3740 cm^{-1} 吸收峰的出现是 Cu^{2+} 进入凹凸棒土晶格通道与羟基配位，产生专性吸附作用的结果。在 1653 cm^{-1}(—OH 的弯曲振动区域)发生了红移，向低频方向移动

了 4 cm⁻¹，说明 Cu^{2+} 与水分子发生了配位作用。

本实验所用钙钠基膨润土(NaBN)及钙钠基膨润土吸附 Cu^{2+} 后(NaBN-Cu)的红外光谱如图 2.8 所示。钙钠基膨润土的振动归属如下：①3700～3400 cm⁻¹(—OH 的伸缩振动区域)，其中出现(Al^{3+}—OH)(3623 cm⁻¹、3448 cm⁻¹)伸缩振动吸收峰。②水分子弯曲振动(1639 cm⁻¹)。③1300～400 cm⁻¹(Si、Al 成键区域)，其中出现 Al^{VI}—OH 弯曲振动(918.9 cm⁻¹)、Mg^{VI}—OH 弯曲振动(845.2 cm⁻¹)、ν(MgAl—OH)(794.0 cm⁻¹) 伸缩振动、平行层的 Si—O 弯曲振动(621.0 cm⁻¹)等振动峰。上述峰均为蒙脱石的主要吸收峰(吴平霄，2004)。

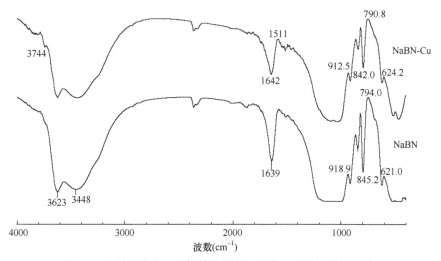

图 2.8 钙钠基膨润土及钙钠基膨润土吸附 Cu^{2+}后的红外光谱

当钙钠基膨润土吸附 Cu^{2+} 后，在 3744 cm⁻¹ 出现新的吸收峰，该峰为硅端基羟基(—Si—OH)吸收峰，可见 Cu^{2+} 进入钙钠基膨润土晶格通道引起硅羟基键的伸缩振动。水分子弯曲振动(1639 cm⁻¹)的吸收峰向高波数方向移动了 3 cm⁻¹，由于 Cu^{2+} 进入钙钠基膨润土晶格通道，对水分子产生吸引，使得水分子弯曲振动的频率升高，因而吸收峰向高波数移动。这也验证了吸附实验的结果，钙钠基膨润土对 Cu^{2+} 的吸附包含专性吸附。

本实验所用钙基膨润土(CaBN)及钙基膨润土吸附 Cu^{2+} 后(CaBN-Cu)的红外光谱如图 2.9 所示。所用钙基膨润土的振动归属如下：①3700～3400 cm⁻¹(—OH 的伸缩振动区域)，其中出现 ν(Al^{3+}—OH)(3622 cm⁻¹、3442 cm⁻¹)伸缩振动吸收峰。②水分子弯曲振动(1643 cm⁻¹)。③1300～400 cm⁻¹(Si、Al 成键区域)，其中出现 Al^{VI}—OH 弯曲振动(915 cm⁻¹)、Mg^{VI}—OH 弯曲振动(845 cm⁻¹)、ν(MgAl—OH)(790.8 cm⁻¹)伸缩振动、Si—O—Al^{VI}弯曲振动(520.6 cm⁻¹)、Si—O—Si 弯曲振动(467.3 cm⁻¹)等振动峰。

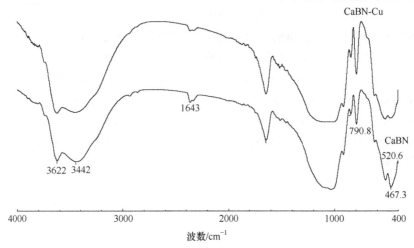

图 2.9　钙基膨润土及钙基膨润土吸附 Cu^{2+} 后的红外光谱

　　吸附了 Cu^{2+} 的钙基膨润土与未吸附 Cu^{2+} 的钙基膨润土红外光谱相比，二者吸收峰基本相同，也就是说，钙基膨润土吸附了 Cu^{2+} 并没有导致红外光谱出现新的吸收振动。

第二节　钝化材料剂量优化

一、钝化材料对黑麦草生长的影响

(一) 钝化材料对黑麦草长势的影响

　　从图 2.10～图 2.13 可以看出，与未施钝化材料的对照处理相比，施用石灰、磷灰石、蒙脱石和凹凸棒石四种钝化材料后，处理小区内黑麦草长势有不同程度的提高，石灰和磷灰石各处理小区均与对照处理形成了显著差异；钝化材料的施用

图 2.10　Cu、Cd 污染土壤中 0(a)、0.1%(b)、0.2%(c)和 0.4%(d)石灰处理对黑麦草生长的影响[①]

① 扫封底二维码可查看本书彩图。

促进了黑麦草的生长，效果由高到低依次为：石灰、磷灰石、蒙脱石和凹凸棒石；任一种钝化材料对黑麦草生长的促进作用均随其添加剂量的增加而增大。黑麦草播种后，各处理小区黑麦草均能发芽，出苗 10 d 后，对照处理、M1 处理①和 A1 处理小区的部分黑麦草嫩苗枯萎、变黄、根部腐烂直至死亡，表现出了明显的重金属毒害症状(王显炜，2010；Pichtel et al.，1998)，石灰和磷灰石各处理小区黑麦草未表现出明显的毒害症状。

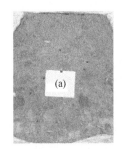

图 2.11　Cu、Cd 污染土壤中 0(a)、0.58%(b)、1.16%(c)和 2.32%(d)磷灰石处理对黑麦草生长的影响

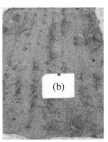

图 2.12　Cu、Cd 污染土壤中 0(a)、1%(b)、2%(c)和 4%(d)蒙脱石处理对黑麦草生长的影响

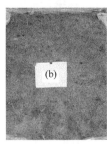

图 2.13　Cu、Cd 污染土壤中 0(a)、1%(b)、2%(c)和 3%(d)凹凸棒石处理对黑麦草生长的影响

① 处理条件为：不加改良剂的对照处理记为 CK，石灰添加量为 0.1%[占供试污染土壤耕作层(0~17cm)土壤质量百分比，下同]、0.2%和 0.4%的处理分别记为 S1、S2 和 S3，磷灰石添加量为 0.58%、1.16%和 2.32%的处理分别记为 L1、L2 和 L3，蒙脱石添加量为 1%、2%和 4%的处理分别记为 M1、M2 和 M3，凹凸棒石添加量为 1%、2%和 3%的处理分别记为 A1、A2 和 A3。后同。

(二) 钝化材料对黑麦草生物量的影响

表 2.3 显示了石灰、磷灰石、蒙脱石和凹凸棒石对黑麦草生物量的影响。各处理黑麦草均能发芽，出苗 10 d 后，对照处理的部分黑麦草嫩苗枯萎、变黄、根部腐烂直至死亡，这可能是由于重金属的活性太高导致黑麦草中毒。分析黑麦草第一茬(生长 120 d)地上部分生物量，对照处理最低，施入钝化材料不同程度地提高了其生物量；添加石灰的 3 种处理，其生物量均与对照达到显著差异水平，且随石灰添加剂量的增加，黑麦草生物量增加幅度加大，说明加入石灰能改善污染土壤的黑麦草生长环境，促进黑麦草的生长；磷灰石在促进黑麦草生长方面与石灰类似，且磷灰石高添加剂量处理黑麦草生物量达到 13 种处理的最大值；蒙脱石、凹凸棒石也促进了黑麦草的生长，但除高剂量的凹凸棒石处理外，其他处理黑麦草生物量与对照处理间无显著差异。施加钝化材料可不同程度地提高黑麦草生物量的累积，其中施加石灰和磷灰石的 6 种处理均可显著提高黑麦草的生物量，且黑麦草生物量随着石灰和磷灰石用量的增加而提高；施加蒙脱石和凹凸棒石的 6 种处理未能显著提高黑麦草的生物量。

表 2.3 钝化材料对黑麦草生长情况的影响

处理代号	地上部分干重/g			根重/g	总累积干重/g
	第一茬	第二茬	第三茬		
CK	6.4[f]	9.3[e]	5.1[f]	15.8[e]	36.6[e]
S1	294[cd]	217[d]	176[c]	841[bc]	1528[d]
S2	459[c]	391[c]	237[b]	1264[b]	2351[c]
S3	862[b]	494[b]	489[a]	2444[a]	4289[b]
L1	64.9[ef]	57.8[e]	35.0[d]	159[de]	316.7[e]
L2	251[de]	205[d]	181[c]	610[cd]	1247[d]
L3	1086[a]	767[a]	503[a]	2754[a]	5110[a]
M1	38.5[f]	23.2[e]	16.7[def]	88.2[e]	166.6[e]
M2	22.7[f]	14.5[e]	9.0[ef]	53.8[e]	100[e]
M3	50.6[f]	31.8[e]	5.0[f]	124[e]	211.4[e]
A1	10.9[f]	7.2[e]	4.7[f]	28.9[e]	51.7[e]
A2	21.6[f]	10.6[e]	11.0[ef]	57.7[e]	100.9[e]
A3	77.1[ef]	43.9[e]	29.0[de]	214[de]	364[e]

注：表内同一列中字母相同表示处理间无显著差异，字母不同表示有显著性差异($P < 0.05$)。

二、钝化材料对黑麦草铜、镉吸收的影响

施用石灰、磷灰石显著降低了黑麦草地上部分和根部铜、镉的浓度(表 2.4 和

表 2.5)，而蒙脱石和凹凸棒石部分添加剂量却增加了黑麦草铜、镉的浓度，说明本实验所选取的铜、镉污染较严重区域，适合钝化重金属的钝化材料为石灰和磷灰石。石灰、磷灰石常被用作重金属污染土壤钝化材料，可降低重金属毒性，减少植物对重金属的吸收，同时可改良土壤的不良特性，实现土壤修复与改良的联合(徐明岗等，2007；王新等，1995；屠乃美等，2000；Simon，2005；Mishra et al.，2007；郭晓方等，2008)。蒙脱石和凹凸棒石施入污染土壤后，随着时间的推移钝化材料易黏附在一起，造成土壤小面积板结，不利于黑麦草的生长。

表 2.4　施用不同钝化材料修复铜污染土壤的效果

处理代号	地上部铜浓度/(mg/kg)			根部铜浓度/(mg/kg)	地上部铜吸收量/(mg/样地)			根部铜吸收量/(mg/样地)	吸收量相对值
	第一茬	第二茬	第三茬		第一茬	第二茬	第三茬		
CK	377[a]	798[a]	1704[a]	3152[a]	2.51[c]	7.76[c]	8.53[e]	49.9[d]	1.00
S1	302[ab]	187[e]	980[f]	2180[d]	86.7[b]	40.2[b]	173[c]	1837[b]	36.8
S2	187[c]	143[ef]	854[g]	1862[e]	85.6[b]	56.2[a]	202[b]	2360[b]	47.3
S3	261[bc]	126[ef]	705[h]	1650[fg]	225[a]	61.9[a]	344[a]	4065[a]	81.5
L1	172[c]	177[e]	1165[cd]	2187[d]	11.2[c]	10.2[c]	41.3[d]	348[d]	6.97
L2	183[c]	155[ef]	916[fg]	1811[ef]	46.9[bc]	34.0[b]	166[c]	1100[c]	22.1
L3	184[c]	92.3[f]	650[h]	1488[g]	202[a]	69.2[a]	328[a]	4020[a]	80.6
M1	314[ab]	812[a]	1269[c]	2851[c]	10.6[c]	19.0[c]	21.2[de]	253[d]	5.08
M2	228[bc]	777[a]	1105[de]	2403[c]	5.16[c]	11.3[c]	9.90[e]	130[d]	2.60
M3	240[bc]	386[d]	1032[ef]	21670[d]	11.6[c]	12.3[c]	5.18[e]	271[d]	5.43
A1	287[b]	668[b]	1433[b]	3162[a]	3.09[c]	4.80[c]	6.70[e]	91.4[d]	1.83
A2	251[bc]	549[c]	1221[c]	3014[ab]	5.39[c]	5.81[c]	13.5[de]	174[d]	3.49
A3	224[bc]	326[d]	999[ef]	2296[cd]	15.8[c]	14.2[c]	28.8[de]	517[cd]	10.4

注：表内同一列中字母相同表示处理间无显著差异，字母不同表示有显著性差异($P<0.05$)。样地：每小区面积(3×2)m²。

表 2.5　施用不同钝化材料修复镉污染土壤的效果

处理代号	地上部镉浓度/(mg/kg)			根部镉吸收量/(mg/kg)	地上部镉吸收量/(mg/样地)			根部镉吸收量/(mg/样地)	吸收量相对值
	第一茬	第二茬	第三茬		第一茬	第二茬	第三茬		
CK	1.53[abc]	3.84[b]	7.55[a]	8.31[a]	0.01[e]	0.03[f]	0.04[e]	0.07[d]	1.00
S1	1.32[abcd]	1.03[ef]	5.42[def]	5.00[fg]	0.38[c]	0.23[cd]	0.96[c]	2.26[bc]	26.2
S2	1.09[cd]	0.91[ef]	5.20[f]	4.63[g]	0.50[b]	0.36[bc]	1.23[c]	3.26[b]	36.7
S3	1.42[abcd]	0.81[f]	4.82[f]	3.88[h]	1.16[a]	0.40[b]	2.35[b]	5.87[a]	67.1
L1	0.87[d]	0.95[ef]	5.99[cde]	5.57[de]	0.06[de]	0.05[ef]	0.22[e]	0.47[d]	5.51
L2	1.06[cd]	0.86[ef]	5.52[def]	5.21[ef]	0.28[c]	0.19[de]	1.00[d]	1.71[c]	21.8
L3	1.04[cd]	1.12[ef]	5.28[ef]	4.9[fg]	1.07[a]	0.87[a]	2.64[a]	6.28[a]	74.4

续表

处理代号	地上部镉浓度/(mg/kg)			根部镉吸收量/(mg/kg)	地上部镉吸收量/(mg/样地)			根部镉吸收量/(mg/样地)	吸收量相对值
	第一茬	第二茬	第三茬		第一茬	第二茬	第三茬		
M1	1.73[ab]	3.63[b]	7.25[ab]	6.84[c]	0.06[de]	0.08[ef]	0.12[e]	0.24[d]	3.53
M2	1.36[abcd]	3.28[bc]	6.57[bc]	5.73[d]	0.03[de]	0.05[ef]	0.06[e]	0.14[d]	1.93
M3	1.46[abcd]	2.54[d]	5.08[f]	5.14[ef]	0.07[de]	0.08[ef]	0.03[e]	0.30[d]	3.27
A1	1.25[bcd]	4.57[a]	7.40[a]	7.44[b]	0.01[e]	0.03[f]	0.04[e]	0.09[d]	1.16
A2	1.19[bcd]	2.75[cd]	6.07[cd]	6.57[c]	0.03[de]	0.03[f]	0.06[e]	0.15[d]	1.87
A3	1.91[a]	1.62[e]	4.99[f]	5.89[d]	0.15[d]	0.08[ef]	0.15[e]	0.50[d]	6.01

注: 表内同一列中字母相同表示处理间无显著差异, 字母不同表示有显著性差异($P < 0.05$)。样地: 每小区面积(3×2)m²。

表 2.4 表明, 磷灰石处理降低黑麦草地上部分铜浓度效果最显著, 与对照相比, 其低、中、高 3 种添加剂量处理分别使第一茬黑麦草地上部铜浓度下降了 54.4%、51.5%、51.2%; 不同剂量的石灰添加均能降低第一茬黑麦草地上部铜的吸收, 下降幅度分别为 19.9%、50.4%、30.8%。石灰和磷灰石在降低黑麦草对铜的吸收方面效果较好, 而蒙脱石和凹凸棒石效果较差。

表 2.5 表明, 磷灰石处理降低黑麦草地上部分镉浓度效果最显著, 与对照相比, 其低、中、高 3 种添加剂量分别使第一茬黑麦草地上部镉浓度下降了 43.1%、30.7%、32.0%; 石灰低、中、高 3 种添加剂量均能降低第一茬黑麦草地上部对镉的吸收, 下降幅度分别为 13.7%、28.8%、7.2%。石灰和磷灰石在降低黑麦草对镉吸收方面效果较好, 蒙脱石和凹凸棒石处理效果较差。黑麦草不同部位铜、镉含量的规律为: 根部≫地上部, 这与其他学者的研究相似(郝秀珍等, 2005)。同时值得关注的是, 生长时期最短、生物量最小的第三茬黑麦草地上部铜、镉含量远高于前两茬。

本书利用黑麦草对重金属的吸收量(生物量×重金属浓度)粗略比较不同钝化材料对污染土壤的修复效率(表 2.4 和表 2.5)。施用不同钝化材料, 黑麦草对重金属的吸收量不同, 以不施用钝化材料污染土壤自然修复过程的吸收量为 1, 则高添加剂量石灰处理的铜、镉修复效率分别提高了约 82 倍、67 倍; 高添加剂量磷灰石处理的铜、镉修复效率分别提高了约 81 倍、74 倍。石灰、磷灰石和凹凸棒石 3 种钝化材料对污染土壤的修复效率, 均随各种钝化材料添加剂量的增加而增大。蒙脱石处理中, 中剂量处理修复效率最低。

三、钝化材料对土壤 pH 的影响

对照土壤 pH 较低, 施用钝化材料后土壤 pH 有不同程度的提高(图 2.14), 这

也是钝化材料降低植物重金属含量的原因之一，这与 Cotter-Howells 等(1996)和
Naidu 等(1994)的研究结果一致。土壤 pH 增加会减弱土壤有机/无机胶体及土壤黏
粒对重金属离子的吸附能力，使土壤及土壤溶液中的有效态和交换态重金属离子
数量减少，从而降低植物体的重金属含量。

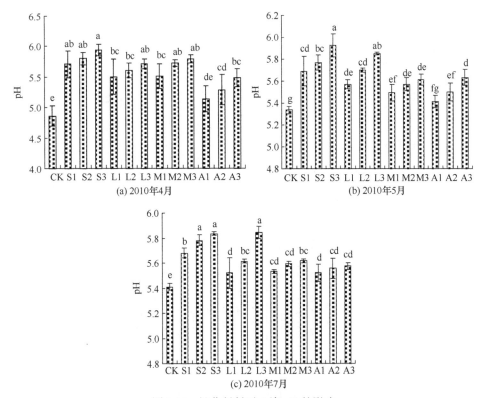

图 2.14　钝化材料对土壤 pH 的影响

　　对 2010 年 4 月(第一茬)、5 月(第二茬)、7 月(第三茬)各处理土壤 pH 数据分
析得到，施用钝化材料后土壤 pH 与对照相比有不同程度的提高，且均与对照处
理达到显著差异。由 4 月数据可知施用石灰能显著提高土壤 pH，低、中、高 3
种剂量均与对照处理达到显著差异，且施用量越大，提高幅度也越大；高剂量石
灰处理 pH 提高幅度最大，比对照 pH 增加了 1.08 个单位，与其余 12 种处理均达
到显著差异水平。磷灰石、蒙脱石和凹凸棒石对土壤 pH 的提高与石灰类似，但
幅度低于石灰处理，这与石灰本身 pH 较高有一定关系。钝化材料处理下，5 月、
7 月的土壤 pH 变化规律与 4 月类似。

四、钝化材料对土壤有效铜、镉含量的影响

　　钝化材料施加均可不同程度地降低土壤有效态铜、镉含量(图 2.15 和图 2.16)。

施加钝化材料均可显著降低土壤有效态铜、镉含量，高剂量石灰和磷灰石处理降低有效铜、镉含量分别为33.5%、26.5%和32.2%、43.7%。钝化材料处理下5月、7月对土壤有效铜、镉的影响规律与4月类似，但7月蒙脱石处理有效铜含量随钝化材料添加剂量的增加呈增加趋势。

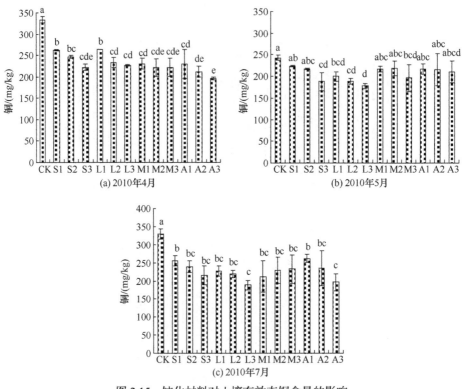

图 2.15　钝化材料对土壤有效态铜含量的影响

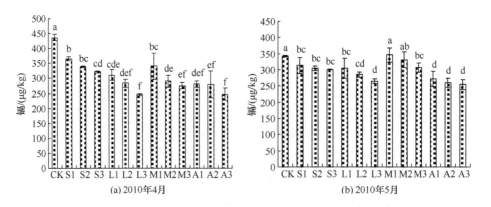

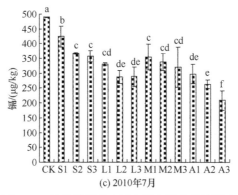

(c) 2010年7月

图2.16　钝化材料对土壤有效态镉含量的影响

不同时期石灰和磷灰石对土壤有效态铜、镉的影响情况不同，4 月含量较高，5 月有效铜、镉含量呈大幅下降趋势，到了 7 月，土壤有效态铜、镉含量又逐渐回升，出现这种现象的原因一方面可能是钝化材料的钝化效果随时间的延长而减弱，另一方面是温度升高，部分固相结合态的重金属因高温被重新活化。

五、钝化材料对土壤铜、镉形态转化的影响

根据改进的 Tessier 连续分级法(Tessier et al.，1979；朱嬛婉等，1989；蒋廷惠等，1989)将土壤中重金属分为水溶态(WS)、交换态(MgE)、碳酸盐结合态(CA)、铁锰氧化物结合态($FeMnO_x$)、有机结合态(OM)和残渣态(Res)。对土壤中各形态重金属的化学提取能定性地区分重金属在土壤多相体系中的结合状态及其结合的能量大小以及相应的生物有效性。其中，WS 和 MgE 之和为离子交换态(EXC)，生物有效性较高。化学形态提取法分析并结合植物吸收等测试，可以推测控制土壤重金属有效性的因素和生成的重金属-盐类沉淀或络合物形式(Chen et al.，2006；Knox et al.，2006；Oka et al.，2007；Bolan et al.，2003)，所以化学形态提取法在土壤化学研究中已成为最为普遍的方法。

由表 2.6～表 2.8 可知，4 月、5 月、7 月对照土壤 EXC 铜含量分别占总量的19.3%、21.8%、14.4%，因为其 EXC 所占比例较大，对黑麦草产生的危害较严重，所以其生物产量大幅度降低，验证了 EXC 铜是影响植物生长的关键形态(Leeper，1978)。除 4 月低剂量蒙脱石外，钝化材料的施加均可显著降低 EXC 铜含量，促使铜转化为对植物无害或低害形态，几种钝化材料的效果中石灰和磷灰石的效果最好。与对照相比，高剂量石灰和磷灰石分别使 EXC 铜、镉降低了 96.4%～98.6%、16.6%～31.9%和 92.0%～97.2%、18.3%～27.8%，同时增加了碳酸盐结合态和铁锰氧化物结合态的含量。4 月蒙脱石(低剂量除外)和凹凸棒石处理使 EXC 铜降低了 10.9%～30.8%，碳酸盐结合态和铁锰氧化物结合态含量增加。石灰和磷灰石降低 EXC 铜的效果较好，这主要是由于土壤 pH 的提高，因此，对于酸性和中性偏酸性重金属污染土壤，石灰和磷灰石是良好的修复剂。对照土壤中镉与铜相比，EXC 镉含量均较高（37.1%～37.9%）。同时，研究发现，钝化材料对铜的钝化效果明显优于镉。

表 2.6　钝化材料对土壤铜、镉形态含量的影响(4 月)

处理代号	铜/(mg/kg)					镉/(μg/kg)				
	EXC	CA	FeMnO$_x$	OM	Res	EXC	CA	FeMnO$_x$	OM	Res
CK	128[a]	71.6[def]	99.1[f]	131[cd]	235[cde]	175[b]	16.8[de]	102[bc]	33.5[bcd]	135[e]
S1	50.1[e]	79.6[cdef]	115[def]	135[cd]	358[a]	169[b]	16.8[de]	102[bc]	27.2[bcd]	176[bcd]
S2	26.4[f]	105[abc]	132.3[c]	152[bc]	296[abc]	159[b]	87.5[a]	107[bc]	33.6[bcd]	211[ab]
S3	4.57[g]	132[a]	187[a]	172[a]	88.7[f]	146[b]	92.8[a]	130[a]	34.6[bcd]	16.9[g]
L1	66.1[d]	96.6[bcd]	119[cde]	137[cd]	338[ab]	159[b]	19.5[d]	102[bc]	34.7[bcd]	41[g]
L2	47.7[e]	102[abcd]	124[cd]	141[cd]	210[e]	149[b]	24.0[d]	109[bc]	28.8[bcd]	181[bc]
L3	6.82[g]	122[ab]	151[b]	165[ab]	230[cde]	143[b]	39.0[b]	123[ab]	25.6[bcd]	140[de]
M1	130[a]	91.0[bcde]	111[def]	143[cd]	225[de]	232[a]	18.6[de]	102[bc]	38.6[abc]	86.6[f]
M2	90.2[c]	73.4[cdef]	99.7[f]	140[cd]	286[bcd]	204[a]	19.3[de]	87.8[c]	30.7[bcd]	172[cde]
M3	90.1[c]	92.0[bcde]	107[def]	149[bc]	222[de]	229[a]	22.3[cd]	87.8[c]	40.8[ab]	82.0[f]
A1	114[ab]	63.5[ef]	97.5[f]	124[d]	274[bcde]	165[b]	7.26[f]	92.5[c]	35.7[bcd]	171[cde]
A2	104[bc]	73.5[cdef]	114[def]	126[d]	217[de]	161[b]	11.2[ef]	109[bc]	49.8[a]	173[cd]
A3	88.6[c]	57.8[f]	101[ef]	124[d]	259[cde]	148[b]	29.8[c]	92.5[c]	23.0[d]	224[a]

注：表内同一列中字母相同表示处理间无显著差异，字母不同表示有显著性差异($P<0.05$)。

表 2.7　钝化材料对土壤铜、镉各形态含量的影响(5 月)

处理代号	铜/(mg/kg)					镉/(μg/kg)				
	EXC	CA	FeMnO$_x$	OM	Res	EXC	CA	FeMnO$_x$	OM	Res
CK	134[a]	72.0[fg]	104[e]	138[de]	168[f]	198[ab]	67.7[ef]	102[f]	31.4[bc]	135[b]
S1	47.5[f]	101[d]	132[bc]	148[bcd]	170[f]	188[bc]	93.3[bc]	116[bcde]	28.2[cd]	88.8[ef]
S2	17.3[g]	125[bc]	143[b]	158[ab]	177[f]	169[cde]	103[b]	118[bcd]	28.2[cd]	97.5[de]
S3	2.50[h]	139[a]	163[a]	163[a]	183[ef]	161[def]	122[a]	123[ab]	34.6[cd]	109[cd]
L1	42.9[f]	106[d]	121[cd]	151[bc]	234[cd]	181[bcd]	78.9[de]	119[cd]	34.7[ab]	58.9[g]
L2	23.3[g]	118[c]	132[bc]	142[cde]	239[bcd]	149[ef]	83.9[cd]	122[abc]	28.2[cd]	63.0[g]
L3	3.74[h]	129[ab]	143[b]	144[cde]	217[d]	143[f]	93.1[bc]	130[a]	31.5[bc]	64.3[g]
M1	117[b]	75.6[ef]	98.0[e]	149[bcd]	227[cd]	189[bc]	73.4[def]	106[ef]	27.0[d]	80.9[f]
M2	104[cd]	83.9[e]	100[e]	145[cde]	210[de]	215[a]	78.9[de]	102[f]	34.7[ab]	89.7[ef]

续表

处理代号	铜/(mg/kg)					镉/(μg/kg)				
	EXC	CA	FeMnO$_x$	OM	Res	EXC	CA	FeMnO$_x$	OM	Res
M3	84.5^e	97.7^d	109^{de}	152^{bc}	166^f	215^a	79.0^{de}	102^f	36.4^a	95.6^e
A1	113^{bc}	62.8^g	101^e	122^g	268^b	183^{bcd}	72.4^{def}	112^{cde}	32.5^{ab}	115^c
A2	96.4^d	64.1^g	110^{de}	126^{fg}	249^{bc}	175^{cd}	66.4^f	108^{def}	26.9^d	173^a
A3	78.0^e	70.7^{fg}	123^c	135^{ef}	333^a	171^{cd}	73.3^{def}	113^{bcde}	34.1^{ab}	142^b

注：表内同一列中字母相同表示处理间无显著差异，字母不同表示有显著性差异($P<0.05$)。

表 2.8　钝化材料对土壤铜、镉各形态含量的影响(7 月)

处理代号	铜/(mg/kg)					镉/(μg/kg)				
	EXC	CA	FeMnO$_x$	OM	Res	EXC	CA	FeMnO$_x$	OM	Res
CK	107^a	65.7^{ef}	87.9^f	133^c	347^a	229^a	47.3^c	109^b	23.0^{bc}	209^{ab}
S1	24.5^f	172^a	144^{bc}	178^{ab}	137^e	180^{bc}	71.4^b	109^b	28.2^b	120^{cdef}
S2	3.01^h	117^{cd}	142^{bc}	138^c	233^d	164^{cde}	72.2^b	100^{bc}	20.4^c	229^a
S3	1.52^h	123^c	175^a	184^a	163^e	156^{def}	116^a	137^a	28.2^b	146^{bcde}
L1	36.4^e	110^{cd}	115^{de}	123^{cd}	309^b	172^{bcd}	48.0^c	130^a	20.5^c	66.4^f
L2	15.2^g	119^{cd}	120^{cd}	139^c	280^{bc}	188^b	71.3^b	102^{bc}	23.0^{bc}	113^{def}
L3	8.51^{gh}	144^b	151^{ab}	178^{ab}	267^{cd}	166^{cde}	73.5^b	110^b	28.9^b	97.0^{ef}
M1	101^{ab}	68.8^{ef}	86.1^f	142^c	264^{cd}	188^b	41.2^c	102^{bc}	23.0^{bc}	186^{ab}
M2	61.1^d	80.7^e	109^{def}	134^c	249^{cd}	151^{ef}	48.9^c	83.0^{de}	24.7^{bc}	235^a
M3	75.1^c	100^d	92.8^{ef}	162^b	352^a	174^{bcd}	46.5^c	92.5^{cd}	29.7^b	184^{abc}
A1	101^{ab}	65.3^{ef}	105^{def}	131^{cd}	359^a	158^{def}	46.8^c	111^b	23.0^{bc}	161^{bcde}
A2	68.9^c	50.1^f	85.1^f	97.6^e	269^{cd}	140^f	31.6^d	79.7^{de}	19.1^c	109^{def}
A3	95.0^b	61.3^f	99.5^{def}	115^d	309^b	161^{cde}	43.1^c	78.5^e	58.2^a	170^{abcd}

注：表内同一列中字母相同表示处理间无显著差异，字母不同表示有显著性差异($P<0.05$)。

第三节　钝化材料粒径优化

一、羟基磷灰石表征分析

扫描电子显微镜(SEM)观察结果表明，微米羟基磷灰石是一种粒径 5～30 μm 的光滑球形颗粒(图 2.17)。而在相同倍率下，纳米羟基磷灰石为粉体，由更小的晶体颗粒聚集而成。

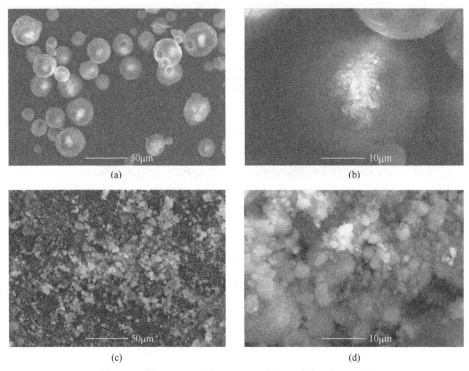

图 2.17　微[(a)、(b)]/纳[(c)、(d)]米羟基磷灰石 SEM 图

　　将微/纳米羟基磷灰石颗粒分散于超纯水后进行透射电子显微镜(TEM)和动态光散射(DLS)测量，表征结果表明，微米羟基磷灰石颗粒在水中分裂成了更小的无定形粒子，平均粒径为 334 nm(图 2.18)；而纳米羟基磷灰石结晶度较好，单个晶体粒径为 20～90 nm，但晶体间极易聚集，团聚后颗粒平均水合粒径为 3.1 μm。

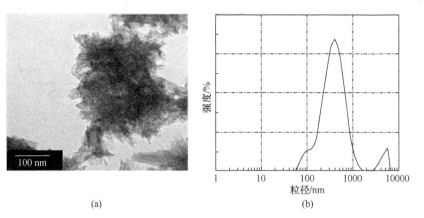

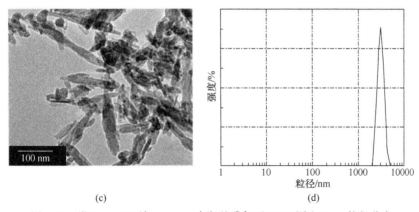

(c)　　　　　　　　　　　　　　　　(d)

图 2.18　微[(a)、(b)]/纳[(c)、(d)]米羟基磷灰石 TEM 图和 DLS 粒径分布

　　丁铎尔现象(丁铎尔效应)可以表征分散系离子的粒径大小(Mecklenburg，1915)。通过丁铎尔效应实验进一步证实了微米羟基磷灰石溶于水后，其水合粒子粒径小于入射光的波长，而纳米羟基磷灰石在溶液中纳米晶体团聚，粒子水合粒径大于入射光的波长(图 2.19)。

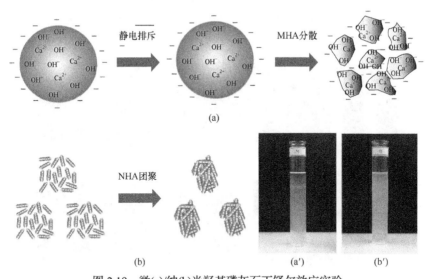

图 2.19　微(a)/纳(b)米羟基磷灰石丁铎尔效应实验

MHA：微米羟基磷灰石；NHA：纳米羟基磷灰石，下同；(a′)表示激光通过微米羟基磷灰石，(b′)表示激光通过纳米羟基磷灰石

　　Zeta 电位可以测量溶液中分散系间排斥或吸引强度，待测溶液 Zeta 电位(绝对值)越高，其溶液中分散粒子越不易聚集，粒子直径小且体系稳定，反之，溶液中分散粒子越倾向于聚集(Obrien et al.，1990)。Zeta 的表征结果表明(图 2.20)，纳米羟基磷灰石 Zeta 电位绝对值低于微米羟基磷灰石，粒子间极易聚集，而微米羟

基磷灰石颗粒之间相互排斥力强, 溶液体系稳定。

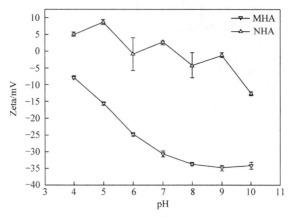

图 2.20　微/纳米羟基磷灰石 Zeta 电位

通过微米和纳米羟基磷灰石的沉降实验(图 2.21)进一步验证了 Zeta 电位表征的结果, 纳米羟基磷灰石溶液中分散的颗粒表面的带电荷量小, 易聚集且体系不稳定, 分散在水溶液中的纳米羟基磷灰石会逐渐团聚沉淀; 微米羟基磷灰石溶液中分散的颗粒表面所带电荷量大, 微米球形颗粒在水溶液中分裂成更小的水合粒子, 颗粒间分散性好。

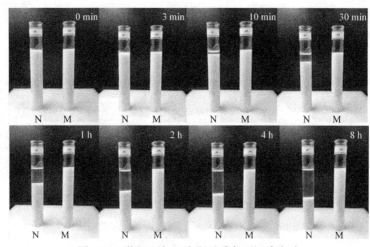

图 2.21　微(M)/纳(N)米羟基磷灰石沉降实验

X 射线衍射(XRD)扫描微/纳米羟基磷灰石颗粒的结果表明(图 2.22), 纳米羟基磷灰石 X 射线衍射峰相对峰强与峰宽明显不同于微米羟基磷灰石, 将两类羟基磷灰石 X 射线衍射峰半高宽度(FWHM)代入谢乐公式(Scherrer)计算可知, 微米羟基磷灰石晶粒尺寸为 25.6 nm, 纳米羟基磷灰石晶粒尺寸为 30.1 nm。

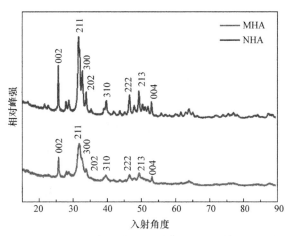

图 2.22　微/纳米羟基磷灰石 XRD 谱图

二、羟基磷灰石对土壤 pH 的影响

在实验进行的第 7 天、14 天、30 天和 60 天，采集各处理土壤样品，采用 1∶2.5 的土水比测量土壤 pH。图 2.23 表明，实验周期内，微/纳米羟基磷灰石均显著

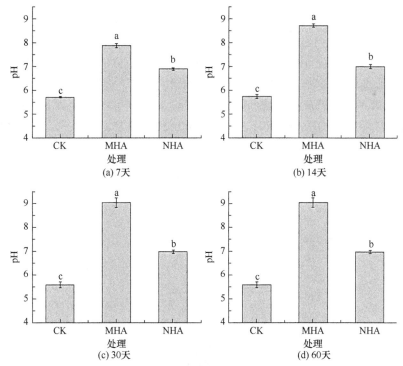

图 2.23　微/纳米羟基磷灰石对土壤 pH 的影响

不同字母表示数据有显著性差异($P<0.05$)

提升了土壤的 pH，微米羟基磷灰石的提升效果优于纳米羟基磷灰石。结合对微/纳米羟基磷灰石的表征结果发现，二者对土壤 pH 提升差异的原因可能包括：微米羟基磷灰石在土壤溶液中分裂为纳米级颗粒，比表面积增大，颗粒表面羟基被 F^-、Cl^-等所取代的效果增强；纳米羟基磷灰石在土壤溶液中大量团聚，比表面积减小，颗粒表面羟基被 F^-、Cl^-等所取代的效果减弱。

　　微/纳米羟基磷灰石提升土壤 pH 主要有两种机制：一是，羟基磷灰石通过溶解向土壤溶液中释放氢氧根离子，增加土壤溶液的 pH(Boisson et al., 1999)，其方式如下：

$$Ca_{10}(PO_4)_6(OH)_2+14H^+ \Longrightarrow 10Ca^{2+}+6H_2PO_4^-+2H_2O \tag{2-1}$$

二是，羟基磷灰石进入土壤后，其中的构晶离子 OH^-可被土壤溶液中的 F^-、Cl^-等取代(Ma et al., 1994)，形成氟、氯磷灰石(LeGeros et al., 1984)，被取代下的氢氧根离子可提高土壤溶液的 pH。

$$Ca_{10}(PO_4)_6(OH)_2+xF^-+xH^+ \Longrightarrow Ca_{10}(PO_4)_6F_x(OH)_{2-x}+xH_2O \tag{2-2}$$

$$Ca_{10}(PO_4)_6(OH)_2+xCl^-+xH^+ \Longrightarrow Ca_{10}(PO_4)_6Cl_x(OH)_{2-x}+xH_2O \tag{2-3}$$

三、羟基磷灰石对土壤 TCLP 提取态重金属含量的影响

　　TCLP 提取实验结果表明 CK 土壤提取的铜、镉和铅含量较高(图 2.24)，明显超过美国环境保护局(USEPA)规定的 TCLP 提取态标准值(铜：15 mg/L；镉：1 mg/L；铅：5 mg/L)(USEPA，1994；刘春早等，2011；Guy et al., 2002)。而微/纳米羟基磷灰石的添加均可显著降低土壤中铜、镉和铅的 TCLP 提取态含量。实验进行第60 天时，微米羟基磷灰石和纳米羟基磷灰石处理分别可将土壤 TCLP 提取态铜、镉和铅含量降低 62.7%、55.0%、99.7%和 60.0%、59.5%和 99.3%，这使得土壤

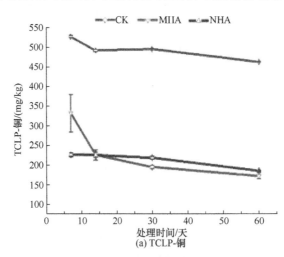

(a) TCLP-铜

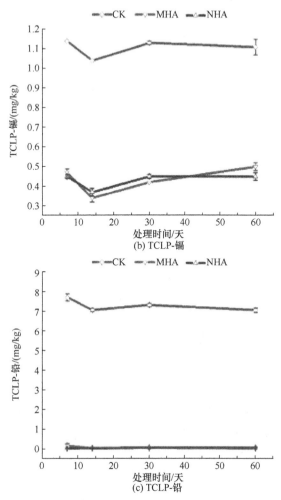

图 2.24　微/纳米羟基磷灰石对土壤 TCLP 提取态铜、镉和铅含量的影响

TCLP 提取态镉和铅含量低于 USEPA 标准，两者在 TCLP 提取态铜、镉和铅含量的降低上，差异不显著。两种不同粒径的羟基磷灰石对土壤 pH 提升的效果差异较大，但对土壤 TCLP 可提取的活性重金属含量影响差异较小，故推测两类羟基磷灰石对土壤重金属的形态改变存在差别。

四、羟基磷灰石对土壤重金属形态的影响

　　土壤实验 60 天后，Tessier 等(1979)通过五步连续提取法分析了所有土壤中的铜、镉和铅的化学形态，分析结果如表 2.9 所示。结果表明，微/纳米羟基磷灰石的添加均有效降低了土壤中铜、镉和铅的离子交换态(EXC)含量，添加微米羟基磷灰石和纳米羟基磷灰石后，其 EXC 铜、镉、铅的含量与 CK 相比分别从 10.5%、

72.1%、15.4%降低至 1.4%、6.5%、0.1%和 1.5%、16.4%、0.2%。同时，微米羟基磷灰石对铜、镉和铅的 $FeMnO_x$ 含量提升效果明显优于纳米羟基磷灰石，但纳米羟基磷灰石对于铜、镉和铅的 RES 含量提升效果优于微米羟基磷灰石。

表 2.9　微/纳米羟基磷灰石对土壤铜、镉和铅化学形态分布的影响　（单位：%）

重金属	处理	EXC	CA	$FeMnO_x$	OM	Res
铜	CK	10.5±0.56[a]	20.6±0.26[a]	28.4±1.02[b]	25.4±0.32[a]	15.1±1.05[b]
	MHA	1.4±0.11[b]	13.2±0.28[c]	43.6±1.51[a]	23.3±0.23[b]	18.5±2.01[b]
	NHA	1.5±0.14[b]	15.0±0.52[b]	31.9±1.75[b]	23.3±0.63[b]	28.3±2.74[a]
镉	CK	72.1±1.58[a]	4.6±0.16[c]	8.4±0.59[c]	5.5±0.29[ab]	9.4±0.84[b]
	MHA	6.5±0.94[c]	11.5±0.26[a]	64.5±0.79[a]	5.8±0.28[a]	11.7±1.80[b]
	NHA	16.4±0.49[b]	6.1±0.15[b]	40.5±2.81[b]	4.0±0.51[b]	33.0±3.20[a]
铅	CK	15.4±0.57[a]	13.2±0.29[a]	14.9±0.54[b]	9.6±0.59[a]	46.9±0.79[c]
	MHA	0.1±0.00[b]	0.8±0.06[b]	18.1±1.78[a]	1.6±0.18[b]	79.3±1.76[b]
	NHA	0.2±0.02[b]	1.0±0.13[b]	15.4±0.78[ab]	0.6±0.10[c]	82.7±0.70[a]

注：表中同一列数据中不同字母表示无显著性差异($P>0.05$)。

第四节　钝化材料加工工艺

近年来，我国土壤修复产业快速发展，目前我国土壤修复市场在 6 万亿元以上，仅耕地修复市场潜在容量就达到 3.8 万亿元，空间巨大(中国环境保护产业协会重金属污染防治与土壤修复专业委员会，2017)。据不完全统计，仅 2016 年 5 月底国务院"土十条"出台后拥有土壤修复相关业务企业数量就达 2000 家。其中，土壤重金属钝化产品是当前修复公司投入研发的主要方向之一(邢金峰等，2019)。前期调研发现，目前土壤重金属钝化产品发展面临的困难有：产品研发和加工工艺落后，质量不稳定；产品中存在重金属等污染物超标潜在风险；缺乏正确的宣传和技术指导，导致土壤调理剂的使用效果不佳、单一的土壤钝化材料存在改良效果不佳或不全面的问题、产品评价技术体系不够完善等(周静等，2017)。因此，研发绿色、高效、稳定的钝化产品显得尤为必要。基于此，本节在前期田间钝化材料的研发基础上，结合相关工艺技术改进方法，加工生产出系列配方产品，并采用室内盆栽和田间验证的方法考察其钝化效果，以期为规模化企业钝化产品研发提供一定的理论指导。

一、绿色廉价钝化材料的研发

(一) 材料筛选

目前，我国生物质发电主要利用农林废弃物直接燃烧发电，燃烧后灰分富含钾、硅、磷及一些微量元素等作物生长所需的养分(李小琴等，2020)。本节采用的生物质电厂灰中富含植物生长所需微量元素且重金属等有害元素含量符合工业固体废弃物农用的标准(表 2.10)，常被当作肥料进行利用。然而，生物质电厂灰pH 为 8~12，在加工过程中需用酸度调节剂，这不但耗费酸资源和能量，而且使其失去了对酸性土壤改良的作用，这无疑是一种资源浪费。并且生物质电厂常常因灰分过多而造成大量积压，不仅影响电厂的正常运行，还造成周边环境的污染。为此，我们挑选生物质电厂灰(D)作为一种绿色、价格低廉的重金属污染土壤钝化改良材料。同时，也从前人的研究中挑选了两种广泛应用于重金属污染农田修复的天然矿物：石灰(S)和磷灰石(L)作为参照。

表 2.10　生物质电厂灰分的成分及其与石灰的比较

材料性质	生物质电厂灰	市场石灰
pH	10.36	12.21
CaO/%	6.04	13.8
MgO/%	1.09	0.58
P_2O_5/%	0.94	0.03
K_2O/%	3.99	0.25
SiO_2/%	25.8	0.56
Al_2O_3/%	3.99	0.53
Na_2O/%	0.57	0.48
MnO/%	0.04	0.01
Cl^-/%	1.23	0.03
SO_4^{2-}/%	0.22	ND
Cu/(mg/kg)	35.3	10.1
Cd/(mg/kg)	1.96	1.92
Pb/(mg/kg)	5.15	ND
Zn/(mg/kg)	151	102.3
Cr/(mg/kg)	22.3	35.6
As/(mg/kg)	ND	ND
Ni/(mg/kg)	178	485
F^-/(mg/kg)	8.48	119

在典型的镉铜土壤污染农田区采集土壤，材料与土壤比例相等(0.2%)，连续77 天的恒温恒湿培养后，结果发现：生物质电厂灰可显著提高土壤 pH 平均值，从约 5.5 提至接近 6.0(图 2.25 和表 2.11)，相对 CK 处理提高了 0.1~0.5 个 pH 单位。与天然矿物材料相比，生物质电厂灰与磷灰石一样，对土壤 pH 提高具有一

定的稳定性；而石灰在 14 天后，土壤 pH 显著下降。同时，也说明石灰在短期内可迅速提升土壤 pH，而磷灰石和生物质电厂灰则相对缓和。故在用石灰作为土壤钝化材料时，应注意施撒时间，避免因 pH 提升过快而对植物种子发芽和作物苗期生长产生不利影响。本节中采用的配方材料可以大幅度提高土壤 pH，从而使重金属与 OH⁻发生反应沉淀下来。同时，生物质电厂灰中的有机质、铁锰氧化物等进一步增加了土壤的稳定能力，土壤吸附重金属的载体增加，降低了重金属的可交换量和被作物吸收的量，从而降低了土壤重金属污染的程度(Katsoyiannis et al.，2008)。

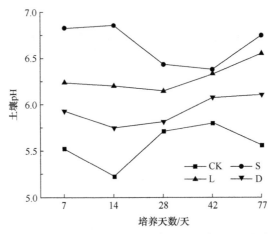

图 2.25 恒温恒湿条件下不同材料对土壤 pH 的影响

表 2.11 不同材料对重金属镉铜污染土壤 pH 的影响

处理	7 天	14 天	28 天	42 天	77 天
对照	5.53[d]	5.23[d]	5.72[c]	5.81[c]	5.57[d]
石灰(S)	6.83[a]	6.86[a]	6.44[a]	6.38[a]	6.75[a]
磷灰石(L)	6.24[b]	6.21[b]	6.15[b]	6.34[a]	6.55[b]
电厂灰(D)	5.93[c]	5.75[c]	5.82[c]	6.08[b]	6.11[c]

注：不同字母表示在 $P < 0.05$ 水平上具有显著性差异，下同。

在对土壤镉铜有效态含量的降低方面(图 2.26)，77 天内，生物质电厂灰相对 CK 使镉、铜有效态含量分别平均降低了 17%和 49%，达到 0.05 的差异水平。生物质电厂灰降低土壤中铜镉的有效性，除了与其较高的 pH 有关外，可能还与其较大的比表面积和较丰富的孔洞有关，这些性质大大提高了生物质电厂灰的物理吸附作用。同时，生物质电厂灰表面存在大量 Si—O 活性位点，对重金属有很好的吸附作用；而生物质电厂灰未完全燃烧存在的炭黑含有丰富的含氧官能团，这些含氧官能团可通过离子交换、络合、螯合等作用吸附重金属(宋乐，2015；周利

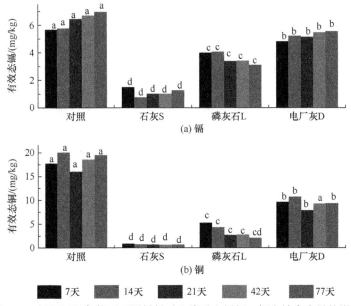

图 2.26　恒温恒湿条件下不同材料对土壤重金属镉、铜有效态含量的影响

不同字母表示处理间在 $P<0.05$ 水平上具有显著性差异

民等，2008)。然而，磷灰石和石灰对污染土壤镉、铜有效态含量的降低效果分别为生物质电厂灰的 5.0 倍、2.6 倍和 2.0 倍、1.7 倍。可见，等用量的情况下，单一的生物质电厂灰分在降低污染土壤镉铜有效态含量方面仍具有一定的限制。但就材料成本而言，当前石灰、磷灰石和电厂灰售价分别为 500 元/t、500 元/t 和 60 元/t，电厂灰具有明显的价格优势。就生态效益而言，石灰和磷灰石都是天然矿物，而电厂灰为废弃物，因此，电厂灰是一种可作为土壤重金属镉铜活性钝化的低廉的绿色的材料，但单独施用，其在降低土壤重金属镉铜活性上仍有一定限制，需进一步改进配方。

(二) 配方定型

为了进一步验证或配方绿色廉价的重金属镉铜污染土壤钝化改良材料，将生物质电厂灰分别与石灰、磷灰石、有机肥按一定的比例混合，与污染土壤等重量均匀混合(0.2%)，并恒温恒湿培养，具体的处理为：对照(CK)、生物质电厂灰(D)、D+磷灰石(DL)、D+石灰(DS)、D+磷灰石+石灰(DLS)、DLS+有机肥(DLSO)共 6 个处理。结果发现：①在调节土壤 pH 上，前 14 天，以 DS 处理提升幅度最大，DLSO 和 DLS 处理次之；14～77 天，DLSO 和 DLS 处理提升 pH 最高，达到 6.24，且与 DS 间无显著差异(图 2.27 和表 2.12)。②在降低土壤重金属镉、铜有效态含量方面，以 DS 处理降幅最高，分别达到 38%、81%；而 DLS 和 DLSO 处理次之，在第 77

天时，DS、DLS 和 DLSO 三种处理间土壤有效态镉铜含量无显著差异(图 2.28)。③经济效益上，就材料成本而言，按石灰 S(500 元/t)和磷灰石 L(500 元/t)、电厂灰 D(60 元/t)计算，DS、DLS、DLSO 成本价分别为 163 元/t、163 元/t 和 244 元/t，虽然 DS 与 DLS 配方成本相近，但 DLS 配方中含有丰富的磷元素，而 DLSO 成本稍高，但可补充土壤有机质。④环境效益，DS、DLS、DLSO 三种配方，都充分利用了工业废弃物，减少了天然矿物的开采及开采过程造成的生态环境破坏。综上，定型该典型镉铜污染土壤的钝化改良材料的配方为 DLS 和 DLSO，其主要成分见表 2.13。

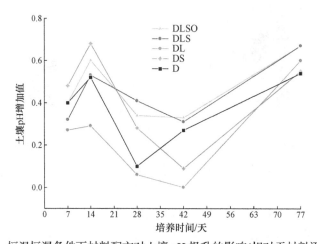

图 2.27 恒温恒湿条件下材料配方对土壤 pH 提升的影响(相对无材料添加处理)

表 2.12 材料配方对重金属镉铜污染土壤 pH 的影响及差异分析

处理	7 天	14 天	28 天	42 天	77 天
CK	5.53[d]	5.23[d]	5.72[d]	5.81[b]	5.57[b]
D	5.93[ab]	5.75[b]	5.82[d]	6.08[a]	6.11[a]
DL	5.80[c]	5.52[c]	5.78[d]	5.81[b]	6.17[a]
DS	6.01[a]	5.91[a]	6.00[bc]	5.90[b]	6.12[a]
DLS	5.85[bc]	5.76[b]	6.13[ab]	6.12[a]	6.24[a]
DLSO	5.93[ab]	5.83[ab]	6.06[b]	6.14[a]	6.24[a]

注：表中不同字母表示处理间在 $P<0.05$ 水平上具有显著性差异。

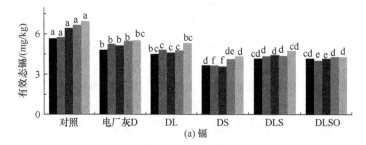

(a) 镉

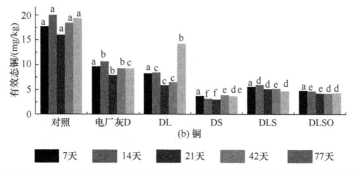

图 2.28　恒温恒湿条件下材料配方对土壤重金属镉铜有效态含量的影响

不同字母表示处理间在 $P<0.05$ 水平上存在显著性差异，下同

表 2.13　区域适用性钝化材料主要成分

钝化材料名称	主要成分
DLS	pH 12 左右，富含磷、硅，其质量分数分别为 P_2O_5 7%、SiO_2 19%
DLSO	pH 10 左右，富含有机质、磷、钙、硅，其质量分数分别为有机质 14%、P_2O_5 4%、CaO 7%、SiO_2 13%

(三) 生产工艺

目前市面上存在的土壤钝化材料多为粉状，然而粉状材料在包装、运输和施用过程中存在诸多不便，解决这一问题，需要对原材料进行加工。本节中应用造粒技术对材料进行造粒，以消除以上问题。土壤重金属钝化材料的加工工艺就是将各类单一的原料分别破碎后按照原料配方(包括添加一定比例的添加剂等)进行定量，再进行原料混合、搅拌、造粒、冷却、筛分、包装等生产过程。另外，可以根据实际生产需求，在加工的环节中辅以烘干、除尘设备，并且在各烘干、冷却的工序后都应该安装除尘设备，如图 2.29 所示。

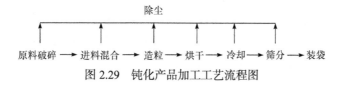

图 2.29　钝化产品加工工艺流程图

土壤重金属钝化材料加工工艺最重要的环节是造粒成型部分，只要造粒部分的方法确定，其他系统的工艺和设备也就随之可以得到确定(卢寿慈等，2004)。

常见加工设备如下。

1. 破碎设备

在土壤重金属钝化材料的加工过程中，对物料的破碎是整个生产过程的首要环节，也是最重要的环节之一。机械破碎一般都是通过挤压、磨剥、冲击等破碎原理来细化原料。经过长期的生产实践，适用于土壤重金属钝化材料生产工艺的破碎设备主要有颚式破碎机、锥式破碎机、锤式破碎机、辊式破碎机等几种。

2. 造粒设备

土壤重金属钝化材料常见的造粒设备有圆盘造粒机、转鼓造粒机、挤压造粒机等。圆盘造粒机不仅可以在无须干燥工艺的情况下进行常温造粒，而且其动力小、运行可靠、无污染，还有原料适应性广泛的特点(何爱江等，2020)。转鼓造粒机的特点为其可通过蒸汽加热使物料的温度得到提高，物料成球后水分就会减少，从而提高干燥效率，其成球率可达70%，返料不但少而且粒径也小，可重新造粒。同时，该造粒设备还兼具产量大、耗能少、维修费用低的特点(王怀欣等，2007)。挤压造粒机是向筒体内的基础物料中注入一定量的水、蒸汽或者黏合剂，使物料调湿后充分发生物理或化学反应，筒体转动时会产生挤压力，物料在挤压力的作用下会团聚成型。挤压造粒机的挤压造粒产品外形不如其他传统方法生产的颗粒圆整；产品颗粒内的配料组分间如果发生化学反应，可能导致颗粒崩裂(杞卫东，1994)。

3. 烘干设备

借助一定技术手段来干燥物体表面的水分或者其他液体的设备组合就是烘干设备(万夫伟等，2019)。在土壤重金属钝化材料的生产过程中，一般有两道烘干工序：一是对原料的烘干；二是对钝化材料成品的烘干。很多工业企业因为产量大，为了减小经济成本通常很少对原料使用烘干设备，而是采用自然晾晒的方法。

4. 冷却设备

一般情况下冷却设备可以分为两种：直接冷却设备和间接冷却设备。一般，在冷却设备的外壳或者是建筑物的内部安装蒸发器，然后空气就会因为制冷剂蒸发吸收周围的热量被冷却，所需降温或冷却的物体温度就会下降(孙维波等，2012)，这就是直接冷却设备。直接冷却方法的冷却速度很快、冷却过程中温差小、结构也比较简易，因而在化工生产中一般采用的是直接冷却设备，土壤重金属钝化材料生产过程中同样采用这种冷却设备。

5. 筛分设备

在钝化产品工业生产中，有些工艺造粒并不均匀，会存在物料颗粒不合格的情况，所以需要进行筛分。为了能得到不同粒级的固体颗粒，需使用一套孔径不同的套筛进行筛分，套筛通常有下列三种筛序。

(1) 由粗到细的筛序。这种方式的筛面的放置方式从上到下依次是先大孔径再小孔径，粒径较小的细颗粒较容易通过上层孔径较大的筛面，所以筛面一般不会堵塞，筛分的质量和效率都很高。

(2) 由细到粗的筛序。这种方式恰好不同于第一种筛面布置，因为最上面的是孔径较小的筛网，所以粒径较大的颗粒易被堵在细筛网上，导致筛分效率低下。其优点在于容易布置，维修也较方便。

(3) 混合筛序。这种筛序是上述两种筛序的组合，具有二者的优点。

筛分机械的类别有多种，按筛面的运动特性，可分为振动筛、摇动筛、回转筛和固定筛(车宗贤等，2020)。

常用的造粒方法主要有压缩造粒法，挤压造粒法，破碎、滚动造粒法，喷雾干燥造粒法和离心造粒法(卢寿慈，1999)。其中，离心造粒法制出的颗粒具有均匀致密、表面光洁度和真球度高的特性(王文刚等，2002)，因此根据以上定型的配方 DLS，与企业联合，利用离心造粒机和抛圆机，采用离心造粒法在一定温度、转速、水分条件下，造成 $0\sim1$ mm、$1\sim2$ mm、$2\sim3$ mm、$3\sim4$ mm、$4\sim5$ mm、>5 mm 六种粒径，如图 2.30 和图 2.31 所示。称取等重量的以上 6 种粒径的钝化材料(5g)置于 100 mL 去离子水，恒温培养，不定期取样，并测试溶液 pH、盐基离子，结果发现(图 2.32 和图 2.33)：所有粒径的 pH 始终维持在 $11.1\sim11.9$，且随时间的延长 pH 逐渐升高，粒径越大，pH 越小。刚开始(3h)时，$4\sim5$ mm 和 >5 mm 之间无差异，其他粒径间显著差异；28 天时，$0\sim2$ mm 粒径与 >2 mm 粒径间 pH 无显著差异，77 天时，所有粒径之间都无显著性差异。养分离子释放方面，前 3 天 K^+、Na^+、Ca^{2+}、Mg^{2+} 释放总量占到酸化调理剂中该四种养分总量的 $70\%\sim80\%$，且在前 77 天，随着粒径的增大，养分释放量降低，当粒径在 >3 mm 时，养分释放量较 <1 mm 粒径的减少 $10.3\%\sim39.9\%$。此外，粒径 <3 mm 的钝化材料占一次成品的 81%，因此，建议调理剂的最佳粒径为 <3 mm。

图 2.30 钝化材料造粒、包装与机械化施撒

<1 mm(1%)   1~2 mm(38%)   2~3 mm(42%)

3~4 mm(2%)   4~5 mm(16%)   >5 mm(1%)

图 2.31 钝化材料成品粒径及各粒径百分比

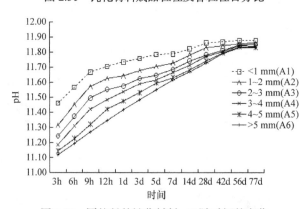

图 2.32 同粒径的钝化材料 pH 随时间的变化

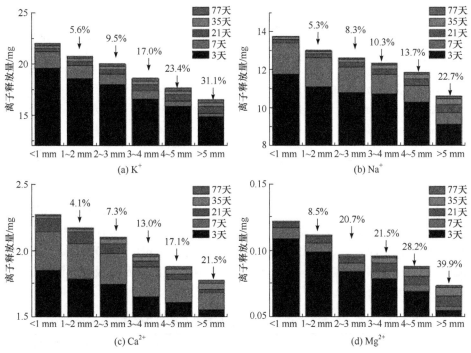

图 2.33 不同粒径钝化材料对养分离子释放的影响

(四) 钝化材料制造的粒径选择研究

钝化材料施入土壤后对重金属的钝化效果与其颗粒大小有直接关系,因为钝化材料的颗粒表面和体积的比率、性状都取决于材料的颗粒大小,而这些因素又会影响材料的缓释性能,对于相同形状、相同配方的颗粒,颗粒表面和体积的比率越小,其释放期越长(张贞浴等,2004;于天仁,1996)。为获得最佳粒径材料,从而达到最佳修复效果,将等重量的不同粒径的钝化材料进行花生盆栽实验时发现,不同粒径能有效降低土壤交换性铝的活性,其中,粒径 1~3 mm 的降幅显著高于其他粒级,降幅达 18.3%~33.4%;提高土壤 pH 0.09~0.18 个单位;同时,在提高土壤肥力方面,粒径 1~3 mm 效果最显著,如土壤有机质提高 57.5%~77.7%(表 2.14),所以 1~3 mm 粒径在盆栽花生种植上效果最显著。

表 2.14 不同粒径的钝化材料对盆栽土壤酸碱度及养分的影响

处理	pH	有机质/ (g/kg)	交换性铝/ (cmol/kg)	碱解氮/ (mg/kg)	速效磷/ (mg/kg)	速效钾/ (mg/kg)
CK	4.48[b]	13.4[a]	4.43[a]	68.6[a]	32.0[d]	49.7[c]
粉末	4.50[ab]	13.9[a]	3.45[bc]	71.1[a]	36.4[ab]	64.2[bc]
<1mm	4.59[ab]	13.1[a]	3.45[bc]	63.7[a]	36.5[a]	87.5[a]

处理	pH	有机质/ (g/kg)	交换性铝/ (cmol/kg)	碱解氮/ (mg/kg)	速效磷/ (mg/kg)	速效钾/ (mg/kg)
1~2mm	4.66[a]	14.1[a]	2.95[c]	62.5[a]	36.1[abc]	78.3[ab]
2~3mm	4.57[ab]	13.3[a]	3.62[bc]	64.9[a]	36.7[a]	88.3[a]
3~4mm	4.60[ab]	13.3[a]	3.95[ab]	64.9[a]	33.9[cd]	66.7[bc]
4~5mm	4.61[ab]	13.2[a]	3.93[ab]	67.4[a]	34.2[bcd]	67.2[bc]
>5mm	4.58[ab]	14.4[a]	4.15[ab]	73.5[a]	32.9[d]	64.2[c]

注：表内同一列中字母相同表示处理间无显著差异，字母不同表示有显著性差异($P<0.05$)。

将<3 mm 的钝化材料施入重金属污染农田并种植巨菌草，发现所用四种钝化材料都可显著降低土壤重金属有效态含量，促进巨菌草的成活和生长(表2.15)。就四种改良材料而言，DLS 和 DLSO 可显著提高土壤 pH，且 DLSO 与 DL 间差异显著；而在土壤有效态镉铜含量的降低、巨菌草生物量及其吸收镉铜量上，四种改良材料无显著差异。

表 2.15 改良材料对土壤镉铜有效态、巨菌草生物量及镉铜吸收量的影响

处理	土壤 pH	土壤有效态/(mg/kg)		生物量/ (t/亩①)	植株吸收/(g/亩)	
		铜	镉		铜	镉
CK	4.63[c]	78.3[a]	0.21[a]	0	0	0
DL	5.65[b]	13.1[b]	0.16[b]	3.4	66.7	0.7
DS	6.21[a]	16.1[b]	0.15[b]	3.6	88.9	0.9
DLS	6.04[ab]	10.9[b]	0.14[b]	3.9	77.8	0.9
DLSO	6.20[a]	10.2[b]	0.17[b]	3.8	77.9	1.1

注：表内同一列中字母相同表示处理间无显著差异，字母不同表示有显著性差异($P<0.05$)。

二、钝化材料平衡时间及其钝化效果

将0.4 g 粒径<3 mm 的钝化材料与200 g 污染土壤混合均匀，装入培养盆(10 cm×10 cm)，没有施加钝化材料的农田污染土壤装入花盆作为对照(CK)。平衡时间设置0天、3天、7天，种植两种植物(玉米和空心菜)，共6个处理，每个处理3个重复。然后向培养盆分别播种玉米和空心菜，待植物露出土壤表面5天后进行间苗，每个培养盆中保留幼苗3株。在播种第60天取样，测定土壤 pH、有效态铜和镉含量以及空心菜和玉米的生物量。

结果表明，钝化材料显著提高土壤 pH，降低有效态铜和镉含量，而平衡时间对钝化材料稳定重金属和提高土壤 pH 没有影响(表2.16)。钝化材料促进空心菜生

---

① 1 亩 ≈ 666.67 m²。

长和生物量积累，而平衡 0 天和 3 天处理的显著大于平衡 7 天的(图 2.34)。可见，钝化材料施入土壤平衡 0 天和 3 天是种植空心菜的最佳时间。钝化材料平衡 0 天、3 天和 7 天种植的玉米株高和生物量均显著大于对照，但三者之间差异不显著(图 2.35)。这表明钝化材料添加至土壤中的前 7 天均可种植玉米。因此，钝化材料可提高土壤 pH，有效钝化重金属，促进玉米和空心菜生长；在钝化材料施入土壤平衡第 0~3 天为种植植物最佳时间。

表 2.16　平衡时间对钝化材料稳定土壤铜、镉和提高土壤 pH 的影响

植物	土壤参数	CK (田间污染土)	平衡时间/天		
			0	3	7
空心菜	土壤 pH	4.91 ± 0.01[b]	6.00 ± 0.06[a]	6.06 ± 0.07[a]	5.99 ± 0.04[a]
	有效态铜/(mg/kg)	37.31 ± 2.85[a]	5.40 ± 0.16[b]	5.07 ± 1.04[b]	5.22 ± 0.79[b]
	有效态镉/(mg/kg)	8.85 ± 0.32[a]	4.42 ± 0.08[b]	4.31 ± 0.29[b]	4.37 ± 0.23[b]
玉米	土壤 pH	4.93 ± 0.02[c]	6.10 ± 0.05[a]	5.97 ± 0.12[ab]	5.74 ± 0.11[b]
	有效态铜/(mg/kg)	37.8 ± 1.89[a]	3.62 ± 0.57[b]	5.13 ± 1.02[b]	6.29 ± 0.43[b]
	有效态镉/(mg/kg)	8.72 ± 0.18[a]	3.83 ± 0.29[c]	4.34 ± 0.31[bc]	4.78 ± 0.08[b]

注：表内同一列中字母相同表示处理间无显著差异，字母不同表示有显著性差异($P<0.05$)。

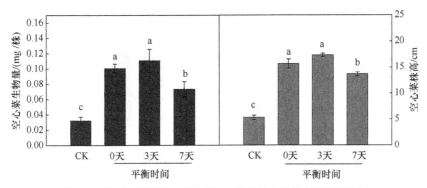

图 2.34　钝化材料平衡时间对空心菜生长和生物量积累的影响

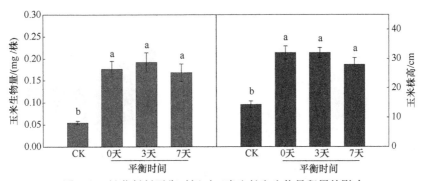

图 2.35　钝化材料平衡时间对玉米生长和生物量积累的影响

三、不同剂量钝化材料对污染土壤的修复效果

多数研究表明，钝化材料施用量是影响钝化效果的重要因素，通常钝化效果会随着钝化材料用量的增加而增强(杜志敏等，2012；王艳红等，2015)。然而钝化材料用量的增大，一方面会增加材料和人工成本，另一方面也造成了浪费。因此，在进行钝化修复过程中，选择合适的钝化材料用量显得尤为关键。本节为了获得最佳钝化材料用量，将粒径＜3 mm 的钝化材料 DLSO 施入重金属污染农田小区，小区面积为3 m×5 m。设置钝化材料占表层 17 cm 土壤质量的 0%、0.1%、0.2%、0.4%、0.6%、0.8%共 6 个处理，每个处理 3 个重复小区。然后栽种巨菌草，待巨菌草生长 4 个月和 8 个月后取样，测定巨菌草的株高、分蘖数和生物量，以及土壤 pH、有效态铜和镉含量。

结果发现，不同剂量钝化材料均能显著提高土壤 pH 和降低有效态铜、镉含量，钝化材料施用量为 0.4%、0.6%和 0.8%处理间差异不明显，但钝化效果显著大于剂量小于 0.4%的处理(图 2.36～图 2.39)。与对照相比，钝化材料处理显著促

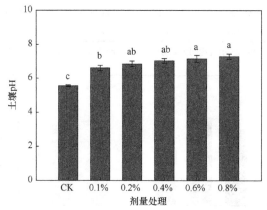

图 2.36　不同剂量钝化材料对土壤 pH 的影响(4 个月)
误差棒上方不同字母表示处理间在 $P<0.05$ 水平上具有显著性差异

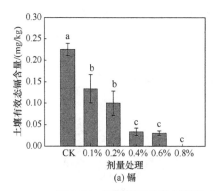

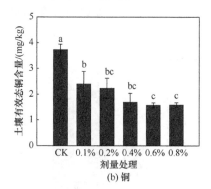

图 2.37　不同剂量钝化材料对土壤有效态镉和铜的影响(4 个月)
误差棒上方不同字母表示处理间在 $P<0.05$ 水平上具有显著性差异

进巨菌草生长和生物量积累，而剂量≥0.4%处理巨菌草的分蘖数显著大于剂量＜0.4%处理的[表2.17，图2.40～图2.43]。因此，钝化材料施用量为0.4%能够有效提高污染土壤pH、降低土壤镉和铜活性，并促进巨菌草生长和生物量增加，导致巨菌草带走和清除土壤镉、铜量显著增加，同时修复年限显著减小(图2.42和图2.44)。在玉米和空心菜的盆栽实验中也得出相似的结论(图2.38和图2.39)。修复年限由原来的70～150年缩短至10～20年(图2.42和图2.44)。

图2.38　不同剂量钝化材料对玉米生长的影响

图2.39　不同剂量钝化材料对空心菜生长的影响

表2.17　不同剂量钝化材料对巨菌草生长和生物量的影响

项目	CK	剂量处理				
		0.1%	0.2%	0.4%	0.6%	0.8%
株高/cm	232±11.23^b	335±27.35^a	353±5.63^a	374±8.01^a	367±13.98^a	362±4.89^a
分蘖数/(个/株)	3.33±0.19^d	8.20±1.11^c	11.6±0.42^b	14.3±1.16^a	14.9±0.70^a	15.8±0.23^a
生物量/(t/亩)	0.53±0.08^d	2.66±1.03^c	3.74±0.01^b	4.76±0.96^a	4.74±0.18^a	4.81±0.42^a

注：表中不同字母表示处理间在$P<0.05$水平上具有显著性差异。

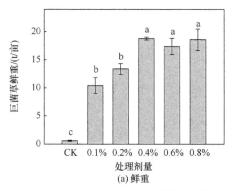
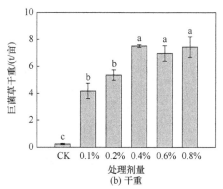

图2.40　不同剂量钝化材料对巨菌草生物量的影响(8个月)

误差棒上方不同字母表示处理间在$P<0.05$水平上具有显著性差异

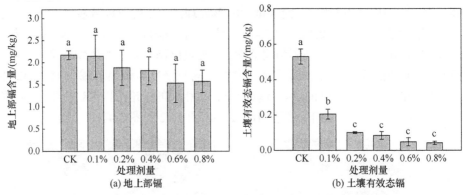

图 2.41　不同剂量钝化材料处理巨菌草吸收镉和固定效果(8 个月)

误差棒上方不同字母表示处理间在 $P<0.05$ 水平上具有显著性差异

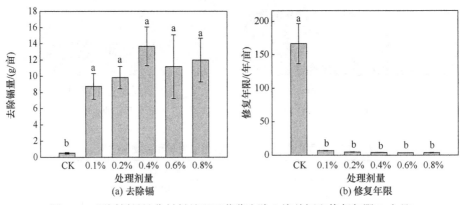

图 2.42　不同剂量钝化材料处理巨菌草去除土壤总镉和修复年限(8 个月)

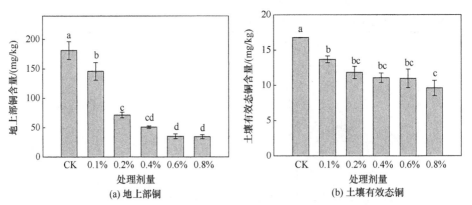

图 2.43　不同剂量钝化材料处理巨菌草吸收铜和固定效果(8 个月)

误差棒上方不同字母表示处理间在 $P<0.05$ 水平上具有显著性差异

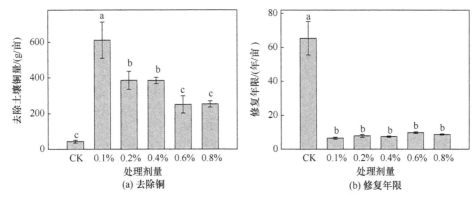

图2.44 不同剂量钝化材料处理巨菌草去除土壤总铜和修复年限(8个月)

误差棒上方不同字母表示处理间在 $P<0.05$ 水平上具有显著性差异

参 考 文 献

蔡元峰, 薛纪越. 2001. 安徽官山两种坡缕石粘土的成分与红外吸收谱. 矿物学报, 21(3): 323-329.

车宗贤, 冯守疆, 袁金华, 等. 2020. 新型肥料生产工艺与装备. 北京: 科学出版社.

杜志敏, 郝建设, 周静, 等. 2012. 四种改良剂对铜和镉复合污染土壤的田间原位修复研究. 土壤学报, 49(3): 508-517.

郭晓方, 黄细花, 卫泽斌, 等. 2008. 低累积作物与化学固定联合利用中度重金属污染土壤. 农业环境科学学报, 27(5): 2122-2123.

郝秀珍, 周东美, 薛艳, 等. 2005. 天然蒙脱石和沸石改良对黑麦草在铜尾矿砂上生长的影响. 土壤学报, 42(3): 434-439.

何爱江, 刘丽秀, 俞慧玲, 等. 2020. 浅谈延期药圆盘造粒机的设计思路及造粒实验. 中国设备工程, (6): 75-77.

黄川徽. 2004. 凹凸棒石对重金属的吸附及其酸溶动力学研究. 合肥: 合肥工业大学.

蒋廷惠, 胡霭堂. 1989. 土壤锌的形态和分级方法. 土壤通报, 20: 86-89.

李小琴, 李飞鹏, 冯君逸, 等. 2020. 生物质电厂灰渣在污水处理中的应用和前景. 净水技术, 39(12): 105-110.

刘春早, 黄益宗, 雷鸣, 等. 2011. 重金属污染评价方法(TCLP)评价资江流域土壤重金属生态风险. 环境化学, 30(9): 1582-1589.

卢寿慈. 1999. 粉体加工技术. 北京: 中国轻工业出版社.

卢寿慈, 沈志刚, 郑水林, 等. 2004. 粉体技术手册. 北京: 化学工业出版社.

苗春省. 1983. 蒙脱石的 X 射线定量分析方法的探讨. 矿物学报, 3(4): 281-287.

杞卫东. 1994. 肥料的挤压造粒. 云南化工, 1: 58-60.

宋乐. 2015. 原位添加生物质电厂灰修 Cd^{2+} 污染土壤的试验研究. 郑州: 华北水利水电大学.

孙维波, 张厚清. 2012. 粉体流冷却器在肥料及化工行业的应用//全国化工合成氨设计技术中心站, 全国化工硝酸硝酸盐技术协作网. 第七届全国硝酸硝酸盐技术交流会论文集.

屠乃美, 郑华, 皱永霞, 等. 2000. 不同改良剂对铅镉污染稻田的改良效应研究. 农业环境保护, 19(60): 324-326.

万夫伟, 李小燕, 吴锡林, 等. 2019. 硅钙钾土壤调理剂造粒烘干工艺研究. 化肥工业, 46(5): 23-25, 69.

王怀欣, 袁洋. 2007. 提高转鼓造粒复合肥料成球率和圆整度的方法及对策. 中国化工学会全国第12届新型肥料技术及新工艺新设备(宏发)交流会论文集.

王文刚, 崔光华. 2002. 离心制粒工艺制备微晶纤维素空白微丸的研究. 解放军药学学报, 18(5): 268-271.

王显炜. 2010. 金矿区农田土壤重金属污染与农作物关系探讨. 西安: 长安大学.

王新, 吴燕玉. 1995. 改性措施对复合污染土壤重金属行为影响的研究. 应用生态学报, 6(4): 440-444.

王艳红, 李盟军, 唐明灯, 等. 2015. 稻壳基生物炭对生菜 Cd 吸收及土壤养分的影响. 中国生态农业学报, 23(2): 207-214.

吴平霄. 2004. 黏土矿物材料与环境修复. 北京: 化学工业出版社.

邢金峰, 仓龙, 任静华. 2019. 重金属污染农田土壤化学钝化修复的稳定性研究进展. 土壤, 51(2): 224-234.

熊慕慕. 2007. 膨润土的外观颜色与其蒙脱石含量间的关系. 安庆师范学院学报(自然科学版), 13(1): 92-94.

徐明岗, 张青, 曾希柏. 2007. 改良剂对黄泥土镉锌复合污染修复效应与机理研究. 环境科学, 28(6): 1361-1366.

虞锁富. 1989. 膨润土、高岭石对锌的吸附和解吸. 矿物学报, 9(3): 276-279.

于天仁. 1996. 可变电荷土壤的电化学. 北京: 科学出版社.

张贞浴, 吴延丽, 孙立国. 2004. 淀粉基农药缓释基材的研究. 黑龙江大学自然科学学报, 21(3): 92-95.

中国环境保护产业协会重金属污染防治与土壤修复专业委员会. 2017. 重金属污染防治与土壤修复行业2016年发展综述. 中国环保产业, 11: 17-22.

周静, 胡芹远, 章力干, 等. 2017. 从供给侧改革思考我国肥料和土壤调理剂产业现状、问题与发展对策. 中国科学院院刊, 32(10): 1103-1110.

周利民, 金解云, 王一平. 2008. Cd^{2+} 和 Ni^{2+} 在粉煤灰上的吸附特性. 燃料化学学报, 36(5): 557-562.

朱嬅婉, 沈壬水, 钱钦文, 等. 1989. 土壤中金属元素的五个组分的连续提取法. 土壤, 21(3): 163-166.

Bolan N S, Adriano D C, Duraisamy P, et al. 2003. Immobilization and phytoavailability of cadmium in variable charge soils. Effect of phosphate addition. Plant and Soil, 250: 83-94.

Boisson J, Ruttens A, Mench M, et al. 1999. Evaluation of hydroxyapatite as a metal immobilizing soil additive for the remediation of polluted soils. Part 1. Influence of hydroxyapatite on metal exchangeability in soil, plant growth and plant metal accumulation. Environmental Pollution, 104(2): 225-233.

Chen S B, Zhu Y G, Ma Y B. 2006. The effect of grain size of rock phosphate amendment on metal immobilization in contaminated soils. Journal of Hazardous Materials, 134: 74-79.

Cotter-Howells J, Caporn S. 1996. Remediation of contaminated land by formation of heavy metal phosphates. Applied Geochemistry, 11: 335-342.

Guy M, Josee D, Andre C G. 2002. A simple and fast screening test to detect soils polluted by lead. Environmental Pollution, 118(3): 285-296.

Katsoyiannis I A, Zikoudi A, Hug S J. 2008. Arsenic removal from groundwaters containing iron, ammonium, manganese and phosphate: A case study from a treatment unit in northern Greece. Desalination, 224(1-3): 330-339.

Knox A S, Kaplan D I, Paller M H. 2006. Phosphate sources and their suitability for remediation of contaminated soils. Science of the Total Environment, 357: 271-279.

Leeper G W. 1978. Managing the Heavy Metals on the Land. New York: Marcel Dekker Inc.

LeGeros R Z, LeGeros J P. 1984. Phosphate Minerals in Human Tissues//Nriagu J O, Moore P B. Phosphate Minerals. New York: Springer-Verlag.

Ma Q Y. Samuel J, Traina, T J, et al. 1994. Effects of aqueous Al, Cd, Cu, Fe(II), Ni, and Zn on Pb immobilization by hydroxyapatite. Environmental Science and Technology, 28:1219-1228.

Mecklenburg W. 1915. Concerning the relationship between the Tyndall effect and particle size of colloidal solutions. Kolloid-Zeitschrift, 16(4): 97-103.

Mishra M, Sahu R K, Padhy R N. 2007.Growth, yield and elemental status of rice (*Oryza sativa*) grown in fly ash amended soils. Ecotoxicalogy, 16: 271-278.

Morton J D, Semrau J D, Hayes K F. 2001. An X-ray absorption spectroscopy study of the structure and reversibility of copper adsorbed to montmorillonite Clay. Geochimica Et Cosmochimica Acta,65(16):2709-2722.

Naidu R, Bolan N S, Kookana R S. 1994. Ionic-strength and pH effects on the absorption of cadmium and the surface charge of soils. European Journal of Soil Science, 45: 419-429.

Obrien R W, Midmore B R, Lamb A, et al. 1990. Electroacoustic studies of moderately concentrated colloidal suspensions. Faraday Discussions of the Chemical Society, 90: 301-312.

Oka Y S, Yang J E, Zhang Y S. 2007. Heavy metal adsorption by a formulated zeolite-portland cement mixture. Journal of Hazardous Materials, 147: 91-96.

Pichtel J, Salt C A. 1998. Vegetative growth and trace metal accumulation on metalliferous wastes. Journal of Environmental Quality, 27: 618-642.

Simon L. 2005. Stabilization of metals in acidic mine spoil with amendments and red fescue (*Festuca rubra* L.) growth. Environmental Geochemistry and Health, 27: 289-300.

Tessier A, Campbell P G C, Bisson M. 1979. Sequential extraction procedure for the speciation of particulate trace metals. Analytical Chemistry, 51: 844-851.

USEPA. 1994. Technical Assistance Document for Completing with the TC Rule and Implementing the Toxicity Characteristic Leaching Procedure (TCLP). New York: United States Environmental Protection Agency.

第三章　土壤重金属污染修复工程示范案例

近年来，浙江、湖南、江西、广西等地先后开展了一大批土壤重金属污染修复工程，并取得了较好的修复效果。特别是在土壤环境质量方面，目前全国受污染耕地安全利用率和污染地块安全利用率双双超过 90%，顺利实现了"十三五"目标。然而，目前鲜有基于规模化污染土壤示范工程案例的详细介绍，因此，本章主要以"江铜贵冶周边区域九牛岗土壤修复示范工程项目"为案例，阐述项目实施的技术思路、施工过程及取得的成效等，以期为土壤污染修复工程提供借鉴。

第一节　工程技术思路

一、污染现状

江西铜业股份有限公司贵溪冶炼厂(以下简称贵冶)于 20 世纪 80 年代初期在江西省贵溪市建成投产，由于早期缺乏有效控制铜等有色金属冶炼过程中所产生的废气、废水、废渣等"三废"排放技术，30 多年的累积导致贵冶周边土壤和水体被不同程度地污染，引起当地群众的强烈不满。其主要污染物是重金属铜和镉(胡宁静等，2004)。2008 年，环境保护部南京环境科学研究所对贵冶周边区域地表水、土壤、水稻等进行采样测试。结果表明：贵冶周边 8 个不同片区土壤铜和镉超标率分别为 100% 和 87%~100%，且大部分区域种植水稻籽粒镉超标。

二、治理技术思路选择

贵冶周边土壤受重金属污染严重，部分区域植被难以生长，农产品严重减产，农田被迫弃耕。特别是相当数量的土壤中铜镉含量超过《土壤环境质量 农用地土壤污染风险管控标准(试行)》(GB 15618—2018)筛选值数倍，具有较高的环境风险。内梅罗综合污染指数评价表明受污染耕地多数属于重度污染，糙米和蔬菜中镉严重超标，威胁周边村民的身体健康。由于污染重、面积广，严重影响区域经济社会稳定与群众身体健康，威胁鄱阳生态经济区及长江流域生态安全，各级政府对此高度重视。

如何治理，技术思路是关键。我国人多地少，耕地资源紧张，对大量重金属超标或污染的耕地采用不同技术降低重金属生物活性，实现耕地安全利用是适合我国国情的一种必然选择。土壤重金属污染修复技术主要包括物理技术、化学技术和生物技术等，如客土、固定化、淋洗、钝化、电动修复、热脱附和植物修复等。由于修复技术的适用性和优缺点差异较大，因此需要结合土地利用规划，通盘考虑技术的特点、成本、目标、污染物类型、污染水平、修复时间等多种因素确定拟采用的修复技术。结合贵溪当地的经济发展水平和大面积污染的现状，首先排除了淋洗、客土、电动修复和热脱附等技术。因此，本土壤重金属污染修复工程提出了如下总体思路。

(1) 调理：用物理调节+化学改良技术，调理受污染耕地重金属铜或镉的介质环境(pH、氧化还原电位和有机质等)。

(2) 削减：用物理化学-植物联合的方法，降低污染土壤重金属铜和镉总量或生物有效性。

(3) 恢复：在调理污染耕地介质环境、削减受污染耕地重金属铜和镉浓度的基础上，联合生物及农艺管理技术，种植植被，逐次恢复污染土壤生态功能。

(4) 增效：增加污染修复治理区土地的生态效益、经济效益和社会效益。

三、分级制定修复目标

以上述修复技术思路为核心，建立治理工程目标，选定治理技术方案。目前，我国有关重金属污染耕地土壤治理的法定目标及相关评价标准较为缺乏。因此，依据具体可以实现的情况来分级选择确定治理目标。罗战祥等(2010)提出该污染土壤的修复目标：修复后的土壤中铜、镉、汞、铬、锌、砷、铅和镍重金属指标需达到国家《土地环境质量标准》(GB 15618—1995[①])三级标准。本案例中，一次性治理污染面积超过 2000 亩，治理区域连片集中，并且不同田块污染程度不同，基于资金有限、不影响土壤农业可利用性，使治理后的土壤尤其是重度污染土壤能达到三级标准，不具有现实性。相较而言，依据不同区域污染的程度，进行分类选择技术，或降低土壤重金属生物有效性，或降低污染向其他介质迁移的环境风险，达到污染耕地改良后能够安全有效利用的目的，更具有实际意义。因此，该案例按土壤污染程度分级确定规模化治理重金属污染耕地土壤的目标：①重度污染土壤修复后，铜镉有效性降低 50%；植被逐步恢复，覆盖率不低于 85%；显著改善和美化区域景观，提高生态效益。②中度污染土壤修复后，促进能源、纤维、观赏或经济林木等植物生长，具有一定的经济效益(每年 500 元/亩)。③轻度污染土壤修复后，可选种纤维、能源或水稻等多种植物，且粮食作物可食用部分达到食用标准，经济效益显著(每季度 400 kg 稻谷/亩)。

---

① 此标准目前已被 GB 15618—2018 代替。

四、确定修复技术方案

根据污染土壤性质选择不同的修复技术，既要考虑修复技术的特点，又要充分兼顾修复经费的额度、未来土地的利用方式、地形与气候特点、污染物种类与污染程度、修复周期等一系列因素(薛南东等，2011；谷庆宝等，2008)。重金属污染土壤修复技术主要有客土、淋洗、钝化、固定化、电动修复和植物修复等(Khan et al.，2004；Marques et al.，2011)。贵溪市经济发展处于中等水平，客土、淋洗和电动修复等技术对经济水平要求较高，因此对于这样一个污染面积较大的污染场地，上述修复技术不具有经济可行性。

修复污染土壤的目的是去除或降低污染物的含量，或者降低污染物的活性，使之不对人体健康或生态安全构成危害。而修复技术的选择取决于修复目标。由于当前我国尚未实行与污染场地相关的修复评价标准，因此修复目标的确定还须根据具体情况进行具体分析。与有机污染物能被降解不同，重金属污染在一些高成本修复技术不适用的情况下，只能依靠植物修复技术达到降低土壤重金属的总量的修复目标。然而，每年能被植物吸收的重金属量相较于土壤中重金属总量可谓微乎其微，修复几年、几十年，甚至上百年才能达到显著降低重金属总量的目标。例如，崔红标等(2010)通过添加磷灰石、石灰和木炭改良剂促进了黑麦草的生长，但是黑麦草每年吸收的铜总量分别仅有 1093 mg/小区(1 小区=6 m^2)、2216 mg/小区和 1734 mg/小区，要以此趋势将土壤总铜含量由 670 mg/kg 降低到 50 mg/kg 至少需要 300 年。陈同斌认为，即便是去除轻度污染土壤中的重金属，最快也要 3～5 年(李静，2013)。可见，基于我国目前的经济和技术条件，要使规模化污染场地达到三级标准的修复目标十分困难。然而，应用钝化技术降低重金属活性已经十分成熟，如崔红标等(2010)和郝秀珍等(2005)的研究表明，施加石灰、沸石、磷灰石和天然蒙脱石能使土壤重金属有效性显著降低，并显著提高黑麦草的生物量。同时，在国家 863 计划重点项目"金属矿区及周边重金属污染土壤的联合修复技术与示范"中也将矿区重度污染土壤中砷、镉、铜和铅的有效态含量下降 60%～70% 作为考核指标。因此，在当前技术和经济条件下，针对规模化的工矿企业等污染场地，使重金属有效态含量及重金属活性通过修复措施而显著降低，更具有科学性和现实性。

结合当地的经济和当前修复技术的特点，以及项目的修复目标和修复周期(3年)，确定采用联合钝化和植物修复技术。钝化和植物修复组合技术的优点如下：首先，施加钝化材料可降低重金属有效性，为修复植物提供生长条件，种植修复植物既可以改善和美化区域景观，同时又具有可行性。其次，钝化技术和植物修复技术成本较低，具有经济可行性。最后，钝化材料通过钝化的方式将重金属有效地固定在土体中降低其迁移能力，从而进一步减弱地表径流和淋溶作用对地表水和地下水带来的重金属污染，同时降低重金属污染物环境风险，并且具有环境安全性。如果经济和技术水平达到一定程度，可再次处理被固定的重金属污染物，显著降低污染物浓度，使之符合《土壤环境质量标准》。

工程案例中修复技术方案是基于前期大量的室内研究和田间实验验证选择的。2006年开始进行小范围实验，首先在室内进行污染区土壤培养研究，然后进行温室水稻、巨菌草、黑麦草等植物筛选实验，之后进行案例区污染田块的田间小区验证实验，而大规模的技术示范工程于2012年开始实施。案例中从研究到技术到案例工程过程可归纳为：室内培养—温室盆栽—田间验证—示范工程，前后历时八年多，重点研究了钝化材料在污染土壤修复应用过程中的适用性、经济性和长效性；修复植物对修复区域气候适应性，对土壤重金属的耐性及积累特性，以及其生物量与生态功能的影响，能否安全利用、显著提升经济效益或带动其他产业发展等。最终确定以生物质灰、石灰、普通磷灰石粉和微米羟基磷灰石等按比例组合的钝化材料，并联合巨菌草、伴矿景天、冬青、香樟、香根草、海州香薷和红叶石楠等植物，辅以一定的物理和农艺措施形成一个能够规模化修复耕地重金属污染的技术体系——物理/化学-植物-农艺调控联合治理技术。

结合案例修复目标与当地的经济发展水平，上述组合技术是修复该规模化污染场地的最佳选择。但该技术也存在两个问题：第一，尽管钝化和植物修复组合技术能够降低重金属活性，将重金属转移至植物体内，但是植物修复的周期较长，并且对收获的植物需进行无害化或资源化处理。第二，钝化材料对重金属的钝化时效有限(一般是几年)，必须在钝化材料失效前再次施用钝化材料，防止土壤重金属的重新活化。但是，该案例工程没有更多地涉及修复植物的后续处理和修复效果的跟踪监测。因此，需要增加一部分资金用于示范项目的后续服务，如重金属活性监测、修复植物的回收、示范区管理等。同时，一些科研部门需要研发出修复植物的资源化和无害化处理技术，孵化后服务于修复行业，完善污染修复产业链。

第二节　工程施工设计及实施

一、工程施工技术设计

根据"控源、减存、降活"的学术思路，本工程采用的技术类型分为三种：①单项技术，包括化学钝化(钝化材料)；②物理调控，包括"2+1"和"3+1"沟系降渍、清水平衡；③植物修复，包括超积累和耐性植物。根据不同修复片区的污染特征，制定如下修复方案。

(一) 苏门区土壤污染修复工程方案

根据苏门区土壤铜和镉污染现状(图3.1和图3.2)，采用的修复技术方案如下。

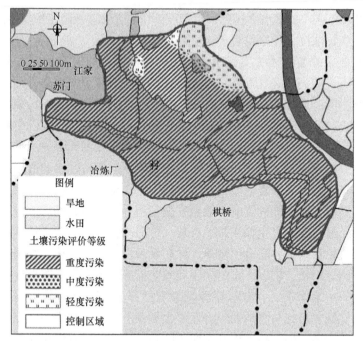

图 3.1　滨江乡苏门区土地利用及土壤重金属铜污染现状图

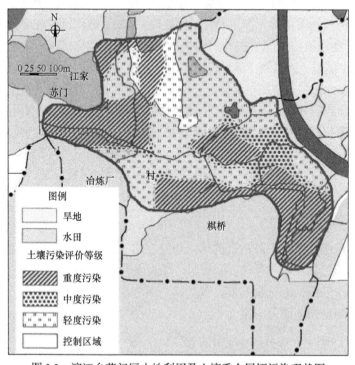

图 3.2　滨江乡苏门区土地利用及土壤重金属镉污染现状图

(1) 技术 1：物理排水。采用腰沟+围沟+主排水沟的"2+1"互网互联降渍技术，对污染农田进行降渍。其中，腰沟，W45 cm×H50 cm；围沟，W45 cm×H75 cm；主排水沟，W90 cm×H150 cm。

(2) 技术 2：化学修复剂。修复剂类型包括：生物质类、微米级矿物质类、有机-无机复合专利产品。在应用修复剂时结合土壤污染状况及土壤理化性质，有针对性地施加单一修复剂或者 1～3 种修复剂联合施用。

(3) 技术 3：综合农艺技术。"30 cm 翻耕+20 cm 旋耕"机混-清水平衡-垄作-巨菌草等。

(二) 庞源区土壤污染修复工程方案

根据庞源区土壤铜和镉污染现状(图 3.3 和图 3.4)，采用的修复技术方案如下。

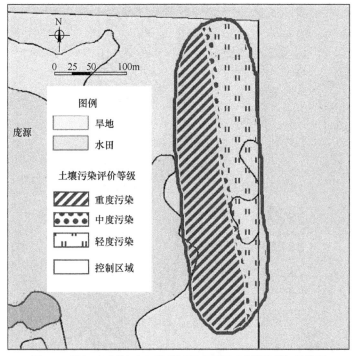

图 3.3　滨江乡庞源区土地利用及土壤重金属铜污染现状图

(1) 技术 1：选用土壤钝化材料(A+B)/综合调理剂+物理方法；施 N、P、K 肥和有机肥。

(2) 技术 2：重度污染区，选种耐性景观植物/纤维植物/能源植物；中度污染区，选种能源植物，如巨菌草等；轻度污染区，选种能源植物/纤维植物。

(三) 九牛岗-印石区土壤污染修复工程方案

根据九牛岗-印石区土壤铜和镉污染现状(图 3.5 和图 3.6),采用的修复技术方案如下。

(1) 建立 50 亩核心技术验证试验区。首先,将前期实验室筛选的材料在污染区进行本土化验证,评价材料的实用性。然后,考察实用性较好的材料在不同剂量下对污染土壤修复效果,评价材料的经济性。最后,考察实用性较好的材料在不同粒径下对污染土壤修复效果,同时考察不同材料的长效稳定性。

(2) 建立修复植物。包括巨菌草、香根草、伴矿景天、海州香薷、黑麦草、水稻、香蒲草等 23 种景观花卉苗木植物。

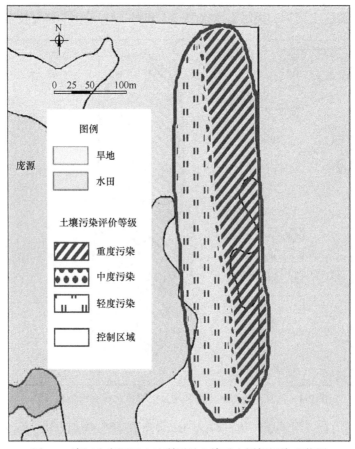

图 3.4 滨江乡庞源区土地利用及土壤重金属镉污染现状图

(3) 建立九牛岗陈家生态河岸工程。
(4) 建立九牛岗陈家道路生态护坡工程。

(四) 李家-蒋家区土壤污染修复工程方案

根据李家-蒋家区土壤铜和镉污染现状(图3.7和图3.8),采用的修复技术方案如下。

(1) 技术1:选用土壤钝化材料B+D,选种耐性景观植物/能源植物/纤维植物,采用丰产栽培技术+NPK优化配方施肥技术。

(2) 技术2:建立小面积重金属铜和镉轻度污染土壤修复种植粮食作物安全技术示范,稻米符合《食品安全国家标准 食品中污染物限量》(GB 2762—2012)要求。配套建设清洁灌溉与排水工程。

(五) 沈家-林家区土壤污染修复工程方案

根据沈家-林家区土壤铜和镉污染现状(图3.9和图3.10),采用的修复技术方案如下。

(1) 技术1:土壤排水降渍技术("2+1"互联互网沟系工程,调节土壤氧化还原、通气等性质)。

(2) 技术2:化学调理技术(单项修复剂+综合调理剂)。

(3) 技术3:综合农艺+植物修复技术(翻耕+旋耕+种植能源草/景观植物/经济作物/纤维植物+农艺管理)。

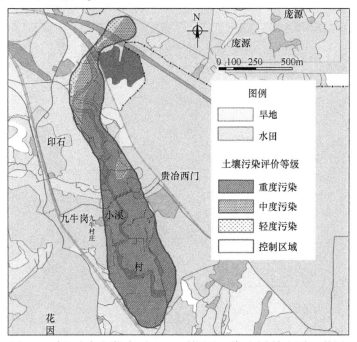

图3.5 滨江乡九牛岗-印石区土地利用及土壤重金属铜污染现状图

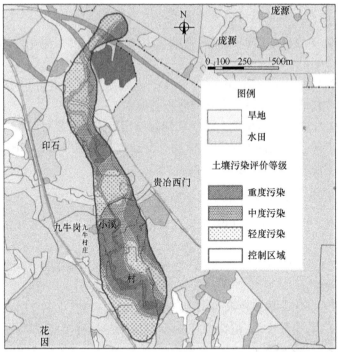

图 3.6 滨江乡九牛岗-印石区土地利用及土壤重金属镉污染现状图

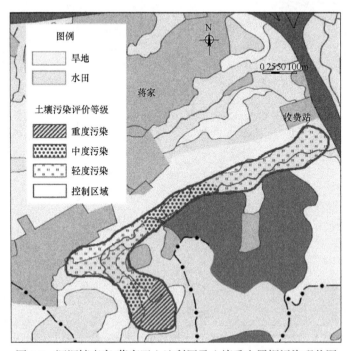

图 3.7 泗沥镇李家-蒋家区土地利用及土壤重金属铜污染现状图

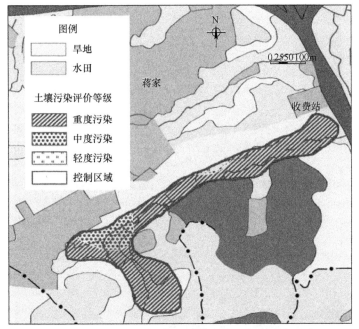

图 3.8　泗沥镇李家-蒋家区土地利用及土壤重金属镉污染现状图

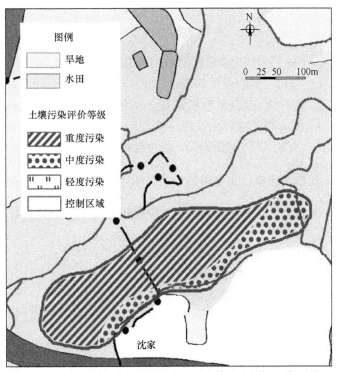

图 3.9　河潭镇沈家-林家区土地利用及土壤重金属铜污染现状图

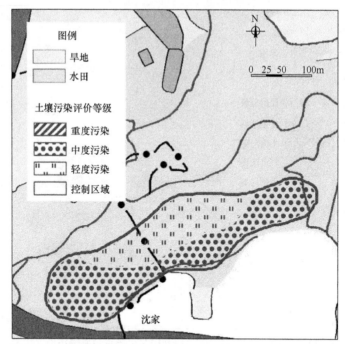

图 3.10　河潭镇沈家-林家区土地利用及土壤重金属镉污染现状图

(六) 水泉区土壤污染修复工程方案

根据水泉区土壤铜和镉污染现状(图 3.11 和图 3.12),采用的修复技术方案如下。
(1) 技术 1:"2+1"互联互网沟系工程。
(2) 技术 2:综合调理剂+单项修复剂。
(3) 技术 3:配方施肥等农艺管理技术。
(4) 技术 4:建立巨菌草(能源草)、耐性植物等基地。

(七) 串山垅水库老灌区土壤污染修复工程方案

根据串山垅水库老灌区土壤铜和镉污染现状(图 3.13 和图 3.14),采用的修复技术方案如下。
(1) 技术 1:"1+1""2+1"互联互网沟系工程。
(2) 技术 2:单项修复剂+综合调理剂。
(3) 技术 3:能源植物/水稻等粮食作物+优化配方施肥。
(4) 技术 4:香根草/黑麦草/耐性苗木等。

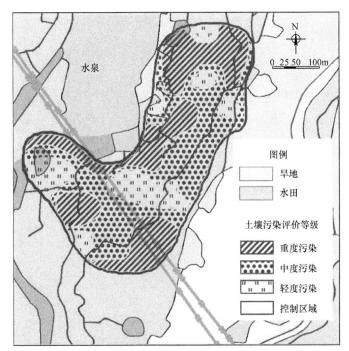

图3.11　滨江乡水泉区土地利用及土壤重金属铜污染现状图

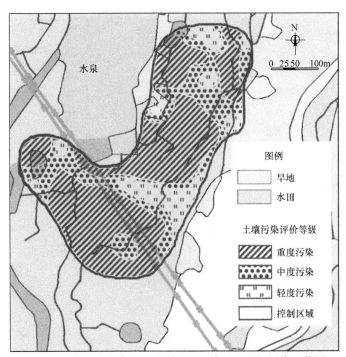

图3.12　滨江乡水泉区土地利用及土壤重金属镉污染现状图

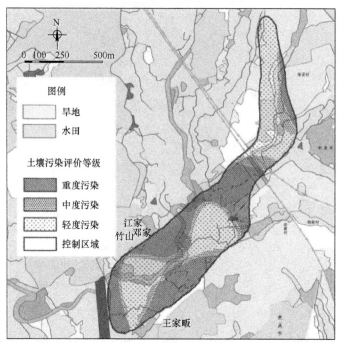

图 3.13　串山垅水库老灌区(竹山、江家、邓家、王家畈)土地利用及土壤重金属铜污染现状图

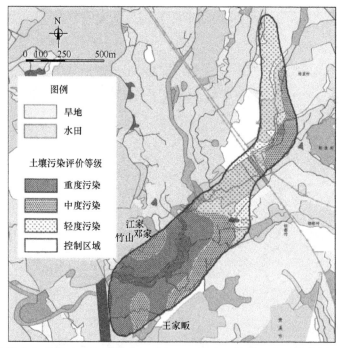

图 3.14　串山垅水库老灌区(竹山、江家、邓家、王家畈)土地利用及土壤重金属镉污染现状图

二、工程实施过程

(一) 钝化材料的生产、调运与施用

在案例工程实施过程中，将研发的修复剂配方委托相关肥料加工企业批量生产，转运至修复区，然后雇佣当地农民将修复剂转运至田块，按照修复方案有针对性地施加修复剂(图 3.15)。

图 3.15　案例工程中钝化材料经生产，而后调运与施用

(二) 沟系开挖与翻/整地

在案例工程实施过程中，根据地块地势、田间便道分布等情况，有针对性地采用机械开挖沟渠，进行排水降渍，并修建施工便道，方便修复物质运输机械进出(图 3.16)。

图 3.16　案例工程中沟系开挖与整地

(三) 材料施散现场施工

在案例开展过程中,利用人工和机械进行钝化材料的均匀、精确施撒,通过旋耕机将钝化材料与土壤充分混合。同时,对于地势较低、土壤含水量较高的区域,采用挖掘机转运修复剂,并进行翻耕与拌匀(图 3.17)。

(a) 施撒　　　　　　　　　　　　　(b) 混匀

图 3.17　案例工程中钝化材料的施撒与混匀

(四) 修复植物种植

在案例开展过程中,首先对已经施用过钝化材料的土地进行开沟,方便排灌,然后根据不同植物生长特性,合理控制行距和株距,指导当地老百姓种植修复植物,并进行灌溉、除草等田间管护措施(图 3.18)。

图 3.18　案例工程中开沟种植修复植物

第三节　工程实施重难点

目前，我国土壤重金属污染修复以理论研究为主，规模化治理重金属污染耕地土壤技术与工程处于快速发展阶段，成熟的技术工程示范有限；工程修复目标、技术和验收标准、技术路线、成本效益等难以有效估算，工程实施和管理中一系列重难点需要解决。

一、规模化修复技术思路与修复目标选择

对于规模化重金属污染耕地土壤修复目标的选择，要注重耕地的持续利用。我国国情决定修复治理是手段，安全利用才是最终目标。尽管当前可应用土壤淋洗等技术降低土壤中重金属总量以达到《土壤环境质量　农用地土壤污染风险管控标准(试行)》(GB 15618—2018)筛选值，但是要使成千上万亩污染耕地土壤中某种重金属总量降低到一定量值，通过淋洗等类似的技术需要巨大资金的支持，而且淋洗等技术处理后的土壤会丧失土壤生物活性以及可耕性。实现受污染耕地的安全利用，既是治理技术工程的初心，也是农户所期待的最终结果。基于技术研发和社会调研的实际情况，本工程案例中选择了低成本的农田原位钝化联合植物修复治理技术，把"削减存量"——以减存土壤中重金属总量为唯一目标的思路，转变为"降活减存"——降低土壤重金属活性，促进植物安全生长，恢复土壤生态功能，并降低土壤重金属总量，以时间换成本，达到大面积受污染耕地的安全利用，并产生效益为主要治理目标的思路。该修复目标现实可行，有技术依据，也被后来的工程实施成效所证明，是我国首例提出以降低土壤重金属生物有效性为治理目标的工程案例。

二、技术路线和工程实施方案的确定

由于我国规模化治理耕地土壤重金属污染工程案例较少，缺乏成熟的技术工艺，因此很难确定合理的耕地土壤重金属污染规模化治理工程的技术路线。在前期技术孵化过程中，笔者总结技术内涵，将本案例工程的技术路线归纳为：①分区：按照地理位置和空间单元将需治理的 2000 多亩污染区按地理、地形和耕地利用方式分为若干片区，针对主要污染物类型和污染程度有差异的各个区域采用"一区一策"，将治理技术个性化，并且所选治理技术工程要达到治理效果与治理成本的理性平衡。②分类：按照土壤中主要重金属污染物类型进行划分而采取不同的治理技术措施。③分级：按照重金属在土壤中的污染程度(轻度、中度和重度)划分，也采用不同的治理目标和技术方案。④分段：案例工程实施中，按照先易后难，先选用钝化材料配方等关键技术，后采用农艺措施等一般性技术，形成土壤污染修复的"物理+化学-生物/农艺一体化集合技术"。最后将土壤污染修复和耕地综合利用有效结合起来，治理产生效果，耕地产生效益，并将主要技术形成规范，转化为可落地、可复制、可借鉴的工程经验。

三、污染土壤钝化材料与植物的筛选

规模化修复土壤重金属污染工程需要考虑钝化材料的种类、配方和用量等工程化参数，这关系修复工程的费用以及目标的实现。修复工程实施前，室内培养、温室盆栽等已经将木炭、铁粉、猪粪、蒙脱石、磷灰石、凹凸棒石、生物质灰、微/纳米羟基磷灰石等十多种材料按照一定比例添加，筛选出一些对重金属具有一定的钝化效果的材料；采用正交实验，并经过田间实验，淘汰凹凸棒石、铁粉、蒙脱石等材料；考虑材料成本、来源和施用后的二次污染风险，最终将磷灰石、石灰、生物质灰和微/纳米羟基磷灰石等按最佳优化配比，制成一系列的配方产品，直接应用在田间治理工程中。理想的重金属修复植物应具有生物量大、重金属超积累、安全利用的特点。综合污染区重金属污染的类型和气候特点，进行多次对比实验筛选后，最终确定以巨菌草、香根草、伴矿景天、冬青、香樟、海州香薷和红叶石楠等为主体的修复植物。

四、修复工程施工、推广和管理难题

与普通的建筑工程施工不同，规模化重金属污染耕地修复工程不仅涉及连片治理，治理面积达到千亩万亩，更关键的是关系广大农民的切身利益。引导农民将自家分散的污染耕地进行修复需要满足以下要求：满足农户利益诉求，要合理合情合法确定污染耕地修复过程及修复后权属利益，要征求村干部同意，要技术落地、施工方案细化和工序正确，要技术监管与培训到位，要考虑钝化材料和修复机械进场的天气条件，优先考虑使用当地劳动力作为工程劳务组织，使污染区群众通过治污实现增收，有效控制工程施工和管理成本。因此，修复工程的施工和项目管理有大量的难题需要解决。本修复工程案例中遇到的这些施工和管理类的困难带有一定的普遍性。工程案例中巧妙地采取政府推动、村组动员、技术引导、示范引领、成效教育、利益保障等多种带有政策性、情感性、利益保障性等工作办法，有效解决了治理工程施工、推广和管理中的难题。

第四节　工程面临的问题

因为我国污染土壤的修复目前处于起步阶段，基础相对薄弱，部分标准和法律的缺失导致实际的修复和管理中存在一定的困难和挑战。特别是"江铜贵冶周边区域九牛岗土壤修复示范工程项目"中，遇到的挑战繁多，总结如下。

一、环保与利益博弈

尽管在项目启动前已经通过张贴宣传公告以及召开各乡镇干部动员会议，并由乡镇干部做好村民小组(或理事)的动员工作，然而在项目实施过程中仍有许多群众不予配合，出现阻工和怠工的情况。由于遭受污染长达 30 余年，当地群众已具有一定的环保意识，并能通过以往和专家学者的交流经验辨别主要重金属污染物的毒性特征。例如，植物叶片损伤可能是由于二氧化硫的毒害；植物根系极不发达可能是重金属对植物根系的胁迫；土壤受到重金属污染后不能继续种植粮食和蔬菜，以免造成重金属在人体内的富集。然而，部分群众担心一旦修复好污染场地，企业就不再进行赔偿；另一些群众即便同意修复，但要求一定的场地租赁费用等。在政府和企业承诺将继续赔偿和进行场地租赁，以及优先使用当地劳动力后，修复工作才得以开展。可见，在利益面前，环保观念被无视的情况不仅存在于一些排污企业中，普通群众更为常见，而它的存在是我国环保事业发展的最大障碍。因此，必须加强土壤环境保护宣传教育工作，提高人民群众的环保意识，强化污染场地修复的舆论引导和环保科普知识宣传，鼓励群众参与土壤环境保护和污染防治工作。

二、融资机制

污染场地修复和管理的费用高昂，修复得以实施和达到预期目标需要充足的资金支持。然而，相较于发达国家，我国污染场地修复资金的融资机制比较单一，往往由政府主导，企业和开发商承担少部分资金，缺乏长久的资金或基金保障和分担机制(张胜田等，2007；谌宏伟等，2006)。例如，本修复项目的资金(4500 万)

主要来源为财政部和地方政府，完全由政府负担。如此单一的资金来源无法满足当前我国污染场地修复的需求。污染场地的修复是一项耗资巨大的工程，如 20世纪 70 年代日本富山县花费 33 年，耗资 3.4 亿美元才完成了对 863 hm^2(12945亩)农田的土壤修复工作。《全国土壤环境保护"十二五"规划》中指出，"十二五"期间，中央财政拨出 300 亿元用于全国污染土壤修复，然而对于规模化、高修复成本的场地修复来说，这些资金显然难以满足市场需求。因此，地方政府或企业应该在融资机制上进行积极探索，并大力借鉴其他行业资本进入经验以及发达国家的融资机制，如鼓励绿色信贷、充分利用土地流转等政策，建立国家和地方政府的污染场地修复专项基金，盘活财政、社会资金和国际基金，并给予修复企业一定的税收优惠政策。例如，2020 年 1 月财政部会同生态环境部等部门联合印发《土壤污染防治基金管理办法》(财资环〔2020〕2 号)，并于 7 月牵头设立国家绿色发展基金，首期规模达到 885 亿元，其中，中央财政出资 100 亿元。此外，2020年河南省、江苏省和湖南省均设立省级土壤污染防治基金，规模达 12 亿～160 亿。预期，我国最终将形成以"谁污染、谁治理；谁投资、谁受益"为前提，灵活运用"污染者付费，受益者分担，所有者补偿"的原则，形成政府主导，构建多渠道的融资平台和多元化的融资机制(骆永明，2011；胡宁静等，2004)。

三、修复技术和装备

土壤修复技术涉及土壤学、生态学、环境工程等多学科领域，主要分为原位和异位修复两大类。我国现有的土壤修复技术大多存在工程技术单一、处理能力有限、成本高等不足，难以满足规模化污染土壤修复需求。例如，当前在修复有机污染和重金属污染土壤时，最常用的措施是客土法置换污染土壤、焚烧或填埋处置固体废弃物、水泥窑协同处置污染物，缺乏针对不同污染土壤、不同污染类型的成熟修复技术工艺。例如，本工程案例中利用钝化和植物修复组合技术虽能降低重金属活性，改善生态景观，降低污染物的环境风险，但却不能快速去除污染物。

另外，尽管我们熟练掌握了部分关键的修复技术，但与之相配套的修复装备的缺失极大地阻碍了我国修复技术应用的步伐。例如，本案例工程中钝化材料的施用缺乏配套的设备，只能采取人工撒施的方法，不仅效率低，还增加了修复成本以及工人在撒施钝化材料过程中的健康风险。所以，需要提高我国修复技术自主研发能力，加大投入研发安全、实用、高效、低廉的修复新技术、新产品和新装备。

四、法规和标准不完善

目前我国缺少针对污染场地的专门法规，不过随着国内污染场地修复工作的

相继开展，相关技术规范也将逐渐完善。全国人民代表大会常务委员会 2004 年
12 月修订的《中华人民共和国固体废物污染环境防治法》，对工业固体废物、生
活垃圾、建筑垃圾、农业固体废物管理提出具体要求，2020 年再次进行了修订。
2004 年 6 月，国家环境保护总局发布了《关于切实做好企业搬迁过程中环境污染
防治工作的通知》，规定所有产生危险废物的工业企业、实验室和生产经营危险废
物的单位，在结束原有生产经营活动，改变原土地使用性质时，必须经具有省级
以上质量认证资格的环境监测部门对原址土地进行监测分析，报送省级以上环境
保护部门审查，并依据监测评价报告确定土壤功能修复实施方案。当地政府环境
保护部门负责土壤功能修复工作的监督管理。同时,《中华人民共和国土壤污染防
治法》已经颁布，并于 2019 年 1 月 1 日执行。生态环境部颁布了针对污染场地的
系列环境保护标准:《建设用地土壤污染状况调查　技术导则》(HJ 25.1—2019)、
《建设用地土壤污染风险管控和修复监测技术导则》(HJ 25.2—2019)、《建设用地
土壤污染风险评估技术导则》(HJ 25.3—2019)、《建设用地土壤修复技术导则》(HJ
25.4—2019)、《建设用地土壤污染风险管控和修复术语》(HJ 682—2019)，该系列
标准的实施将进一步规范场地环境监测，加强污染场地环境监督管理。

但是，这些法律和政策性文件多是原则性规定，分散而不系统，可操作性有
待加强，缺乏实施细则来明确污染场地的管理责任、修复技术、融资机制等。例
如，在工程实施中，按照《土壤环境监测技术规范》(HJ/T 166—2004)进行布点、
采样、分析和测定，但在对重金属有效态进行分析评价时缺少相关评价方法与标
准。所以在今后的一段时间内，我国应该抓紧制定相关法律法规，以明确污染场
地的风险评估、管理责任、融资机制和防治措施等。

参 考 文 献

崔红标，周静，杜志敏，等. 2010. 磷灰石等改良剂对重金属铜镉污染土壤的田间修复研究. 土
　　壤, 42(4): 611-617.
谷庆宝，郭观林，周友亚，等. 2008. 污染场地修复技术的分类、应用与筛选方法探讨. 环境科
　　学研究, 21(2): 197-202.
郝秀珍，周东美，薛艳，等. 2005. 天然蒙脱石和沸石改良对黑麦草在铜尾矿砂上生长的影响.
　　土壤学报, 42(3): 434-439.
胡宁静，李泽琴，黄朋，等. 2004. 贵溪市污灌水田重金属元素的化学形态分布. 农业环境科学
　　学报, 23(4): 683-686.
李静. 2013. 全国 1/6 耕地重金属污染修复污染耕地恐花数万亿. 经济参考报, 2013-06-17.
罗战祥，揭春生，毛旭东. 2010. 重金属污染土壤修复技术应用. 江西化工, 2: 100-103.
骆永明. 2011. 中国污染场地修复的研究进展、问题与展望. 环境监测管理与技术, 23(3): 1-6.
谌宏伟，陈鸿汉，刘菲，等. 2006. 污染场地健康风险评价的实例研究. 地学前缘, 13(1): 230-235.
薛南东，李发生，等. 2011. 持久性有机污染物(POPs)污染场地风险控制与环境修复. 北京: 环

境科学出版社.

张胜田, 林玉锁, 华小梅, 等. 2007. 中国污染场地管理面临的问题及对策. 环境科学与管理, 32(6): 5-7.

Khan F I, Husain T, Hejazi R. 2004. An overview and analysis of site remediation technologies. Journal of Environmental Management, 71(2): 95-122.

Marques A P G C, Rangel A O S S, Castro P M L. 2011. Remediation of heavy metal contaminated soils: An overview of site remediation techniques. Critical Reviews in Environmental Science and Technology, 41(10): 879-914.

第 二 篇

土壤重金属污染修复工程
生态效应评价

第四章　修复材料对土壤重金属活性的钝化效应

钝化技术被成功地应用于降低污染土壤重金属活性的实践中(Geebelen et al., 2003；Karami et al., 2011；Karin et al., 2013)。但是，这些方法不能从根本上去除土壤中的重金属，仅是降低重金属活性。近年来，人们更多地关注用改良剂的钝化和植物提取的联合修复方式来修复重金属污染土壤(Chen et al., 2000；Karami et al., 2011)。但是，先前的这些方法主要是关注短期或每年都添加钝化材料联合植物对重金属污染土壤的修复效率(Ben Achiba et al., 2009；Laperche et al., 1997)。这些方式不可避免地会增加修复成本，还会因为钝化材料逐年添加累积对土壤的物理化学性质产生负面效应。实际上，钝化材料在一段时间内能够维持较好的修复效果，且这种持久性对维持土壤较低的重金属活性至关重要(Hamon et al., 2002)。因此，本章主要考察钝化材料一次性添加后，联合植物对土壤重金属的稳定性及其作用机制，研究结果对于钝化材料的长期钝化应用具有重要的现实意义。

第一节　钝化材料对黑麦草生物量及重金属富集的影响

实验小区(117°12′35″E，28°19′44″N)位于贵冶的西南方向。选择重金属耐性植物黑麦草为修复植物，结合梁家妮(2009)的实验结果，选择磷灰石、石灰和木炭三种材料作为钝化材料。田间实验采用随机区组设计，四个处理分别为：①对照(不加任何钝化材料)；②1%(W/W，土壤 0~17cm 表层质量分数)磷灰石处理(22.3 t/hm²)；③0.2%(W/W)石灰处理(4.45 t/hm²)；④3%(W/W)木炭处理(66.9 t/hm²)。2009 年 11 月 29 日，布置实验，各小区间田埂采用防渗聚乙烯塑料薄膜(30 cm高)包裹，防止因雨水径流影响实验结果。每个小区按照 0.83 t/hm²，即 500 g/小区的标准施加复合肥(N：P₂O₅：K₂O=15：15：15)。然后每个小区播种黑麦草，播种量为 0.05 t/hm²，即 30 g/小区。2010~2013 年，每年均进行播种和施肥，但不追施钝化材料。

如表 4.1 所示，2010 年，黑麦草的茎和根部生物量(干物质量)以及三茬的总生物量大小(除了第一茬，磷灰石处理黑麦草生物量大于木炭处理生物量)基本都表现为：石灰＞木炭＞磷灰石。2010 年石灰处理的第一茬黑麦草茎生物量最大，达到 952 g，但是随着收割次数的增加，到第三茬茎生物量减少到 372 g。2011 年，木炭处理的土壤黑麦草无法生长，且石灰和磷灰石处理生长的黑麦草生物量显著低于 2010 年时各处理的生物量。同时，2011 年，磷灰石处理的黑麦草茎和根部生物量均大于石灰处理。2012 年，所有处理均无法生长黑麦草，但是在磷灰石、石灰和木炭处理的土壤中有土著植物金黄狗尾草生长。如表 4.2 所示，金黄狗尾草茎和根部生物量大小为：磷灰石＞石灰＞木炭。其中，磷灰石处理金黄狗尾草茎生物量分别是石灰和木炭处理的 1.6 倍和 3.4 倍，且各处理均达到显著性差异。另外，木炭处理金黄狗尾草吸收 Cu 和 Cd 含量显著高于其他处理，这可能是由于该处理中重金属活性较高，对金黄狗尾草毒性大，导致生物量最低，重金属含量最高。

表 4.1　2010～2012 年黑麦草生物量

处理	2010 年生物量/g					2011 年生物量/g					2012 年生物量/g
	第一茬	第二茬	第三茬	根	总计	第一茬	第二茬	第三茬	根	总计	
对照	n.d.	n.d.	n.d.	n.d.	n.d.	n.d.	n.d.	n.d.	n.d.	n.d.	n.d.
磷灰石	833±102^{ab}	562±56^b	309±58^a	715±58^c	2419±173^b	541±61^a	353±63^a	158±33^a	285±59^a	1337±197^a	n.d.
石灰	952±144^a	649±57^a	372±41^a	1123±100^b	3096±276^a	332±46^b	234±60^b	99±28^b	154±25^b	819±124^b	n.d.
木炭	654±56^b	589±88^{ab}	344±68^a	896±59^a	2483±263^b	n.d.	n.d.	n.d.	n.d.	n.d.	n.d.

注：n.d. 表示无黑麦草生长；同一列字母不同表示处理间存在显著性差异($P<0.05$)。

表 4.2　2012 年金黄狗尾草生物量和重金属累积

处理	生物量/g		铜含量/(mg/kg)		镉含量/(mg/kg)	
	茎	根	茎	根	茎	根
对照	n.d.	n.d.	n.d.	n.d.	n.d.	n.d.
磷灰石	2781±276^a	1039±73^a	189±12^a	1001±102^b	0.27±0.05^b	0.85±0.05^b
石灰	1769±244^b	755±98^b	183±60^a	1118±177^{ab}	0.30±0.06^b	0.80±0.06^b
木炭	808±190^c	450±86^c	232±45^a	1300±155^a	0.43±0.03^a	1.01±0.08^a

注：n.d. 表示无金黄狗尾草生长；同一列数据中字母不同表示处理间存在显著性差异($P<0.05$)。

此外，对植物茎和根对铜和镉的吸收量进行了测定。与预期的结果一致，根部重金属含量显著高于茎部重金属的含量(表 4.3)。2010 年，黑麦草茎部铜和镉的含量分别从第一茬的 125～137 mg/kg 和 0.76～0.95 mg/kg 增加到第三茬的 179～230 mg/kg 和 1.80～2.15 mg/kg。2011 年，黑麦草茎部铜和镉的含量分别从第一茬的 95～150 mg/kg 和 1.04～1.19 mg/kg 增加到第三茬的 382～430 mg/kg 和 4.68～4.75 mg/kg。另外，黑麦草根部铜的含量在 2010 年和 2011 年均大于 1400 mg/kg；

根部镉含量总体上大于 7.68 mg/kg。2012 年，与黑麦草相比，金黄狗尾草对铜的吸收能力略低于黑麦草，但是对镉的吸收显著低于黑麦草，其茎和根部镉含量仅有 0.27～0.43 mg/kg 和 0.80～1.01 mg/kg。可见，与土著杂草金黄狗尾草相比，黑麦草对重金属铜和镉具有较好的吸收和富集能力。

表 4.3　黑麦草吸收铜和镉的含量　　　　　　　　　　(单位：mg/kg)

重金属	处理	2010 年				2011 年				2012 年
		第一茬	第二茬	第三茬	根	第一茬	第二茬	第三茬	根	
铜	对照	n.d.	n.d.	n.d.	n.d.	n.d.	n.d.	n.d.	n.d.	n.d.
	磷灰石	125±19[a]	128±20[b]	179±31[b]	1529±166[ab]	95±26[b]	125±30[a]	382±58[b]	1580±104[a]	n.d.
	石灰	137±20[a]	146±19[a]	197±18[ab]	1613±164[a]	150±28[a]	131±43[a]	430±70[a]	1613±78[a]	n.d.
	木炭	125±11[a]	127±18[b]	230±50[a]	1435±76[b]	n.d.	n.d.	n.d.	n.d.	n.d.
镉	对照	n.d.	n.d.	n.d.	n.d.	n.d.	n.d.	n.d.	n.d.	n.d.
	磷灰石	0.76±0.16[b]	0.94±0.09[a]	1.80±0.09[c]	9.81±1.51[ab]	1.04±0.28[a]	1.36±.16[b]	4.68±0.56[a]	7.68±0.41[a]	n.d.
	石灰	0.95±0.24[a]	1.05±0.32[a]	2.15±0.10[a]	8.92±0.83[b]	1.19±0.22[a]	1.70±0.18[a]	4.75±0.78[a]	8.50±0.55[a]	n.d.
	木炭	0.91±0.21[a]	1.19±0.24[a]	2.05±0.07[b]	10.4±1.16[a]	n.d.	n.d.	n.d.	n.d.	n.d.

注：n.d. 表示无黑麦草生长；同一列数据中字母不同表示处理间存在显著性差异($P<0.05$)。

在对照处理土壤中，黑麦草幼苗均是先出现叶片发黄、萎缩，接着根部出现腐烂，直至枯死，这是植物幼苗遭受重金属铜和镉毒害的典型特征(Clemens, 2006; Liu et al., 2009)。但在钝化材料添加第一年后的土壤中，黑麦草均未表现出这种现象，并具有较高的生物量，这表明，与对照相比，钝化材料的添加为黑麦草提供了适宜的生长条件(Hartley et al., 2008; Al-Drgs et al., 2006)。其原因可能是钝化材料处理改变了土壤的性质，尤其是对土壤 pH 的提高和重金属活性的降低。与此相似，Gray 等(2006)发现紫羊茅(*Festuca rubra*)无法在未改良的污染土壤中生长，而能在石灰和赤泥处理的土壤中生长。另外，尽管第一年石灰处理黑麦草生物量最高，但是到第二年和第三年黑麦草、金黄狗尾草的生物量均在磷灰石处理土壤中最高，这些结果表明：植物的生物量往往取决于钝化材料的种类，且在促进植物生长方面磷灰石比石灰和木炭具有更好的持久性。

植物修复的目的是通过植物提取、植物稳定和植物根际过滤等去除土壤中的重金属等污染物(Salt et al., 1995)。用于植物提取的理想植物应该具有巨大的生物量、较强的重金属吸收能力及尽可能高的转运系数(从根部到茎部)(Wong, 2003; Karami et al., 2011; Alvarenga et al., 2008)。然而，大多数具有较高生物量的植物其茎和根部的重金属含量都不是很高(Karami et al., 2011; Alvarenga et al.,

2008)。因此，在评价植物对重金属的提取时要综合考虑植物的生物量、植物对重金属的累积和植物对重金属的总去除能力。本实验中，2010 年石灰处理的黑麦草茎和根部对重金属的去除量达到 2110 mg(铜)和 12.4 mg(镉)，均高于磷灰石处理(铜为 1325 mg，镉为 8.73 mg)和木炭处理(铜为 1521 mg，镉为 11.3 mg)。但是 2011 年，磷灰石处理黑麦草去除的重金属铜为 606 mg，镉为 3.97 mg，高于石灰处理黑麦草(去除的重金属铜为 371 mg，镉为 2.57 mg)；且在 2012 年磷灰石处理的土壤中，金黄狗尾草去除的重金属铜和镉分别为 1566 mg 和 1.63 mg，均高于石灰(铜和镉去除量分别为 1168 mg 和 1.13 mg)和木炭处理(铜和镉去除量分别为 772 mg 和 0.80 mg)。结果表明，与木炭和石灰相比，磷灰石联合植物对重金属的去除具有更好的持久性。

第二节　钝化材料对土壤 pH 和 CaCl₂ 提取态重金属的影响

因为大多数重金属化合物(除了砷外)在碱性条件下更难溶解，因此，增加土壤的 pH 成为修复重金属污染酸性土壤最常用的手段。本书中，2010 年添加磷灰石、石灰和木炭使土壤 pH 从对照的 4.41 分别增加到 5.55、5.71 和 4.89[图 4.1(a)]。先前的研究也发现部分钝化材料的应用有利于土壤 pH 的提高(Laperche et al.，1997；Fellet et al.，2011；Gray et al.，1998)。然而，本书中土壤 pH 随着时间的推移逐渐下降。与 2010 年相比，2012 年磷灰石、石灰和木炭处理土壤 pH 分别下降了 0.38、0.99 和 0.46 个单位，且 2010 年和 2011 年土壤 pH 大小表现为：石灰＞磷灰石＞木炭＞对照，2012 年，土壤 pH 大小表现为：磷灰石＞石灰＞木炭＞对照。

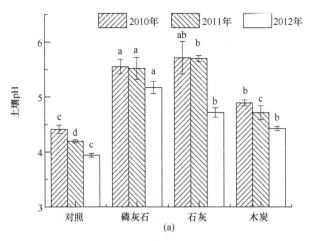

(a)

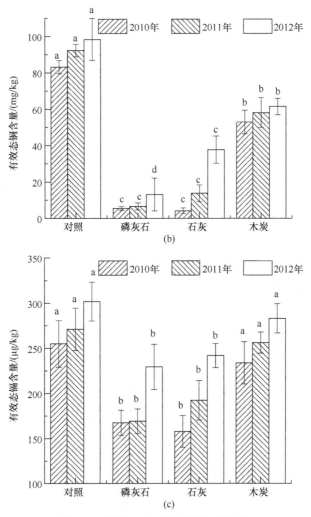

图 4.1　土壤 pH 和有效态铜与镉含量

字母不同表示处理间达到 0.05 水平上显著性差异，2010 年、2011 年和 2012 年表示采样时间

2010 年，各处理 CaCl₂ 浸提态铜含量大小表现为：石灰＜磷灰石＜木炭＜对照，且石灰、磷灰石和木炭处理有效态铜含量与对照相比，下降幅度分别为 95%、93.5% 和 30.1%[图 4.1(b)]。2012 年，磷灰石和石灰处理的土壤中 CaCl₂ 浸提态铜从 2010 年的 5.44 mg/kg 和 4.14 mg/kg 增加到 13.1 mg/kg 和 37.7 mg/kg，接近 2010 年水平的 3 倍和 9 倍。尽管如此，磷灰石和石灰处理土壤 CaCl₂ 浸提态铜含量仍显著低于对照和木炭处理 CaCl₂ 浸提态铜含量。

2010 年，磷灰石和石灰处理 CaCl₂ 浸提态镉含量显著降低，与对照相比，降幅分别为 34.3% 和 38.1%[图 4.1(c)]。另外，磷灰石和石灰处理 CaCl₂ 浸提态镉含量从 2010 年的 167 μg/kg 和 158 μg/kg 增加到 2012 年的 229 μg/kg 和 242 μg/kg，与对照相比，降幅分别为 24.0%和 19.8%。以上结果表明磷灰石处理在维持较高的土壤 pH 和较低的重金属活性方面具有更好的持久性。另外，这些结果与黑麦草的生物量和吸收重金属的含量变化具有很好的相关性。同样，Yang 等(2010)发现随着修复时间的增加，DTPA 浸提态锌和铅的含量逐渐增加，并导致植物地上部吸收重金属含量的增加。

钝化材料降低重金属的活性可能归因于以下几个主要机理。首先，磷灰石、石灰和木炭的添加均提高了土壤 pH，这有助于提高黏土矿物、有机质和铁锰氧化物等变价胶体的负电荷，增加土壤对重金属的吸附能力(Gray et al.，1998)。另外，根据 Chou 等(1989)研究，三个可能的反应涉及石灰的溶解过程[式(4-1)～式(4-3)]：

$$CaCO_3 + H^+ \rightleftharpoons Ca^{2+} + HCO_3^- \tag{4-1}$$

$$CaCO_3 + H_2CO_3 \rightleftharpoons Ca^{2+} + 2HCO_3^- \tag{4-2}$$

$$CaCO_3 \rightleftharpoons Ca^{2+} + CO_3^{2-} \tag{4-3}$$

$$Cu^{2+} + CO_3^{2-} \rightleftharpoons CuCO_3 \tag{4-4}$$

因此，当 Cu^{2+} 和 Cd^{2+} 存在时，可能发生化学反应(4-4)，形成重金属沉淀(Al-Drgs et al.，2006)。对于磷灰石来说，其对重金属的固定化机理主要包括溶解(Ma et al.，1995)[式(4-5)]、离子交换(Mobasherpour et al.，2011)[式(4-6)]、络合(Cao et al.，2004；Xu et al.，1994)[式(4-7)]、金属与 Ca 的共沉淀(Xu et al.，1994)、金属与无定型晶体的共结晶作用和形成金属磷酸盐(Ma et al.，1994)。

$$Ca_{10}(PO_4)_6(OH)_2 + 14H^+ \rightleftharpoons 10Ca^{2+} + 6H_2PO_4^- + 2H_2O \tag{4-5}$$

$$Ca_{10}(PO_4)_6(OH)_2 + xCd^{2+} \rightleftharpoons Ca_{10-x}Cd_x(PO_4)_6(OH)_2 + xCa^{2+} \tag{4-6}$$

$$\equiv POH + Cd^{2+} \rightleftharpoons \equiv POCd^+ + H^+ \tag{4-7}$$

对于木炭来说，它一方面能够为植物的生长提供一些营养元素，一方面有助于改善土壤的物理和化学性质(Lehmann et al.，2003)。木炭对重金属的固定化作用主要涉及化学吸附、络合、木炭表面的吸附、分散在木炭内部孔隙结构和离子交换等过程(Demirbas，2008)。

另外，本书中发现钝化材料对重金属污染土壤的修复效率随着时间的推移逐渐下降，对此，我们从以下几个方面进行解释。首先，研究区域位于典型的酸雨沉降区域(Cui et al.，2014)，可能导致土壤 pH 的下降，以及土壤其他理化性质的变化，且这些都是影响重金属活性的主要因素。例如，Guo 等(2006)指出由于土壤变酸，温度和氧化还原电位的变化，被固定的重金属可能会被重新释放到土壤溶液中。其次，该研究区域紧邻一个大型冶炼厂和一个肥料厂，由于含有高含量重金属成分的烟气和粉尘的沉降，可能会增加表层土壤重金属总量，进而导致修复效率的降低。此外，三种钝化材料修复效率存在随时间变化降低的机理差异。Hamon等(2002)已经证实，相比于 $CaCO_3$ 与重金属形成的碳酸盐沉淀来说，磷酸盐与重金属形成的沉淀具有更好的稳定性和更高的酸缓冲性能。对于木炭来说，部分被木炭吸附的重金属可能会解吸或从木炭表面和内部孔隙溶解，重新释放到土壤溶液中。同时，随着时间的推移，木炭的降解也会导致重金属释放到土壤溶液中，尽管这个过程比解吸和溶解要更加缓慢，但也要考虑其释放的风险(Baker et al.，2011)。

总的来看，磷灰石在缓解土壤变酸和维持重金属的低活性方面具有更好的效果，三种钝化材料对重金属污染土壤钝化效果的持久性表现为：磷灰石＞石灰＞木炭。这个结果也表明重复添加钝化材料以保持重金属较好的钝化效果的必要性(Ben et al.，2009；Perez-de-mora et al.，2007)。例如，Madejón 等(2009)指出石灰(制糖厂用)在降低 $CaCl_2$ 提取态重金属方面具有较好的持久性，但是生物固体堆肥和褐煤需要连续添加才能维持较好的钝化效果。然而，这样的做法会不可避免地增加修复成本，同时，钝化材料的连续添加可能会导致土壤性质的恶化。因此，最好的措施是找出钝化材料在一定剂量施用下的持久性，以便在其改良效果下降到一定阶段后重新添加钝化材料。此外，更多的工作应该研究钝化材料持久性的准确时间，并对这种钝化材料修复的潜在的或相关的环境风险进行评估。

第三节　钝化材料对土壤溶液中铜和镉含量的影响

如图 4.2 和图 4.3 所示，与对照相比，添加磷灰石、石灰和木炭后，土壤溶液中铜和镉的含量均显著降低。添加钝化材料后的 3～6 月，木炭处理土壤溶液中铜和镉的含量均低于磷灰石和石灰处理，但到了 9～24 月，木炭处理土壤溶液中铜和镉的含量逐渐增加，并高于石灰和磷灰石处理。总体上，磷灰石和石灰处理土壤溶液中铜和镉的含量比较接近，对铜和镉的降幅达到 90% 和 80% 左右，且各处理对铜和镉的降幅大小表现为：磷灰石＞石灰＞木炭。

另外，发现所有处理中，3～12 月，即每年的春季、夏季、秋季和冬季，土壤溶液铜和镉的含量基本上是逐渐增加的过程，这可能是由于春季和夏季该区域降水较多，因而土壤溶液中铜和镉的含量较低，但是在秋季和冬季，该区域降水逐渐减少，并进入干旱少雨时期，因而土壤溶液中铜和镉的含量较高。总体上，2011 年 3～12 月(即 15～24 月)土壤溶液铜和镉的含量高于 2010 年 3～12 月土壤溶液中铜和镉的含量，这表明钝化材料对土壤重金属的钝化效果随时间的推移出现一定程度的下降。以上结果表明，土壤溶液重金属含量的大小取决于钝化材料的种类，且磷灰石和石灰对土壤溶液重金属含量的降低效果最好。与此相同，

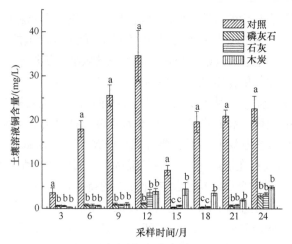

图 4.2　不同时期土壤溶液中铜含量
字母不同表示处理间在 $P<0.05$ 水平上具有显著性差异

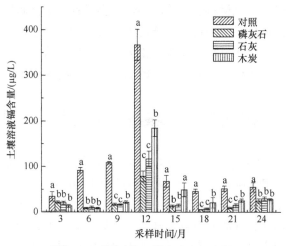

图 4.3　不同时期土壤溶液中镉含量
字母不同表示处理间在 $P<0.05$ 水平上具有显著性差异

Ruttens 等(2010)也发现随着石灰的添加，在 10 cm 土层处，土壤孔隙水中锌和镉含量均比对照显著降低。

第四节　钝化材料对土壤铜和镉化学形态分布及总量的影响

一、钝化材料对土壤铜和镉化学形态分布的影响

重金属对生物的有效活性取决于其在土壤中的存在形态，因此本节重点分析

铜和镉在土壤中的 5 种存在形态和相对分布。2010 年，对照处理中铜主要聚集在残渣态(Res)，含量达到 254 mg/kg(36.5%)，各形态含量大小表现为：Res(残渣态)＞EXC(离子交换态)＞FeMnO$_x$(铁锰氧化物结合态)＞OM(有机结合态)＞CA(碳酸盐结合态)(表 4.4)。

表 4.4　2010～2012 年土壤中铜五种化学形态含量　(单位：mg/kg)

处理		EXC	CA	FeMnO$_x$	OM	Res
2010 年	对照	140±9[a]	68.7±3.8[b]	127±6[c]	106±20[a]	254±33[a]
	磷灰石	28.6±3.5[c]	137±19[a]	198±17[a]	101±19[a]	247±27[a]
	石灰	36.6±8.3[c]	145±4[a]	201±3[a]	111±17[a]	225±27[a]
	木炭	102±15[b]	88.2±12[b]	160±18[b]	115±3[a]	242±14[a]
2011 年	对照	129±18[a]	68.8±13[d]	112±14[c]	141±21[a]	259±31[ab]
	磷灰石	31.1±12[c]	135±15[b]	189±36[a]	146±8[a]	234±63[ab]
	石灰	43.3±9[c]	151±9[a]	210±12[a]	161±14[a]	181±25[b]
	木炭	97.9±15[b]	88.0±11[c]	142±19[b]	124±21[a]	275±64[a]
2012 年	对照	149±21[a]	82.0±7[c]	123±31[a]	119±10[a]	244±35[a]
	磷灰石	55.7±7.4[d]	149±4[a]	197±60[a]	122±15[a]	230±51[a]
	石灰	98.8±12[c]	128±19[b]	188±18[a]	118±7[a]	229±53[a]
	木炭	124±17[b]	114±6[b]	150±8[a]	134±4[a]	219±60[a]

注：字母不同表示处理间在 $P<0.05$ 水平上显著性差异。EXC，离子交换态；CA，碳酸盐结合态；FeMnO$_x$，铁锰氧化物结合态；OM，有机结合态；Res，残渣态。

然而，磷灰石和石灰处理后的土壤中铜化学形态含量大小表现为：Res＞FeMnO$_x$＞CA＞OM＞EXC。与对照相比，磷灰石和石灰处理离子交换态铜的含量分别从对照的 140 mg/kg(20.1%)降低到 28.6 mg/kg(4.0%)和 36.6 mg/kg(5.1%)。此外，与对照相比，在磷灰石和石灰处理土壤中，碳酸盐结合态和铁锰氧化物结合态铜含量增加，但是残渣态和有机结合态铜含量没有显著的变化。2011～2012年，最显著的变化是在磷灰石、石灰和木炭处理中，离子交换态铜含量从 2011 年的 31.1 mg/kg(4.2%)、43.3 mg/kg(5.8%)和 97.9 mg/kg(13.5%)增加到 2012 年的55.7 mg/kg(7.4%)、98.8 mg/kg(13.0%)和 124 mg/kg(16.7%)。除此之外，2010～2012 年，所有处理中除了有机结合态铜含量略微增加外，其他化学形态铜含量无显著变化。

如表 4.5 所示，对照处理(2010 年)，镉主要集中在残渣态和离子交换态。随着磷灰石、石灰和木炭的添加，残渣态镉的含量从对照处理的 435 μg/kg(41.5%)

增加到 542 μg/kg(48.2%)、595 μg/kg(53.8%)和 556 μg/kg(49.7%)，同时，离子交换态镉的含量从对照处理 364 μg/kg(34.8%)降低到 218 μg/kg(19.4%)、164 μg/kg (14.8%)和 261 μg/kg(23.3%)。2010～2012 年，最主要的变化是离子交换态镉含量比 2010 年显著增加。2012 年，磷灰石、石灰和木炭处理的土壤离子交换态镉含量增加到 302 μg/kg(22.6%)、266 μg/kg(20.2%)和 361 μg/kg(28.0%)。

表 4.5　2010～2012 年土壤中镉五种化学形态含量　(单位：μg/kg)

处理		EXC	CA	FeMnO$_x$	OM	Res
2010 年	对照	364±36[a]	119±22[a]	111±19[b]	18.3±1.2[b]	435±65[a]
	磷灰石	218±42[b]	120±39[a]	193±21[a]	50.6±4.8[a]	542±60[a]
	石灰	164±24[c]	118±17[a]	180±11[a]	48.3±2.9[a]	595±64[a]
	木炭	261±10[b]	158±37[a]	120±10[b]	23.8±4.5[b]	556±59[a]
2011 年	对照	383±25[a]	121±10[b]	115±7[b]	20.9±7.9[a]	502±83[b]
	磷灰石	288±45[bc]	148±12[a]	159±11[a]	34.4±5.2[a]	612±85[ab]
	石灰	231±29[c]	137±9[ab]	162±26[a]	25.3±5.2[a]	710±84[a]
	木炭	314±16[b]	121±20[b]	133±26[b]	32.5±10.3[a]	635±57[ab]
2012 年	对照	383±22[a]	133±11[b]	130±19[b]	26.3±3.5[b]	498±76[a]
	磷灰石	302±47[ab]	153±16[ab]	238±14[a]	39.2±5.1[a]	607±44[a]
	石灰	266±54[b]	163±9[a]	217±37[a]	30.5±7.8[ab]	641±85[a]
	木炭	361±31[ab]	144±12[ab]	140±21[b]	37.7±3.1[ab]	606±75[a]

注：字母不同表示在 $P<0.05$ 水平上显著性差异。EXC，离子交换态；CA，碳酸盐结合态；FeMnO$_x$，铁锰氧化物结合态；OM，有机结合态；Res，残渣态。

二、钝化材料对土壤铜和镉总量的影响

此外，钝化材料处理的土壤铜和镉总量均高于对照处理。例如 2012 年时，对照处理铜总量为 717 mg/kg，而磷灰石、石灰和木炭处理土壤中总铜含量分别增加到 754 mg/kg、761 mg/kg 和 740 mg/kg，但均未与对照达到显著性差异。该结果与通过植物吸收逐渐降低土壤中重金属总量的目的是相违背的。例如，Madejón 等(2009)发现连续 4 年的植物联合钝化材料修复后，土壤重金属总量比对照显著降低。

钝化材料输入对土壤铜和镉总量的影响见表 4.6。

表 4.6　钝化材料输入对土壤铜和镉总量的影响

处理	铜/(μg/kg)	镉/(μg/kg)
对照	n.d.	n.d.
磷灰石	95	11.8
石灰	3	17.4
木炭	n.d.	n.d.

不同处理植物输出对土壤铜和镉总量的影响见表 4.7。

表 4.7　不同处理植物输出对土壤铜和镉总量的影响

处理	铜/(μg/kg)	镉/(μg/kg)
对照	n.d.	n.d.
磷灰石	4.04	23.6
石灰	3.89	21.4
木炭	2.64	14.2

为阐明钝化材料处理后表层土壤重金属总量增加的特殊现象，必须弄清该区域重金属的输入和输出路径。在本研究小区内，重金属的输入主要有钝化材料本身的添加、大气干沉降和湿沉降；输出主要有地表径流、植物提取和向下淋溶。首先，由于钝化材料本身重金属含量较低，其用量也较少，因此钝化材料输入对表层土壤重金属总量的增加贡献微小(磷灰石和石灰添加对土壤铜总量增加量贡献为 95 μg/kg 和 3 μg/kg，对镉总量增加贡献为 11.8 μg/kg 和 17.4 μg/kg)。其次，植物提取对土壤重金属铜和镉的输出影响甚小(磷灰石、石灰和木炭处理植物提取对土壤铜总量减少量为 2.62 mg/kg、2.73 mg/kg 和 1.72 mg/kg，对土壤镉总量减少量为 10.7 μg/kg、12.1 μg/kg 和 9.08 μg/kg)。最后，因为每个小区内重金属的干湿沉降总量是一致的，因此，本书中钝化材料处理土壤重金属总量增加的主要原因是各处理间地表径流和向下淋溶输出重金属总量的差异。在土层 15 cm 处，土壤溶液中铜和镉含量显著低于对照处理中铜和镉的含量。因此，可以推测表层土壤重金属含量比对照增加的主要原因是钝化材料使重金属被固定在 0～17 cm 土层，降低了通过径流和向下淋溶的重金属的输出量。同时，土壤溶液中重金属含量的降低有助于降低重金属污染土壤向水体等介质迁移的风险。尽管如此，表层土壤重金属含量比对照增加的机理仍需要进一步研究。

第五节　钝化材料对土壤中铜和镉活性因子与生物可给性变化的影响

一、钝化材料对土壤中铜和镉活性因子变化的影响

如图 4.4 所示，2010 年对照处理中铜和镉的活性因子分别为 30%和 46.1%，且镉的活性因子大于铜，这表明镉的迁移能力强于铜。类似地，Janos 等(2010)也发现土壤中镉的活性因子高于铜的活性因子。然而，随着磷灰石、石灰和木炭的

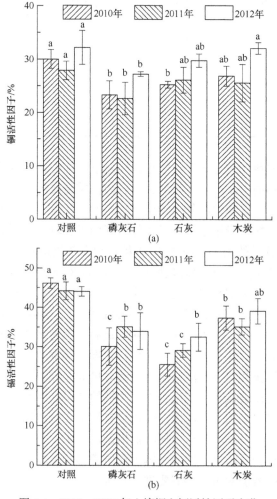

图 4.4　2010～2012 年土壤铜和镉活性因子变化

字母不同表示处理间达到 0.05 水平上显著性差异，2010 年、2011 年和 2012 年表示采样时间

添加，铜的活性因子分别降低到 23.3%、25.3% 和 26.9%，镉的活性因子分别降低到 30.1%、25.6% 和 37.4%。Kabala 等(2001)指出，土壤中重金属的活性因子低于 10% 是土壤中重金属活性比较稳定的一个标志。但是，本实验中，铜和镉的活性因子分别大于 20% 和 30%，表明该区域污染土壤具有很大的潜在风险。此外，随着时间的变化，实验发现在钝化材料处理的土壤中，铜和镉的活性因子也逐渐增加。到 2012 年时，磷灰石、石灰和木炭处理的土壤中铜的活性因子分别增加到 27.2%、29.8% 和 32.1%，镉的活性因子分别增加到 34%、32.6% 和 39.2%。2012 年，磷灰石处理的土壤中，铜的活性因子比 2010 年时增加了 3.9%，但低于石灰处理中铜的 4.5% 的增加幅度。同样地，2010～2012 年，磷灰石和石灰处理中，镉的活性因子也表现出类似的变化。以上结果表明，钝化材料磷灰石和石灰处理降低了土壤铜和镉活性因子，但随时间推移其又逐渐增加。

二、钝化材料对土壤中铜和镉浸出特性的影响

根据美国环境保护局规定，TCLP(toxicity characteristic leaching procedure)和 SPLP(synthetic precipitation leaching procedure)测试可以用来提供在模拟土地填埋条件下，钝化重金属的潜在淋溶特性。同时，SPLP 可以模拟野外酸雨作用下钝化重金属的迁移性。因此，本节对磷灰石等材料钝化后的土壤分别采用 TCLP 和 SPLP 方法评估重金属的淋出特性。

TCLP 评估可以用来确定废弃物是否属于危险废弃物。如果废物浸出液的浓度超过规定的标准值(如镉 1 mg/L；铜 15 mg/L；Sun et al., 2006)，便将其归类为危险废物。如图 4.5 所示，钝化材料处理后没有土壤提取液中的铜和镉浓度高于相应标准限值，且相较于对照处理来说，TCLP 提取态铜和镉显著降低。与 2010 年对照处理相比，磷灰石、石灰和木炭处理 TCLP 提取态铜分别降低了 7.79 mg/L、7.90 mg/L 和 5.53 mg/L。然而，随着时间的推移，TCLP 提取态铜和镉显著增加，如对照处理 2010～2012 年 TCLP 提取态铜增加了 0.82 mg/L，2012 年磷灰石、石灰和木炭处理较 2010 年分别增加了 1.88 mg/L、2.03 mg/L 和 4.15 mg/L。与 TCLP 提取态铜类似，磷灰石等钝化材料处理 TCLP 提取态镉也表现为随时间推移逐渐增加的趋势。其中，对照处理 2012 年较 2010 年 TCLP 提取态镉增加了 5 μg/L，2012 年磷灰石、石灰和木炭处理较 2010 年分别增加了 4.45 μg/L、3.67 μg/L 和 6.33 μg/L。总体上，整个实验过程中 TCLP 提取态铜和镉平均浓度表现为磷灰石 ≈ 石灰 < 木炭 < 对照。

SPLP 方法用于模拟重金属在沉降过程中的持续淋溶特点，该程序在评价潜在污染物质原位丢弃暴露于自然风化条件下是否会淋溶有毒物质的过程中有主要作用。本书研究结果表明，磷灰石等钝化材料处理后降低了土壤 SPLP 提取态铜和镉的含量。例如，2010 年磷灰石、石灰和木炭处理 SPLP 提取态铜较对照分别降低了

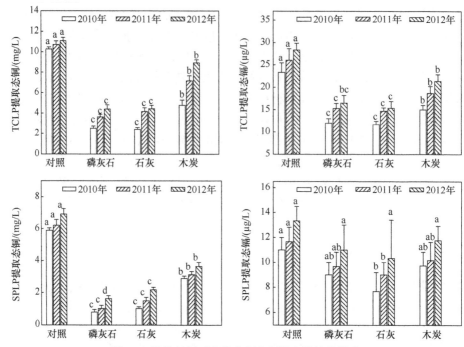

图 4.5　钝化材料对土壤中铜和镉浸出特性的影响

字母不同表示处理间在 $P<0.05$ 水平上存在显著性差异

5.09 mg/L、4.87 mg/L 和 3 mg/L，SPLP 提取态镉较对照分别降低了 2 μg/L、3.33 μg/L 和 1.27 μg/L。另外，随着时间的推移，各处理 SPLP 提取态铜和镉的含量均表现为逐渐增加的趋势。其中，2012 年磷灰石、石灰和木炭处理较 2010 年 SPLP 提取态铜增加了 0.83 mg/L、1.16 mg/L 和 0.75 mg/L，SPLP 提取态镉增加了 2 μg/L、2.67 μg/L 和 2.03 μg/L。与 TCLP 提取态铜和镉变化相似，总体上，整个实验过程中 SPLP 提取态铜和镉平均浓度表现为磷灰石≈石灰＜木炭＜对照。此外，与预期结果一致，由于提取试剂酸性更高，导致 TCLP 提取态铜和镉含量显著高于 SPLP 提取态重金属含量。这可能是由于乙酸溶液对重金属的络合能力强于硫酸和硝酸的混酸，类似地，Laporte-Saumure 等(2011)也发现 TCLP 提取态铜、铅和锌提取态含量高于 SPLP 提取态含量。

三、钝化材料对土壤中铜和镉生物可给性的影响

SBET(simplified bioaccessibility extraction test)方法用来评估土壤中重金属的生物可给态浓度。与对照相比，SBET 方法提取改良土壤中铜和镉的量微弱降低，且随着时间推移逐渐增加(图 4.6)。例如 2010 年，磷灰石、石灰和木炭处理生物可给态铜含量分别从对照处理的 6.09 mg/L 降低到 4.21 mg/L、4.65 mg/L 和

5.24 mg/L。然而 2012 年，对照、磷灰石、石灰和木炭处理生物可给态铜含量较
2010 年分别增加了 0.24 mg/L、1.19 mg/L、1.11 mg/L 和 0.62 mg/L。与生物可给
态铜变化相似，2012 年对照、磷灰石、石灰和木炭处理生物可给态镉较 2010 年分
别增加了 0.55 µg/L、1.22 µg/L、1.53 µg/L 和 1.04 µg/L。

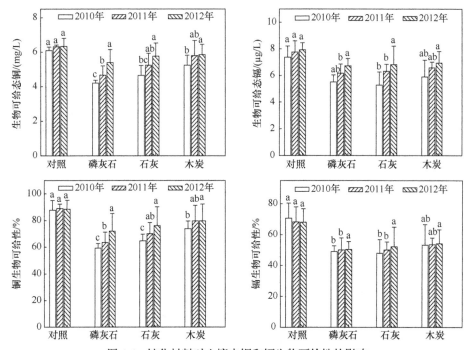

图 4.6　钝化材料对土壤中铜和镉生物可给性的影响
字母不同表示处理间在 $P<0.05$ 水平上具有显著性差异

　　生物可给性(%)是指模拟胃液中重金属提取含量与土壤重金属总量的百分比。
与生物可给态铜和镉变化类似，磷灰石等钝化材料处理降低了生物可给态铜和镉
含量，但随时间的推移微弱增加(图 4.6)。例如，2012 年，对照、磷灰石、石灰和
木炭处理生物可给态铜较 2010 年分别增加了 0.66%、12.9%、11.5%和 5.86%，磷
灰石、石灰和木炭处理生物可给态镉较 2010 年分别增加了 1.19%、1.11%和 0.62%。

第六节　钝化材料对土壤重金属活性的影响机理

　　钝化材料稳定土壤重金属时，在自然条件下，部分被固定的重金属可能会在
淋溶、风化、酸沉降和温度变化的影响下重新释放出来，而且土壤中被吸附和解
吸部分的重金属对植物来说具有较高的生物有效性。因此，研究土壤对重金属的
吸附和解吸能力对于了解重金属在土壤中的累积和迁移具有重要的研究意义。尤

其是对于长期添加定位实验，鲜有考察钝化材料应用后，改良后的土壤对重金属的吸附和解吸能力的动态变化规律。因此，本节针对田间原位添加三种钝化材料修复 1 年和 4 年后土壤，考察其对铜和镉的钝化效果变化，评估其潜在的长期释放风险，厘清修复材料钝化持久性变化机制。

一、吸附的影响

由图 4.7 和图 4.8 可知，随着铜和镉溶液浓度的增加，土壤对铜和镉吸附量也逐渐增加。如磷灰石处理 1 年后的土壤，随着铜添加浓度由 0.5 mmol/L 增加到 2.5 mmol/L，土壤对铜的吸附量由 11.9 mmol/kg 增加到 34.4 mmol/kg。施加磷灰石、石灰和木炭 1 年后，土壤对铜的吸附量分别比对照增加了 0.35～0.68 倍、0.35～0.57 倍和 0.25～0.39 倍。但是施加钝化材料修复 4 年后，土壤对铜的吸附量为 1.72～31.5 mmol/kg，略低于修复 1 年后土壤对铜的吸附量 2.04～34.4 mmol/kg。尽管如此，在磷灰石处理中，土壤对铜的吸附量均高于其他处理。

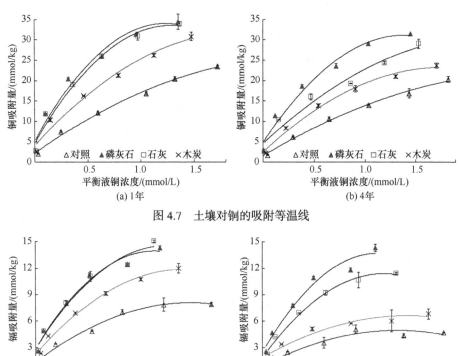

图 4.7　土壤对铜的吸附等温线

图 4.8　土壤对镉的吸附等温线

与土壤对铜的吸附相似，土壤对镉的吸附量随着添加镉浓度的增加而增加，并表现为：磷灰石＞石灰＞木炭＞对照。同时，添加钝化材料 4 年后，土壤对镉的吸附量也低于施加钝化材料 1 年后土壤对镉的吸附量。例如，钝化材料修复 4 年后土壤对镉的吸附量由施加钝化材料 1 年后的 2.58～15 mmol/kg 降低到 2.23～14.1 mmol/kg。

用 Langmuir 和 Freundlich 方程分别对土壤铜和镉的吸附等温线进行拟合，具体结果如表 4.8 所示。由表可知，所有拟合相关系数(R^2)均大于 0.92，因此，Langmuir 和 Freundlich 方程均可以较好地描述供试土壤对铜和镉的吸附行为。Freundlich 方程常应用于描述具有非均一表面固体的吸附行为(Arias et al.，2002，2005；Kurdi et al.，1983)。本实验中土壤对铜吸附的 K_F 值为 13.7～32.7，显著高于土壤对镉吸附的 K_F 值 5.9～20.9，这表明土壤对铜的吸附结合能高于对镉的吸附结合能。但是，Freundlich 方程的缺点是无法预测土壤对污染物的最大吸附能力。根据 Dai 等(2009)研究可知，Langmuir 方程中的参数 X_m 是土壤对污染物的单层最大吸附量，可以用来比较不同土壤对污染物的潜在吸附能力。与对照相比(铜为 31.1 mmol/kg；镉为 10.1 mmol/kg)，钝化材料添加 1 年后均提高了土壤对铜和镉的最大吸附能力(铜为 35.6～38.8 mmol/kg；镉为 14.4～17 mmol/kg)，其中，磷灰石和石灰的提高幅度最大，木炭次之。但是施加钝化材料 4 年后，土壤对铜和镉的最大吸附能力(铜为 29.6～34.7 mmol/kg；镉为 10.9～16.4 mmol/kg)均比施加钝化材料 1 年后有所降低。例如，土壤对铜的最大吸附能力由施加石灰 1 年后的 38.8 mmol/kg 降低到 4 年后的 31.8 mmol/kg。

表 4.8　Langmuir 和 Freundlich 吸附拟合参数

金属	处理	Langmuir 常数			Freundlich 常数		
		X_m/(mmol/kg)	K_L	R^2	K_F	n	R^2
铜	1[a] 对照	31.1	1.39	0.92	21.5	0.43	0.94
	4[b] 对照	28.7	1.06	0.93	13.7	0.65	1.00
	1 磷灰石	38.3	4.14	0.98	32.7	0.49	0.99
	4 磷灰石	34.7	4.50	0.97	28.0	0.44	1.00
	1 石灰	38.8	4.10	0.97	31.4	0.49	0.99
	4 石灰	31.8	3.00	0.93	22.9	0.49	0.99
	1 木炭	35.6	2.63	0.94	25.0	0.53	1.00
	4 木炭	29.6	1.94	0.98	18.6	0.59	0.99
镉	1 对照	10.1	5.27	0.98	10.5	0.51	0.97
	4 对照	5.59	6.82	0.97	5.90	0.45	0.90
	1 磷灰石	16.1	10.7	0.98	20.0	0.45	0.99

续表

金属	处理	Langmuir 常数			Freundlich 常数		
		X_m/(mmol/kg)	K_L	R^2	K_F	n	R^2
	4 磷灰石	16.4	8.46	0.97	19.9	0.48	0.99
	1 石灰	17.0	9.20	0.97	20.9	0.47	0.99
镉	4 石灰	14.1	6.71	1.00	16.2	0.51	0.98
	1 木炭	14.4	6.79	0.99	16.2	0.49	0.99
	4 木炭	10.9	5.06	0.98	11.3	0.53	0.97

a 钝化材料施加 1 年后, 即 2010 年; b 钝化材料施加 4 年后, 即 2013 年。

　　总的来看, 钝化材料的添加提高了土壤对铜和镉的吸附能力, 且均表现为: 磷灰石＞石灰＞木炭。这可能是由于: ①钝化材料应用后, 重金属可能会被吸附在钝化材料的表面和内部孔隙结构中; ②钝化材料的应用提高了土壤 pH, 有助于增加土壤对铜和镉的吸附能力。同样, Abat 等(2012)和 Wu 等(2003)也发现土壤 pH 的增加能够降低 H^+ 对吸附位点的竞争, 使得更多的重金属离子能与吸附位点结合。

　　由于所有加入的吸附液 pH 均设定为 5.5, 因此对吸附后溶液 pH 测定有助于了解土壤对铜和镉吸附体系 pH 的影响。图 4.9 和图 4.10 表明土壤对铜和镉的吸附是一个 pH 逐渐降低的过程, 且随着加入铜和镉浓度的增加, 溶液 pH 下降更加明显。例如, 对于施加石灰 1 年后的土壤, 当加入铜的浓度由 0.1 mmol/L 增加到 2.5 mmol/L 时, 吸附液 pH 由 5.71 降低到 4.76, pH 下降了约 1 个单位; 当加入的镉浓度由 0.1 mmol/L 增加到 1 mmol/L 时, 吸附液 pH 由 5.52 降低到 5.36, pH 下降了约 0.2 个单位。这主要是由于铜和镉取代了包括 H^+ 等的其他阳离子, 使得溶液 H^+ 含量增加, 进而导致 pH 的下降, 且随着铜和镉含量的增加, 更多的 H^+ 被释放到溶液中, 导致 pH 迅速降低。

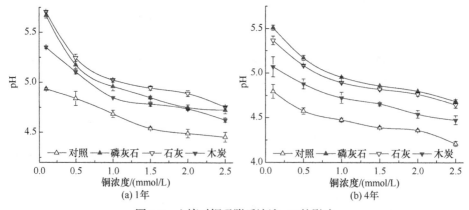

图 4.9　土壤对铜吸附后溶液 pH 的影响

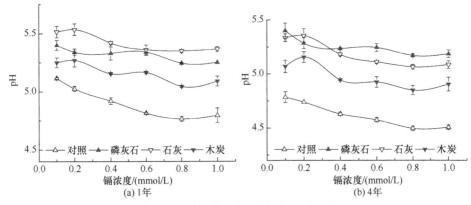

图 4.10　土壤对镉吸附后溶液 pH 的影响

另外，随着时间推移，发现吸附后溶液 pH 呈现降低的趋势。例如，当加入的铜浓度为 0.5 mmol/L 时，添加石灰处理 1 年后吸附结束时溶液的 pH 为 5.25，石灰处理 4 年后吸附结束时溶液 pH 为 5.09。但是，对于石灰和木炭来说，磷灰石处理吸附后溶液 pH 随时间变化的幅度最小。图 4.9 和图 4.10 表明，施加钝化材料 1 年后，各处理溶液(添加铜或镉的情况下)pH 大小表现为：石灰＞磷灰石＞木炭＞对照；但是添加钝化材料 4 年后，各处理溶液(添加铜或镉的情况下)pH 大小表现为：磷灰石＞石灰＞木炭＞对照。如当添加铜浓度为 0.1 mmol/L 时，磷灰石处理溶液 pH 由 1 年后的 5.67 降低到 4 年后的 5.51，降幅为 0.16 个单位；而石灰处理溶液 pH 由 1 年后的 5.71 降低到 4 年后的 5.37，降幅为 0.34 个单位。

二、钝化材料对土壤解吸铜和镉的影响

前人研究表明，$NaNO_3$、NH_4NO_3 和 $CaCl_2$ 等中性盐用于重金属的提取，能够很好地评估其对植物的有效活性(Pueyo et al.，2004；Rao et al.，2008)。因此本实验选择了 0.01 mol/L 的 $NaNO_3$(pH=5.5)、0.1 mol/L $CaCl_2$(pH=7) 和 1 mol/L $MgCl_2$(pH=7)溶液，分别对吸附后的土壤进行解吸实验，所使用样品分别为添加 0.5 mmol/L 和 2.5 mmol/L 的铜吸附后的样品，以及添加 0.2 mmol/L 和 1.0 mmol/L 的镉吸附后的样品，结果如图 4.11 所示。

如图 4.11 所示，分别用 $NaNO_3$、$CaCl_2$ 和 $MgCl_2$ 对施加钝化材料 1 年后的土壤进行解吸，对于添加 0.5 mmol/L 的铜样品，三种电解质对铜的解吸率(D)分别为 10.7%～28.1%、49.7%～76% 和 56.6%～82.2%；对于添加 2.5 mmol/L 的铜样品，三种电解质对铜的解吸率分别为 12%～15.7%、32.2%～36.2% 和 35.8%～41.3%。施加钝化材料 4 年后，三种电解质对铜的解吸率并未与施加钝化材料 1 年后土壤对铜的解吸率有显著的差异。同样地，如图 4.11 所示，三种电解质对镉的解吸能力大小表现为 $D_{NaNO_3} < D_{CaCl_2} < D_{MgCl_2}$。例如，对于添加 0.2 mmol/L 镉吸附的样品，

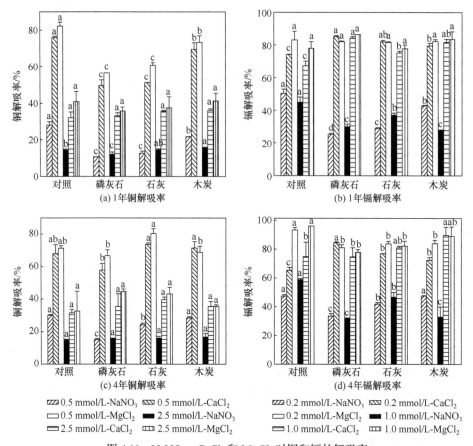

图 4.11　NaNO₃、CaCl₂ 和 MgCl₂ 对铜和镉的解吸率

0.5 mmol/L-NaNO₃、0.5 mmol/L-CaCl₂ 和 0.5 mmol/L-MgCl₂ 为分别用 NaNO₃、CaCl₂ 和 MgCl₂ 对添加 0.5 mmol/L Cu 吸附后的样品进行解吸；2.5 mmol/L-NaNO₃、2.5 mmol/L-CaCl₂ 和 2.5 mmol/L-MgCl₂ 为分别用 NaNO₃、CaCl₂ 和 MgCl₂ 对添加 2.5 mmol/L Cu 吸附后的样品进行解吸；0.2 mmol/L-NaNO₃、0.2 mmol/L-CaCl₂ 和 0.2 mmol/L-MgCl₂ 为分别用 NaNO₃、CaCl₂ 和 MgCl₂ 对添加 0.2 mmol/L Cd 吸附后的样品进行解吸；1 mmol/L-NaNO₃、1 mmol/L-CaCl₂ 和 1 mmol/L-MgCl₂ 为分别用 NaNO₃、CaCl₂ 和 MgCl₂ 对添加 1 mmol/L Cd 吸附后的样品进行解吸

使用 MgCl₂ 解吸时，解吸率为 65.3%～85.3%，但是用 NaNO₃ 解吸时，解吸率仅有 28.8%～50.4%。另外，与低浓度铜添加的吸附样品解吸率高于高浓度铜吸附样品的解吸率不同，0.2 mmol/L 镉添加的吸附样品解吸率和 1.0 mmol/L 镉添加的吸附样品解吸率没有显著的差异。

总体上，三种电解质对修复 4 年后土壤解吸铜和镉的解吸率高于其对修复 1 年后土壤解吸铜和镉的解吸率，这与钝化材料添加土壤后随时间对铜和镉钝化效果变化相一致。同时，三种电解质对镉的解吸率均显著大于对铜的解吸率，这表明土壤对铜的吸附能力要强于土壤对镉的吸附能力。另外，三种电解质对铜和镉的解吸能力大小都表现为：NaNO₃＜CaCl₂＜MgCl₂。该结果与 Pueyo 等(2004)和

Hornburg 等(1995)的结果一致，他们发现相比于 CaCl$_2$ 和 NH$_4$NO$_3$，NaNO$_3$ 的解吸能力最弱。根据 Szakova 等(2001)和 Hornburg 等(1995)，相比于 NaNO$_3$ 来说，CaCl$_2$ 具有更高的浓度以及更大的离子半径是导致其对铜和镉具有更高提取能力的主要原因。对于 MgCl$_2$ 来说，它比 CaCl$_2$ 溶液具有更高的浓度是获得高提取能力的主要原因。

为了直接比较钝化材料添加对土壤重金属总量的影响，计算了解吸后土壤对重金属的残留量。如表 4.9 和表 4.10 所示，钝化材料的添加均增加了土壤对铜和镉的阻留量(R)，表现为：$R_{磷灰石}>R_{石灰}>R_{木炭}>R_{对照}$。例如，当添加铜浓度为 0.5 mmol/L 时，使用 NaNO$_3$ 对添加磷灰石、石灰和木炭 1 年的土壤解吸后，土壤残留的铜含量由对照的 5.39 mmol/kg 分别增加到 10.6 mmol/kg、10.3 mmol/kg 和 8.16 mmol/kg。而且，添加钝化材料 4 年的土壤解吸后残留的重金属均低于添加钝化材料 1 年土壤解吸后残留的重金属。例如，对于添加 0.2 mmol/L 镉，用 MgCl$_2$ 解吸时，木炭处理土壤残留的镉由 1 年后的 0.76 mmol/kg 降低到 4 年后的 0.54 mmol/kg。该结果表明钝化材料添加使得更多的铜和镉被固定在土壤中。在之前的研究中，发现钝化材料处理后，土壤中铜和镉的总量反而比对照略有增加，并推测其主要原因是钝化材料的添加导致更多的重金属被固定在 0~17 cm 表层土壤中，该推测在本实验得到证实。另外，随时间推移，固定能力逐渐降低，这可能是导致改良后表层土壤重金属有效活性随时间变化逐渐增加的主要原因。此外，该结果也表明，相比于石灰和木炭，磷灰石钝化处理重金属污染土壤具有最小的释放风险。

表 4.9 NaNO$_3$、CaCl$_2$ 和 MgCl$_2$ 解吸后土壤对铜的阻留能力 (单位：mmol/kg)

处理		0.5 mmol/L 铜			2.5 mmol/L 铜		
		NaNO$_3$	CaCl$_2$	MgCl$_2$	NaNO$_3$	CaCl$_2$	MgCl$_2$
1 年	对照	5.39±0.33[c]	1.8±0.01[c]	1.34±0.22[c]	20.1±0.45[c]	15.9±0.49[b]	13.9±1.51[b]
	磷灰石	10.6±0.09[b]	5.99±0.42[a]	5.17±0.05[a]	30.3±1.18[a]	23±1.75[a]	22.1±1.9[a]
	石灰	10.3±0.25[a]	5.72±0.06[a]	4.61±0.12[a]	29±0.3[a]	21.8±0.55[a]	21.2±2.36[a]
	木炭	8.16±0.31[a]	3.17±0.48[b]	2.79±0.48[b]	26±0.97[b]	19.7±0.94[a]	18.1±1.91[ab]
4 年	对照	4.33±0.15[d]	1.98±0.4[b]	1.78±0.15[b]	17.3±0.52[d]	13.9±0.91[b]	13.7±2.98[a]
	磷灰石	9.73±0.08[a]	4.83±0.49[a]	3.8±0.42[a]	26.5±0.03[a]	20.3±2.44[a]	17.4±0.48[a]
	石灰	7.84±0.06[b]	2.72±0.14[b]	2.02±0.29[b]	24.3±0.68[b]	17.5±1.2[ab]	16.5±0.52[a]
	木炭	5.96±0.14[c]	2.38±0.41[b]	2.61±0.41[ab]	19.7±0.06[c]	15.2±1.06[ab]	15.2±0.59[a]

注：字母不同表示处理间在 $P<0.05$ 水平上具有显著性差异。

表 4.10 NaNO₃、CaCl₂ 和 MgCl₂ 解吸后土壤对镉的阻留能力 (单位：mmol/kg)

	处理	0.2 mmol/L 镉			1.0 mmol/L 镉		
		$NaNO_3$	$CaCl_2$	$MgCl_2$	$NaNO_3$	$CaCl_2$	$MgCl_2$
1 年	对照	1.69±0.1^d	0.88±0.02^a	0.57±0.18^b	4.36±0.15^c	2.59±0.16^b	1.74±0.28^b
	磷灰石	3.70±0.03^a	0.73±0.03^a	0.88±0.02^a	10.02±0.1^a	2.95±0.04^b	3.05±0.37^{ab}
	石灰	3.47±0.04^b	0.87±0.04^a	0.90±0.02^a	9.47±0.28^{ab}	3.74±0.14^a	3.33±0.31^a
	木炭	2.46±0.01^c	0.88±0.08^a	0.76±0.05^{ab}	8.68±0.45^b	2.75±0.34^b	1.96±0.47^b
4 年	对照	1.32±0.04^d	0.87±0.04^a	0.17±0.05^c	1.94±0.06^c	1.19±0.48^b	0.19±0^c
	磷灰石	3.11±0.08^a	0.73±0.02^{ab}	0.89±0.02^a	9.74±0.22^a	2.79±0.19^a	2.9±0.21^a
	石灰	2.45±0.06^b	0.70±0.01^b	0.68±0.08^{ab}	6.1±0.42^b	2.16±0.11^{ab}	2.02±0.4^b
	木炭	1.77±0.04^c	0.66±0.08^b	0.54±0.09^b	6.14±1.6^b	2.01±0.65^{ab}	0.7±0.22^c

注：字母不同表示处理间在 $P<0.05$ 水平上具有显著性差异。

以上结果表明，钝化材料的应用提高了土壤对重金属的吸附和固定能力，且表现为：磷灰石＞石灰＞木炭。结合磷灰石联合植物对污染土壤具有较高的植物提取效率，并持久地维持土壤较低的重金属活性。而决定钝化联合植物提取修复技术的关键因素是植物提取效率和对土壤重金属的稳定性，因此，与石灰和木炭相比，磷灰石联合植物提取在该污染土壤中具有较好的应用潜力。

三、相关性分析

如表 4.11 所示，采用双变量相关性分析评价土壤性质对土壤吸附和阻留铜和镉的影响。由表可知，土壤对铜和镉的吸附与阻留能力与土壤 pH、离子交换性酸、离子交换性 Al 和交换性 Ca 具有很好的相关性。土壤 pH 与土壤对铜和镉吸附与阻留能力具有很好的正相关性，除用 CaCl₂ 解吸 0.2 mmol/L 镉外，相关系数均达到 0.89 及以上水平。类似地，Arias 等(2005)和 Ramos(2006)发现土壤 pH 是控制土壤溶液重金属吸附迁移最重要的因子之一。Yong 等(1993)也发现土壤对重金属的阻留取决于土壤 pH，这是因为重金属在高 pH 下更有可能形成氢氧化物、硫化物或氯酸盐沉淀。此外，离子交换性酸、离子交换性 Al 与土壤吸附和阻留铜与镉能力具有显著的负相关性，相关系数均达到−0.90 左右。这表明土壤对铜和镉吸附与阻留能力随着土壤离子交换性酸、离子交换性 Al 的增加而降低。因为土壤 pH 可用来表示土壤活性酸度，是土壤溶液中 H^+ 浓度的直接反映；离子交换性酸、离子交换性 Al 可用来表达土壤潜性酸度，是土壤胶体吸附的可代换性 H^+ 和 Al^{3+}。所以，土壤酸度是影响土壤吸附和阻留铜与镉能力的关键因子。

表 4.11　土壤性质与土壤吸附和阻留铜及镉的相关关系

项目 铜吸附	0.5 mmol/L 铜			2.5 mmol/L 铜			镉吸附	0.2 mmol/L 镉			1.0 mmol/L 镉		
	NaNO₃	CaCl₂	MgCl₂	NaNO₃	CaCl₂	MgCl₂		NaNO₃	CaCl₂	MgCl₂	NaNO₃	CaCl₂	MgCl₂
pH	0.98[a]	0.95[a]	0.94[a]	0.90[a]	0.97[a]	0.97[a]	0.96[a]	0.90[a]	0.97[a]	−0.00	0.89[a]	0.90[a]	0.91[a]	0.94[a]
SOC	0.39	0.27	0.23	0.34	0.31	0.35	0.36	0.37	0.25	0.01	0.46	0.50	0.54	0.25
CEC	0.76[b]	0.54	0.60	0.62	0.60	0.65	0.69	0.53	0.57	0.34	0.60	0.60	0.84[a]	0.60
E-H	−0.96[a]	−0.96[a]	−0.89[a]	−0.85[a]	−0.97[a]	−0.97[a]	−0.92[a]	−0.96[a]	−0.96[a]	0.07	−0.97[a]	−0.95[a]	−0.93[a]	−0.96[a]
E-Al	−0.86[a]	−0.94[a]	−0.80[b]	−0.73[b]	−0.93[a]	−0.91[a]	−0.81[b]	−0.99[a]	−0.91[a]	0.21	−0.99[a]	−0.93[a]	−0.88[a]	−0.96[a]
E-Ca	0.74	0.92[a]	0.82[b]	0.82[b]	0.87[a]	0.83[b]	0.83[b]	0.91[a]	0.87a	−0.52	0.86[a]	0.91[a]	0.62	0.76[b]

注：SOC，土壤有机碳；CEC，土壤阳离子交换量；E-H，离子交换性酸；E-Al，离子交换性 Al；E-Ca，交换性 Ca。

a 在 0.01 水平上显著；b 在 0.05 水平上显著。

　　研究显示，增加土壤有机质能够增加土壤阳离子交换量，有助于提升土壤对重金属的吸附能力(Arias et al.，2005；Covelo et al.，2007)。然而，本书未发现土壤有机碳、土壤阳离子交换量和对土壤铜与镉吸附及阻留能力有显著相关性。这很可能是由于土壤酸度对土壤吸附和阻留铜与镉能力的影响显著大于土壤有机碳和阳离子交换量，掩盖了其对土壤吸附和阻留铜与镉的贡献。

参 考 文 献

梁家妮. 2009. 土壤重金属 Cu, Cd 和 F 复合污染评价及修复技术探讨. 合肥: 安徽农业大学.

Abat M, Mclaughlin M J, Kirby J K, et al. 2012. Adsorption and desorption of copper and zinc in tropical peat soils of Sarawak, Malaysia. Geoderma, 175: 58-63.

Al-Drgs Y S, El-Barghouthi M I, Issa A A, et al. 2006. Sorption of Zn(Ⅱ), Pb(Ⅱ), and Co(Ⅱ) using natural sorbents: Equilibrium and kinetic studies. Water Research, 40(14): 2645-2658.

Alvarenga P, Gon Alves A, Fernandes R, et al. 2008. Evaluation of composts and liming materials in the phytostabilization of a mine soil using perennial ryegrass. Science of the Total Environment, 406(1): 43-56.

Arias M, Barral M T, Mejuto J C. 2002. Enhancement of copper and cadmium adsorption on kaolin by the presence of humic acids. Chemosphere, 48(10): 1081-1088.

Arias M, Perez-Novo C, Osorio F, et al. 2005. Adsorption and desorption of copper and zinc in the surface layer of acid soils. Journal of Colloid and Interface Science, 288(1): 21-29.

Baker L L, Strawn D G, Rember W C, et al. 2011. Metal content of charcoal in mining-impacted wetland sediments. Science of the Total Environment, 409(3): 588-594.

Ben Achiba W, Gabteni N, Lakhdar A, et al. 2009. Effects of 5-year application of municipal solid waste compost on the distribution and mobility of heavy metals in a Tunisian calcareous soil. Agriculture Ecosystems & Environment, 130(3-4): 156-163.

Cao X D, Ma L Q, Rhue D R, et al. 2004. Mechanisms of lead, copper, and zinc retention by phosphate rock. Environmental Pollution, 131(3): 435-444.

Chen H M, Zheng C R, Tu C, et al. 2000. Chemical methods and phytoremediation of soil contaminated with heavy metals. Chemosphere, 41(1-2): 229-234.

Chou L, Garrels R M, Wollast R. 1989. Comparative study of the kinetics and mechanisms of dissolution of carbonate minerals. Chemical Geology, 78(3-4): 269-282.

Clemens S. 2006. Toxic metal accumulation, responses to exposure and mechanisms of tolerance in plants. Biochimie, 88(11): 1707-1719.

Covelo E F, Vega F A, Andrade M L. 2007. Heavy metal sorption and desorption capacity of soils containing endogenous contaminants. Journal of Hazardous Materials, 143(1-2): 419-430.

Cui J, Zhou J, Peng Y, et al. 2014. Atmospheric wet deposition of nitrogen and sulfur in the agroecosystem in developing and developed areas of Southeastern China. Atmospheric Environment, 89: 102-108.

Dai J L, Zhang M, Hu Q H, et al. 2009. Adsorption and desorption of iodine by various Chinese soils: II. Iodide and iodate. Geoderma, 153(1-2): 130-135.

Demirbas A. 2008. Heavy metal adsorption onto agro-based waste materials: A review. Journal of Hazardous Materials, 157(2-3): 220-229.

Fellet G, Marchiol L, Delle Vedove G, et al. 2011. Application of biochar on mine tailings: Effects and perspectives for land reclamation. Chemosphere, 83(9): 1262-1267.

Geebelen W, Adriano D C, van der Lelie D, et al. 2003. Selected bioavailability assays to test the efficacy of amendment-induced immobilization of lead in soils. Plant and Soil, 249(1): 217-228.

Gray C W, Mclaren R G, Roberts A H C, et al. 1998. Sorption and desorption of cadmium from some New Zealand soils: effect of pH and contact time. Australian Journal of Soil Research, 36(2): 199-216.

Gray C W, Dunham S J, Dennis P G, et al. 2006. Field evaluation of *in situ* remediation of a heavy metal contaminated soil using lime and red-mud. Environmental Pollution, 142(3): 530-539.

Guo G L, Zhou Q X, Ma L Q. 2006. Availability and assessment of fixing additives for the *in situ* remediation of heavy metal contaminated soils: A review. Environmental Monitoring and Assessment, 116(1-3): 513-528.

Hamon R E, Mclaughlin M J, Cozens G. 2002. Mechanisms of attenuation of metal availability in *in situ* remediation treatments. Environmental Science & Technology, 36(18): 3991-3996.

Hartley W, Lepp N W. 2008. Effect of *in situ* soil amendments on arsenic uptake in successive harvests of ryegrass (*Lolium perenne* cv Elka) grown in amended As-polluted soils. Environmental Pollution, 156(3): 1030-1040.

Hornburg V, Welp G, Brummer G W. 1995. Behavior of heavy-metals in soils. 2. Extraction of mobile heavy-metals with $CaCl_2$ and NH_4NO_3. Journal of Plant Nutrition and Soil Science-Zeitschrift für Pflanzenernährung und Bodenkunde, 158(2): 137-145.

Janos P, Vavrova J, Herzogova L, et al. 2010. Effects of inorganic and organic amendments on the mobility (leachability) of heavy metals in contaminated soil: A sequential extraction study. Geoderma, 159(3-4): 335-341.

Kabala C, Singh R R. 2001. Fractionation and mobility of copper, lead, and zinc in soil profiles in the vicinity of a copper smelter. Journal of Environmental Quality, 30(2): 485-492.

Karami N, Clemente R, Moreno-Jimenez, et al. 2011. Efficiency of green waste compost and biochar soil amendments for reducing lead and copper mobility and uptake to ryegrass. Journal of Hazardous Materious, 191(1-3): 41-48.

Karin V, Staffan S, Kaia T, et al. 2013. Hydroxy-and fluorapatite as sorbents in Cd(II)-Zn(II)-component solutions in the absence/presence of EDTA. Journal of Hazardous Materials, 252-253: 91-98.

Kurdi F, Doner H E. 1983. Zinc and copper sorption and interaction in soils. Soil Science Society of America Journal, 47(5): 873-876.

Laperche V, Logan T J, Gaddam P, et al. 1997. Effect of apatite amendments on plant uptake of lead from contaminated soil. Environmental Science & Technology, 31(10): 2745-2753.

Laporte-Saumure M, Martel R, Mercier G. 2011. Characterization and metal availability of copper, lead, antimony and zinc contamination at four Canadian small arms firing ranges. Environmental Technology, 32: 767781.

Lehmann J, Da Silva J P, Steiner C, et al. 2003. Nutrient availability and leaching in an archaeological anthrosol and a ferralsol of the Central Amazon basin: Fertilizer, manure and charcoal amendments. Plant and Soil, 249(2): 343-357.

Liu T F, Wang T, Sun C, et al. 2009. Single and joint toxicity of cypermethrin and copper on Chinese cabbage(pakchoi) seeds. Journal of Hazardous Materials, 163(1): 344-348.

Ma Q Y, Traina S J, Logan T J, et al. 1994. Effects of aqueous Al, Cd, Cu, Fe(II), Ni, and Zn on Pb immobilization by hydroxyapatite. Environmental Science & Technology, 28(7): 1219-1228.

Ma Q Y, Logan T J, Traina S J. 1995. Lead immobilization from aqueous solutions and contaminated soils using phosphate rocks. Environmental Science & Technology, 29(4): 1118-1126.

Madejón E, Madejón P, Burgos P, et al. 2009. Trace elements, pH and organic matter evolution in contaminated soils under assisted natural remediation: A 4-year field study. Journal of Hazardous Materials, 162(2-3): 931-938.

Mobasherpour I, Salahi E, Pazouki M. 2011. Removal of divalent cadmium cations by means of synthetic nano crystallite hydroxyapatite. Desalination, 266(1-3): 142-148.

Perez-de-Mora A, Burgos P, Cabrera F, et al. 2007. "In situ" amendments and revegetation reduce trace element leaching in a contaminated soil. Water Air Soil and Pollution, 185(1-4): 209-222.

Pueyo M, Lopez-Sanchez J F, Rauret G. 2004. Assessment of CaCl₂, NaNO₃ and NH₄NO₃ extraction procedures for the study of Cd, Cu, Pb and Zn extractability in contaminated soils. Analytica Chimica Acta, 504(2): 217-226.

Ramos M C. 2006. Metals in vineyard soils of the Penedes area (NE Spain) after compost application. Journal of Environmental Management, 78(3): 209-215.

Rao C R M, Sahuquillo A, Sanchez J F L. 2008. A review of the different methods applied in environmental geochemistry for single and sequential extraction of trace elements in soils and related materials. Water Air Soil and Pollution, 189(1-4): 291-333.

Ruttens A, Adriaensen K, Meers E, et al. 2010. Long-term sustainability of metal immobilization by soil amendments: Cyclonic ashes versus lime addition. Environmental Pollution, 158(5): 1428-

1434.

Salt D E, Blaylock M, Kumar N P B A, et al. 1995. Phytoremediation—a novel strategy for the removal of toxic metals from the environment using plants. Bio-Technology(Nature Publishing Company), 13(5): 468-474.

Sun Y, Xie Z, Li J, et al. 2006. Assessment of toxicity of heavy metal contaminated soils by the toxicity characteristic leaching procedure. Environmental Geochemistry and Health, 28: 73-78.

Szakova J, Tlustos P, Balik J, et al. 2001. A comparison of suitability of mild extraction procedures for determination of available portion of As, Cd and Zn in soil. Chemicke Listy, 95(3): 179-183.

Wong M H. 2003. Ecological restoration of mine degraded soils, with emphasis on metal contaminated soils. Chemosphere, 50(6): 775-780.

Wu Z H, Gu Z M, Wang X R, et al. 2003. Effects of organic acids on adsorption of lead onto montmorillonite, goethite and humic acid. Environmental Pollution, 121(3): 469-475.

Xu Y P, Schwartz F W, Traina S J. 1994. Sorption of Zn^{2+} and Cd^{2+} on hydroxyapatite surfaces. Environmental Science & Technology, 28(8): 1472-1480.

Yang S X, Liao B, Li J T, et al. 2010. Acidification, heavy metal mobility and nutrient accumulation in the soil-plant system of a revegetated acid mine wasteland. Chemosphere, 80(8): 852-859.

Yong R N, Phadungchewit Y. 1993. pH influence on selectivity and retention of heavy-metals in some clay soils. Canadian Geotechnical Journal, 30(5): 821-833.

第五章　修复工程对土壤质量的影响
——以土壤有机碳为例

第一节　土壤有机碳组分变化

农田土壤有机碳矿化及其稳定性对全球温室气体排放及温室效应起着关键作用(Schlesinger et al., 2000；Lal, 2004)。研究表明，人为活动是影响土壤有机碳平衡的重要原因，人为活动改变了土地利用方式，从而大大改变了土壤有机碳的矿化和积累(Shrestha et al., 2006)。作为一种人类活动的结果，土壤重金属污染可影响土壤微生物的活性和有机碳、氮的分解(李永涛等，2012)，但影响方式较为复杂。有研究报道，重金属在土壤中的积累可导致土壤微生物的生物量下降(Leal et al., 2016)，土壤呼吸降低和有机碳的代谢进程受到抑制。但也有研究表明，土壤中重金属的积累可刺激土壤呼吸和土壤碳代谢作用(Fliessbach et al., 1994；Boucher et al., 2005)。因此，土壤重金属污染有可能影响土壤有机质的平衡，同时在进行土壤重金属污染修复中，由于植被的恢复，土壤理化性质会随着植被的种类和恢复年限发生改变，植被恢复有利于改善土壤特性，使土壤有机碳增加。在重金属污染区域，尤其是重度污染区域进行原位修复不仅可以改变土壤中重金属的形态、毒性及其在土壤中的分布，同时通过植被恢复改变了地表覆盖状况，影响土壤的微生物学性质，进而对土壤有机碳的组成和积累产生影响。为了深入了解重金属污染修复过程中土壤有机碳的变化情况，通过田间原位实验研究了不同修复措施下土壤有机碳组分的变化。

实验分两部分进行，第一部分为材料修复实验，选用重金属耐性植物海州香薷作为修复植物，选择碱渣、磷灰石、微米羟基磷灰石、纳米羟基磷灰石、石灰5 种材料作为钝化材料。第二部分为植物修复实验，选用微米羟基磷灰石作为钝化材料，选用伴矿景天、海州香薷、巨菌草作为修复植物。田间实验采用随机区组设计，每个处理重复三次，材料修复实验设计为：①对照(不加任何钝化材料)；②0.5%碱渣(*W/W*，土壤 0～17 cm 表层质量分数)；③1%磷灰石；④1%微米羟基磷灰石；⑤1%纳米羟基磷灰石；⑥0.2%石灰。植物修复实验设计为：①对照(不加任何钝化材料)；②添加 1%微米羟基磷灰石+金黄狗尾草(施加微米羟基磷灰石后，土壤中有土著杂草金黄狗尾草生长)；③添加 1%羟基磷灰石+种植海州香薷；

④添加 1%羟基磷灰石+种植伴矿景天；⑤添加 1%羟基磷灰石+种植巨菌草。材料修复实验小区面积为 6 m²(3 m×2 m)，植物修复实验小区面积为 20 m²(5 m×4 m)。

一、结果与分析

(一) 材料修复实验土壤重金属铜、镉分布

土壤中重金属对生物的毒害和环境的影响程度，除与土壤中重金属的总量有关外，还与其在土壤中存在的形态有关。土壤中重金属可分为固态相和液态相，但通常情况下，土壤中重金属大多以固态形式存在。固相的重金属又可以进一步分为不同的组分，其溶解性、流动性、生物利用度和潜在环境毒性均不能由一步萃取法得到完全的反映。因此，本书采用一种连续提取的方法重点分析铜和镉在土壤中的 5 种存在形态和相对分布。在材料修复实验中，对照处理中铜主要聚集在残渣态(Res)和离子交换态(EXC)，含量分别达到 147 mg/kg 和 115 mg/kg(29.3%和 22.9%)，各形态含量大小表现为：Res(残渣态)＞EXC(离子交换态)＞OM(有机结合态)＞FeMnOₓ(铁锰氧化物结合态)＞CA(碳酸盐结合态)(表 5.1)。

表 5.1   2015 年材料修复实验土壤中铜五种化学形态的含量   (单位：mg/kg)

处理	EXC	CA	FeMnO$_x$	OM	Res	总量
对照	115±16.5ᵃ	47.2±4.64ᵇ	93.9±6.09ᵇ	97.9±7.69ᵃ	147±9.07ᵃ	502±15.2ᵃ
碱渣	62.9±4.12ᵇ	69.2±6.07ᵃᵇ	121±28.0ᵃᵇ	88.8±9.68ᵃ	136±31.4ᵃ	479±47.0ᵃ
磷灰石	38.5±10.1ᵇᶜ	88.5±16.3ᵃ	143±31.3ᵃᵇ	94.7±15.3ᵃ	126±21.6ᵃ	491±38.0ᵃ
微米羟基磷灰石	30.2±4.71ᶜ	101±5.88ᵃ	161±4.52ᵃ	109±7.69ᵃ	125±8.70ᵃ	528±14.3ᵃ
纳米羟基磷灰石	22.9±9.14ᶜ	91.6±25.5ᵃ	148±33.1ᵃᵇ	100±15.8ᵃ	161±28.9ᵃ	526±92.3ᵃ
石灰	39.2±13.0ᵇᶜ	67.5±5.76ᵃᵇ	119±3.16ᵃᵇ	88.3±14.3ᵃ	174±4.06ᵃ	488±5.8ᵃ

注：同列不同字母表示处理间在 P＜0.05 水平上存在显著性差异。EXC，离子交换态；CA，碳酸盐结合态；FeMnOₓ，铁锰氧化物结合态；OM，有机结合态；Res，残渣态，下同。总量一列为土壤测定含量值，下同。

然而，添加不同改良材料修复 3 年后，5 种材料均不同程度地降低了离子交换态铜的含量，其中以纳米和微米羟基磷灰石降低幅度最大，达到80.1%和73.7%，降低幅度大小表现为：纳米羟基磷灰石＞微米羟基磷灰石＞磷灰石＞石灰＞碱渣。同时 5 种材料处理不同程度地提高了土壤中重金属碳酸盐结合态和铁锰氧化物结合态铜，在提高重金属碳酸盐结合态和铁锰氧化物结合态铜方面，均以微米羟基磷灰石、纳米羟基磷灰石提高幅度最大，分别达到114%、71.5%和94.1%、57.6%。但这几种材料对有机物结合态和残渣态铜影响较小，与对照相比均达到显著性水平。

如表 5.2 所示，与铜相似的是，镉同样主要集中在残渣态和离子交换态。随着碱渣、磷灰石、微米羟基磷灰石、纳米羟基磷灰石和石灰的添加，离子交换态镉的含量从对照处理的 148 μg/kg(35.9%)降低到 101 μg/kg(24.9%)、96.0 μg/kg(23.1%)、120 μg/kg(27.6%)、112 μg/kg(26.4%)和 118 μg/kg(27.9%)。材料添加主要增加了碳酸盐结合态和铁锰氧化物结合态镉的含量，而对有机结合态和残渣态镉的影响较小，这一结果与铜有相似的规律。

表 5.2　2015 年材料修复实验土壤中镉五种化学形态的含量　　(单位：μg/kg)

处理	EXC	CA	FeMnO$_x$	OM	Res	总量
对照	148±14.1[a]	14.9±3.85[b]	30.2±8.09[b]	38.8±15.3[a]	179±39.1[a]	412±4.5[a]
碱渣	101±5.4[b]	12.7±2.76[b]	50.7±6.77[ab]	29.8±9.87[a]	209±19.2[a]	405±25.4[a]
磷灰石	96.0±8.69[b]	17.0±5.46[b]	53.8±1.37[a]	32.7±10.5[a]	216±28.6[a]	416±15.9[a]
微米羟基磷灰石	120±9.98[ab]	21.9±7.81[ab]	64.7±7.25[a]	30.0±8.75[a]	198±26.4[a]	435±23.3[a]
纳米羟基磷灰石	112±13.6[b]	34.6±3.48[a]	68.5±10.4[a]	30.1±3.44[a]	180±27.0[a]	425±11.9[a]
石灰	118±11.3[ab]	21.7±6.98[ab]	63.7±9.65[a]	53.9±9.11[a]	165±6.91[a]	423±15.4[a]

重金属的可交换部分被认为是容易移动和被植物利用的，此外，碳酸盐结合态、铁锰氧化物结合态、有机结合态重金属是植物和微生物潜在可利用态，而通常情况下，残渣态在 5 个重金属形态中是占主导地位的。在清洁或者低污染土壤中，离子交换态、碳酸盐结合态铜占总铜的比例很低(<10%)，本书中离子交换态和碳酸盐结合态铜占全铜的比例达到了 32.3%，这说明该区土壤中的铜的毒性较大，若不进行处理，是不适合农业生产的。此外，重金属可交换态比例可用于评价重金属的生物可利用度和环境毒性。在本书中，5 种材料的添加均显著降低了铜、镉的可交换部分，同时增加了碳酸盐结合态和铁锰氧化物结合态部分，这一结果表明，这 5 种材料可以显著降低土壤中铜和镉的生物有效性。同时，在对照处理中，镉的离子交换态比例为 35.9%，远大于铜的离子交换态比例(22.9%)，添加 5 种材料对铜离子交换态降低的幅度为 45.3%~80.1%，显著大于对土壤中镉可交换态降低幅度(18.9%~35.1%)，这说明该土壤中镉的移动性和生物有效性高于铜，外源添加修复材料对铜的固定效果优于镉。

(二) 植物修复实验土壤重金属铜、镉分布

在植物修复实验中，对照处理中铜主要聚集在离子交换态(EXC)和铁锰氧化物结合态(FeMnO$_x$)中，含量分别达到 211 mg/kg 和 143 mg/kg(32.1%和 21.7%)，各形态含量大小表现为：EXC(离子交换态)＞FeMnO$_x$(铁锰氧化物结合态)＞OM(有机结合态)＞Res(残渣态)＞CA(碳酸盐结合态)(表 5.3)。

表 5.3　2015 年植物修复实验土壤中铜五种化学形态的含量　　　（单位：mg/kg）

处理	EXC	CA	FeMnO$_x$	OM	Res	总量
对照	211±11.1[a]	87.2±1.73[b]	143±5.03[b]	118±4.42[a]	98.2±11.5[a]	658±17.6[a]
金黄狗尾草	75.3±14.8[b]	123±7.22[a]	171±8.51[ab]	125±4.22[a]	134±9.91[a]	630±19.1[a]
海州香薷	65.5±19.4[b]	117±16.7[a]	173±9.22[ab]	128±10.91[a]	121±16.4[a]	605±14.8[b]
伴矿景天	68.4±12.6[b]	118±17.5[a]	196±20.6[a]	125±4.73[a]	113±17.3[a]	620±13.2[ab]
巨菌草	69.1±8.53[b]	117±9.83[a]	173±23.0[ab]	131±8.26[a]	149±12.7[a]	639±31.4[ab]

　　添加羟基磷灰石但未种植植物的处理中，土壤中总铜浓度为 630 mg/kg，交换态铜和碳酸盐结合态铜浓度分别为 75.3 mg/kg 和 123 mg/kg(12.0%和 19.5%)，均与对照处理形成显著性差异，而其他 3 种形态并未与对照处理形成显著差异。与添加羟基磷灰石但未种植植物的处理相比，种植其他三种植物对土壤中铜的形态分布影响不大，这说明土壤中铜形态的改变主要与羟基磷灰石的施加相关，而和不同植物的生长关系较小。但与未种植植物的处理不同的是，海州香薷、伴矿景天和巨菌草与羟基磷灰石联合修复降低了土壤中全铜的浓度，降低幅度分别为 53.0 mg/kg、38.0 mg/kg 和 19.0 mg/kg(表 5.4)。

表 5.4　2015 年植物修复实验土壤中镉五种化学形态的含量　　　（单位：μg/kg）

处理	EXC	CA	FeMnO$_x$	OM	Res	总量
对照	174±99.1[a]	31.2±3.51[b]	44.7±4.64[b]	7.64±0.543[a]	174±5.24[a]	432±3.6[a]
金黄狗尾草	87.6±12.3[b]	51.5±3.82[a]	69.2±4.23[a]	12.6±0.211[a]	185±14.8[a]	406±28.1[ab]
海州香薷	81.6±9.23[b]	53.0±10.2[a]	66.4±5.92[a]	10.6±0.175[a]	188±20.5[a]	399±8.7[ab]
伴矿景天	67.5±12.0[b]	52.5±8.32[a]	64.9±5.92[a]	11.9±0.143[a]	158±11.3[a]	355±35.3[b]
巨菌草	78.8±12.0[b]	48.6±6.18[ab]	60.4±6.25[a]	9.53±0.756[a]	149±6.01[a]	346±25.2[b]

　　对照处理中总镉浓度为 432 μg/kg，主要以离子可交换态和残渣态形式存在(174 μg/kg，40.3%和 174 μg/kg，40.3%)。添加羟基磷灰石但未种植植物的处理中，土壤中总镉浓度为 406 μg/kg，离子交换态、碳酸盐结合态、铁锰氧化物结合态镉浓度分别为 87.6 μg/kg、51.5 μg/kg 和 69.2 μg/kg(21.6%、12.7%和 17.0%)，均与对照处理形成显著性差异，而其他两种形态并未与对照处理形成显著差异。与金黄狗尾草处理相比，种植其他三种植物对土壤中镉的形态分布影响并不显著，这说明土壤中镉形态的改变主要与羟基磷灰石的施加相关，而和不同植物的生长关系较小。同时，种植海州香薷、伴矿景天和巨菌草可以进一步降低土壤中全镉的浓度，与添加羟基磷灰石但未种植植物的处理相比，降低幅度分别为

7.0 μg/kg、51.0 μg/kg 和 60.0 μg/kg。

(三) 材料修复实验土壤有机碳及组分

如图 5.1 所示，施加 5 种不同的材料，结合种植海州香薷进行 3 年修复后，土壤有机碳含量为 16.5~19.3g/kg，表现为碱渣＞纳米羟基磷灰石＞磷灰石＞微米羟基磷灰石＞石灰＞对照，较对照处理，不同材料处理土壤有机碳浓度均得到显著提高，提高幅度为 9.60%~17.1%。土壤溶解性有机碳含量为 103~129 mg/kg，不同材料处理修复 3 年后，均显著提高了土壤溶解性有机碳含量，提高幅度为 5.63%~25.6%，表现为微米羟基磷灰石＞磷灰石＞碱渣＞纳米羟基磷灰石＞石灰＞对照。土壤微生物量碳含量为 431~575 mg/kg，5 种材料施加与海州香薷联合修复3年后，均显著提高了土壤微生物量碳含量，提高幅度为 16.8%~33.4%(图 5.1)，

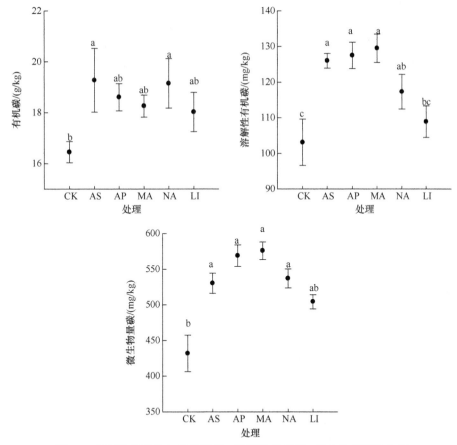

图 5.1 材料修复实验土壤有机碳、溶解性有机碳、微生物量碳的含量

CK，对照；AS，碱渣；AP，磷灰石；MA，微米羟基磷灰石；NA，纳米羟基磷灰石；LI，石灰；
误差棒上方不同字母表示处理间在 $P<0.05$ 水平上具有显著性差异

表现为微米羟基磷灰石＞磷灰石＞纳米羟基磷灰石＞碱渣＞石灰＞对照。通常认为，溶解性有机碳(SOC)和微生物量碳(MBC)是容易被分解利用的碳库，这两种有机碳的增加，说明土壤生物可利用性碳在修复后得到了提高(Zhang et al., 2007；Stemmer et al., 2007)。

(四) 植物修复实验土壤有机碳及组分

如图 5.2(a)所示，修复 3 年后，单独施加羟基磷灰石未种植植物的处理，土壤中有机碳含量较对照处理并没有显著差异，然而羟基磷灰石与植物的联合修复可以显著提高土壤中有机碳的含量，其中以巨菌草处理提高幅度最大，达到10.5%，海州香薷和伴矿景天处理次之，分别达到 10.0%和 9.41%。与有机碳变化不同的是，单独施加羟基磷灰石处理 3 年后，土壤溶解性有机碳含量较对照处理得到显著提高，提高幅度为 9.86%，在单施羟基磷灰石处理的基础上，与海州香薷、伴矿景天、巨菌草的联合修复可以进一步提高土壤溶解性有机碳含量，提高幅度分别为 4.44%、10.1%和 5.54%[图 5.2(b)]。微生物量碳的变化规律与溶解性有机碳相似，表现为单施羟基磷灰石修复 3 年后可以显著提高土壤微生物量碳含

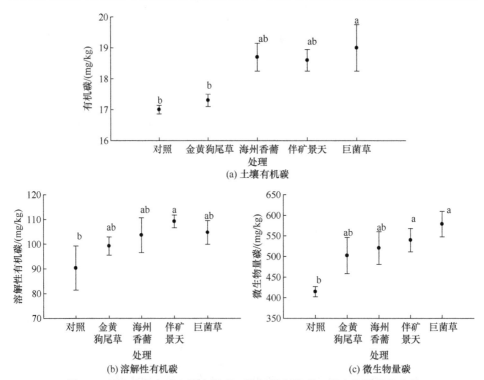

图 5.2 植物修复实验土壤有机碳、溶解性有机碳、微生物量碳的含量

误差棒上方不同字母表示处理间在 $P<0.05$ 水平上具有显著性差异

量，与3种植物联合修复后可进一步提高土壤溶解性有机碳的含量，提高幅度表现为：巨菌草＞伴矿景天＞海州香薷。

(五) 不同修复中植物生物量

在材料修复实验中，未施加任何材料的小区中种植海州香薷后开始可以正常生长，但在1~2个月内逐渐枯萎，并出现烂根现象，最终逐渐死亡，这是典型的重金属毒害现象(Liu et al., 2008)。施加碱渣、磷灰石、微米羟基磷灰石、纳米羟基磷灰石和石灰后种植海州香薷，3年内海州香薷均可正常生长。除2013年外，海州香薷地上生物量在不同处理间差异并不明显，3年累积地上生物量间也不存在显著差异[图 5.3(a)]，这说明5种材料对土壤重金属的固定效果均较好，并具有

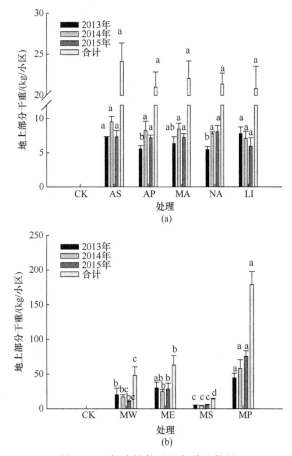

图 5.3　3 年中植物地上部分生物量

CK，对照；AS，碱渣；AP，磷灰石；MA，微米羟基磷灰石；NA，纳米羟基磷灰石；LI，石灰；MW，添加微米羟基磷灰石+不种植植物；ME，添加微米羟基磷灰石+种植海州香薷；MS，添加微米羟基磷灰石+种植伴矿景天；MP，添加微米羟基磷灰石+种植巨菌草；误差棒上方不同字母表示处理间在 $P<0.05$ 水平上具有显著性差异

一定的持久性。在植物修复实验中，土壤中施用微米羟基磷灰石后，土著植物金黄狗尾草可以正常生长，然而在未施用材料的小区中，金黄狗尾草等土著杂草不能生长。在所有 4 种植物中，巨菌草具有最大的生物量，3 年累积地上生物量为 179 kg，在 2015 年中，巨菌草具有最大的单位面积生物量，达到 75.3 kg/小区 ($3.77×10^4$ kg/hm²)，是生物量最小的伴矿景天的 15 倍。海州香薷生物量仅次于巨菌草，3 年平均生物量为 28.3 kg/小区($1.40×10^4$ kg/hm²)。总的来说，3 年累积生物量大小顺序为巨菌草＞海州香薷＞金黄狗尾草＞伴矿景天[图 5.3(b)]。

(六) 土壤有机碳及其组分与环境因子的相关性

如表 5.5 所示，土壤总有机碳与土壤 pH、交换态铜、镉浓度及植物地上部分生物量存在显著相关，其中，与交换态铜、镉及植物地上部分生物量存在极显著性相关关系，溶解性有机碳和微生物量碳与有机碳有相同的结果，同时溶解性有机碳还与土壤全氮存在显著性相关关系，而微生物量碳与土壤速效磷存在显著性相关关系。

表 5.5　土壤有机碳及其组分与环境因子的相关性

组分	全氮	全磷	全钾	碱解氮	速效磷	速效钾	pH	交换态铜	交换态镉	总铜	总镉	生物量
总有机碳	0.137	0.226	−0.113	0.210	0.167	0.253	0.547*	−0.602**	−0.704**	−0.327	−0.068	0.717**
溶解性有机碳	0.609*	−0.176	0.221	0.043	0.262	0.101	0.661**	−0.575*	−0.661**	−0.279	0.045	0.702**
微生物量碳	0.450	0.194	0.399	0.051	0.480*	0.258	0.547*	−0.752**	−0.591**	0.0600	0.320	0.769**

*0.05 水平显著相关；**0.01 水平显著相关。

二、讨论

(一) 原位修复土壤铜、镉形态及植物生长

重金属的毒性主要取决于其在土壤中的存在形态，而离子交换态被认为是容易移动和毒性较强的形态，通常情况下，离子交换态和碳酸盐结合态的重金属浓度较低(＜全铜 10%)(Wong et al., 2002)，本书中，离子交换态和碳酸盐结合态铜含量约占全铜含量的 50%，镉也有相似的结果，这说明该土壤中铜的毒性较高，在未进行修复前不适合农作物的生长。推测，该区铜、镉主要来源于前期人工灌溉，以及大气沉降。施加 5 种材料后，栽种不同植物修复 3 年后，土壤离子交换态铜、镉浓度显著降低，说明这 5 种材料在降低铜、镉生物有效性方面均有较好的效果(Favas et al., 2011)。施加微米羟基磷灰石后种植不同植物修复 3 年后，不同植物处理间铜、镉形态无显著性差异，这说明在短期的修复中，不同植物对重

金属形态的影响不大，导致铜、镉形态变化的主要因素是微米羟基磷灰石的作用。

添加 5 种不同材料后种植海州香薷，海州香薷在 3 年内均可以正常生长，这与 Cui 等(2014)种植黑麦草，3 年后黑麦草不能正常生长的研究结果不同，这可能是由于海州香薷的耐性较强。5 种不同材料处理间，土壤铜、镉离子交换态差异较大，但植物地上部分生物量差异并不显著，这也可能是由于海州香薷的高耐性，导致其对重金属毒性的小范围变化响应不敏感。在植物修复实验中，4 种植物由于自身生理特点的差异，地上部分生物量差异较大，其中以巨菌草生物量最大，而伴矿景天生物量最小，生物量的巨大差异可能导致凋落物和根茬量的不同，对土壤有机碳产生影响。

(二) 原位修复中有机碳及其组分的变化

不同的实验处理在原位修复 3 年后，不同程度地提高了土壤有机碳、溶解性有机碳和微生物量碳浓度，相关分析表明，三者均与土壤 pH，交换态铜、镉浓度和植物地上部分生物量有显著的相关性，这主要是由于，施加钝化材料后，土壤 pH 升高，交换态铜、镉浓度降低，从而降低了重金属，尤其是铜的毒性，减小了其对植物的毒害作用，从而有利于植被的恢复和植物地上部分生物量的累积。研究表明，植被恢复过程中土壤有机碳和全氮含量存在明显的固存效应，并随恢复时间的延长而增加，同时可显著提高退化红壤的轻组有机碳含量、轻组有机碳占总有机碳的比例(贾晓红等，2007；李衍青等，2016)。本书发现，在植物修复实验中，不同植物土壤有机碳、溶解性有机碳和微生物量碳之间存在显著差异，这一方面是由于不同植物生物量不同，导致回归土壤中有机碳量的差异；另一方面，可能是不同植被类型由于成分的不同而对土壤养分包括土壤有机碳、速效磷、速效钾等含量有明显的影响(李海云等，2018)。在退化的重金属污染土壤中进行原位修复，植被的恢复改变了进入土壤的有机物料的数量与类型，影响了与有机碳转化及养分循环有关的土壤微域环境条件，进而影响了有机碳的积累和组分的改变。同时有研究表明，重金属胁迫使土壤微生物生长状态和养分循环受到影响，降低了土壤中溶解性有机碳和微生物量碳的含量(刁展等，2017)。本书中不同材料的施加，降低了交换态铜、镉的浓度，使重金属的胁迫降低，有利于微生物的活性提高和养分循环，从而提高溶解性有机碳和微生物量碳的含量。

第二节 土壤有机碳结构变化

土壤有机碳的含量和组成受许多因素影响，如土地利用方式、植被类型、管理措施等，重金属污染区域进行原位修复，增加了土壤有机碳的总量，同时土壤有机碳结构也将发生改变，其中包括有机碳官能团，从而影响土壤中有机碳的积累和化学稳定性。在植被修复过程中，相关的研究主要集中在土壤有机碳总量变化、分布和团聚体保护机制上(华娟等，2009；Krull et al.，2003；Six et al.，2004)，而这个过程中土壤有机碳的结构变化尚无进一步研究。使用传统方法研究土壤有机碳结构会使土壤有机碳发生某些反应(如脱羧过程、脱氨基作用)，导致有机碳化学结构和性状的改变，进而测定结果不能真实反映土壤有机碳结构特性(Cesarz et al.，2013；Mao et al.，2011；He et al.，2015)。^{13}C 核磁共振技术(NMR)作为研究复杂化合物组成、状态和结构特征的重要工具(宁永成，2000)，已被用于土壤有机碳结构和稳定性研究中(Preston，2001；Zech et al.，1997)。其优势是能在固态土壤下直接探测到有机碳不同官能团碳原子(碳组分)的信号，核磁共振波谱可以清晰地表明不同碳组分的相对分布，并根据波谱各峰高度的积分求得对应碳组分在有机碳中所占比例(相对信号强度)(郭素春等，2013；Mahieu et al.，1999；梁重山等，2001)，进而能进一步分析土壤有机碳的稳定性。本书应用 ^{13}C 核磁共振技术对原位重金属修复过程中有机碳官能团变化进行定性和半定量分析，探讨原位重金属修复过程中有机碳结构的变化特征，为进一步研究土壤重金属污染修复过程中有机碳积累特征及其化学稳定机制提供新的方法和依据。

一、结果与分析

(一) 材料修复实验土壤有机碳核磁共振波谱分析

图 5.4 显示了 6 个不同实验处理下 2015 年土壤样品的有机碳化学结构核磁共振(^{13}C-NMR)波谱图。不同功能群的命名参考 Mao 等(2000)的研究。从图 5.4 可以看出，不同实验处理下的土壤有机碳核磁共振波谱均可划分为四个主要的功能区，即烷基碳区(0～44 ppm)、烷氧碳区(44～110 ppm)、芳香碳区(110～159 ppm)和羧基碳区(159～220 ppm)。在上述四个功能区内，每个土壤样品的波谱又可以细分为八个区段(图 5.5)，分别为：烷基碳区(0～44 ppm，主要为脂肪族)；甲氧基碳区(44～64 ppm，主要为木质素和多聚糖、半纤维素中的甲氧基团，或者为烷基 N 中的碳官能团)；碳水化合物中的碳区(64～93 ppm，主要为乙醇中的烷氧基，或者为己糖中的 C2～C5)；双烷氧碳区(93～110 ppm，主要为双烷氧基碳、多聚糖中的异头物 C、丁基官能团中的 C2 和 C6 或者是愈创木基官能团中的 C2)；芳基碳区(110～143 ppm，主要为芳环中的 C—C、C—H 官能团，或者为烯族碳官能团)；酚基碳区(143～159 ppm，芳环中的 C—O 和 C—N 官能团)；酯基碳区(159～190 ppm，主要来自脂肪酸、氨基酸、酰胺、酯的吸收)；酮基/醛基碳区(190～220 ppm)。在每个土壤的四个主要功能区中，共有 9 个比较典型的碳吸收峰出现(图 5.5)，本实验中原土和施用材料修复后的土中有机碳的主要碳官能团有长链亚甲基碳、乙酰基碳、伯醇基碳、半缩醛碳、酚基碳以及羧基类碳等结构。

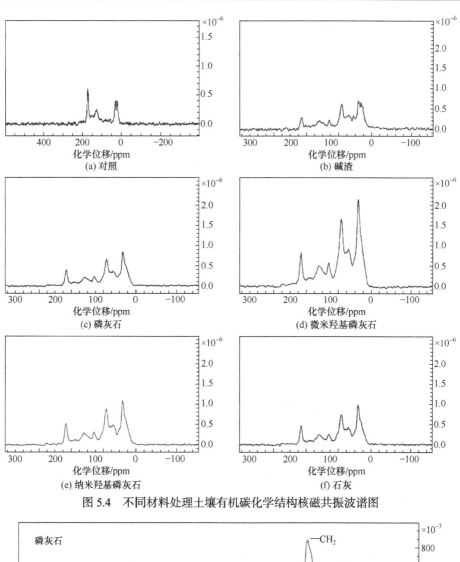

图 5.4 不同材料处理土壤有机碳化学结构核磁共振波谱图

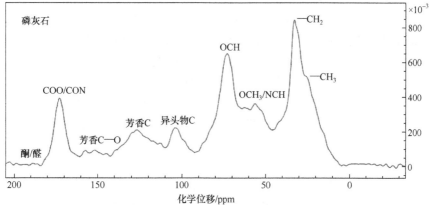

图 5.5 土壤有机碳化学结构核磁共振谱图特征吸收峰

(二) 材料修复实验土壤有机碳化学结构的变化

表 5.6 显示了不同材料处理下土壤有机碳官能团碳的百分含量。可以看出，不同处理土壤中烷氧碳的含量均最高，对照(CK)、碱渣(AS)、磷灰石(AP)、微米羟基磷灰石(MA)、纳米羟基磷灰石(NA)和石灰(LI)处理下烷氧碳含量的平均值分别为 39.28%、45.42%、43.04%、43.73%、43.0%和 42.0%。烷基碳含量仅次于烷氧碳，不同处理下的平均值分别为 35.3%、32.9%、32.9%、32.7%、32.3%和 33.1%。芳香碳含量为 14.14%~15.15%，羰基碳含量最低，为 7.59%~10.19%。

表 5.6　不同材料处理含碳官能团的相对比例　　　　　　(单位：%)

| 处理 | 烷基碳 | 烷氧碳 | | | | 芳香碳 | | | 羰基碳 | | | A/O-A (烷基碳/烷氧碳) |
	0~44 ppm	44~64 ppm NCH OCH$_3$	64~93 ppm 烷氧 C	93~110 ppm 异头物 C	合计	110~143 ppm 芳香 C	143~159 ppm 芳香 C—O	合计	159~190 ppm COO/N—C=O	190~220 ppm C=O	合计	
CK	35.3±1.12[a]	13.2±0.62[a]	20.0±1.67[b]	6.08±0.13[a]	39.28	12.2±0.98[a]	2.95±0.10[a]	15.15	8.78±0.10[a]	1.41±0.03[a]	10.19	0.899
AS	32.9±0.58[b]	15.3±0.32[a]	23.5±1.21[a]	6.62±0.31[a]	45.42	11.6±0.34[a]	2.82±0.08[a]	14.42	6.73±0.04[b]	0.86±0.10[ab]	7.59	0.724
AP	32.9±0.31[b]	14.3±0.45[a]	22.5±0.94[a]	6.24±0.10[a]	43.04	11.2±0.43[a]	2.98±0.08[a]	14.18	9.06±0.10[a]	0.89±0.09[ab]	9.95	0.764
MA	32.7±0.76[b]	14.4±0.65[a]	23.1±0.84[a]	6.23±0.55[a]	43.73	11.3±0.59[a]	2.84±0.06[a]	14.14	8.41±0.08[a]	1.13±0.09[a]	9.54	0.748
NA	32.3±0.98[b]	14.3±0.21[a]	23.2±0.67[a]	6.20±0.24[a]	43.70	11.3±0.76[a]	2.86±0.02[a]	14.16	9.33±0.12[a]	0.47±0.03[b]	9.80	0.739
LI	33.1±1.3[ab]	14.2±0.20[a]	22.2±0.76[a]	6.20±0.67[a]	42.60	11.3±0.43[a]	2.94±0.08[a]	14.24	9.24±0.23[a]	0.84±0.06[ab]	10.08	0.777

虽然波谱形状相同，但不同材料修复处理对土壤有机碳的化学结构特征产生了重要影响(表 5.6)。与对照土壤样品相比，不同材料处理 3 年后，降低了芳香碳(110~159 ppm)的百分含量，降低幅度为 4.82%~6.67%；而增加了烷氧碳(44~110 ppm)的百分含量，提高幅度为 8.45%~15.63%。芳香碳含量的降低主要是由于 110~143 ppm 区段的芳香碳的降低，其降低幅度为 4.92%~8.20%。烷氧碳含量的增加主要是由 64~93 ppm 区段的甲氧基碳的增加引起的，增加幅度为 11%~17.5%。烷基碳/烷氧碳的比值是有机碳分解的主要指标，不同处理修复 3 年后，2015 年，烷基碳/烷氧碳与对照相比，降低幅度为 13.57%~19.5%，在 6 个不同处理中的数值大小从高到低的顺序依次为：对照＞石灰＞磷灰石＞微米羟基磷灰石＞纳米羟基磷灰石＞碱渣(表 5.6)。

表 5.7 显示了不同材料处理土壤有机碳中不同含碳官能团的绝对含量，根据 NMR 测得的相对比例与土壤中有机碳的含量所得到。与对照处理(CK)相比，不同材料处理(碱渣、磷灰石、微米羟基磷灰石、纳米羟基磷灰石、石灰)后种植海

州香薷修复 3 年后的烷基碳含量分别增加了 15.7%、11.7%、8.9%、12.8%和 8.8%；烷氧碳含量分别增加了 28.7%、17.8%、17.4%、23.1%和 12.9%；芳香碳含量分别增加了 11.2%、5.6%、3.2%、8.4%和 2.8%；而羧基碳除碱渣处理较对照处理有所降低外，其他处理均有所提高，提高幅度为 4.2%~12.6%。

表 5.7　不同材料处理土壤有机碳中含碳官能团的绝对含量　　（单位：g/kg）

处理	烷基碳	烷氧碳				芳香碳			羧基碳		
	0~44 ppm	44~64 ppm NCH OCH$_3$	64~93 ppm 烷氧 C	93~110 ppm 异头物 C	合计	110~143 ppm 芳香 C	143~159 ppm 芳香 C—O	合计	159~190 ppm COO/N—C=O	190~220 ppm C=O	合计
CK	5.48± 0.14[b]	2.34± 0.06[c]	3.46± 0.09[c]	1.00±0.03[c]	6.80	2.01± 0.05[a]	0.487± 0.02[b]	2.50	1.44± 0.04[c]	0.233± 0.01[a]	1.67
AS	6.34± 0.41[a]	2.95± 0.19[a]	4.53± 0.29[a]	1.27±0.08[a]	8.75	2.24± 0.14[a]	0.540± 0.03[ab]	2.78	1.30± 0.08[c]	0.167± 0.01[ab]	1.47
AP	6.12± 0.17[ab]	2.66± 0.08[ab]	4.19± 0.12[ab]	1.16±0.04[ab]	8.01	2.08± 0.06[a]	0.557± 0.15[a]	2.64	1.69± 0.05[ab]	0.167± 0.005[ab]	1.86
MA	5.97± 0.14[ab]	2.63± 0.06[bc]	4.22± 0.10[ab]	1.13±0.03[abc]	7.98	2.06± 0.05[a]	0.520± 0.01[ab]	2.58	1.53± 0.04[ab]	0.206± 0.005[ab]	1.74
NA	6.18± 0.32[ab]	2.74± 0.14[ab]	4.44± 0.23[ab]	1.19±0.06[ab]	8.37	2.16± 0.11[a]	0.550± 0.03[a]	2.71	1.79± 0.09[a]	0.090± 0.0003[b]	1.88
LI	5.96± 0.25[ab]	2.56± 0.11[bc]	4.00± 0.17[b]	1.12±0.05[ab]	7.68	2.04± 0.09[a]	0.530± 0.02[ab]	2.57	1.66± 0.07[ab]	0.150± 0.01[ab]	1.81

(三) 植物修复实验土壤有机碳化学结构变化

与材料修复实验类似的是，施用羟基磷灰石并种植不同植物后，土壤有机碳官能团图谱与对照处理有相似的波形，并可以划分为 4 个功能区，即烷基碳区(0~44 ppm)、烷氧碳区(44~110 ppm)、芳香碳区(110~159 ppm)和羧基碳区(159~220 ppm) (图 5.6)。

表 5.8 显示了不同植物处理下土壤有机碳官能团碳的百分含量。与材料实验相同的是不同植物修复处理土壤中烷氧碳的含量最高，对照(CK)、金黄狗尾草(MW)、海州香薷(ME)、伴矿景天(MS)和巨菌草(MP)处理下烷氧碳含量的平均值分别为 43.15%、44.98%、44.55%、45.51%和 45.89%。烷基碳含量仅次于烷氧碳含量，不同处理下的平均值分别为 30.6%、30.3%、29.9%、30.2%和 30.5%。芳香碳含量为 13.81%~15.33%，羧基碳含量最低，为 9.24%~10.99%。同时，不同植物修复处理对土壤有机碳的化学结构特征产生了重要的影响(表 5.8)。与对照土壤样品相比，不同植物处理 3 年后，降低了芳香碳(110~159 ppm)的百分含量，降低幅度为 1.17%~9.92%；而增加了烷氧碳(44~110 ppm)的百分含量，

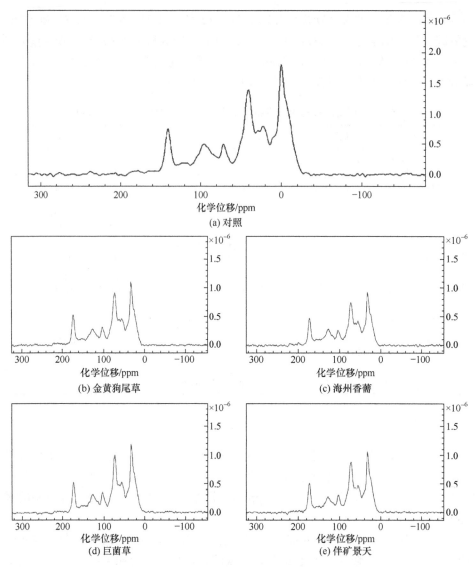

图 5.6　不同植物处理土壤有机碳化学结构谱图

提高幅度为 3.24%~6.35%。烷氧碳含量的增加主要是由 64~93 ppm 区段的甲氧基碳的增加引起的，增加幅度为 3.91%~5.65%。不同植物处理修复 3 年后，在 2015 年，烷基碳/烷氧碳与对照相比，降低幅度为 4.94%~6.35%，6 个不同处理中的数值大小从高到低的顺序依次为：对照＞金黄狗尾草＞海州香薷＞巨菌草＞伴矿景天(表 5.8)。

表 5.8 不同植物处理含碳官能团的相对比例 (单位：%)

处理	烷基碳	烷氧碳				芳香碳			羰基碳			A/O-A
	0~44 ppm	44~64 ppm NCH OCH₃	64~93 ppm 烷氧基C	93~110 ppm 异头物C	合计	110~143 ppm 芳香C	143~159 ppm 芳香C—O	合计	159~190 ppm COO/N—C=O	190~220 ppm C=O	合计	
CK	30.6±1.31ᵃ	13.8±1.02ᵃ	23.0±1.08ᵃ	6.35±0.32ᵃ	43.15	12.4±0.33ᵃ	2.93±0.08ᵃ	15.33	9.93±0.87ᵃ	1.06±0.02ᵃ	10.99	0.709
MW	30.3±1.12ᵃ	14.2±1.07ᵃ	24.2±0.98ᵃ	6.58±0.13ᵃ	44.98	11.3±0.49ᵃ	2.78±0.06ᵃ	14.08	9.81±0.61ᵃ	0.900±0.01ᵃ	10.71	0.674
ME	29.9±1.52ᵃ	14.2±0.97ᵃ	24.0±0.76ᵃ	6.35±0.33ᵃ	44.55	12.3±0.66ᵃ	2.85±0.06ᵃ	15.15	9.63±0.31ᵃ	0.850±0.04ᵃ	10.48	0.671
MS	30.2±1.67ᵃ	14.8±1.12ᵃ	23.9±0.67ᵃ	6.81±0.23ᵃ	45.51	11.0±0.15ᵃ	2.81±0.04ᵃ	13.81	9.55±0.22ᵃ	0.940±0.08ᵃ	10.49	0.664
MP	30.5±1.87ᵃ	14.9±0.87ᵃ	24.3±0.98ᵃ	6.69±0.69ᵃ	45.89	11.4±0.21ᵃ	2.87±0.12ᵃ	14.27	8.57±0.18ᵇ	0.670±0.07ᵇ	9.24	0.665

表 5.9 显示了不同植物处理土壤有机碳中不同含碳官能团的绝对含量，与对照处理(CK)相比，不同植物处理(金黄狗尾草、海州香薷、伴矿景天、巨菌草)修复 3 年后的烷基碳含量增加了 0.97%~12.2%；烷氧碳含量增加了 3.7%~16.6%；对于芳香碳而言，金黄狗尾草处理与对照相比略有降低，其他处理与对照相比均有所提高，提高幅度为 2.80%~14.0%；而羰基碳变化情况不一，与对照相比，巨菌草处理羰基碳含量略有降低，金黄狗尾草处理与对照处理相当，而海州香薷和伴矿景天处理较对照处理有所提高。

表 5.9 不同植物处理土壤有机碳中含碳官能团的绝对含量 (单位：g/kg)

处理	烷基碳	烷氧碳				芳香碳			羰基碳		
	0~44ppm	44~64ppm NCH OCH₃	64~93ppm 烷氧C	93~110ppm 异头物C	合计	110~143ppm 芳香C	143~159ppm 芳香C—O	合计	159~190ppm COO/N—C=O	190~220ppm C=O	合计
CK	5.18±0.01ᵇ	2.38±0.07ᵇ	4.01±0.18ᵇ	1.10±0.04ᵇ	7.49	2.01±0.11ᵇ	0.485±0.01ᵇ	2.50	1.68±0.01ᵃᵇ	0.165±0.02ᵃ	1.85
MW	5.23±0.18ᵇ	2.45±0.08ᵇ	4.18±0.15ᵃᵇ	1.14±0.04ᵇ	7.77	1.95±0.07ᵇ	0.480±0.01ᵇ	2.43	1.69±0.06ᵃᵇ	0.155±0.01ᵃᵇ	1.85
ME	5.60±0.11ᵃᵇ	2.65±0.06ᵃᵇ	4.50±0.09ᵃ	1.19±0.03ᵃᵇ	8.34	2.31±0.05ᵃ	0.535±0.01ᵃ	2.85	1.81±0.04ᵃ	0.160±0.01ᵃ	1.97
MS	5.61±0.10ᵃᵇ	2.75±0.05ᵃ	4.44±0.08ᵃᵇ	1.27±0.03ᵃ	8.46	2.05±0.04ᵇ	0.520±0.01ᵃᵇ	2.57	1.77±0.03ᵃᵇ	0.177±0.01ᵃ	1.95
MP	5.81±0.23ᵃ	2.83±0.12ᵃ	4.63±0.19ᵃ	1.27±0.05ᵃ	8.73	2.17±0.09ᵃᵇ	0.547±0.02ᵃ	2.72	1.63±0.07ᵇ	0.127±0.01ᵇ	1.76

(四) 土壤因子与土壤有机碳化学结构的关系

Person 相关分析显示烷基碳含量的百分比与土壤碳氮比有一定的正相关关系，与 pH 呈显著正相关，而与交换态铜呈显著负相关，与交换态镉呈极显著负相关(表 5.10)。烷氧碳含量与烷基碳有相同的规律，并且与微生物量碳呈显著相关性。此外，芳香碳含量与土壤碳氮比呈显著正相关关系，与交换态镉呈显著负相关关系，烷基碳/烷氧碳的比与土壤 pH 和微生物量碳呈显著负相关，而与交换态铜和镉呈极显著正相关关系。

表 5.10　土壤有机碳化学结构官能团碳含量与土壤因子的相关性

官能团碳百分比	全氮	全磷	全钾	碱解氮	速效磷	速效钾	碳氮比	pH	交换态铜	交换态镉	微生物量碳
烷基碳/%	0.123	0.115	−0.150	0.171	0.048	0.247	0.465	0.492*	−0.537*	−0.703**	0.402
烷氧碳/%	0.169	0.167	−0.128	0.267	0.148	0.333	0.404	0.499*	−0.580*	−0.723**	0.506*
芳香碳/%	0.031	0.075	−0.255	0.064	0.052	0.116	0.495*	0.242	−0.299	−0.556*	0.177
羧基碳/%	−0.019	0.552*	0.234	−0.022	0.379	−0.162	0.168	0.555*	−0.465	−0.074	0.124
A/O-A	−0.025	−0.250	0.039	−0.413	−0.304	−0.443	−0.211	−0.490*	0.614**	0.654**	−0.654*

*表示在 $P=0.05$ 水平上显著相关；**表示在 $P=0.01$ 水平上极显著相关。

二、讨论

(一) 原位修复中土壤有机碳化学结构的变化特征

作者发现材料修复和植物修复各处理中，土壤有机碳化学结构均以烷氧碳为主(39.28%~45.89%)，且不同修复处理下各官能团的碳含量大小顺序为烷氧碳＞烷基碳＞芳香碳＞羧基碳。这一结果与其他农田土壤的研究结果相同(Yan et al.，2013；Dou et al.，2008)。本书发现，施用不同材料与植物联合修复 3 年后，与对照处理相比，各处理均增加了烷氧碳的含量，而降低了芳香碳和烷基碳的含量，表明烷氧基作为不稳定的有机碳组分，它的增加有助于土壤有机碳的积累(王学霞等，2020)。研究表明(Papa et al.，2010；Baumann et al.，2011)，玉米、小麦等根系或残落物中烷氧碳的比例平均为 73.2%，是有机碳的主要组成部分，而土壤有机碳中烷氧碳占 43.7%~47.3%,因此农作物残落物的输入可能对土壤有机碳分子结构产生影响，影响程度因土壤性质、气候条件、管理方式等不同而不同。而且，易分解的烷氧碳含量的增加也证明了本书第三章发现的原位修复处理有利于促进活性有机碳累积的结果。作者发现芳香碳和烷基碳含量的下降在一定程度上说明有机碳的分解程度降低，这是因为无论是不同材料处理，还是不同植物修复处理中，与对照相比，各处理修复后均有植物生长，这导致归还到土壤的作物残体和根茬增加，增加了新鲜有机物质的投入，这一结果与孙本华等(2007)进行人工植被修复的研究结果一致。同时，不同植被类型和植被修复模式也会对土壤有机碳分子结构产生影响，张勇等(2015)的研究发现，常绿阔叶林较杉木林、柳杉林和针阔混交林，烷氧碳和烷基碳含量高，而芳香碳含量较低；针叶马尾松林由于针叶凋落物中的蜡质和角质成分较高，而土壤有机碳稳定性较好(Wang et al.，2010)。本书中，不同植被修复模式下，土壤有机碳官能团绝对含量之间差异较大，这主要是由不同植物的生物量差异较大，以及植物凋落物等的差异导致的，但土壤有机碳官能团的百分比在不同植物处理间的差异并不显著，这可能归结于实验中的几种植物均为草本植物，不同植物凋落物的初始化学结构组分差异不大，加上修复年限较短，因此土壤有机碳官能团的百分含量差异并不显著。

烷基碳/烷氧碳(A/O-A)的比值可作为有机碳分解程度或腐殖化的指标，作为腐殖化系数(HI)，用来评价土壤有机分解的程度，A/O-A 比值越低，说明腐殖化程度越低(Mahieu et al.，1999；Webster et al.，2001)。作者发现，材料修复实验和植物修复实验中，与对照相比，3 年的修复处理下烷氧碳/烷基碳比值的降低，说明进行原位修复后土壤有机碳分解程度降低。

(二) 土壤因子与有机碳化学结构的关系

累积碳投入是土壤有机碳含量的主要决定因子(Maillard et al.，2014)。本书中，该区土壤已弃耕多年，而且由于重金属污染严重，该区土壤无任何植物生长，在采取不同措施进行修复后，植被的恢复增加了土壤总有机碳含量，促进了土壤有机碳中各官能团浓度的增加。本书发现，土壤特征与有机碳各官能团碳转化效率密切相关，土壤烷基碳、烷氧碳和羰基碳含量均与土壤 pH 呈显著正相关关系，这可能是由于在该酸性土壤中，微生物活性较低，材料添加后，土壤 pH 的升高提高了土壤微生物的活性，从而促进了这些组分的合成。同时，土壤烷基碳、烷氧碳和芳香碳含量与土壤交换态铜和镉呈显著负相关(除交换态铜与芳香碳)，这主要是由于交换态铜、镉含量的降低，减弱了其对植物的毒害作用，促进了植物的生长，从而增加了土壤有机碳的投入，另外还提高了土壤微生物活性，促进了这些组分的合成。

第三节　土壤有机碳矿化特征

有机碳的矿化是土壤中重要的生物化学过程，是微生物与环境相互作用的结果。有机物通过矿化作用分解为养分和能量，供作物生长发育，并在此过程中释放出 CO_2，而该气体与全球气候变暖密切相关。因此，土壤有机碳的矿化作用直接关系土壤中养分元素的释放与供应、作物产量的高低、温室气体的形成以及土壤质量的保持等。

土壤有机碳的矿化过程受多种因素，如温度条件、水分状况、土壤理化性质、人类活动等的影响(陈全胜等，2004)，主要通过影响土壤微生物活性和植物呼吸酶的活性来影响植物的生长及有机质的分解作用。重金属污染会对土壤微生物生存产生胁迫，从而影响其分解利用有机碳的能力，进而影响土壤有机碳的稳定性和矿化特征。反之，有机碳的活性官能团也能改变金属的形态、溶解性和移动性，从而影响重金属的生物有效性(Zsolnay，2003)。因此，研究重金属污染的农田土壤中的有机碳矿化特征，对探讨污染条件下有机碳的有效性和养分转化机理具有重要意义。

我国南方土壤重金属污染问题严重(Yao，2016)，目前在我国的南方重金属污染区域已经开展了较多的修复工作(Wu et al.，2017)，原位修复可以降低土壤中重金属的生物有效性和毒性，从而影响土壤微生物的活性，进而影响土壤有机碳的活性和稳定性。前两节主要讨论原位修复重金属污染土壤有机碳的组分变化和结构特征变化情况，而原位修复对土壤有机碳的矿化和稳定性有何影响目前还不十分清楚。因此，本节通过室内矿化培养测定土壤有机碳矿化的动态，旨在认识原位修复过程中土壤有机碳矿化速率特征，以及原位修复过程中土壤有机碳稳定性的变化情况。

一、土壤养分、有机碳组分与有机碳矿化的相关性

将土壤养分、有机碳组分及酶活性与不同环境条件下各施肥处理土壤有机碳累积矿化量进行相关性分析，结果表明(表 5.11)，有机碳、速效钾、可溶性有机碳、微生物生物量碳和土壤 pH 与有机碳的累积矿化量呈显著或极显著正相关，而与交换态铜呈显著负相关。

表 5.11 土壤养分和有机碳组分与有机碳累积矿化量之间的关系

变量	有机碳	全氮	全磷	全钾	碱解氮	速效磷	速效钾
有机碳累积矿化量	0.458*	0.165NS	−0.064NS	0.065NS	0.409NS	0.178NS	0.637**

变量	可溶性有机碳	微生物量碳	pH	全 Cu	全 Cd	交换态铜	交换态镉
有机碳累积矿化量	0.618**	0.603**	0.536*	−0.226NS	0.009NS	−0.580*	−0.319NS

*表示在 $P = 0.05$ 水平上显著相关；**表示在 $P = 0.01$ 水平上极显著相关；NS 表示相关性不显著。

二、讨论

(一) 不同修复处理土壤有机碳矿化过程和累积矿化量变化

在 28 天的有机碳矿化培养过程中，不同材料处理和植物修复处理中土壤有机碳矿化释放 CO_2 速率和 CO_2 累积的动态变化基本相似。各处理土壤呼吸释放 CO_2

的速率在开始时较大，随着培养时间的延长，释放速率逐渐趋于平缓，这可能是由于在矿化的初始阶段土壤中易分解的有机质含量较高，易被微生物分解利用；随着培养时间的增加，易分解有机质含量降低，土壤微生物开始分解难矿化的有机碳，分解速率下降，CO_2 的释放速率开始降低。一级动力学方程可以较好地描述不同处理土壤有机碳的累积矿化量动态，根据矿化方程得出各矿化参数，如潜在可矿化碳(C_0)(陈吉等，2009)。近年来，不少研究报道了重金属污染对自然和耕作土壤有机碳矿化速率和 CO_2 排放量的影响(Dai et al.，2004)，研究结果表明，不同浓度梯度重金属污染土壤有机碳矿化速率在重金属浓度较低时升高，在重金属浓度较高时降低。Vásquez-Murrieta 等(van Der Kamp et al.，2009)在研究某矿区周围重金属污染不同浓度梯度土壤有机碳好气培养时发现其矿化速率随重金属浓度的增加而降低，产生这种现象的原因可能是重金属对微生物产生胁迫作用(周通等，2009)。本书中，土壤有机碳矿化速率随修复材料的施加而升高，这可能是由于材料的施加，加之地表植被的恢复，影响了土壤的基本性质、生物活性，同时也影响了有机碳积累和本身的组成，因而也影响了土壤有机碳的生物可利用性，即土壤碳矿化(应多等，2020)。本书发现，4 种不同植被类型中，巨菌草处理的累积矿化量最高，这可能是由于巨菌草生物量较大、凋落物和根系分泌物较多对土壤理化性质和微生物群落结构等的影响。

(二) 土壤养分、有机碳组分和微生物学性质与有机碳矿化的关系

土壤养分通过影响微生物的生长与繁殖间接影响土壤有机碳的矿化。微生物所需的营养元素充足，微生物活性较高，则矿化作用显著，反之则较低。本书中，有机碳、速效钾、溶解性有机碳与有机碳累积矿化量的相关系数达到显著或极显著水平，说明土壤养分充足有利于土壤有机碳的矿化，这与李顺姬等(2010)对黄土高原土壤的研究结果相似。在土壤温度和含水量相同的条件下，土壤中微生物可利用底物的含量是影响土壤呼吸的主要因素。土壤活性有机碳如易氧化有机碳、微生物生物量碳、可矿化有机碳、可溶性有机碳等是土壤微生物有效碳源，容易被分解利用，与土壤有机碳矿化密切相关(刘红梅等，2020)。陈涛等(2008)的研究表明，不同施肥处理水稻土有机碳矿化量与总有机碳、微生物生物量碳和水溶性有机碳含量之间的相关性达到了极显著水平。同时，土壤重金属浓度会对土壤微生物的活性和数量产生明显影响。受重金属污染土壤的微生物量和土壤有机质之间的相关性不再存在，土壤呼吸量成倍增加，但微生物量却显著下降(Knight et al.，1997)，从而对土壤有机碳矿化产生影响。作者发现，不同材料的施加，联合植物修复后，土壤 pH 升高，交换态铜、镉含量降低，同时土壤微生物量和有机碳累积矿化量均显著升高，微生物量碳和有机碳累积矿化量之间呈极显著正相关。

第四节　土壤团聚体及其有机碳结构变化

土壤团聚体作为土壤结构的基本单元(Mikha et al., 2004),是决定土壤肥力的重要因素之一。土壤有机碳是影响土壤质量与功能表现的核心要素(Pan et al., 2005),对增强土壤的团聚性、促进团粒结构的形成有重要作用(Pulleman et al., 2004)。土壤团聚体和有机碳之间存在复杂的相互作用,而且它们都受植被恢复等人为活动的影响,生物措施作为水土保持及改善土壤质量最根本的方法,对土壤团聚体有重要的影响,植物通过根系分泌物,以及凋落物的分解增加土壤有机质含量,从而促进团聚体的形成和稳定性的提高,改善土壤理化性质。同时,有研究表明重金属污染稻田中土壤团聚体颗粒组的不同粒径组成发生了变化,细粒径团聚体颗粒组增多,而砂粒级团聚体减少,土壤团聚性能发生改变(张良运等,2009),团聚体结构的改变可能会引起土壤有机碳的组分和分布特征,而土壤团聚体中有机碳结构组成与化学行为的变化又将从根本上影响团聚体的稳定性。

目前大多数关于重金属污染对土壤有机碳分布、矿化的研究都集中在本体土壤,而对重金属污染条件下土壤团聚体中有机碳含量和分布情况的研究很少,关于重金属污染土壤修复过程中土壤有机结构与土壤团聚体稳定性相结合,深层揭示重金属污染土壤从撂荒到植被覆盖的演替过程中不同粒径团聚体中土壤有机碳化学稳定性的研究鲜见报道,而这些研究对探讨重金属污染土壤修复过程中,土壤有机碳组分和矿化特征变化有着至关重要的作用。根据已有研究,植被恢复过程主要促进表层土层土壤有机碳含量的增加(An et al., 2010),且<0.25 mm团聚体是土壤团聚体的主要组成部分,而在1~2 mm、>0.25 mm团聚体中土壤有机碳更稳定(An et al., 2010)。因此,本节研究植被恢复过程中表层(0~17 cm)土层1~2 mm、0.5~1 mm、0.25~0.5 mm和<0.25 mm团聚体有机碳的结构变化。

一、结果与分析

(一) 原位修复土壤团聚体结构

1. 材料修复实验土壤团聚体结构

2015年植被收获前各处理土壤>0.25 mm机械稳定性团聚体($DR_{0.25}$)含量为71.8%~75.8%(表5.12),低于许多报道中机械稳定性团聚体含量(郑学博等,2015),这说明该区土壤物理结构较差,这可能与该区域土壤污染严重,植物难以生长,地表侵蚀严重,导致土壤出现轻微沙化现象,以及导致土壤结构恶化有关。与对照相比,施加5种不同材料,并栽种海州香薷修复3年后,均提高了土壤$DR_{0.25}$的含量,但没有显著性差异。不同材料与海州香薷联合修复主要改变了2~5 mm、

1~2 mm 和 0.25~0.5 mm 团聚体含量，对 2~5 mm 和 1~2 mm 的较大团聚体的提高幅度为 10.6%~29.4%、18.5%~29.8%，而显著降低了 0.25~0.5 mm 小团聚体含量，降低幅度为 17.3%~22.6%。

表 5.12　材料修复对重金属污染土壤机械稳定性团聚体组成的影响

处理	团聚体含量/%						
	>5 mm	2~5 mm	1~2 mm	0.5~1 mm	0.25~0.5 mm	<0.25mm	$DR_{0.25}$
对照	10.2±1.05[a]	21.8±1.30[b]	8.01±0.581[b]	15.1±0.814[a]	16.8±0.215[a]	27.6±0.334[a]	71.8±0.980[a]
碱渣	10.8±0.361[a]	24.7±0.409[ab]	10.4±0.166[a]	13.9±0.507[a]	13.7±0.428[b]	25.4±1.04[a]	73.5±0.303[a]
磷灰石	12.4±1.83[a]	24.6±1.49[ab]	9.49±0.496[a]	13.9±0.254[a]	13.7±0.101[b]	25.6±0.535[a]	74.0±0.601[a]
微米羟基磷灰石	11.2±2.44[a]	26.6±2.35[a]	9.51±0.433[a]	13.8±0.358[a]	13.7±0.488[b]	24.3±5.07[a]	74.7±4.33[a]
纳米羟基磷灰石	11.3±2.23[a]	24.1±1.30[ab]	9.53±0.503[a]	14.9±0.569[a]	13.9±0.753[b]	25.6±3.65[a]	73.9±3.66[a]
石灰	10.4±1.08[a]	28.2±2.35[a]	9.78±0.692[a]	14.3±1.30[a]	13.0±0.411[b]	23.6±2.78[a]	75.8±2.86[a]

在土壤水稳定性团聚体组成方面，各处理 >0.25 mm 水稳定性团聚体($WR_{0.25}$)含量为 39.3%~49.7%(表 5.13)，与机械稳定性团聚体不同的是，与对照相比，5种不同材料修复联合海州香薷修复 3 年后，均显著提高了 $WR_{0.25}$ 含量，而以微米羟基磷灰石处理提高幅度最大，达到 26.5%。分析水稳定性团聚体增加部分的粒径组成可以发现，增加部分主要集中在 >5 mm、1~2 mm 和 0.25~0.5 mm 团聚体中。

表 5.13　材料修复对重金属污染土壤水稳定性团聚体组成的影响

处理	团聚体含量/%						
	>5 mm	2~5 mm	1~2 mm	0.5~1 mm	0.25~0.5 mm	<0.25mm	$WR_{0.25}$
对照	3.43±0.608[b]	7.61±0.870[a]	4.40±0.956[b]	7.48±0.589[a]	16.4±1.23[b]	58.9±3.99[a]	39.3±1.52[b]
碱渣	5.15±0.317[ab]	8.29±0.418[a]	6.21±0.287[ab]	5.22±1.13[b]	22.9±1.16[a]	49.7±1.82[ab]	47.7±1.99[a]
磷灰石	6.73±1.28[a]	9.41±0.442[a]	6.20±0.686[ab]	6.66±0.843[ab]	15.3±0.605[b]	54.4±2.25[ab]	44.3±1.38[a]
微米羟基磷灰石	5.52±0.970[ab]	7.48±0.367[a]	7.49±1.56[a]	7.99±0.730[a]	21.2±1.91[a]	48.4±3.71[b]	49.7±1.96[a]
纳米羟基磷灰石	5.96±1.21[a]	8.10±2.02[a]	6.84±1.26[ab]	6.92±0.805[ab]	21.4±2.17[a]	47.8±8.35[b]	49.2±9.30[a]
石灰	5.26±0.534[ab]	9.56±1.42[a]	6.63±1.10[ab]	7.31±0.397[a]	20.6±0.805[ab]	47.4±5.94[b]	49.4±3.51[a]

2. 植物修复实验土壤团聚体结构

施用羟基磷灰石后，种植不同植物修复 3 年后，均显著提高了土壤 $DR_{0.25}$ 的含量。而且 4 种植物处理主要提高了机械稳定性团聚体中＞5 mm、2～5 mm 和 0.5～1mm 的团聚体含量，尤其是＞2 mm 团聚体(表 5.14)，这说明这三种植被恢复对土壤＞0.25 mm 机械稳定性团聚体形成有显著的促进作用，且主要通过提高＞2 mm 机械稳定性团聚体含量来提高＞0.25 mm 机械稳定性团聚体含量。在 3 种植物中，巨菌草处理对土壤大团聚体的提高幅度最大，尤其是＞5 mm 和 2～5 mm 团聚体，分别较 CK 处理提高 28.4%和 10%，而对 1～2 mm、0.5～1 mm 和 0.25～0.5 mm 团聚体的影响中，3 种植物处理之间的差异并不显著，这说明在 3 年的植被恢复过程中，巨菌草对大团聚体的提高幅度最大，最能改善土壤的物理结构。

表 5.14　植物修复实验土壤机械稳定性团聚体组成

处理	团聚体含量/%						
	＞5 mm	2～5 mm	1～2 mm	0.5～1 mm	0.25～0.5 mm	＜0.25 mm	$DR_{0.25}$
对照	10.2±0.411[b]	26.0±1.19[b]	8.34±0.954[a]	11.0±1.10[b]	13.9±0.493[a]	30.2±1.46[a]	69.36±1.34[b]
金黄狗尾草	10.4±0.322[b]	26.9±1.30[ab]	9.12±0.443[a]	12.3±1.14[a]	12.4±0.312[b]	27.3±1.87[b]	71.1±3.45[ab]
海州香薷	10.4±0.363[b]	27.6±1.21[ab]	9.35±0.825[a]	14.1±0.812[a]	12.5±0.572[b]	25.3±2.35[b]	73.97±2.64[a]
伴矿景天	11.5±0.656[ab]	28.0±1.05[ab]	8.83±0.462[a]	14.1±0.201[a]	12.3±0.221[b]	24.6±0.93[b]	74.63±0.90[a]
巨菌草	13.1±1.301[a]	28.6±0.173[a]	8.96±1.27[a]	13.2±0.745[a]	12.6±0.635[ab]	22.8±1.00[b]	76.57±0.73[a]

在土壤水稳定性团聚体组成方面，各处理＞0.25 mm 水稳定性团聚体($WR_{0.25}$)含量为 44.7%～52.6%(表 5.15)，3 种植被恢复 3 年后都可以显著增加土壤水稳定性团聚体含量，但与机械稳定性团聚体相似的是，3 种植物处理之间并不存在显著差异。分析水稳定性团聚体增加部分的粒径组成可以发现，增加部分主要集中在＞5 mm 团聚体中，而在其他粒径组成中增加幅度并不显著，甚至海州香薷处理和伴矿景天处理在 0.5～1 mm 的团聚体出现了显著的下降趋势。

表 5.15　植物修复实验土壤水稳定性团聚体组成

处理	团聚体含量/%						
	＞5 mm	2～5 mm	1～2 mm	0.5～1 mm	0.25～0.5 mm	＜0.25 mm	$WR_{0.25}$
对照	5.18±0.63[b]	7.26±1.60[a]	6.00±0.27[b]	8.29±0.66[ab]	18.0±3.39[a]	55.3±2.97[a]	44.7±2.97[b]
金黄狗尾草	5.26±0.56[b]	7.90±1.31[a]	6.33±0.58[b]	8.39±0.58[ab]	19.3±1.58[a]	51.2±3.33[b]	47.2±3.45[ab]
海州香薷	6.41±0.70[ab]	8.83±1.55[a]	6.68±0.18[b]	7.59±1.13[b]	22.8±1.39[a]	47.7±2.32[b]	52.3±2.32[a]

续表

处理	团聚体含量/%						
	>5 mm	2~5 mm	1~2 mm	0.5~1 mm	0.25~0.5 mm	<0.25 mm	$WR_{0.25}$
伴矿景天	5.32±0.77[b]	7.98±1.33[a]	6.70±0.10[b]	7.00±0.25[b]	23.7±2.33[a]	49.3±2.27[b]	50.7±2.27[a]
巨菌草	7.70±0.89[a]	7.49±0.60[a]	8.39±0.45[a]	9.64±0.13[a]	19.3±0.61[a]	47.4±1.16[b]	52.6±1.16[a]

(二) 原位修复土壤团聚体稳定性

1. 材料修复实验土壤团聚体稳定性

平均质量直径(mean weight diameter，MWD)和几何质量直径(geometry weight diameter，GMD)是评价土壤团聚体稳定性的重要指标，MWD 和 GMD 值的提高可以代表土壤团聚体稳定性增大(Li et al.，2004)。本实验研究中，经过施加不同材料联合种植海州香薷修复 3 年后，各处理的机械稳定性团聚体和水稳定性团聚体的 MWD 均得到显著的提高(表 5.16)，提高幅度为 8.1%~14.0%和 22.1%~40.5%，但是不同材料处理之间的差异并不显著。而在 GMD 方面，不同处理间机械稳定性团聚体的 GMD 之间无显著差异，而不同材料与海州香薷联合修复后可以显著提高水稳定性团聚体的 GMD，提高幅度为 20.4%~31.0%，其中以纳米羟基磷灰石和石灰处理的提高幅度最大。

表 5.16　材料修复实验土壤机械稳定性和水稳定性团聚体平均质量直径和几何质量直径

处理	平均质量直径(MWD)/mm		几何质量直径(GMD)/mm	
	机械稳定性团聚体	水稳定性团聚体	机械稳定性团聚体	水稳定性团聚体
对照	1.86±0.105[b]	0.783±0.058[b]	0.764±0.032[a]	0.294±0.007[b]
碱渣	2.01±0.030[a]	0.956±0.047[ab]	0.874±0.005[a]	0.354±0.016[ab]
磷灰石	2.12±0.089[a]	1.10±0.071[a]	0.896±0.028[a]	0.360±0.006[ab]
微米羟基磷灰石	2.09±0.260[a]	0.987±0.055[ab]	0.931±0.123[a]	0.367±0.009[ab]
纳米羟基磷灰石	2.03±0.208[a]	1.03±0.176[ab]	0.873±0.137[a]	0.381±0.067[ab]
石灰	2.10±0.021[a]	1.02±0.056[ab]	0.947±0.065[a]	0.385±0.026[a]

2. 植物修复实验土壤团聚体稳定性

羟基磷灰石与不同植物联合修复 3 年后，各处理的机械稳定性团聚体和水稳定性团聚体的 MWD 和 GMD 均得到显著的提高(表 5.17)，两种团聚体类型的 MWD 和 GMD 值均以巨菌草处理最高，在 MWD 方面，巨菌草处理较 CK 处理提高机械稳定性团聚体和水稳定性团聚体 16.2%和 23.8%，而在 GMD 方面，机械稳定性团聚体和水稳定性团聚体分别提高 28.8%和 24.5%，这说明应用巨菌草对退化的重金属污染土壤进行植被修复可以提高土壤团聚体的稳定性，有利于土壤物理结构的改善。同时通过对比发现，各处理机械稳定性团聚体的平均质量直径(MWD)和几何质量直径(GMD)均大于水稳定性团聚体，这说明机械稳定性团聚体是该土壤的主要团聚体类型。

表 5.17　植物修复实验土壤机械稳定性和水稳定性团聚体平均质量直径和几何质量直径

处理	平均质量直径(MWD)/mm		几何质量直径(GMD)/mm	
	机械稳定性团聚体	水稳定性团聚体	机械稳定性团聚体	水稳定性团聚体
对照	1.98 ± 0.037^{c}	0.953 ± 0.094^{b}	0.792 ± 0.026^{c}	0.323 ± 0.020^{b}
金黄狗尾草	2.03 ± 0.087^{bc}	1.02 ± 0.134^{ab}	0.894 ± 0.035^{b}	0.37 ± 0.045^{ab}
海州香薷	2.08 ± 0.061^{bc}	1.10 ± 0.073^{ab}	0.913 ± 0.053^{b}	0.384 ± 0.022^{a}
伴矿景天	2.16 ± 0.035^{ab}	1.00 ± 0.092^{ab}	0.952 ± 0.024^{ab}	0.353 ± 0.021^{ab}
巨菌草	2.30 ± 0.073^{a}	1.18 ± 0.065^{a}	1.02 ± 0.029^{a}	0.402 ± 0.173^{a}

注：同列不同小写字母代表处理间存在显著性差异($P<0.05$)。

(三) 原位修复土壤团聚体有机碳含量

1. 材料修复实验土壤团聚体有机碳含量

如图 5.7 所示，在表层 0～17 cm 土层中，当土壤团聚体粒径小于 2 mm 时，团聚体中有机碳含量随着团聚体粒径的增加有增加的趋势，当团聚体粒径大于 2 mm 时，团聚体中有机碳的含量又随着粒径的增大而降低，总的来说，在所有粒径中，<0.25 mm 团聚体有机碳含量最低，为 10.2～10.9 g/kg，1～2 mm 团聚体有机碳含量最高，为 22.6～24.6 g/kg。同时，不同材料联合海州香薷修复 3 年后，显著增加了>5 mm 和 1～2 mm 团聚体有机碳含量，而其他粒径团聚体增加幅度并不明显。

2. 植物修复实验土壤团聚体有机碳含量

与材料修复实验相似的是，在植物修复实验中，土壤团聚体中有机碳含量也呈现一定的变化规律，即当土壤团聚体粒径小于 1 mm 时，团聚体中有机碳含量随着团聚体粒径的增加有增加的趋势(图 5.8)，当团聚体粒径大于 1 mm 时，团聚体中有机碳的含量又随着粒径的增大而降低，在所有粒径中，<0.25 mm 团聚体有机碳含量最低，为 12.9～13.4 g/kg，0.5～1 mm 团聚体有机碳含量最高，为 23.0～25.4 g/kg。施用羟基磷灰石与不同植物联合修复 3 年后，显著提高了>5 mm、2～

5 mm 和 1~2 mm 团聚体中有机碳的含量，提高幅度为 6.33%~14.8%、12.4%~25.5%和 4.09%~12.2%，但不同植物处理之间差异并不明显。

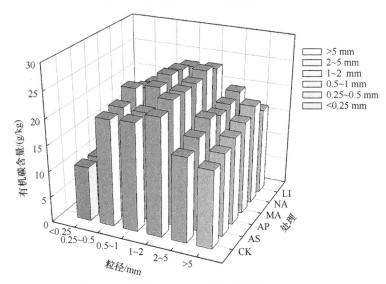

图 5.7　材料修复实验土壤团聚体有机碳含量

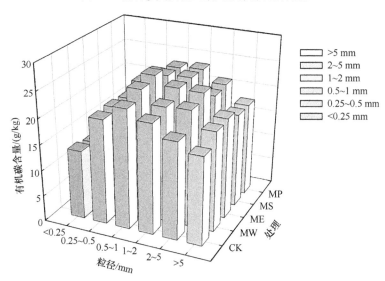

图 5.8　植物修复实验土壤团聚体有机碳含量

(四) 原位修复土壤团聚体有机碳核磁共振谱图特征

1. 材料修复实验土壤团聚体有机碳核磁共振谱图特征

由图 5.9 可知，各处理不同团聚体粒径中有机碳的波形相似，也可以将有机碳划分为 4 个功能区，即烷基碳区(0~44 ppm)、烷氧碳区(44~110 ppm)、芳香碳区(110~159 ppm)和羧基碳区(159~220 ppm)，这和对全土有机碳官能团的研究结果相似。但对于不同粒径团聚体，这种有机碳的峰强度发生了明显改变，通过对比发现，这与各粒径中总有机碳的浓度有关，总有机碳浓度越高，峰强度越强。

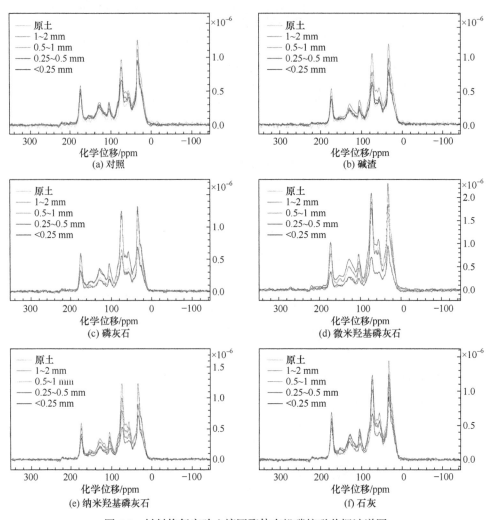

图 5.9　材料修复实验土壤团聚体有机碳核磁共振波谱图

2. 植物修复实验土壤团聚体有机碳核磁共振谱图特征

植物修复处理的实验结果与不同材料修复实验结果相似，各处理不同团聚体粒径中有机碳的波形相似，并可划分为 4 个功能区，但不同粒径团聚体这种有机碳的峰强度发生了改变(图 5.10)。

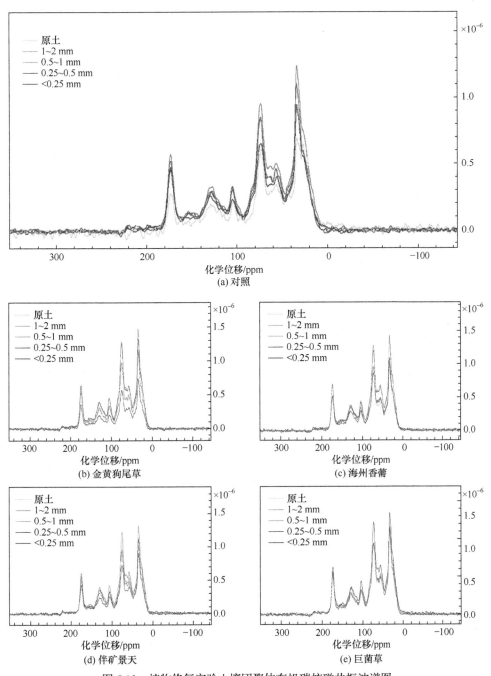

图 5.10　植物修复实验土壤团聚体有机碳核磁共振波谱图

(五) 原位修复土壤有机碳结构特征

1. 材料修复实验土壤团聚体有机碳结构特征

有机碳结构组成因团聚体粒径不同而存在差异,对于烷基碳,粒径较大的 1～2 mm 和 0.5～1 mm 团聚体中含量较低,而<0.25 mm 的团聚体中含量最高;烷氧碳的结果和烷基碳恰恰相反,即在粒径较大的团聚体中含量较高,而在<0.25 mm 的微小团聚体中含量最低,芳香碳的含量在不同粒径团聚体中的变化规律不是很明显,相邻粒级之间的差异不大,但 1～2 mm 的大团聚体和<0.25 mm 的微小团聚体间存在较为明显的差异,即大团聚体中芳香碳的含量高于<0.25 mm 的微小团聚体;羰基碳的变化规律与芳香碳相反,即<0.25 mm 的微小团聚体中芳香碳的含量高于 1～2 mm 的大团聚体(表 5.18)。

表 5.18　材料修复实验土壤团聚体有机碳官能团相对比例　　　　(单位:%)

团聚体	处理	烷基碳	烷氧碳				芳香碳			羰基碳		
		0～44 ppm	44～64 ppm NCH/OCH₃	64～93 ppm 烷氧基C	93～110 ppm 异头物C	合计	110～143 ppm 芳香C	143～159 ppm 芳香C—O	合计	159～190 ppm COO/N—C=O	190～220 ppm C=O	合计
1～2 mm	CK	30.8	14.0	23.2	6.48	43.7	12.8	3.66	16.5	8.96	1.90	10.9
	AS	32.2	14.7	22.8	6.01	43.5	11.4	3.31	14.7	9.15	0.38	9.5
	AP	30.0	14.3	24.6	6.91	45.8	12.0	3.11	15.1	8.53	0.63	9.2
	MA	28.3	13.8	23.7	6.81	44.3	12.9	3.60	16.5	9.29	1.68	11.0
	NA	29.8	14.4	24.6	6.88	45.9	11.2	3.24	14.4	9.19	0.68	9.9
	LI	27.4	13.9	25.6	7.17	46.7	12.7	3.38	16.1	8.92	0.98	9.9
0.5～1 mm	CK	32.8	13.8	22.3	6.01	42.1	11.8	3.32	15.1	9.37	0.56	9.9
	AS	32.1	14.4	24.1	6.62	45.1	11.1	2.82	13.9	8.44	0.36	8.8
	AP	29.4	14.1	25.6	6.83	46.5	11.4	3.48	14.9	8.77	0.53	9.3
	MA	29.2	14.1	25.0	6.96	46.1	11.9	3.19	15.1	8.46	1.18	9.6
	NA	29.4	14.4	25.5	7.04	46.9	11.7	3.09	14.8	8.42	0.51	8.9
	LI	30.6	14.2	23.8	6.62	44.6	11.3	3.30	14.6	9.43	0.82	10.3
0.25～0.5 mm	CK	30.3	13.7	22.9	6.16	42.8	11.9	3.31	15.2	10.3	1.37	11.7
	AS	31.2	14.2	23.7	6.36	44.3	11.3	2.96	14.3	9.34	1.00	10.3
	AP	28.9	14.2	25.6	7.01	46.8	11.4	3.22	14.6	8.87	0.89	9.8
	MA	34.8	17.1	27.0	6.05	50.2	8.35	1.54	9.89	4.80	0.43	5.2
	NA	31.6	14.1	24.1	6.65	44.9	11.2	2.92	14.1	8.65	0.85	9.5
	LI	31.2	14.2	23.3	6.61	44.1	11.1	3.30	14.4	9.40	0.84	10.2
<0.25 mm	CK	31.8	13.8	21.3	5.88	41.0	12.3	3.17	15.5	10.5	1.21	11.7
	AS	32.0	14.1	21.8	6.30	42.2	12.0	2.97	15.0	9.85	0.99	10.8

续表

团聚体	处理	烷基碳	烷氧碳				芳香碳			羰基碳		
		0～44 ppm	44～64 ppm NCH/OCH_3	64～93 ppm 烷氧基C	93～110 ppm 异头物C	合计	110～143 ppm 芳香C	143～159 ppm 芳香C—O	合计	159～190 ppm COO/N—C=O	190～220 ppm C=O	合计
<0.25 mm	AP	32.7	14.5	23.3	6.11	43.9	11.4	2.80	14.2	8.93	0.20	9.1
	MA	30.3	13.9	22.4	5.89	42.2	13.1	3.30	16.4	9.45	1.70	11.2
	NA	32.8	14.4	21.9	6.02	42.3	11.6	2.94	14.5	9.32	1.02	10.3
	LI	31.7	14.1	21.7	5.96	41.8	12.3	2.93	15.2	10.2	1.19	11.4

与对照土壤相比，不同材料联合海州香薷处理降低了1～2 mm和0.5～1 mm的较大团聚体中的烷基碳，而提高了0.25～0.5 mm和<0.25 mm的小团聚体中烷基碳的含量；显著提高了各粒级团聚体中烷氧碳的含量，在1～2 mm、0.5～1 mm、0.25～0.5 mm和<0.25 mm的团聚体中，提高幅度分别为1.4%～6.9%、5.9%～11.4%、3.0%～17.3%和2.0%～7.1%；降低了各粒级团聚体中芳香碳的含量(除1～2 mmMA、0.5～1mmMA、<0.25mmMA)，1～2 mm、0.5～1 mm、0.25～0.5 mm和<0.25 mm的团聚体中，降低幅度分别为2.4%～12.7%、1.3%～7.9%、3.9%～34.9%和1.9%～8.4%；并整体上降低了各粒径团聚体中羰基碳的含量(除1～2 mmMA、0.5～1 mmLI)，在1～2 mm、0.5～1 mm、0.25～0.5 mm和<0.25 mm的团聚体中，降低幅度分别为9.2%～15.6%、3.0%～11.1%、12.0%～55.6%和2.6%～22.2%。

2. 植物修复实验土壤团聚体有机碳结构特征

植物修复实验的结果与材料修复实验结果相似，即不同有机碳结构组成因团聚体粒径不同而存在着差异，与对照土壤相比，施用微米羟基磷灰石与不同植物联合修复降低了1～2 mm和0.5～1 mm的较大团聚体中的烷基碳，而提高了0.25～0.5 mm和<0.25 mm的小团聚体中烷基碳的含量；显著提高了各粒级团聚体中烷氧碳的百分含量；降低了各粒级团聚体中芳香碳和羰基碳的百分含量。不同植物处理，土壤烷氧碳之间存在较大差异，表现为金黄狗尾草、海州香薷和巨菌草处理的烷氧碳在各粒级团聚体中均显著高于伴矿景天处理。

二、讨论

(一) 原位修复土壤团聚体结构与稳定性变化

团聚体作为土壤的基本组成，对土壤中水分、养分和空气的运输有重要作用，而团聚体越稳定就越有利于这些过程的进行(李玮等，2014)。在评价土壤团聚体稳定性的过程中，平均质量直径(MWD)、几何平均直径(GMD)是常用的指标，综合这些指标可以客观地评价土壤团聚体的稳定性(Sieling et al., 2013)。研究结果表明，在裸露土壤上进行材料联合植被修复能够促进土壤水稳定性团聚体的形成(马帅等，2011)。本田间原位研究结果表明，在该重金属污染土壤上进行材料与植物联合修复 3 年后，>0.25 mm 团聚体含量均得到显著提高，同时土壤 MWD 和 GMD 均得到显著提高，表明在该重金属污染土壤中进行原位材料与植物联合修复，能促进该区土壤水稳定性团聚体的形成。在材料修复实验中，不同材料处理与对照相比提高了大团聚体的含量和团聚体的稳定性，但不同材料处理之间差异并不显著；而在相同材料不同植物修复实验中发现，单位面积生物量最大的巨菌草处理对土壤水稳定性团聚体的提高幅度最大，这可能是由于大团聚体的形成和增加主要是有机质含量增加的结果，植被修复提高了土壤中有机质和有机残体的含量，土壤中较小的团聚体通过与土壤中的有机碳、菌丝核和植物残体胶结，逐渐形成更大的团聚体(徐磊等，2017)，巨菌草生物量较大，在本书第三章中提到，巨菌草处理修复 3 年后土壤有机质含量最高，因此最有利于土壤大团聚体的形成。

(二) 原位修复土壤团聚体有机碳含量及分布

裸地由于长期遭受侵蚀，因此土壤有机碳含量低，植被恢复后，不同粒径团聚体有机碳含量明显提高，主要体现在>2 mm 的大团聚体中。并且本书中，大团聚体有机碳含量高于全土的有机碳含量，这说明大团聚体对有机碳具有一定的富集作用(史妍等，2019)。微团聚体有机碳含量低于大团聚体的，这是因为有机碳是团聚体形成的主要黏结介质，有机分子与黏粒和阳离子相互胶结形成微团聚体，微团聚体与周围基本粒子或微团聚体之间相互胶结形成大团聚体(朱丽琴等，2017)。同时大团聚体内部由于颗粒有机质的分解，大团聚体解体，也可形成微团聚体，从而使微团聚体有机碳含量更低。植被修复对土壤团聚体有机碳分配有重要影响，在植被修复过程中，大团聚体有机碳储量的增幅明显快于微团聚体和粉粒与黏粒有机碳储量的增幅(表 5.19)，说明新增加的碳可能首先出现在大团聚体中，因而增加了大团聚体中有机碳的分配比例。Gale 等也认为，新输入的有机碳首先出现在大团聚体中，大团聚体的形成速度比微团聚体快(孙杰等，2017)。同时微团聚体通过有机质的胶结形成大团聚体而减少了微团聚体有机碳的比例，从而增加了大团聚体有机碳分配比例。研究结果表明，微团聚体中有机碳分配比例与土壤有机碳含量呈显著的负幂函数关系，而>0.25 mm 的大团聚体有机碳分配比例与土壤有机碳含量有显著的对数函数关系(谢锦升等，2008)，即植被修复过程中，当土壤有机碳含量较低时，单位土壤有机碳含量形成大团聚体的速度快于土壤有机碳含量较高时的形成速度。随着土壤有机碳含量的增加，大团聚体、微团聚体、粉粒与黏粒中的有机碳分配比例趋于平衡。本书中的土壤由于长期抛荒，地表裸露，土壤有机碳含量并不高，随着植被修复过程的进行，土壤有机碳含量增加，使大团聚体含量增加速度较快，提高了团聚体的粒径和稳定性。

表 5.19　植物修复实验土壤团聚体有机碳官能团相对比例　　　　(单位：%)

团聚体	处理	烷基碳 0~44 ppm	烷氧碳 44~64 ppm NCH/OCH₃	64~93 ppm 烷氧基C	93~110 ppm 异头物C	合计	芳香碳 110~143 ppm 芳香C	143~159 ppm 芳香C—O	合计	羧基碳 159~190 ppm COO/N—C=O	190~220 ppm C=O	合计
	CK	30.8	14.0	23.2	6.48	43.7	12.8	3.66	16.5	8.96	1.90	10.9
	MW	29.1	14.0	24.8	7.10	45.9	11.9	3.08	15.0	9.16	0.86	10.0
1~2 mm	ME	29.5	14.1	23.7	6.74	44.5	13.3	3.48	16.8	8.85	0.31	9.16
	MS	30.8	14.2	23.4	6.67	44.3	11.0	3.04	14.0	9.62	1.26	10.9
	MP	30.9	14.5	23.2	7.44	45.1	11.4	2.71	14.1	9.42	0.49	9.91
	CK	32.8	13.8	22.3	6.01	42.1	11.8	3.32	15.1	9.37	0.56	9.93
	MW	30.0	13.8	24.9	6.66	45.4	11.6	2.84	14.4	9.13	1.06	10.2
0.5~1 mm	ME	30.0	14.3	24.3	6.78	45.4	11.4	3.01	14.4	9.43	0.81	10.2
	MS	32.5	14.4	22.4	6.30	43.1	11.5	2.85	14.4	9.45	0.66	10.1
	MP	30.1	14.3	24.6	6.81	45.7	11.9	2.83	14.7	8.90	0.55	9.45
	CK	30.3	13.7	22.9	6.16	42.8	11.9	3.31	15.2	10.3	1.37	11.7
	MW	29.9	13.8	24.1	6.73	44.6	11.5	2.95	14.5	9.68	1.40	11.1
0.25~0.5 mm	ME	30.9	14.5	23.7	6.55	44.8	11.0	3.02	14.0	9.21	1.05	10.3
	MS	30.6	14.3	24.1	6.31	44.7	10.4	2.54	12.9	8.97	0.86	9.83
	MP	29.1	14.1	24.1	6.58	44.8	12.6	2.97	15.6	9.86	0.73	10.59
	CK	31.8	13.8	21.3	5.88	41.0	12.3	3.17	15.5	10.5	1.21	11.7
	MW	30.9	14.4	23.2	6.53	44.1	12.7	3.06	15.8	9.76	0.83	10.6
<0.25 mm	ME	31.6	15.4	23.2	6.14	44.7	11.4	2.84	14.2	9.65	0.88	10.5
	MS	31.2	14.4	23.2	6.85	44.5	12.1	2.79	14.9	8.76	0.64	9.40
	MP	31.0	14.5	23.4	6.40	44.3	11.3	2.85	14.2	9.64	1.06	10.7

(三) 原位修复土壤团聚体有机碳分子结构特征变化

对自然生态系统土壤的研究发现，随着颗粒或团聚体粒径的减小，烷基碳比例提高，烷氧碳比例下降(Carter，2002)。本书中，随着团聚体粒径的减小，烷基碳和羧基碳比例呈逐渐增加的态势，而烷氧碳则逐渐减小。已有研究表明，不同土壤粒径中植物残体的分解程度是不同的，如刘启明等(2002)利用同位素标记技术证实了农田土壤中的植物残留物优先积聚于粗颗粒组分，随着分解程度的增加，逐步向小粒径颗粒转移。烷氧碳是植物残留物的主要组成成分(比例＞70%)，因此植物分解程度较低的大团聚体中烷氧碳比例高于微团聚体。相反，烷基碳的增加反映了分解过程中选择性保留的有机物质，如角质、软木脂等和微生物再合成物质在小团聚体中的积累。烷氧碳是最易分解的有机碳功能基团，烷基碳则是公认的抗分解有机碳，并且很容易被吸附在黏粒上，因此烷基碳/烷氧碳比率是表征土壤有机质分解程度的敏感指标。团聚体中烷基碳/烷氧碳比率随着团聚体粒径减小而增加，表明有机质分解程度逐渐提高，这一变化规律与团聚体中有机质的腐殖化程度和转化速率相一致。Steffens 等(2011)对土壤颗粒分级研究发现，芳香碳所占比率随土壤粒径减小而增加，他们认为抗分解芳香碳在土壤小粒径组分中选择性积累。作者发现，随着团聚体粒径的减小，芳香碳所占比例降低，这可能是由于大团聚体中植物残体来源的木质素在分解初期选择性保留。

施加 5 种不同材料后种植海州香薷修复 3 年后，较对照处理 1～2 mm 和 0.5～1 mm 的较大团聚体中的烷基碳的含量降低了，但 0.25～0.5 mm 和＜0.25 mm 团聚体中的烷基碳的含量提高了，这是由于植物修复后提高了团聚体不同粒级中的烷氧碳，这些活性较高的碳组分在分解的过程中选择性保留的有机物质，如角质、软木脂等和微生物再合成物质在小团聚体中积累，从而提高了 0.25～0.5 mm 和＜0.25 mm 的小团聚体中烷基碳的含量(Helfrich et al.，2006)；不同材料处理较对照处理显著提高了各粒级团聚体中烷氧碳的含量，这主要是由于施加材料后，海州香薷的生长增加了进入土壤的植物凋落物和根系分泌物，而这些物质中主要的碳组分为烷氧碳；芳香碳是难分解的有机碳之一，能在土壤中选择性保留。然而，作者发现，与对照处理相比，各材料处理降低了各粒级团聚体中芳香碳的含量，这一方面可能是烷氧碳等的大幅度增加相应地降低了芳香碳比例(Kiem et al.，2000)，另一方面，大团聚体和微团聚体中芳香碳比例降低，这可能是由于施用材料后，土壤 pH 升高，交换态铜、镉浓度降低，从而使土壤酶活性和微生物活性增强，加速了大团聚体和微团聚体中芳香物质的氧化分解(郭素春等，2013)。不同植物其成分的差异，以及生物量差异，导致进入土壤中的凋落物和根系分泌物的数量与成分存在一定差异，从而对土壤有机碳组分产生不同的影响，作者发现，4 种不同的植物对土壤团聚体中烷基碳的影响不同，金黄狗尾草、海州香薷和巨菌草处理各粒级烷基碳的含量显著高于伴矿景天处理，这可能就是以上两个原因造成的(李婷，2012)。

土壤有机碳组分及矿化与团聚体和微生物有密切关系，团聚体结构及团聚体中有机碳组分的变化将影响全土中有机碳的组分。同时在相同的培养条件下，土壤有机碳矿化量的差异是由微生物和土壤团聚体的相互作用造成的，而团聚体对微生物数量、活性及群落影响较大(Jiang et al.，2013)。不同粒级土壤团聚体有机碳在数量和稳定性上存在差异，对微生物所表现出来的活性也不同，从而造成各粒级团聚体土壤呼吸的差异，并最终导致全土中土壤呼吸的差异。本书中，原位修复改变了团聚体的结构、团聚体中有机碳的含量及结构, 提高了有机碳活性组分的含量, 这些最终导致了全土有机碳矿化动态和矿化量的差异。

参 考 文 献

陈吉, 赵炳梓, 张佳宝, 等. 2009. 长期施肥潮土在玉米季施肥初期的有机碳矿化过程研究. 土壤, 41: 719-725.

陈全胜, 李凌浩, 韩兴国, 等. 2004. 典型温带草原群落土壤呼吸温度敏感性与土壤水分的关系. 生态学报, 24: 831-836.

陈涛, 郝晓晖, 杜丽君, 等. 2008. 长期施肥对水稻土土壤有机碳矿化的影响. 应用生态学报, 19: 1494-1500.

刁展, 吕家珑, 安凤秋, 等. 2017. 外源铅在土壤中的年际变化及对土壤有机碳矿化和速效养分的影响. 干旱地区农业研究, 35(4): 10-14.

郭素春, 郁红艳, 朱雪竹, 等. 2013. 长期施肥对潮土团聚体有机碳分子结构的影响. 土壤学报, 50(5): 922-930.

华娟, 赵世伟, 张扬, 等. 2009. 云雾山草原区不同植被恢复阶段土壤团聚体活性有机碳分布特征. 生态学报, 29: 4613-4619.

贾晓红, 李新荣, 李元寿. 2007. 干旱沙区植被恢复中土壤碳氮变化规律. 植物生态学报, 31: 66-74.

李海云, 姚拓, 张建贵, 等. 2018. 东祁连山不同干扰生境草地土壤养分时空变化特征. 水土保持学报, 32(3): 249-257.

李婕, 杨学云, 孙本华, 等. 2014. 不同土壤管理措施下塿土团聚体的大小分布及其稳定性. 植物营养与肥料学报, 20(20): 346-354.

李顺姬, 邱莉萍, 张兴昌. 2010. 黄土高原土壤有机碳矿化及其与土壤理化性质的关系. 生态学报, 30(5): 1217-1226.

李婷. 2012. 黄土丘陵区植被恢复过程中土壤有机碳官能团变化的研究. 北京: 中国科学院研究生院(教育部水土保持与生态环境研究中心).

李玮, 郑子成, 李廷轩, 等. 2014. 不同植茶年限土壤团聚体及其有机碳分布特征. 生态学报, 34: 6326-6336.

李衍青, 蒋忠诚, 罗为群, 等. 2016. 植被恢复对岩溶石漠化区土壤有机碳及轻组有机碳的影响. 水土保持通报, 36(4): 158-163.

李永涛, 戴军. 2012. 不同形态有机碳的有效性在两种重金属污染水平下水稻土中的差异. 生态学报, 26: 138-145.

梁重山, 党志. 2001. 核磁共振波谱法在腐殖质研究中的应用. 农业环境保护, 20: 277-279.

刘红梅, 张海芳, 赵建宁, 等. 2020. 氮添加对贝加尔针茅草原土壤活性有机碳和碳库管理指数的影响. 草业学报, 29(8): 18-26.

刘启明, 王世杰, 朴河春, 等. 2002. 稳定碳同位素示踪农林生态转换系统中土壤有机质的迁移和赋存规律. 环境科学, 23: 89-92.

马帅, 赵世伟, 李婷, 等. 2011. 子午岭林区植被自然恢复下土壤剖面团聚体特征研究. 水土保持学报, 25(2): 157-161.

宁永成. 2000. 有机化合物结构鉴定与有机波谱学. 2 版. 北京: 科学出版社.

史妍, 朱源山, 郭长城, 等. 2019. 天津北大港沼泽湿地土壤团聚体碳组分对长期开垦的响应. 天津师范大学学报(自然科学版), 39(6): 41-50.

孙本华, 高明霞, 吕家珑, 等. 2007. 农田生态条件对灰漠土养分及胡敏酸特性的影响. 中国生态农业学报, 15: 18-20.

孙杰, 田浩, 范跃新, 等. 2017. 长汀红壤侵蚀退化地植被恢复对土壤团聚体有机碳含量及分布的影响. 福建师范大学学报(自然科学版), 33(3): 87-94.

王学霞, 张磊, 梁丽娜, 等. 2020. 秸秆还田对麦玉系统土壤有机碳稳定性的影响. 农业环境科学学报, 39(8): 1774-1782.

谢锦升, 杨玉盛, 陈光水, 等. 2008. 植被恢复对退化红壤团聚体稳定性及碳分布的影响. 生态学报, 28(2): 702-709.

徐磊, 周俊, 张文辉, 等. 2017. 植被恢复对重金属污染土壤有机质及团聚体特征的影响. 水土保持研究, 24(6): 194-199, 204.

应多, 赵熙君, 张旭辉, 等. 2020. 添加玉米秸秆重金属污染对水稻土有机碳矿化的影响. 土壤, 52(2): 340-347.

张良运, 李恋卿, 潘根兴, 等. 2009. 重金属污染可能改变稻田土壤团聚体组成及其重金属分配. 应用生态学报, 20: 2806-2812.

张勇, 胡海波, 黄玉洁, 等. 2015. 不同植被恢复模式对土壤有机碳分子结构及其稳定性的影响. 环境科学研究, 28: 1870-1878.

郑学博, 樊剑波, 周静. 2015. 沼液还田对旱地红壤有机质及团聚体特征的影响. 中国农业科学, 48: 3201-3210.

周通, 潘根兴, 李恋卿, 等. 2009. 南方几种水稻土重金属污染下的土壤呼吸及微生物学效应. 农业环境科学学报, 28: 2568-2573.

朱丽琴, 黄荣珍, 黄国敏, 等. 2017. 不同人工恢复林对退化红壤团聚体组成及其有机碳的影响. 中国水土保持科学, 15(5): 58-66.

An S, Mentler A, Mayer H, et al. 2010. Soil aggregation, aggregate stability, organic carbon and nitrogen in different soil aggregate fractions under forest and shrub vegetation on the Loess Plateau, China. Catena , 81: 226-233.

Baumann K, Marschner P, Kuhn T K, et al. 2011. Microbial community structure and residue chemistry during decomposition of shoots and roots of young and mature wheat (*Triticum aestivum* L.) in sand. European Journal of Soil Science, 62: 666-675.

Boucher U, Balabane M, Lamy I, et al. 2005. Decomposition in soil microcosms of leaves of the metallophyte Arabidopsis halleri: Effect of leaf-associated heavy metals on biodegradation. Environmental Pollution, 135: 187-194.

Carter M R. 2002. Soil quality for sustainable land management. Agronomy Journal, 94: 38-47.

Cesarz S, Fender A C, Beyer F, et al. 2013. Roots from beech (*Fagus sylvatica* L.) and ash (*Fraxinus excelsior* L.) differentially affect soil microorganisms and carbon dynamics. Soil Biology & Biochemistry, 61: 23-32.

Cui H B, Zhou J, Si Y B, et al. 2014. Immobilization of Cu and Cd in a contaminated soil: one- and four-year field effects. Journal of Soils and Sediments, 14: 1397-1406.

Dai J, Becquer T, Rouiller J H, et al. 2004. Influence of heavy metals on C and N mineralisation and microbial biomass in Zn-, Pb-, Cu-, and Cd-contaminated soils. Applied Soil Ecology, 25: 99-109.

Dou S, Zhang J, Li K. 2008. Effect of organic matter applications on ^{13}C-NMR spectra of humic acids of soil. European Journal of Soil Science, 59: 532-539.

Favas P J, Pratas J, Gomes M E P, et al. 2011. Selective chemical extraction of heavy metals in tailings and soils contaminated by mining activity: Environmental implications. Journal of Geochemical Exploration, 111: 160-171.

Fliessbach A, Martens R, Reber H. 1994. Soil microbial biomass and microbial activity in soils treated with heavy metal contaminated sewage sludge. Soil Biology and Biochemistry, 26: 1201-1205.

He Z, Zhang M, Cao X, et al. 2015. Potential traceable markers of organic matter in organic and conventional dairy manure using ultraviolet-visible and solid-state ^{13}C nuclear magnetic resonance spectroscopy. Organic Agriculture, 5: 113-122.

Helfrich M, Ludwig B, Buurman P, et al. 2006. Effect of land use on the composition of soil organic matter in density and aggregate fractions as revealed by solid-state ^{13}C NMR spectroscopy. Geoderma, 136: 331-341.

Jiang Y, Sun B, Jin C, et al. 2013. Soil aggregate stratification of nematodes and microbial communities affects the metabolic quotient in an acid soil. Soil Biology & Biochemistry, 60: 1-9.

Kiem R, Knicker H, K Rschens M, et al. 2000. Refractory organic carbon in C-depleted arable soils, as studied by ^{13}C NMR spectroscopy and carbohydrate analysis. Organic Geochemistry, 31: 655-668.

Knight B P, Mcgrath S P, Chaudri A M. 1997. Biomass carbon measurements and substrate utilization patterns of microbial populations from soils amended with cadmium, copper, or zinc. Applied and Environmental Microbiology, 63: 39-43.

Krull E S, Baldock J A, Skjemstad J O. 2003. Importance of mechanisms and processes of the stabilisation of soil organic matter for modelling carbon turnover. Functional Plant Biology, 30: 207-222.

Lal R. 2004. Soil carbon sequestration impacts on global climate change and food security. Science, 304: 1623-1627.

Leal A J, Rodrigues E M, Leal P L, et al. 2016. Changes in the microbial community during bioremediation of gasoline-contaminated soil. Brazilian Journal of Microbiology, 48(2): 348-351.

Liu T F, Wang T, Sun C, et al. 2008. Single and joint toxicity of cypermethrin and copper on Chinese cabbage (pakchoi) seeds. Journal of Hazardous Materials, 163: 344-348.

Li Y, Wei C, Xie D, et al. 2004. The features of soil water-stable aggregate before and after vegetation destruction in Karst mountains. Chinese Agricultural Science Bulletin, 21: 232-234.

Mahieu N, Randall E, Powlson D. 1999. Statistical analysis of published carbon-13 CPMAS NMR spectra of soil organic matter. Soil Science Society of America Journal , 63: 307-319.

Maillard É, Angers D A. 2014. Animal manure application and soil organic carbon stocks: A meta-analysis. Global Change Biology, 20: 666-679.

Mao J, Chen N, Cao X. 2011. Characterization of humic substances by advanced solid state NMR spectroscopy: Demonstration of a systematic approach. Organic Geochemistry, 42: 891-902.

Mao J, Hu W, Schmidt-rohr K, et al. 2000. Quantitative characterization of humic substances by solid-state carbon-13 nuclear magneticresonance. Soil Science Society of America Journal, 64: 873-884.

Mikha M M, Rice C W. 2004. Tillage and manure effects on soil and aggregate-associated carbon and nitrogen. Soil Science Society of America Journal, 68: 809-816.

Pan G, Zhao Q. 2005. Study on evolution of organic carbon stock in agricultural soils of China: Facing the challenge of global change and food security. Advances in Earth Science, 20: 384-393.

Papa G, Spagnol M, Tambone F, et al. 2010. Micropore surface area of alkali-soluble plant macromolecules (humic acids) drives their decomposition rates in soil. Chemosphere, 78: 1036-1041.

Preston C M. 2001. Carbon-13 solid-state NMR of soil organic matter—using the technique effectively. Canadian Journal of Soil Science, 81: 255-270.

Pulleman M, Marinissen J. 2004. Physical protection of mineralizable C in aggregates from long-term pasture and arable soil. Geoderma, 120: 273-282.

Schlesinger W H, Andrews J A. 2000. Soil respiration and the global carbon cycle. Biogeochemistry, 48: 7-20.

Shrestha R K, Lal R. 2006. Ecosystem carbon budgeting and soil carbon Sequestration in reclaimed mine soil. Environment International, 32: 781-796.

Sieling K, Herrmann A, Wienforth B, et al. 2013. Biogas cropping systems: Short term response of yield performance and N use efficiency to biogas residue application. European Journal of Agronomy, 47: 44-54.

Six J, Bossuyt H, Degryze S, et al. 2004. A history of research on the link between (micro) aggregates, soil biota, and soil organic matter dynamics. Soil and Tillage Research, 79: 7-31.

Steffens M, Kölbl A, Schörk E, et al. 2011. Distribution of soil organic matter between fractions and aggregate size classes in grazed semiarid steppe soil profiles. Plant and Soil, 338: 63-81.

Stemmer M, Watzinger A, Blochberger K, et al. 2007. Linking dynamics of soil microbial phospholipid fatty acids to carbon mineralization in a ^{13}C natural abundance experiment: impact of heavy metals and acid rain. Soil Biology and Biochemistry, 39: 3177-3186.

van Der Kamp J, Yassir I, B uurman P. 2009. Soil carbon changes upon secondary succession in Imperata grasslands (East Kalimantan, Indonesia). Geoderma, 149: 76-83.

Wang H, Liu S R, Mo J M, et al. 2010. Soil organic carbon stock and chemical composition in four plantations of indigenous tree species in subtropical China. Ecological Research, 25: 1071-1079.

Webster E, Hopkins D, Chudek J, et al. 2001. The relationship between microbial carbon and the resource quality of soil carbon. Journal of Environmental Quality, 30: 147-150.

Wong S C, Li X D, Zhang G, et al. 2002. Heavy metals in agricultural soils of the Pearl River Delta, South China. Environmental Pollution, 119: 33-44.

Wu Y, Zhou X Y, Lei M, et al. 2017. Migration and transformation of arsenic: Contamination control and remediation in realgar mining areas. Applied Geochemistry, 77: 44-51.

Yan X, Zhou H, Zhu Q, et al. 2013. Carbon sequestration efficiency in paddy soil and upland soil under long-term fertilization in southern China. Soil and Tillage Research, 130: 42-51.

Yao Y J. 2016. Pollution: Spend more on soil clean-up in China. Nature, 533(7604):469.

Zech W, Senesi N, Guggenberger G, et al. 1997. Factors controlling humification and mineralization of soil organic matter in the tropics. Geoderma, 79: 117-161.

Zhang X H, Li L Q, Pan G X. 2007. Topsoil organic carbon mineralization and CO_2 evolution of three paddy soils from South China and the temperature dependence. Journal of Environmental Sciences, 19: 319-326.

Zsolnay Á. 2003. Dissolved organic matter: artefacts, definitions, and functions. Geoderma, 113: 187-209.

第六章　修复工程对土壤生物的影响
——以微生物群落和功能为例

第一节　钝化材料联合植物钝化修复对土壤细菌群落的影响

一、钝化材料对土壤中铜形态分布的影响

土壤中重金属对生物的毒害和环境的影响程度，除与土壤中重金属的总量有关外，还与其在土壤中存在的形态有关。土壤中重金属可分为固态相和液态相，但通常情况下，土壤中重金属大多以固态形式存在。固相的重金属又可以进一步分为不同的组分，其溶解性、流动性、生物利用度和潜在环境毒性均不能由一步萃取法得到完全的反映。因此，本书采用连续提取的方法重点分析铜在土壤中的5种存在形态和相对分布(表 6.1)。

表 6.1　土壤中铜的化学形态及含量(2015 年)　　(单位：mg/kg)

处理	EXC	CA	FeMnO$_x$	OM	Res	合计
CK	115±16.5^a	47.2±4.64^b	93.9±6.09^b	97.9±7.69^a	147±9.07^a	502±15.2^a
AS	62.9±4.12^b	69.2±6.07^{ab}	121±28.0^{ab}	88.8±9.68^a	136±31.4^a	479±47.0^a
AP	38.5±10.1^{bc}	88.5±16.3^a	143±31.3^{ab}	94.7±15.3^a	126±21.6^a	491±38.0^a
LI	39.2±13.0^{bc}	67.5±5.76^{ab}	119+3.16^{ab}	88.3±14.3^a	174±4.06^a	488±5.8^a
MA	30.2±4.71^c	101±5.88^a	161±4.52^a	109±7.69^a	125±8.70^a	526±92.3^a
NA	22.9±9.14^c	91.6±25.5^a	148±33.1^{ab}	100±15.8^a	161±28.9^a	528±14.3^a

注：EXC，离子交换态；CA，碳酸盐结合态；FeMnO$_x$，铁锰氧化物结合态；OM，有机结合态；Res，残渣态。同列字母不同表示处理间在 $P<0.05$ 水平上有显著性差异。

结果表明，对照处理中铜主要聚集在残渣态(Res)和离子交换态(EXC)，含量分别达到 147 mg/kg 和 115 mg/kg(29.3%和 22.9%)。然而，施加不同钝化材料修复 3年后，5种材料均不同程度地降低了土壤中离子交换态铜的含量，其中以纳米羟基磷灰石和微米羟基磷灰石降低幅度最大，分别达到 80.1%和 73.7%。同时，5 种钝化材料不同程度地提高了土壤中重金属碳酸盐结合态和铁锰氧化物结合态铜的含量，且 5 种钝化材料中，以微米羟基磷灰石和纳米羟基磷灰石施加后提高幅度最大。但几种材料对有机物结合态和残渣态铜影响较小，与对照相比均未达到显著差异。

重金属的可交换部分被认为是容易移动和被植物利用的部分(Tessier et al., 1979; Cui et al., 2014)。此外,碳酸盐结合态、铁锰氧化物结合态、有机结合态重金属是植物和微生物潜在可利用形态,而通常情况下,残渣态在 5 种重金属形态中是占主导地位的。在清洁或者低污染土壤中,离子交换态、碳酸盐结合态铜占总铜的比例很低(<10%),而本书中离子交换态和碳酸盐结合态铜占全铜的比例达到了 32.4%,说明该地区土壤中铜的毒性较大,不经处理不适宜农业生产。此外,重金属可交换态比例可用于评价重金属的生物可利用度和环境毒性(Favas et al., 2011)。在本书中,5 种钝化材料的施加均显著降低了土壤中铜的离子可交换态含量,同时增加了碳酸盐结合态和铁锰氧化物结合态含量,表明供试的 5 种钝化材料均可以显著降低土壤中铜的生物有效性。

二、钝化材料对土壤 pH、养分和植物生物量的影响

由于施加的钝化材料本身呈碱性,且具有官能团能够吸附和沉淀土壤中的铜离子,因此原位钝化修复 3 年后土壤 pH 为 4.76～5.69(表 6.2),显著高于 CK(P<0.05),其中,微米羟基磷灰石和纳米羟基磷灰石相较于其他钝化材料效果更好。与此同时,由于土壤 pH 的提高,重金属的溶出减少,降低了铜对土壤生态系统的毒害。

表 6.2　土壤理化性质及植物生物量

理化性质	CK	AS	LI	AP	MA	NA
ACu/(mg/kg)	90.15±5.16[a]	34.86±2.03[c]	44.54±3.07[b]	28.37±2.80[d]	17.27±3.86[e]	25.23±3.25[d]
pH	4.29±0.06[c]	4.76±0.05[b]	5.27±0.35[a]	5.49±0.06[a]	5.89±0.31[a]	5.69±0.26[a]
PDW/(kg/样地)	NG	6.95±0.27[a]	4.23±0.15[d]	5.68±0.28[c]	6.36±0.20[b]	4.48±0.44[d]
TN/(mg/kg)	1336±134[bd]	1472±10.26[b]	1540±28.79[a]	1366±18.15[d]	1436±45.00[bc]	1424±22.50[c]
TP/(mg/kg)	266.79±30.96[c]	213.75±10.82[d]	209.81±13.12[d]	397.11±25.14[b]	338.40±43.53[b]	526.22±31.67[a]
TK/(mg/kg)	2376±85.14[a]	2289±207.4[a]	2519±204.9[a]	2423±48.12[a]	2598±212.2[a]	2454±127.3[a]
AN/(mg/kg)	33.57±2.11[c]	48.77±2.17[b]	48.73±1.22[b]	45.48±2.36[b]	55.21±1.72[a]	48.92±1.57[b]
AP/(mg/kg)	93.40±6.11[d]	144.39±7.02[c]	153.26±4.08[c]	151.53±13.55[c]	298.02±16.59[b]	358.50±7.66[a]
AK/(mg/kg)	54.27±0.85[c]	96.48±6.62[a]	75.17±7.17[b]	84.72±6.32[ab]	71.83±6.11[b]	65.74±1.76[b]
OM/(g/kg)	10.85 ±1.26[b]	13.05 ±0.99[a]	11.81 ±0.98[ab]	13.16 ±0.57[a]	12.84 ±0.09[a]	13.36 ±1.64[ab]

注: 第一列中 ACu,有效态铜含量; PDW,植物干重; TN,总氮; TP,总磷; TK,总钾; AN,有效氮; AP,有效磷; AK,有效钾; OM,有机质; 第二列中 NG,没有生长。字母不同表示处理间在 P<0.05 水平上有显著性差异。

另外,5 种不同钝化材料施加之后,土壤有效氮、磷、钾含量不同程度地提高。其中,有效氮含量为 45.48～55.21 mg/kg,显著高于 CK,且微米羟基磷灰石处理显著高于其他处理(P<0.05)。对于有效磷含量而言,5 种不同钝化材料处理显著高于对照,提高幅度为 54.6%～283.8%,其中纳米磷灰石的效果最为明显。

类似地，钝化材料处理后的土壤有效钾含量也显著高于对照，且碱渣处理提高幅度显著高于其他处理。

　　添加 5 种不同材料后，在未施加钝化材料的小区中修复植物海州香薷种子萌发后无法正常生长，在 1～2 个月之内逐渐死亡。而在处理组中，海州香薷能够正常生长，其中碱渣和微米羟基磷灰石处理显著高于其他处理($P<0.05$)。海州香薷在 3 年内均可以正常生长，这与 Cui 等(2014)种植黑麦草的研究结果不同，这可能是由于海州香薷对铜的耐性较强。5 种不同材料处理间，土壤铜离子交换态差异较大，但植物地上部分生物量差异并不显著，这也可能是由于海州香薷的高耐性，因此其对重金属铜毒性的小范围变化响应不敏感。

三、钝化材料对土壤细菌丰度、群落结构和多样性的影响

　　通过定量聚合酶链式反应(PCR)方法，对不同钝化材料处理后的土壤细菌丰度进行测定，定量 PCR 的 R^2 为 0.926～0.981，扩增效率 E 为 92.3%～96.5%，定量结果如图 6.1 所示。在所有处理中，不施加钝化材料的对照处理的细菌丰度最低，钝化材料的添加不同程度地提高了土壤细菌丰度($P<0.05$)，而且碱渣和磷灰石处理要显著高于其他处理，经典钝化材料石灰效果不及其他材料。

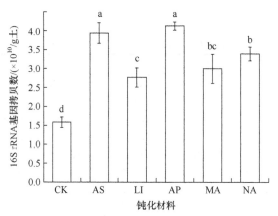

图 6.1　土壤细菌 16S rRNA 基因丰度

误差棒上方不同字母表示处理间在 $P<0.05$ 水平上存在显著性差异

　　土壤微生物生物量是土壤肥力的重要指标之一(唐玉姝等，2007)，而微生物丰度可以在很大程度上反映土壤的微生物生物量，较高的微生物丰度意味着土壤的营养供给充足，同时具有较大的活性潜力。以上结果说明施加钝化材料后，尤其是碱渣和磷灰石改善了土壤质量，缓解了铜对土壤细菌的毒性，有利于土壤细菌的生长繁殖，由此可能会对土壤的元素循环带来有利的影响，利于植物的生长。相关分析结果(表 6.3)显示，土壤细菌丰度与有效态铜含量呈显著负相关关系($P<$

0.05)，说明钝化材料的加入降低了铜对土壤细菌的毒害。同时，土壤细菌丰度与土壤可溶性有机碳、有效钾等以及植物干重表现出了极显著的正相关关系(P<0.01)，这说明土壤细菌丰度可以在一定程度上反映土壤肥力。

表 6.3　土壤细菌丰度与土壤性质和植物生物量的 Spearman 相关系数

		TCu	ACu	pH	PDW	TN	TP	TK	AN	AP	AK	SOC
细菌丰度	R	0.100	−0.478*	0.280	0.696**	−0.218	0.205	−0.079	0.154	0.226	0.705**	0.655**
	P	0.693	0.045	0.261	0.001	0.385	0.414	0.754	0.542	0.367	0.001	0.003

注：TCu，总铜含量；ACu，有效态铜含量；PDW，植物干重；TN，总氮；TP，总磷；TK，总钾；AN，有效氮；AP，有效磷；AK，有效钾；SOC，可溶性有机碳。

* P<0.05 表示显著相关，** P<0.01 表示极显著相关。

通过对 18 个土壤样品进行 Illumina Miseq 高通量测序，共获得了约 70 万条原始序列，经过质量筛选后得到了 439292 条优质序列，序列最少的样品有18528 条序列，最多 31083 条，平均 24405 条，分别隶属于 31 个菌门(phylum)、97 个纲(class)、194 个目(order)、314 个科(family)和 506 个属(genus)，按照 97%的相似度聚类分析后得到 3624 个 OUT(operational taxonomy unit，可操作分类单元)。通过序列比对，发现该地区的土壤细菌主要由变形菌门(Proteobacteria)(包括α-变形菌纲、β-变形菌纲、δ-变形菌纲和γ-变形菌纲)、酸杆菌门(Acidobacteria)、放线菌门(Actinobacteria) 、 AD3 菌门、绿弯菌门(Chloroflexi) 和拟杆菌门(Bacteroidetes)组成，共计约占细菌群落的 85%。从门的水平来看，与 CK 相比，施加不同钝化材料后，Acidobacteria 和 WPS-2 的相对丰度显著降低，而Gammaproteobacteria 和 Chloroflexi 的相对丰度则显著增加，这些菌门丰度的改变很可能与土壤性质的改善相关。

分级聚类的结果显示，所有样品的细菌群落分为两枝：一枝为施加钝化材料的处理组；另一枝为未施加材料的空白对照(图 6.2)，说明施加钝化材料对土壤细菌群落结构的影响很大，且不同钝化材料对铜污染土壤细菌群落产生了不同的影响。此外，施用纳米和微米级羟基磷灰石处理与施用普通粒径的钝化材料相比，同样导致了细菌群落的改变，但是这种粒径对群落结构造成的差异并不显著，较之不施加材料的对照差异要小得多。主坐标分析(PCoA)和差异性分析(dissimilarity analysis)也得到了相似的结果(图 6.3)。PCoA 的前两轴共解释了约60%的群落变异。施加不同钝化材料的处理聚在一起[图 6.3(a)]，且每个施加材料的处理与空白处理的细菌群落结构相比都有显著差异[P<0.05，图 6.3(b)]，也就是说，不同材料间的差异要小于施加和不施加材料的差异。

不同钝化材料处理对铜污染土壤细菌多样性也产生了不同的影响(表 6.4)。不施加钝化材料的对照处理的 Chao 1、Shannon 和 Simpson 多样性指数以及 OTU 数

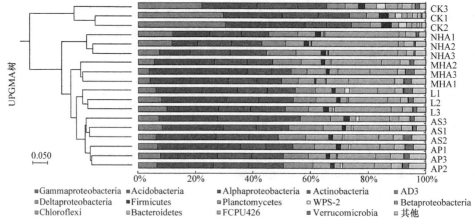

图 6.2 不同处理的细菌群落组成和分级别聚类分析

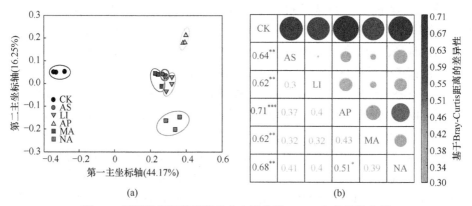

图 6.3 不同处理细菌群落的主坐标分析(PCoA)和差异性分析

*为 *P*<0.05, **为 *P*<0.01, 表示差异的显著性

量在所有处理中是最低的。而施加不同钝化材料导致土壤细菌多样性显著升高，其中，碱渣和磷灰石处理的多样性显著高于其他钝化材料，这说明供试的 5 种钝化材料对土壤细菌群落多样性的恢复有明显的帮助作用，且碱渣和磷灰石更利于土壤细菌多样性的保持。

表 6.4 不同处理土壤细菌群落的丰富度、多样性和 OTU 数量

多样性指数	CK	AS	LI	AP	MA	NA
Chao 1 指数	1339±248[c]	2327±93[a]	1964±107[b]	2351.180±83.54[a]	2065±55[b]	2059±82[b]
Shannon 指数	7.03±0.68[b]	8.59±0.13[a]	8.08±0.19[b]	8.50±0.06[a]	8.35±0.15[a]	8.35±0.17[a]
Simpson 指数	0.96±0.02[c]	0.99±0.00[a]	0.98±0.00[b]	0.99±0.00[a]	0.99±0.00[a]	0.99±0.00[ab]
OTU 数量	924±159[d]	1588±75[a]	1377±42[c]	1610±15[a]	1406±11[c]	1469±35[b]

注：每个样品的细菌群落中抽取 16000 条序列，用于计算 Chao 1、Simpson 和 Shannon 多样性指数；把相似性为 97%的序列定义为一个 OTU；字母不同表示处理间在 *P*<0.05 水平上有显著性差异。

四、影响铜污染土壤细菌群落的主要因素

Mantel 检验发现土壤细菌群落与测定的土壤性质中的 pH、有效态铜含量 (ACu)、植物干重(PDW)、有效氮磷钾(AN、AP、AK)含量都有显著的相关关系，其中，土壤 pH 与土壤细菌群落的相关性最强(表 6.5)。通过多元回归树(MRT)分析，土壤理化性质分别解释了土壤细菌群落 80.37%的变异，其中土壤 pH 的解释率最大，达到 62.39%。冗余分析(RDA)结果也显示出了土壤细菌群落与 pH 最为相关(图 6.4)。以上结果说明不同钝化材料处理对土壤 pH 的改变是导致细菌群落变化的最主要因素。

表 6.5 土壤细菌群落和土壤性质的 Spearman 相关系数

因素	R	P
pH	0.8433	0.002**
ACu	0.7829	0.002**
PDW	0.6835	0.004**
AN	0.4686	0.005**
AK	0.4472	0.003**
AP	0.2670	0.033*
TN	0.2462	0.130
TP	0.0378	0.343
OM	0.0197	0.410
TCu	−0.0105	0.477
TK	−0.2496	0.994

注：TCu, 总铜含量；ACu, 有效态铜含量；PDW, 植物干重；TN, 总氮；TP, 总磷；TK, 总钾；AN, 有效氮；AP, 有效磷；AK, 有效钾；OM, 有机质。

* $P<0.05$ 表示显著相关，** $P<0.01$ 表示极显著相关。

相关性分析结果表明细菌群落多样性的变化和土壤 pH 存在极显著正相关关系(表 6.6)，且是所有环境因子中相关系数最高的，同时细菌群落的变异还与有效态铜含量呈极显著的负相关关系，这说明当地酸雨造成的土壤酸化和长期的铜污染是导致土壤细菌多样性丧失的主要原因。同时，细菌多样性和植物的生物量、有效氮和有效钾含量也呈现出显著的正相关关系，说明不同钝化材料的施加有效地改善了土壤性质，使植被得以恢复，从而提高土壤肥力，有利于土壤细菌多样性的恢复。

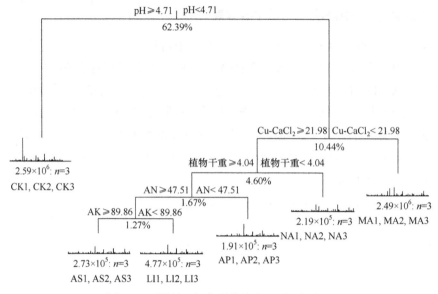

图 6.4　不同处理细菌群落的多元回归树分析

表 6.6　细菌群落多样性与土壤性质的 Spearman 相关系数

	Spearman 相关系数										
	TCu	ACu	pH	PDW	TN	TP	TK	AN	AP	AK	OM
Chao 1	0.136	−0.772**	0.827**	0.523*	0.338	0.180	0.058	0.654**	0.266	0.801**	−0.168
Shannon	0.154	−0.740**	0.799**	0.485*	0.422	−0.095	0.123	0.665**	0.140	0.777**	−0.177
Simpson	0.205	−0.779**	0.791**	0.561*	0.461	0.031	0.199	0.708**	0.303	0.659**	−0.095
observed OTU	0.141	−0.783**	0.806**	0.501*	0.378	0.036	0.043	0.647**	0.158	0.829**	−0.038
PCoA axis 1	−0.221	0.848**	−0.908**	−0.690**	−0.462	−0.226	−0.204	−0.811**	−0.428	−0.716**	−0.056

注：TCu，总铜含量；ACu，有效铜含量；PDW，植物干重；TN，总氮；TP，总磷；TK，总钾；AN，有效氮；AP，有效磷；AK，有效钾；OM，有机质。observed OTU 表示 OTU 数量，PCoA axis 1 表示 PCoA 轴一，后同。

*P<0.05 表示显著相关，** P<0.01 表示极显著相关。

　　冗余分析(RDA)结果显示施加不同钝化材料所引起的土壤 pH 的升高，是导致土壤细菌群落差异的主要因素[图 6.5(a)]。模型前两轴共解释了约 55%的细菌群落变异，各处理间根据是否施加钝化材料而呈现显著的分异。相关性分析也发现，土壤pH与RDA 模型的相关性最高，同时有效态铜、植物干重与RDA模型也具有极显著的相关性。此外，AP、AN 和 AK 也和 RDA 模型呈显著相关(表 6.7)。

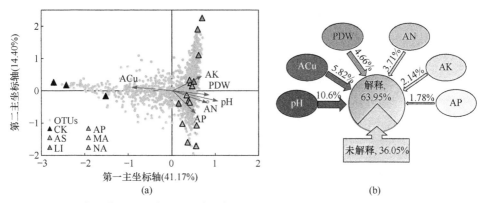

图 6.5 细菌群落和环境变量的冗余分析(a)及环境变量对细菌多样性变异的解释率(b)

图中仅列出 Mantel 检验中有显著性的环境因子

表 6.7 环境因子和 RDA 模型的相关性

环境因子	R^2	P
pH	0.8176	0.001**
ACu	0.6965	0.001**
PDW	0.6545	0.001**
AP	0.6355	0.002**
AN	0.626	0.001**
AK	0.5825	0.001**
TP	0.401	0.022*
TN	0.1987	0.185
TCu	0.1852	0.205
TK	0.042	0.741
OM	0.002	0.98

注：TCu，总铜含量；ACu，有效态铜含量；PDW，植物干重；TN，总氮；TP，总磷；TK，总钾；AN，有效氮；AP，有效磷；AK，有效钾；OM，有机质。

*$P<0.05$ 表示显著相关，**$P<0.01$ 表示极显著相关。

通过方差分解分析(VPA)计算各环境因素对细菌群落组成变异的贡献率，结果表明，施加钝化材料之后引起的土壤化学性质和养分变化，以及植物的生长共同解释了土壤细菌群落变化的 63.95%，其中，土壤 pH 的提高具有最高的解释率10.8%，同时，土壤有效态铜含量的降低和修复植物海州香薷的种植也具有较高的解释率。

一般认为土壤环境变量是影响细菌群落组成和多样性的主要因素(Horner-Devine et al.，2004)。在自然条件下，许多研究发现了土壤 pH 是影响细菌群落分布的最重要的因素。例如，Fierer 等(2006)与 Lauber 等(2009)研究了北美和南美大陆不同生态系统土壤细菌群落，结果表明土壤 pH 主导了细菌的地理分布，其中中性土壤细菌的多样性显著高于酸性和碱性土壤。Shen 等(2013)对长白山的土壤细菌进行了研究，发现土壤 pH 主导了细菌群落沿海拔梯度的分布。此外，人类活动也会对土壤细菌群落产生显著的影响。对于农田生态系统，许多研究也发现，不同类型的钝化材料导致的土壤 pH 的变化主导了细菌群落的改变，这一规律在不同土壤类型、不同种植植物以及不同类型的农田生态系统中都有发现(Wei et al., 2016; Anderson et al., 2009; Pérez-de-Mora et al., 2016)。以上研究结果说明了土壤 pH 不但是影响细菌地理分布的重要因素，也是导致细菌群落演替的主导力量。

土壤 pH 除了对细菌群落结构有影响之外，对细菌的生理代谢，尤其是酶的影响也很显著。大部分蛋白质，在酸性或碱性条件下都会因为发生构象的改变而失活，直接导致新陈代谢的停止(Talley et al., 2010)。另外，土壤 pH 的变化还会影响土壤的性质，从而间接地影响细菌的生理代谢。例如，pH 的改变会引起土壤营养元素(如 P、K 等)可利用性的改变(Fageria et al., 2008)和某些重金属离子(镉、铜、铅、锌等)毒性的改变(Degryse et al., 2009)，这些都会对细菌群落产生显著的影响。目前已知绝大部分细菌都适于在中性环境中生存，只有少数种类的细菌可以在极酸或极碱的环境下生长，它们都有着独特的机制来适应极端的 pH 环境。例如，一些嗜酸菌通过形成由四醚脂质组成独特的细胞膜来阻止 H^+ 进入细胞内部，或者通过大量的铁元素来稳定细胞内的蛋白质结构，又或者通过独特的分子伴侣来修复极酸环境对 DNA 和蛋白质的损伤等(Cotter et al., 2003; Baker-Austin et al., 2007)。而在碱性环境中，已有研究表明细菌通过吸 H^+ 排 Na^+ 以维持其胞内 pH 平衡(Padan et al., 2005)。同时，有的嗜碱(耐碱)菌的细胞壁是由糖醛酸磷壁酸质组成的第二层细胞壁聚合物，它们能够绑定阳离子，从而避免环境中 pH 的剧烈变化(Aono et al., 1999)。此外，嗜碱(耐碱)菌细胞膜表面还有大量的心磷脂，能够将 H^+ 束缚在细胞膜表面，以维持磷脂双分子层在低 H^+ 条件下的稳定性(Padan et al., 2005)。土壤环境中的大部分细菌没有抵御极酸或极碱环境的机制，所以当环境 pH 发生较大改变时，无法适应环境改变的细菌消失了，适应pH变化的种类便成为主导，这种生态过滤作用(ecological filtering，EF)会导致细菌群落组成的改变和多样性的降低，其影响远胜于漫长的进化和扩散过程(Zhang et al., 2014)。

除了土壤 pH 外，土壤营养元素(如有效氮、磷、钾等)也会对细菌群落产生影响(图 6.5 和表 6.7)。一个可能的原因是钝化材料的施加会引起土壤环境的改善，从而使植被得以恢复，根系分泌物和凋落物的存在对不同生存策略(life-history strategies)的细菌形成不同的选择，营养元素的输入会导致一个更为活跃和富营养性细菌占主导的细菌群落(Fierer et al., 2012)。本书中，发现营养条件最差的 CK 处理，其细菌群落的多样性最低(表 6.4)，这说明在本实验中土壤营养条件对土壤细菌群落也有一定的影响。

五、土壤细菌群落中的关键物种分析

高通量测序所得的序列，经过一系列的质控筛选，以及在美国国家生物技术信息中心(NCBI)数据库比对之后，其中相对丰度＞1%的 OTU 被认为是优势物种(dominate OTU)。本书中共有 30 个优势物种，其中，变形菌 Proteobacteria 占到绝大多数(17/30)，酸杆菌 Acidobacteria 其次(8/30)，这两大类群也是重金属污染土壤中最为常见和优势的物种(Gołębiewski et al., 2014)，这两大类群很可能对钝化修复有着重要作用。根据差异性分析[图 6.3(b)]结果，不同钝化材料处理间的土壤细菌群落差异不显著，而每一种钝化材料处理后的群落结构与未施加材料的空白相比差异显著，因此，后续的 OTU 分析重点在于讨论处理组与空白对照之间的差异物种。在这 30 个优势物种中，与 CK 相比，处理组的相对丰度显著改变的 OTU 有 19 个(图 6.6，

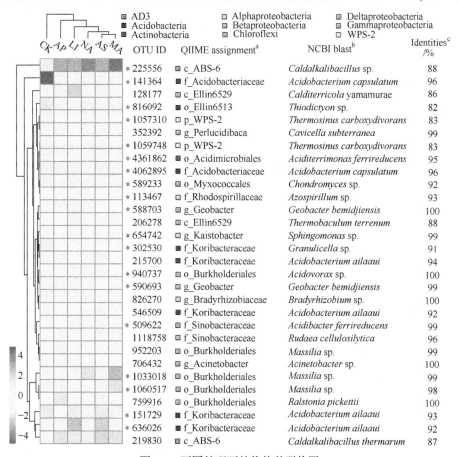

图 6.6　不同处理下的优势种群热图

QIIME assignment 表示 QIIME 软件对该 OTU 的物种注释结果；NCBI blast 表示 NCBI 数据库比对结果；idendities 表示相似性，该值越高说明亲缘关系越近；相对丰度显著变化的用星号标出表示

ID 号用星号表示)。将这 19 个 OTU 定义为土壤细菌群落变异过程中的关键物种 (key OTU),对其进行详述。

将这些关键物种的比对结果列出之后,发现其中一些物种对环境的酸碱性是有偏嗜性的(嗜酸或嗜碱)。OTU 225556 隶属于 AD3 菌门,与 CK 相比,其相对丰度在各钝化材料处理后的土壤细菌群落中显著增加($P<0.05$),特别是在微米羟基磷灰石和纳米羟基磷灰石处理中更具优势。经 NCBI 比对后,该 OTU 与 *Caldalkalibacillus* sp.亲缘关系最近(表 6.8),这是一类嗜碱菌,常见于 pH 高的碱性环境(Xue et al.,2006)。与此同时,OTU 141364 和 OTU 4062895 经比对,均与 *Acidobacterium capsulatum* 亲缘关系最近(表 6.8)。它们在处理组中的相对丰度比 CK 显著降低($P<0.05$)。OTU 509622 和 OTU 4361862 在施加不同钝化材料的处理组中的相对丰度,经比对后与这两个 OTU 相似度最高的均为 *Acidibacter ferrireducens*。*Acidobacterium capsulatum* 和 *Acidibacter ferrireducens* 均在酸性矿山废水(acid mine drainage,AMD)中被发现过,是一种嗜酸菌(Falagán et al.,2014)。AMD 的 pH 极低,且含有多种对周围土壤和水环境有害的重金属元素 (Wan et al.,2009)。本研究中施加不同钝化材料后,嗜酸菌的相对丰度降低,而嗜碱菌的相对丰度增加,且相关性分析表明这类对环境酸碱性有偏嗜的细菌,其相对丰度与土壤 pH 和有效态铜含量呈显著相关,这意味着施加不同钝化材料有效地缓解了土壤酸性,从而改变了受 pH 影响较大的细菌的丰度。同时也说明,微米和纳米羟基磷灰石的施加对减少土壤环境中的淋溶菌丰度有一定的作用,可降低环境中重金属元素随雨水进入地下水的淋溶风险。

表 6.8　各关键物种的 Blast 结果

OTU ID	Subject	Accession	identity/%	Bit score
225556	*Caldalkalibacillus thermarum strain* HA6 16S	NR_043169.1	88	298
	Caldalkalibacillus uzonensis strain JW/WZ-YB58 16S	NR_043653.1	88	296
	Caloramator australicus strain KCTC 5601 16S	NR_044489.1	87	291
141364	*Acidobacterium capsulatum* strain ATCC 51196 16S	NR_074106.1	96	396
	Acidobacterium capsulatum strain ATCC 51196 16S	NR_043386.1	94	390
	Silvibacterium bohemicum strain S15 16S	NR_135209.1	94	390
128177	*Calditerricola yamamurae* strain YMO722 16S	NR_112684.1	86	274
	Caldalkalibacillus thermarum strain HA6 16S	NR_043169.1	86	274
	Alkalibacterium psychrotolerans strain JCM 12281 16S	NR_112659.1	85	263
816092	*Thiodictyon elegans* strain DSM 232 16S	NR_044363.1	82	224
	Thiodictyon syntrophicum strain Cad16 16S	NR_114886.1	82	214
	Marichromatium purpuratum strain 984 16S	NR_116469.1	81	207

OTU ID	Subject	Accession	identity/%	Bit score
	Thermosinus carboxydivorans strain DSM 14886 16S	NR_117169.1	83	228
1057310	*Thermosinus carboxydivorans* strain DSM 14886 16S	NR_117168.1	83	228
	Thermosinus carboxydivorans strain DSM 14886 16S	NR_117166.1	83	228
	Cavicella subterranea strain W2.09-231 16S	NR_145637.1	99	468
352392	*Perlucidibaca piscinae* strain NBRC 102354 16S	NR_114062.1	96	424
	Perlucidibaca piscinae strain IMCC1704 16S	NR_043919.1	96	424
	Thermosinus carboxydivorans strain DSM 14886 16S	NR_117169.1	83	228
1059748	*Thermosinus carboxydivorans* strain DSM 14886 16S	NR_117168.1	83	228
	Thermosinus carboxydivorans strain DSM 14886 16S	NR_117166.1	83	228
	Aciditerrimonas ferrireducens strain IC-180 16S	NR_112972.1	95	403
4361862	*Acidimicrobium ferrooxidans* strain DSM 10331 16S	NR_074390.1	91	348
	Acidimicrobium ferrooxidans strain DSM 10331 16S	NR_027584.1	90	335
	Acidobacterium capsulatum strain ATCC 51196 16S	NR_074106.1	96	396
4062895	*Acidobacterium capsulatum* strain ATCC 51196 16S	NR_043386.1	94	390
	Silvibacterium bohemicum strain S15 16S	NR_135209.1	94	390
	Chondromyces robustus strain Cm a13 16S	NR_025346.1	92	357
589233	*Chondromyces lanuginosus* strain Sy t2 16S	NR_025345.1	92	357
	Chondromyces apiculatus strain Cm a14 16S	NR_025344.1	92	357
	Azospirillum oryzae strain NBRC 102291 16S	NR_114059.1	93	379
113467	*Azospirillum canadense* strain LMG 23617 16S	NR_117877.1	93	379
	Azospirillum formosense strain CC-Nfb-7 16S	NR_117483.1	93	379
	Geobacter bemidjiensis strain Bem 16S	NR_075007.1	100	473
588703	*Geobacter bemidjiensis* strain Bem 16S	NR_042769.1	100	473
	Geobacter bremensis strain Dfr1 16S	NR_026076.1	100	473
	Thermobaculum terrenum strain ATCC BAA-798 16S	NR_074347.1	88	296
206278	*Thermobaculum terrenum* strain YNP1 16S	NR_114633.1	88	296
	Caldalkalibacillus thermarum strain HA6 16S	NR_043169.1	86	274
	Sphingomonas lutea strain JS5 16S	NR_153746.1	99	468
654742	*Sphingomonas lacus* strain PB304 16S	NR_137209.1	97	435
	Sphingomonas flava strain THG-MM5 16S	NR_145566.1	97	429
	Granulicella sapmiensis strain S6CTX5A 16S	NR_118023.1	91	340
302530	*Granulicella arctica* strain MP5ACTX2 16S	NR_118022.1	90	335
	Granulicella mallensis strain MP5ACTX8 16S	NR_074298.1	90	335

续表

OTU ID	Subject	Accession	identity/%	Bit score
215700	*Acidobacterium ailaaui* strain PMMR2 16S	NR_153719.1	94	390
	Acidobacterium capsulatum strain ATCC 51196 16S	NR_074106.1	92	363
	Terriglobus aquaticus strain 03SUJ4 16S	NR_135733.1	92	363
940737	*Acidovorax wautersii* strain NF 1078 16S	NR_109656.1	100	473
	Acidovorax konjaci strain ICMP 7733 16S	NR_114518.1	99	468
	Xylophilus ampelinus strain BPIC 48 16S	NR_036931.1	99	468
590693	*Geobacter bemidjiensis* strain Bem 16S	NR_075007.1	99	462
	Geobacter bemidjiensis strain Bem 16S	NR_042769.1	99	462
	Geobacter bremensis strain Dfr1 16S	NR_026076.1	99	462
826270	*Bradyrhizobium stylosanthis* strain BR 446 16S	NR_151930.1	100	473
	Bradyrhizobium oligotrophicum strain S58 16S	NR_102489.2	100	473
	Bradyrhizobium guangxiense strain CCBAU 53363 16S	NR_145894.1	100	473
546509	*Acidobacterium ailaaui* strain PMMR2 16S	NR_153719.1	92	357
	Acidobacterium capsulatum strain ATCC 51196 16S	NR_074106.1	89	318
	Acidobacterium capsulatum strain ATCC 51196 16S	NR_043386.1	89	318
509622	*Acidibacter ferrireducens* strain MCF85 16S	NR_126260.1	99	468
	Arhodomonas recens strain RS91 16S	NR_118045.1	90	329
	Povalibacter uvarum strain Zumi 37 16S	NR_126172.1	90	329
1118758	*Rudaea cellulosilytica* strain KIS3-4 16S	NR_044566.1	96	424
	Luteimonas soli strain Y2 16S	NR_145913.1	95	407
	Luteimonas terrae strain THG-MD21 16S	NR_149233.1	95	401
952203	*Massilia umbonata* strain LP01 16S	NR_125569.1	99	468
	Massilia albidiflava strain 45 16S	NR_043308.1	99	468
	Massilia lutea strain 101 16S	NR_043310.1	99	457
706432	*Acinetobacter brisouii* strain 5YN5-8 16S	NR_115871.1	100	473
	Acinetobacter puyangensis strain BQ4-1 16S	NR_109507.1	99	468
	Acinetobacter populi strain PBJ7 16S	NR_145864.1	99	457
1033018	*Massilia namucuonensis* strain 333-1-0411 16S	NR_118215.1	99	468
	Massilia timonae strain UR/MT95 16S	NR_026014.1	99	462
	Massilia eurypsychrophila strain B528-3 16S	NR_136470.1	99	457
1060517	*Massilia umbonata* strain LP01 16S	NR_125569.1	98	451
	Massilia albidiflava strain 45 16S	NR_043308.1	98	451
	Massilia violacea strain CAVIO 16S	NR_148592.1	98	446

OTU ID	Subject	Accession	identity/%	Bit score
	Ralstonia pickettii strain NBRC 102503 16S	NR_114126.1	100	473
759916	*Ralstonia pickettii* strain ATCC 27511 16S	NR_043152.1	100	473
	Ralstonia pickettii strain JCM 5969 16S	NR_113352.1	100	473
	Acidobacterium ailaaui strain PMMR2 16S	NR_153719.1	93	374
151729	*Silvibacterium bohemicum* strain S15 16S	NR_135209.1	91	351
	Acidobacterium capsulatum strain ATCC 51196 16S	NR_074106.1	90	335
	Acidobacterium ailaaui strain PMMR2 16S	NR_153719.1	92	357
636026	*Silvibacterium bohemicum* strain S15 16S	NR_135209.1	91	351
	Acidobacterium capsulatum strain ATCC 51196 16S	NR_074106.1	91	340
	Caldalkalibacillus thermarum strain HA6 16S	NR_043169.1	87	287
219830	*Caldalkalibacillus uzonensis* strain JW/WZ-YB58 16S	NR_043653.1	87	285
	Bacillus kokeshiiformis strain MO-04 16S	NR_133975.1	86	274

注：ID 号被加粗的 OTU 为关键物种。Accession、identity、Bit score 分别表示序列登录号、相似性、碱基数。

有一些关键物种对于施加钝化材料后环境的变化表现出的是被动的适应，如 OTU 113467(与 *Azospirillum* sp.亲缘关系最接近)、OTU 589233(隶属于 Myxococcales 目 *Chondromyces* sp. 种)、OTU 1057310 和 OTU 1059748(均与 *Thermosinus carboxydivorans* 种最为接近)(表 6.8)。以上这些 OTU 的相对丰度在施加不同钝化材料后均显著降低($P<0.05$)，且与土壤 pH 表现出显著负相关关系(表 6.9)。经文献报道隶属于 *Azospirillum* 和 Myxococcales 的细菌多为反硝化细菌(de Almeida Fernandes et al.，2018)，且这类细菌的丰度一般与土壤中的重金属含量呈正相关关系(Guo et al.，2014)。因此，这类细菌的减少可能是由于钝化材料的施加降低了土壤中有效态铜的含量，这意味着土壤中铜毒性的缓解。*Thermosinus carboxydivorans* 隶属于 WPS-2(门)，据报道这一菌门是红壤中的优势类群，其相对丰度与环境中的铜胁迫有相关性(Li et al.，2016)。施加钝化材料后这一物种相对丰度的减少，很可能是对钝化材料降低土壤中有效态铜含量的一种响应。

表 6.9　关键物种与环境因子的相关性分析

OTU ID	pH	ACu	PDW	AN	AP	AK
225556	0.590*	−0.577*	0.135	0.302	0.327	0.160
141364	−0.617**	0.501*	−0.351	−0.439	−0.334	−0.311
4062895	−0.597**	0.529*	−0.364	−0.317	−0.281	−0.240
509622	−0.905**	0.579*	−0.317	−0.084	−0.325	−0.455
4361862	−0.801**	0.597*	−0.248	−0.383	−0.201	−0.052

续表

OTU ID	pH	ACu	PDW	AN	AP	AK
113467	−0.591*	0.521*	−0.450	−0.154	−0.335	−0.366
589233	−0.459	0.505*	−0.267	−0.352	−0.373	−0.522
1057310	−0.211	0.415	−0.164	−0.130	−0.100	−0.182
1059748	−0.454	0.339	−0.366	−0.204	−0.376	−0.369
816092	−0.478	0.446	−0.405	−0.347	−0.381	−0.379
588703	0.367	−0.243	0.462	0.292	0.224	0.454
590693	0.606**	−0.480*	0.281	0.416	0.459	0.411
940737	0.437	−0.459	0.495*	0.092	0.370	0.457
1033018	0.240	−0.057	0.499*	0.353	0.346	0.356
1060517	0.401	−0.440	0.462	0.305	0.383	0.319
654742	0.194	−0.120	0.473	0.356	0.383	0.301
151729	0.385	−0.245	0.559*	−0.725**	−0.525*	−0.599*
636026	0.088	0.005	0.522*	−0.567*	0.129	0.129
302530	−0.208	0.249	0.120	0.258	0.242	0.277

* $P<0.05$ 表示显著相关，** $P<0.01$ 表示极显著相关。

很显然，施加钝化材料之后，土壤 pH 和有效态铜含量的变化与很多化学过程息息相关，如沉淀作用和氧化还原作用等。然而，不仅是钝化材料在这一过程中起作用，细菌对于土壤中重金属的钝化/稳定化可能也有一定的贡献。如 OTU 816092 与 *Thiodictyon* sp.亲缘关系最为接近，这是一种铁氧化细菌(iron-oxidizing bacteria，FeOB)。FeOB 能建立低细胞表面 pH，有效地抑制 Fe Ⅲ 矿物在细胞表面的沉淀(Hegler et al.，2010)。本书中，施加不同钝化材料后 FeOB 的相对丰度显著降低了($P<0.05$)，表明土壤重金属浸出的可能性降低，钝化作用进一步增强。而 OTU 588703 和 OTU 590693 经比对均属于 *Geobacter bemidjiensis*，这是一种铁还原细菌(iron-reducing bacteria，FeRB)。此外，FeRB 在碳循环和生物地球化学转化中起着关键作用，已被用于环境生物修复(Luef et al.，2013)。FeRB 相对丰度的增加有利于污染环境的修复，表明细菌可能会参与钝化材料对于土壤重金属钝化作用中。因此，可以推断某些细菌在一定程度上可以加强钝化材料对重金属的钝化效果。

OTU 940737 的相对丰度在钝化材料的处理中大大增加，其亲缘关系与 *Acidovorax* sp.最为接近(表 6.8)，这是一种能够产生植物促生物质的内生细菌，并且它还可以耐受多种重金属的胁迫(Pereira et al.，2004)。此外，OTU 1033018、OTU 1060517(*Massilia* sp.)和 OTU 654742(*Sphingomonas* sp.)的相对丰度在钝化材料处理后的土壤中也显著增加($P<0.05$)，特别是在微米和纳米羟基磷灰石处理中，其与植物生物量呈正相关关系(表 6.9)。据报道 *Massilia* sp.和 *Sphingomonas* sp.都是重金属污染土壤中的优势属(Hong et al.，2015；Zhang et al.，2016)。有报道称分离自这两个菌属的菌株具有分泌植物促生物质的能力，如具有产生吲哚乙酸(indeleacetic acid，IAA)、ACC 脱氨酶、铁载体、内切葡聚糖酶、蛋白酶、高丝氨酸内酯(acyl homoserine lactone，AHL)、固氮和溶磷的能力(Chimwamurömbe et al.，2016)。

OTU 151729、OTU 636026、OTU 215700 和 OTU 302530 经比对后分别隶属于 *Acidobacterium ailaaui* 和 *Granulicella* sp.，它们的相对丰度在含磷钝化材料(磷灰石、微米羟基磷灰石和纳米羟基磷灰石)处理中显著降低了($P<0.05$)，目前对于这些菌属关于抗重金属方面的研究尚未见报道。然而，这些 OTU 均隶属于 Koribacteraceae(科)。土壤中的相当大丰度的 Koribacteraceae 菌科细菌可以作为土壤肥力退化的指示种(Soman et al.，2017)。Jenkins 等(2017)研究表明经生物炭修复 1 年后的土壤中，Koribacteraceae 科的相对丰度显著下降。因此，施用不同的含磷钝化材料，特别是微米和纳米羟基磷灰石，降低了 Koribacteraceae 菌科细菌的丰度，这意味着土壤质量和肥力的恢复。

总体来说，深度测序结果表明微米羟基磷灰石和纳米羟基磷灰石施加于铜污染土壤后，与未施加材料的 CK 相比，细菌群落的丰度和多样性增加。群落结构发生显著变化，其中，嗜碱细菌(*Caldalkalibacillus* sp.)、FeRB(*Geobacter bemidjiensis*)和 PGPB(*Acidovorax* sp.、*Massilia* sp.和 *Sphingomonas* sp.)的相对丰度增加。相应地，嗜酸菌(*Acidobacterium capsulatum* 和 *Acidibacter ferrireducens*)、反硝化细菌(*Azospirillum* sp.和 *Myxococcales*)、铜敏感细菌(WPS-2)、FeOB(*Thiodictyon* sp.)和土壤肥力退化指示种(*Koribacteraceae*)的相对丰度减少，说明施用供试的 5 种钝化材料，特别是微米羟基磷灰石和纳米羟基磷灰石，可以通过改善土壤微生物群落结构来提高钝化修复的效率，而这些细菌物种可以作为钝化修复过程中土壤生态质量恢复的指示性物种。

六、土壤细菌间的交互作用

分子生态网络(molecular ecological network，MEN)表示的是生态系统中物种(节点 node)通过正向和负向连接(连线 link)与其他各物种之间的相互作用(Montoya et al.，2006)。正相关(正向连接)可能意味着由于相似的优选条件，或同一生态位之间的生物体的共栖性或互惠共生关系；而负相关(负向连接)则可能暗示生态系统中存在捕食和竞争的关系(Chow et al.，2014)。随着宏基因组技术的发展，如高通量测序，为分析微生物群落的多样性和结构以及形成这些群落结构的环境因素提供了革命性的工具(Mao et al.，2013)，但是这些基本方法几乎无法描述群落内或环境中微生物之间的相互作用。虽然我们解释这些网络的能力仍在逐步发展中，但是网络的当前发展已经极大地提高了我们对微生物种群之间广泛相互作用的理解，这些相互作用共同构成了陆地生态系统的典型复杂群落特征(Chaffron et al.，2010；Freilich et al.，2010)。

此外，分类学的共生网络分析为生物群落中的关键种群和重要模块组分及其对生境的响应提供了新的方法(Zhou et al.，2011；Deng et al.，2012)。例如，农田生态系统每年接受大量氮肥，其中许多微生物类群的基本生态和生活史策略仍然未知，而这却是农业土壤中特别有价值的信息(Janssen，2006)。探索土壤微生物之间的共生模式可以识别潜在的生物相互作用、生境特征，并对更多的研究或实验设置具有指导意义。基于随机矩阵理论(random matrix theory，RMT)，通过Network analyses Pipeline进行在线分析，构建系统发育分子生态网络(phylogenetic molecular ecological network，pMEN)，以研究不同处理下的土壤细菌交互作用。

一般利用最相似序列分类指数(nearest sequenced taxon index，NSTI)值来量化每个样品中代表基因组的可用性，在本项研究中，各处理的NSTI值为0.152～0.179(表6.10)，平均值为0.169±0.02，符合Langille等(2013)研究中的NSTI范围0.17±0.02，这意味着供预测的数据样本充足，且与参考数据库密切相关，后续的群落功能预测分析是可靠的(Liu et al.，2018)。

表 6.10　基于 pMEN 的不同处理下细菌群落的 NSTI 值

	CK	AS	LI	AP	MA	NA
NSTI 值	0.174±0.01	0.173±0.01	0.172±0.01	0.179±0.01	0.166±0.01	0.152±0.01

为了减少网络的复杂程度，筛选出优势细菌 OTU，即平均丰度大于 0.1%的细菌进行后续处理。一般认为，一个有效的共生网络必须基于统计学上物种之间的强相关，符合 Spearman 相关系数$(r)>0.6$ 以及显著性$(P)<0.01$ 的筛选标准(Junker and Schreiber，2008)。为了减少假阳性结果，用 Benjaminie-Hochberg 方法进行多重校验以调整所得数据的 P 值(Benjamini et al.，1995)。将上述步骤所得 OTU 用来构建共生网络。

分子生态网络的拓扑性质表明，不同钝化材料处理后土壤细菌群落共有 3624 个 OTU，基于上述筛选标准，最终有 350 个 OTU 进入网络结构中。与 Network analyses Pipeline 构建的随机网络相比，其 APL、平均聚类系数(average clustering coefficient，avgCC)和 Modularity 均高于相应的随机网络中的数值(表 6.11)，说明本研究所构建的网络明显是非随机的，并具有典型的模块化特征(Jiang et al.，2015)。很多跨越多个环境的大尺度微生物研究都利用类似 avgCC 来评估网络(Barberán et al.，2012；Zhou et al.，2011)。本书中，土壤细菌群落的研究网络与随机网络的 avgCC 比值为 2.54～3.09，表明该网络基本符合生物系统典型的"无尺度、小世界(scale-free，small-world)"状态的分布，对随机干扰具有较强的适应性(Barabási et al.，2004)。本书中网络的 Modularity 数值为 0.461，高于建议的阈值 0.4(Newman，2006)，这一结构相似于许多其他的生态、微生物和自组织网络(Montoya et al.，2006；Steele et al.，2011；Chow et al.，2014)，由此推断不同钝化材料处理后土壤细菌之间的交互作用是有意义的、非随机的(Jiang et al.，2015)。此外，网络中有少数高度连接的节点，这不同于随机网络中的均匀分布，因此使得网络更稳定以适应变化(Albert et al.，2000)。网络性质中正相关关系比例占到 67.07%，负相关关系占到 32.93%。网络中的正相关关系表示体系中的功能为相似或互补，相反地，负相关关系则表示体系中存在竞争、捕食或者拮抗的关系(Jiang et al.，2015)。

表 6.11　细菌群落的分子生态网络及其相关的随机网络的拓扑性质

Network metrics	Niches
Empirical network	
Similarity threshold (St)	0.820
Number of nodes	350
Number of edges	1087
Average path length (APL)	4.047
Average connectivity (avgK)	6.211
Average clustering coefficient (avgCC)	0.232
Number of modules	43
Modularity (M)	0.461
Percentage of positive correlations	67.07%
Percentage of negative correlations	32.93%
Random network	
APL ± SD	3.236 ± 0.037
avgCC ± SD	0.083 ± 0.008
Modularity ± SD	0.334 ± 0.005

根据网络拓扑结构及其模块成员关系，将整个网络中起关键作用的关键节点定义为 key stones(Montoya et al.，2006)。每个节点的拓扑角色是根据两个属性来确定的：一个是模块内连接度 Z_i(节点与其模块中的其他节点的连接程度)；另一个是模块间连接度 P_i(节点连接到不同模块的连接程度)(Jiang et al.，2017)。key stones 进一步根据 Z_i 和 P_i 值的大小被划分为 module hub(在各自模块中高度连接多个 OTU，$P_i > 0.62$)、connector(与一些模块高度连接，$Z_i > 2.5$)和网络中心 network hubs(兼具 module hub 和 connector 的作用，$P_i > 0.62$ 同时 $Z_i > 2.5$)(Jiang et al., 2015)。本书中所构建的网络共有 5 个 OTU 被划分为 key stones，其中有 3 个 OTU 为 module hub，其他两个为 connector(图 6.7)。

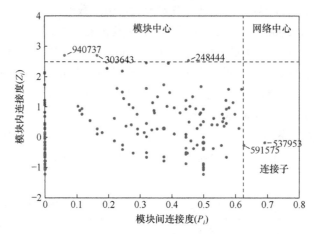

图 6.7　Z_i-P_i 图显示了基于节点在聚合相关网络中的拓扑角色的分布

对所有的 5 个关键节点的物种信息进行注释(表 6.12)，其中，Alphaproteobacteria 最多。在共生网络中被划分为 module hub 的 3 个 OTU 在其各自的模块中，与其相连的节点数均是≥9 的(表 6.12)，说明这些 module hub 和相连的节点有着强烈的相互依赖性(Chen et al., 2018)。而两个被定义为 connector 的 OTU 则高度连接了多个模块，起到"连接器"的作用。

表 6.12　不同处理下的细菌网络中被鉴定为 module hub 或 connector 的节点信息

OTU ID	在网络中的地位	连接度	分类(门水平)	Z 值	P 值
248444	module hub	40	Acidobacteria	2.53	0.45
303643	module hub	33	Alphaproteobacteria	2.69	0.17
940737	module hub	31	Betaproteobacteria	2.69	0.06
591575	connector	13	FCPU426	−0.28	0.63
537953	connector	9	Planctomycetes	−0.19	0.69

将各种关联绘制为图时，便生成了线条密集的土壤细菌构成的网络(图 6.8)。由图可以看出所有进入共生网络的 350 个 OTU 有丰富的物种多样性，包括 Acidobacteria、Proteobacteria 和 Actinobacteria 土壤中传统优势菌门在内的共 16 个菌门。其中，变形菌门 Proteobacteria 最为优势，所占比例为 38.57%，其次是 Acidobacteria 和 Actinobacteria，分别占 22.86%和 12.29%，说明这些菌门的细菌相比其他物种而言有更强的交互作用。此外，由图 6.8 可知，key stones 在共生网络中处于中心位置，且代表这些 OTU 的圆圈相较于其他 OTU 更大，这时 key stones

的连接度高，具有较强的交互作用。

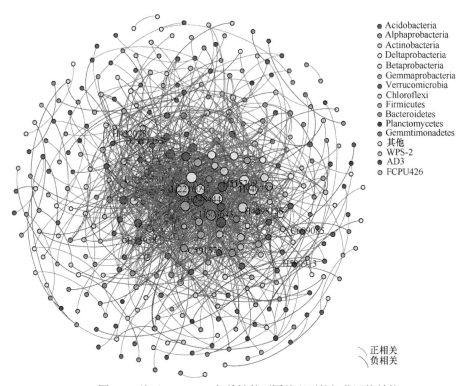

图 6.8　基于 Spearman 相关性的不同处理下的细菌网络结构

构建网络的 OTU 是基于 Spearman 相关($P<0.05$)进行筛选的。不同颜色节点表示不同的物种(门)；节点的大小表示连接度；蓝色连线表示负相关，红色连线表示正相关。图中的 module hub 和 connector 用黑色标识出

　　在前面的研究中，对不同钝化材料处理后主要发生变化的菌群进行了分析，共有 19 个 OTU 在施加不同材料后其丰度发生显著变化，且对其进行功能注释之后发现细菌与钝化材料有协同修复的作用。在所有的 key OTU 中有 15 个 OTU 进入共生网络，这说明相对丰度在施加不同钝化材料后发生显著变化的物种，绝大部分在群落演替过程中都是与其他物种具有交互作用的。

　　在优势种群中的 19 个 key OTU 与生态网络中的 5 个 key stones(里程碑微生物物种)相对照，仅有一个相重合，即 OTU 940737，其相对丰度在施加钝化材料后显著提高，且与植物的生物量呈显著正相关(表 6.11)。经 NCBI 比对后该 OTU 被鉴定为 *Acidovorax* sp. (图 6.6)，是一种植物内生细菌，具有植物促生的特性(Pereira et al.，2004)。与其相连的 OTU 共有 31 个，其中有 5 个与之为负相关，其余均为正相关(图 6.9)，说明 OTU 940737 在共生网络中与周围紧密相连的物种具有相同的生境偏好，因此该物种不但可以自身通过与植物的共生关系，提高植物生物量以恢复植被，同时还能协同其他相关微生物与植物产生多方面的合作关

系，因此很可能对寄主生长具有重要意义，这些细菌的协同作用对缓解非生物胁迫有着重要作用(Bouizgarne et al.，2015)。

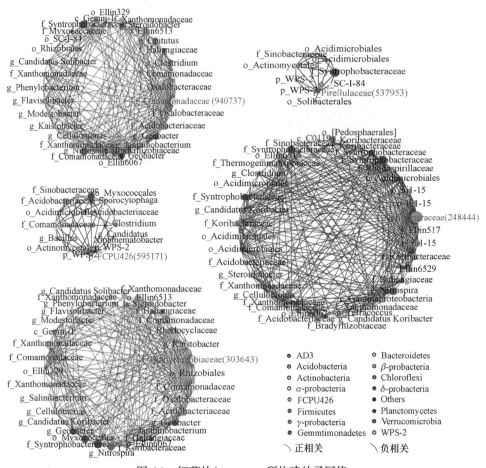

图 6.9　细菌的 key stones 所构建的子网络

每个圆代表一个节点，而边表示节点之间的关系。节点的标签表示在 97%相似度下每个节点的最小分类注释(o：目；f：科；g：属)。每个节点的大小表示其连接度，蓝色连线表示节点间的负交互，红色连线表示正交互。module hub 和 contcetor 用红色数字标出其 OTU ID

OTU 248444 在 5 个 key stones 中有着最高的连接度(40)，与其直接相连的 node 具有丰富的物种多样性，涵盖了以 Acidobacteria 为主的 9 个菌门，其中有 24 个 node 与之是正交互作用(图 6.9)，且该 OTU 的相对丰度在处理组显著降低(表 6.13)。在前面的分析中，该 OTU 经比对被鉴定为 Koribacteraceae(科)(图 6.6)，在退化土壤中丰度大，是土壤肥力降低的指示种(Soman et al.，2017；Jenkins et al.，2017)，说明添加不同钝化材料改善了土壤理化性质，因此抑制了土壤肥力退化，减少了这类细菌的生物量。同时该 OTU 由于具有高连接度，能够协同其他细菌共同作用于土壤,改善土壤细菌的群落结构。

表 6.13 key stones 在不同处理下的相对丰度和物种注释

OTU ID	CK	AS	LI	AP	MA	NA	Classification
248444	0.53ᵃ	0.38ᵇ	0.26ᶜ	0.35ᵇ	0.30ᵇ	0.13ᵈ	f_Koribacteraceae
303643	0.08ᶜ	0.60ᵇ	0.74ᵃ	0.81ᵃ	0.63ᵇ	0.73ᵃ	f_Bradyrhizobiaceae
940737	0.09ᶜ	0.96ᵇ	1.08ᵇ	1.05ᵇ	1.05ᵇ	1.75ᵃ	f_Comamonadaceae
591575	0.94ᵃ	0.08ᶜ	0.12ᵇ	0.06ᶜᵈ	0.12ᵇ	0.04ᵈ	p_FCPU426
537953	0.63ᵃ	0.13ᶜ	0.12ᶜ	0.09ᵈ	0.18ᵇ	0.09ᵈ	f_Pirellulaceae

注:字母不同表示处理间在 $P<0.05$ 水平上有显著性差异。

OTU 303643 隶属于 Alphaproteobacteria 菌门,连接度为 33(表 6.12),是 5 个 key stones 中连接度第二高的 OTU。该 OTU 与 Bradyrhizobiaceae(科)亲缘关系最为接近,是一类具有固氮能力的植物共生菌,包括了多种固氮菌,如 *Bradyrhizobium elkanii* 等(Cooper et al.,2018)。Yu 等(2018)通过分子生态网络的构建,分析自然环境中 CO_2-强响应水稻品种根际土壤的细菌群落,结果表明 *Bradyrhizobium* sp. 为共生网络中的 hub,说明该物种在土壤生态系统中具有重要作用。同时,该物种可以分泌固氮酶,提高作物产量,且有助于保持地下生态系统的稳定性(Galloway et al.,2004)。该 OTU 相对丰度在处理组中显著高于对照(表 6.13),这也意味着不同钝化材料的添加改善了土壤细菌的群落组成,有利于土壤生态的恢复。

总体来说,将所有处理中的 OTU 用于 pMEN 的构建,共有 350 个 OTU 进入网络,其中 OTU 940737(*Acidovorax* sp.)、OTU 248444(*Koribacteraceae*)和 OTU 303643(*Bradyrhizobiaceae*)共 3 个 OTU 基于 Z_i-P_i 值被划分为网络中的 module hub。在施加不同钝化材料后,它们不但自身发挥功能(如植物促生或共生固氮),同时还在细菌群落中与其他种群协同作用,改善群落结构,从而改善土壤性质,以达到修复铜污染土壤和恢复土壤生态的目的。

第二节 钝化材料联合植物钝化修复对土壤真菌群落的影响

一、钝化材料对土壤有机碳组分的影响

施加 5 种不同钝化材料,同时结合种植海州香薷进行修复 3 年后,土壤有机碳(soil organic carbon,SOC)含量为 16.5～19.3 g/kg[图 6.10(a)],与 CK 相比,施加不同钝化材料均能显著提高 SOC 含量($P<0.05$),提高幅度为 9.60%～17.1%,同时碱渣和纳米羟基磷灰石处理后的 SOC 含量要显著高于其他处理($P<0.05$)。

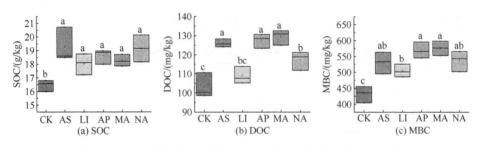

图 6.10　土壤有机碳(a)、溶解性有机碳(b)和微生物量碳(c)含量

字母不同表示处理间在 $P<0.05$ 水平上有显著性差异

不同钝化材料修复 3 年后，土壤溶解性有机碳(DOC)含量为 103~129 mg/kg [图 6.10(b)]，相比 CK 均有显著提高($P<0.05$)，提高幅度为 5.63%~25.6%，其中微米羟基磷灰石、磷灰石和碱渣处理显著高于其他处理($P<0.05$)。同时，土壤微生物量碳(MBC)含量为 431~575 mg/kg，与 CK 相比，5 种钝化材料的施加显著提高了 MBC 的含量，提高幅度为 16.8%~33.4%[图 6.10(c)]，其中微米羟基磷灰石和磷灰石处理后的 MBC 的含量显著高于其他处理。一般认为，SOC 和 MBC 是土壤碳库中容易被分解利用的组分，这两种有机碳含量的增加，说明土壤可利用性碳的含量在钝化修复后得到了提高(Stemmer et al.，2007；Zhang et al.，2007)。

二、土壤有机碳及其组分与环境因子的相关性

不同的钝化材料原位修复 3 年后，不同程度地提高了 SOC、DOC 和 MBC 的含量。相关分析表明(表 6.14)，SOC、DOC 和 MBC 含量与土壤 pH、有效态铜浓度及植物干重均存在显著或极显著的相关性，同时 DOC 含量还与土壤全氮存在极显著性相关关系，这主要是由于施加钝化材料后，土壤 pH 升高，有效态铜含量降低，从而降低了铜的毒性，减小其对植物的毒害作用，从而有利于植被的恢复和植物生物量的累积。研究表明，植被恢复过程中土壤有机碳和全氮含量存在明显的固存效应，并随恢复时间的延长而增加(贾晓红等，2007)。不仅如此，植被恢复还可以显著提高退化红壤的轻组有机碳含量及其占总有机碳的比例(谢锦升等，2008)。

表 6.14　土壤有机碳及其组分与环境因子的 Spearman 相关系数

碳组分	TCu	ACu	pH	PDW	TN	TP	TK	AN	AP	AK
SOC	−0.327	−0.602**	0.547*	0.717**	0.137	0.226	−0.113	0.210	0.167	0.253
DOC	−0.279	−0.575*	0.661**	0.702**	0.609**	−0.176	0.221	0.043	0.262	0.101
MBC	0.0600	−0.752**	0.547*	0.769**	0.450	0.194	0.399	0.051	0.480	0.258

注：TCu，总铜含量；ACu，有效态铜含量；PDW，植物干重；TN，总氮；TP，总磷；TK，总钾；AN，有效氮；AP，有效磷；AK，有效钾；SOC，总有机碳；DOC，可溶性有机碳；MBC，微生物量碳。

$*$ $P<0.05$ 表示显著相关，$**$ $P<0.01$ 表示极显著相关。

在肥力退化的重金属污染土壤中进行原位修复，地表植被的恢复改变了进入土壤的有机物料的类型与数量，影响了与有机碳转化及养分循环有关的土壤微域环境条件，从而影响了有机碳的积累和组分的改变。同时，有研究表明重金属胁迫使土壤微生物生长状态和养分循环受到影响，降低了土壤中溶解性有机碳和微生物量碳的含量(王江等，2008)，本书中不同钝化材料的施加，降低了土壤有效态铜含量，从而降低了重金属的胁迫，同时提高了溶解性有机碳和微生物量碳的含量，这有利于微生物活性的提高和养分循环。

三、钝化材料对土壤真菌丰度、群落结构和多样性的影响

通过 Illuminate Miseq 测序，所得序列经过质量过滤和去除嵌合体，18 个土壤样品共得到超过 80 万条优质序列，经过比对后，去除非真菌序列和一条序列归类为一个 OTU 的序列(singleton)后，共得到 641135 条序列(29258~43115 条/样，平均 35618 条/样)。为了对各处理进行相对比较，每个样品随机抽取了 11000 条序列进行统计分析。这 11000 条真菌序列按照 97%的相似性被聚类为 404 个 OTU，隶属于 6 个菌门(phylum)、22 个纲(class)、56 个目(order)、116 个科(family)和 158 个属(genera)。

通过比对分析，发现铜污染土壤的真菌主要由子囊菌 Ascomycota、担子菌 Basidiomycota、接合菌 Zygomycota、球囊菌 Glomeromycota、壶菌 Chytridiomycota 五个菌门和一些没有明确分类的真菌组成，其中 Ascomycota 是绝对的优势菌门，占到了整个群落的 85%以上[图 6.11(a)]。这与其他一些农田系统的研究结果类似，例如，在我国鹰潭红壤地区的研究中发现，红壤中的主要真菌种类也是子囊菌门的类群(He et al.，2008)。Klaubauf 等(2010)对澳大利亚 4 种农田土壤的研究也发现子囊菌门是绝对的优势菌门。但自然生态系统，如森林、苔原、灌木林、草原等，则以担子菌门为主(Tedersoo et al.，2014)。Basidiomycota 和 Zygomycota 分别占真菌群落的 7.1%和 5.3%。

钝化材料的施用对土壤真菌在门水平的结构影响很大，Basidiomycota 和 Zygomycota 在钝化材料处理组中的相对丰度显著高于 CK，而 Ascomycota 在处理组中的相对丰度则显著低于 CK。同时，在不同钝化材料处理下土壤真菌种类的分布也发生了变化。真菌群落中 Ascomycota 菌门以 Eurotiomycetes 和 Sordariomycetes 菌纲为主。Sordariomycetes 的相对丰度由 CK 中的 16.9%提高到钝化材料处理组中的 32.0%~54.7%，而 Eurotiomycetes 的相对丰度由 CK 中的 56.3%下降到钝化材料处理组中的 5.2%~13.5%[图 6.11(b)]。

对土壤真菌生物量的评估同样采用定量 PCR 的方法，在所有处理中，不施加钝化材料(CK)的真菌丰度最低，施加不同的钝化材料对真菌丰度的影响显著[图 6.11(c)]。钝化材料的添加显著增加了土壤真菌丰度，其中碱渣和磷灰石处理

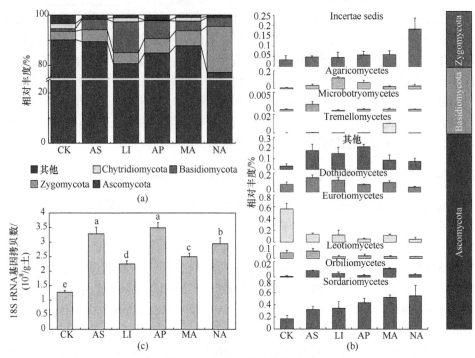

图 6.11　各处理真菌群落组成

字母不同表示处理间在 $P<0.05$ 水平上有显著性差异

后的真菌丰度最高，分别为 3.28×10^8/g 土和 3.49×10^8/g 土，石灰处理后的真菌丰度最低，但仍高于 CK。说明所有供试钝化材料均能有效地降低重金属的毒性，有利于土壤真菌的繁殖，且碱渣和磷灰石的效果要优于其他钝化材料，这一结果与土壤细菌的相同。

从 PCoA 分析结果可以看出[图 6.12(a)]，前两轴共解释了 47.69%的真菌群落变异，添加不同钝化材料的 5 个处理聚在一起，同时远离不加材料的 CK，说明施加钝化材料的群落较为相似，与 CK 差别较大。而在处理组中，碱渣、石灰、微米羟基磷灰石和磷灰石处理聚集在一起，与纳米羟基磷灰石处理分开，说明添加以上 4 种钝化材料的四个处理的真菌群落较为相似，并且与纳米羟基磷灰石处理的差别较大。这一结果与土壤细菌群落结构类似。

通过计算各处理的 Bray-Curtis dissimilarity 系数[图 6.12(b)]，发现施加不同钝化材料的处理之间虽然都有差异，但是两两之间的真菌群落差异未达到显著水平（$P>0.05$）。虽然加入的种类和用量有所差异，但是 Bray-Curtis dissimilarity 值最大仅为 0.54。而 CK 与各处理之间的差异系数则较大，在 $0.65\sim0.76$，说明钝化材料的添加引起了土壤真菌群落的显著变化，同时也说明施加不同材料间的真菌群落差异要小于施加和不施加材料的差异。这可能是由于同一种修复植物的种植以及施加材料时间已经 3 年，因此不同钝化材料处理之间的真菌群落结构趋同。这一结果也证实了 PCoA 的结果。

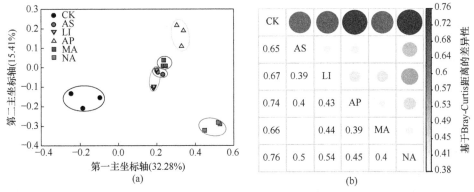

图 6.12　不同处理真菌群落的主坐标分析(a)和差异性分析(b)

此外，不同钝化材料处理对铜污染土壤真菌多样性也产生了不同的影响(表 6.15)。CK 中真菌群落的丰富度(Chao 1 指数)在所有处理中是最低的。与 CK 相比，除纳米羟基磷灰石处理无显著差异之外，其他钝化材料处理组中的真菌群落的 Chao1 指数均显著提高。而施加钝化材料后真菌群落的均匀度(Shannon 指数)表现出了与丰富度不同的结果，与不施加材料的 CK 相比，石灰和磷灰石处理的均匀度更低，但是没有显著差异，纳米羟基磷灰石处理的均匀度要显著低于 CK，微米羟基磷灰石和碱渣的施加则显著提高了真菌的均匀度。Simpson 指数和 Observed OTUs 均表现出类似的趋势。

表 6.15　不同处理土壤真菌群落的丰富度、多样性和 OTU 数量

指数	CK	AS	LI	AP	MA	NA
Chao 1 指数	122.00±3.00[b]	165.57±17.70[a]	159.21±9.59[a]	155.69±3.03[ab]	161.82±14.05[a]	129.87±5.17[b]
Shannon 指数	4.06±0.84[b]	4.60±0.14[a]	3.93±0.34[b]	3.91±0.51[b]	4.46±0.26[a]	3.06±0.29[c]
Simpson 指数	0.86±0.10[ab]	0.92±0.02[a]	0.84±0.06[ab]	0.86±0.05[b]	0.91±0.02[a]	0.71±0.10[c]
observed OTU	115.00±8.62[bc]	144.00±7.00[a]	129.33±6.92[b]	123.67±5.77[b]	133.33±4.16[ab]	107.00±7.55[c]

注：真菌多样性指数是从每个样品中抽出 11000 条序列进行计算的；字母不同表示不同处理间在 $P < 0.05$ 水平上有显著性差异。

从以上结果可以看出，CK 的真菌群落多样性显著低于其他处理(除纳米羟基磷灰石外)，这可能是长期的土壤酸化，导致土壤中的营养元素等不断地溶出和淋失，有机碳含量也降低，导致真菌生长所需的物质不足，某些种类的真菌失去了其赖以生存的底物而最终消失。而施加不同钝化材料之后，土壤 pH 升高，土

壤营养和有机碳得以保持，为真菌生长提供了充足的底物，利于其生长。物种的多样性对于维持生态系统稳定具有重要意义，由于不同的真菌根据有机底物的不同而形成不同的生态位，因此当外界条件改变时，与其相适应的物种会产生相应变化，以保持生态系统的物质循环等功能的稳定。丰富的物种多样性使得生态系统对不同的环境条件具有较强的抵抗力。施加不同钝化材料后的土壤中真菌物种多样性提高，意味着其生态系统稳定性恢复，抵御环境变化的能力更强。

四、影响铜污染土壤真菌群落的主要因素

Mante 1 检验发现土壤真菌群落与土壤 pH、有效态铜含量、有效态氮磷钾含量以及植物干重都有显著的相关关系，其中土壤 pH 与土壤细菌群落的相关性最强(表 6.16)。通过多元回归树(MRT)分析，土壤理化性质分别解释了土壤细菌群落 63.30%的变异，其中土壤 pH 的解释量最大，达到 28.84%。冗余分析(RDA)结果也显示出土壤真菌群落与 pH 最为相关(图 6.13)。以上结果说明施加不同钝化材料对土壤 pH 的改变是导致真菌群落变化的最主要环境因素，这一结果与影响细菌群落结构变化的因素一致。

表 6.16　土壤细菌群落和土壤性质的 Spearman 相关系数

因子	R	P
pH	0.7324	0.004**
ACu	0.7092	0.002**
PDW	0.5972	0.003**
AN	0.4932	0.001**
AK	0.3300	0.018*
AP	0.2596	0.037*
TN	0.2277	0.158
TP	0.0897	0.227
OM	0.0828	0.285
TCu	−0.0509	0.635
TK	−0.2344	0.964

*$P < 0.05$ 表示显著相关，** $P < 0.01$ 表示极显著相关。.

相关性分析结果表明，土壤真菌群落多样性的变化(Chao 1 指数)与土壤 pH 存在显著的正相关关系(表 6.17)，相关系数达到 0.572，同时还与有效态铜含量呈负相关关系，这一结果与细菌的一致，同样说明土壤酸化和铜污染是导致研究区

域土壤真菌多样性降低的主要原因。此外，土壤有效磷和总磷的含量对真菌群落的均匀度也有显著影响，这可能与所施加的钝化材料大多含磷有关。

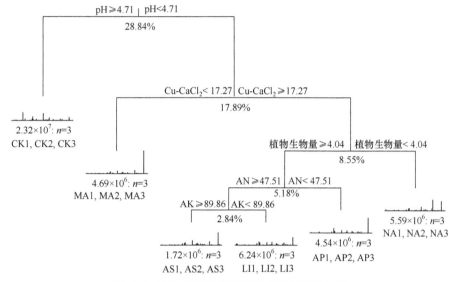

图 6.13　不同处理真菌群落的多元回归树分析

表 6.17　土壤环境因子与真菌群落多样性的 Spearman 相关系数

	Spearman 相关系数										
	TCu	ACu	pH	PDW	TN	TP	TK	AN	AP	AK	OM
Chao 1 指数	0.173	−0.387	0.572*	0.285	0.336	−0.261	0.258	0.398	−0.056	0.512*	−0.208
Shannon 指数	−0.473*	0.169	−0.370	0.226	0.211	−0.742**	0.005	−0.044	−0.587*	0.425	−0.358
Simpsons 指数	−0.544*	0.185	−0.361	0.176	0.119	−0.703**	−0.045	−0.073	−0.623**	0.417	−0.299
observed OTU	−0.028	−0.232	−0.451	0.033	0.302	−0.476*	0.053	0.275	−0.215	0.584*	−0.297
PCoA axis 1	0.364	−0.786**	0.943**	0.758**	0.366	0.446	0.204	0.815**	0.597**	0.556*	0.102

注：TCu，总铜含量；ACu，有效态铜含量；PDW，植物干重；TN，总氮；TP，总磷；TK，总钾；AN，有效氮；AP，有效磷；AK，有效钾；OM，有机质。

* $P<0.05$ 表示显著相关，** $P<0.01$ 表示极显著相关。

冗余分析(RDA)结果详见图 6.14(a)，前两轴共同解释了 48.19%，施加钝化材料的处理组和 CK 在图中明显分成两部分，说明施加材料对于土壤真菌群落结构的影响大于材料间的差异，这一结论与差异性分析一致。相关性分析结果发现(表 6.18)，土壤 pH 与 RDA 模型相关性最高，此外，土壤有效态铜含量、植物干重和有效氮、磷、钾含量也与 RDA 模型具有显著的相关性。

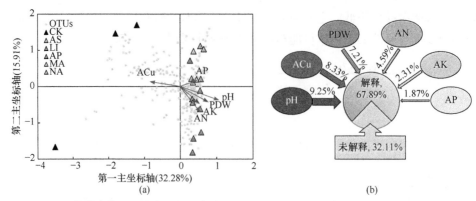

图 6.14　真菌群落和环境变量的冗余分析(a)及环境变量对细菌多样性变异的解释率(b)

图中仅列出 Mantel 检验中与种群显著相关的环境因子

表 6.18　环境因子和 RDA 模型的相关性

因子	R^2	P
pH	0.6477	0.002**
ACu	0.5611	0.003**
PDW	0.4102	0.003*
AN	0.3632	0.019*
AK	0.3300	0.018*
AP	0.2846	0.037*
TP	0.2353	0.130
OM	0.1076	0.438
TK	0.0516	0.648
TN	0.0157	0.863
TCu	−0.0205	0910

* $P<0.05$ 表示显著相关，** $P<0.01$ 表示极显著相关。

　　通过方差分解分析(VPA)，土壤理化性质的变化总共解释了土壤真菌群落 67.89%的变异，其中土壤 pH 的变化可以单独解释 9.25%的变异，在所有环境因子中解释率最高[图 6.14(b)]，其他环境因子如土壤有效态铜含量、植物干重和土壤有效氮、磷、钾含量，对土壤真菌群落的变化也有一定的贡献率。

　　以上研究结果表明，土壤 pH 与真菌群落有显著的相关性。土壤的酸碱性是影响真菌生长和新陈代谢的重要因素。有研究发现，土壤中大部分真菌的最适 pH 为中性，过酸或过碱都会对其生长产生不利影响(Prasher et al.，2014)，因此施加不同钝化材料之后，土壤 pH 不同程度地显著升高，与真菌生物量的变化呈正相关，说明材料的施加改变了土壤环境，有利于真菌的生长和繁殖。

　　与此同时，还发现植物的生长对真菌群落结构和多样性也有影响。有文献报道一些菌根真菌与植物具有密切的联系，菌根真菌对于促进植物的氮吸收具有重要意义(米国华等，2008；孙秋玲等，2012)。自然条件下，虽然许多真菌可以与植物形成菌根而增强其对外界环境变化的敏感性，但是土壤 pH 和有效态重金属含量的改变也会对植物产生影响，导致植物根际生理变化，对真菌产生间接的影响。

　　除了土壤 pH 和植物的种植因素外，土壤磷含量与真菌群落也表现出显著的相关关系。土壤磷含量与真菌及植物之间有着紧密的联系，真菌可以与植物形成菌根，其对于植物吸收营养元素，尤其是对磷元素的吸收有巨大的帮助作用。真菌通过菌丝的生长可以增大与土壤的接触范围，加速磷的运输，还可以分泌磷酸酶以增加土壤中磷的溶解性，从而有利于真菌对磷的吸收(Bolan，1991)。另外，土壤真菌群落对磷素变化的响应也有所不同，在供试的钝化材料中，有三种含磷材料，它们的施加在一定程度上增加了土壤的磷含量，可能会对真菌群落产生选择压力，造成群落组成和多样性的改变。

五、土壤真菌群落中的关键物种分析

　　在真菌群落中，将相对丰度大于 1%的 OTU 定义为优势物种(dominate OTU)。利用 QIIME 软件对优势物种进行比对，并与 NCBI 数据库进行比较，其物种信息如图 6.15 所示。在 35 个优势物种中(相对丰度共计 87.11%～90.32%)，Ascomycota(26/35)是其中最具优势的门(图 6.15)。采用 SIMPER 分析方法确定了引起施加各钝化材料处理与 CK 之间差异性的主要的 OTU，这些 OTU 共同解释了样本间群落结构的差异。PCoA 结果和差异性分析结果显示，施加钝化材料的处理组与 CK 之间群落结构的差异远大于不同钝化材料处理之间的差异。因此，重点分析了引起各处理和 CK 之间差异的 OTU。本书中，差异解释率大于 1%的优势 OTU 被定义为关键物种(key OTU)(图 6.15 中用星号标记)，这 14 个 OTU 进行后续分析。

　　本书中，有一部分真菌种群相对丰度的显著变化是环境压力选择的结果。例如，OTU 803(其相对丰度在 CK 中为 8.23%，在施加钝化材料处理组中降至0.09%～0.24%)(表 6.19)，该 OTU 经比对与 *Hamigera* sp.亲缘关系最近(表 6.20)。有研究表明随着环境 pH 的降低，*Hamigera* sp.的丰度在堆肥过程中会增加(Hansgate et al.，2005)，且相关性分析显示该 OTU 的相对丰度与土壤 pH 呈显著负相关($r=-0.609$，$P<0.01$)(表 6.21)，表明该 OTU 相对丰度的减少与土壤 pH 的增加有关。另外，OTU 1855 的相对丰度由在 CK 中的 2.40%降至在处理组中的0.57%～3.75%，相关性分析显示该 OTU 的相对丰度与土壤有效态铜含量呈显著正相关($r=0.476$，$P<0.05$)(表 6.21)，说明该 OTU 可能对重金属含量的变化较为敏感。经比对该 OTU 与 *Helotiales* sp.亲缘关系最近，据报道 *Helotiales* sp.对重金属

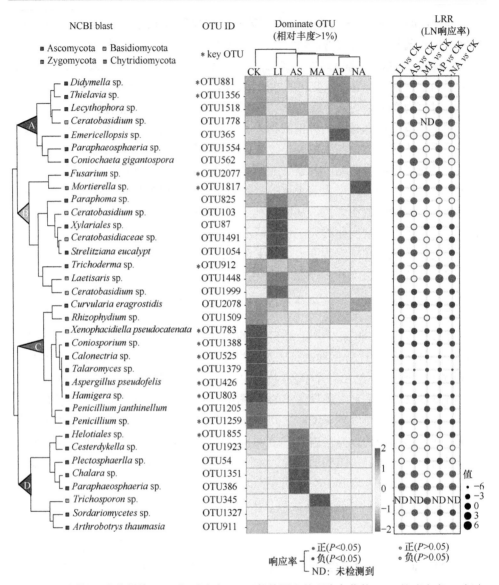

图6.15　不同处理中的优势OTU(相对丰度＞1%)的热图和处理中各优势OTU的响应率[ln(每个
OTU在处理中相对丰度的平均值/CK中相对丰度的平均值)]

解释率大于1%的优势OTU被定义为key OTU(用星号标记)

具有高度耐受性(Lacercat-Didiier et al., 2016)。有些真菌对重金属有很强的耐受性，能够适应极端环境，可以用作重金属污染环境的指示种(Ferreira et al., 2010)。OTU 1855相对丰度的减少说明土壤铜毒性的降低，以及土壤质量的恢复。此外，在对照处理中 OTU 783(属于 *Xenophacidiella pseudocatenata*)(图 6.15)的相对丰度为

2.49%，在处理组中下降到 0.15%～0.78%(表 6.19 和表 6.20)。到目前为止，还没有关于该物种功能的报道，但 OTU 783 的相对丰度与土壤有效态铜含量呈显著正相关($r=0.559$, $P<0.05$)(表 6.21)，表明该 OTU 可能与重金属污染土壤的适应性有关。因此，该 OTU 的减少说明供试钝化材料的应用可以降低重金属的有效性。

表 6.19 各处理下优势 OTU 的平均相对丰度

OTU ID	相对丰度/%						OTU ID	相对丰度/%					
	CK	AS	LI	AP	MA	NA		CK	AS	LI	AP	MA	NA
426	17.97	0.21	0.29	0.20	0.32	0.21	**1205**	15.65	9.01	6.92	3.54	7.92	2.40
803	8.23	0.24	0.21	0.11	0.18	0.09	**2077**	7.38	22.37	20.08	29.59	37.93	44.85
1388	6.10	0.98	1.22	0.58	1.29	0.61	2078	3.35	2.24	3.03	1.36	2.31	0.98
1817	3.24	4.68	4.48	6.59	5.88	18.27	**525**	3.20	0.10	0.09	0.01	0.03	0.04
783	2.49	0.78	0.20	0.37	0.15	0.19	**1379**	2.45	0.01	0.06	0.02	0.02	0.01
912	2.43	2.66	5.68	4.87	6.23	4.74	**1855**	2.40	3.75	0.79	1.63	1.29	0.57
1509	2.02	0.37	1.50	0.18	1.45	0.35	**1259**	1.83	0.97	0.59	0.07	0.24	0.24
54	1.82	3.57	1.88	0.89	0.86	143	825	1.25	3.55	4.47	1.93	2.57	1.74
1327	1.08	1.51	1.46	0.60	2.18	0.74	**881**	0.67	7.89	7.00	10.62	4.14	2.27
1356	5.49	5.12	5.14	3.51	3.33	3.41	1518	0.79	4.26	3.52	4.12	1.72	2.44
1778	0.14	2.54	3.35	4.20	0	1.57	1923	0.78	1.28	0.37	0.25	0.25	0.17
1554	0.25	1.76	1.17	1.56	0.40	0.38	1351	0.07	1.56	0.15	0.25	0.08	0.32
386	0.00	1.30	0.06	0.07	0.10	0.05	562	0.01	4.20	1.53	4.09	0.05	1.72
87	0.57	0.55	3.51	0.15	0.23	0.07	1448	0.01	0.01	2.16	1.47	0.03	0.87
1491	0.19	0.56	2.05	0	0.29	0.11	1999	0.11	0.02	1.37	0.65	0.27	0.02
103	0.13	0.03	1.18	0.15	0.22	0	1054	0.10	023	1.02	0.09	0.19	0.04
365	0.02	0.65	0.50	0.65	1.41	0.50	911	0.07	0.80	0.44	0.21	1.09	0.31
345	0	0	0	0	1.07	0							
优势 OTU 相对丰度加和	92.34	89.81	86.76	93.32	82.24	91.70							

注：ID 号被加粗的 OTU 表示关键物种。

表 6.20 真菌优势种的比对结果

OTU ID	Subject	Accession	identity/%	Bit score
426	*Aspergillus pseudofelis* strain CBS DTO_327-G4 ITS	KY808751.1	100	481
	Aspergillus pseudofelis strain CBS DTO_316-C8 ITS	KY808750.1	100	481
	Aspergillus pseudoviridinutans strain CBS DTO_303-A1ITS	KY808745.1	100	481
1205	*Penicillium janthinellum* isolate A732 ITS	KU529846.1	100	455
	Penicillium aculeatum isolate H3 ITS	JN166804.1	100	455
	Penicillium janthinellum strain GZU-BCECGYN61-4 ITS	GU565146.1	100	455

续表

OTU ID	Subject	Accession	identity/%	Bit score
803	*Hamigera insecticola* genes ITS	LC076686.1	95	353
	Hamigera avellanea strain HN06 ITS	JQ796873.1	94	346
	Hamigera fusca NRRL 35601 ITS	NR_137734.1	93	344
2077	*Fusarium* sp. strain CC18-7	MH628443.1	100	412
	Fusarium oxysporum strain EECC-643	MH575293.1	100	412
	Fusarium oxysporum f. sp. vasinfectum isolate Fo	MH571759.1	100	412
1388	*Coniosporium* sp. Sigrf15	KT369825.1	99	497
	Coniosporium sp. SL11183	JQ354931.1	99	409
	uncultured Ascomycota isolate CROP_denovo_7088	MF528642.1	99	409
2078	*Curvularia eragrostidis* strain AY978 ITS	MG250430.1	100	468
	Curvularia sp. Cv03Sc02 ITS	JQ783059.1	100	468
	Curvularia eragrostidis strain 1167 ITS	KT933675.1	100	462
1817	uncultured *Mortierella* clone LTSP_EUKA_P2O07 ITS	FJ553286.1	100	411
	Mortierella elongata isolate F15 ITS	JF439485.1	100	411
	uncultured *Mortierella* clone RGO_OMG150	KY574445.1	100	411
525	*Gyroporus* sp. MCVE 28582 ITS region	NR_138411.1	100	99
	Vuilleminia erastii DAOM 199025 ITS region	NR_119979.1	100	99
	Butyriboletus yicibus SFSU Arora9727 ITS region	NR_137796.1	100	93
783	*Xenophacidiella pseudocatenata* CBS 128776 ITS	NR_137066.1	89	274
	Pseudotaeniolina globosa CBS 109889 ITS	NR_136960.1	89	222
	Penidiella aggregata CBS 128772 ITS	NR_137772.1	88	252
1379	*Talaromyces verruculosus* CBS 388.48 ITS	NR_103675.2	98	414
	Talaromyces viridulus CBS 252.87 ITS	NR_103663.2	97	407
	Talaromyces siamensis CBS 475.88 ITS	NR_103683.2	97	403
912	*Trichoderma koningii* ATCC 64262 ITS	NR_134419.1	100	466
	Trichoderma hamatum DAOM 167057 ITS	NR_134371.1	99	460
	Trichoderma koningii ATCC 64262 ITS	NR_138456.1	98	455
1855	*Helotiales* sp. isolate CMMy29A1 ITS	KY774220.1	90	302
	Helotiales sp. DU60 ITS	KM113762.1	89	294
	Helotiales sp. PIMO_265 ITS	HQ845751.1	89	291
1509	*Rhizophydium* sp. Bevill ITS	AY349124.1	99	416
	Rhizophydium sp. PL-AUS-009 ITS	DQ485637.1	100	414
	Rhizophydium sp. PL-AUS-002 ITS	DQ485632.1	100	414

OTU ID	Subject	Accession	identity/%	Bit score
1259	*Penicillium janthinellum* strain CCG1(1) ITS	KM268697.1	99	449
	Penicillium sp. PSF27 ITS	HQ850350.1	99	448
	Penicillium janthinellum strain HCG1(1) ITS	KM268704.1	99	446
54	*Plectosphaerella populi* strain C9 ITS	MH684740.1	100	396
	Plectosphaerella populi strain A9 ITS	MH684737.1	100	396
	Plectosphaerella cucumerina strain 17-042 ITS	MF347409.1	100	396
825	*Paraphoma chrysanthemicola* strain YC1 ITS	MF966385.1	93	363
	Paraphoma chrysanthemicola strain YH6 ITS	MF966389.1	93	353
	Paraphoma sp. isolate ALSHB4 ITS	KU561866.1	92	342
1327	*Sordariomycetes* sp. Neg.3 ITS	KR818859.1	90	359
	Sordariomycetes sp. clone OTU45 ITS	KY965437.1	90	331
	Sordariomycetes sp. strain WSF14_SW10 ITS	KU597377.1	89	322
881	*Didymella heteroderae* CBS 109.92 ITS	NR_135963.1	100	324
	Didymella anserina CBS 285.29 ITS	NR_136128.1	100	324
	Didymella dimorpha CBS 346.82 ITS	NR_135991.1	100	324
1356	*Thielavia* sp. HYY2(1) ITS	KM268653.1	96	387
	Thielavia sp. CIM_WSR01	KF913194.1	96	387
	Uncultured *Thielavia* clone 4.64E	KP235777.1	96	381
1518	*Coniochaetales* sp. LM513	EF060808.1	100	460
	Lecythophora sp. 11G003	KJ957772.1	99	455
	Lecythophora sp. isolate E-349	KY582103.1	99	449
1778	*Ceratobasidium* sp. AG-A isolate FB075Lzz15	HQ269808.1	99	444
	Ceratobasidium sp. AG-K isolate RhMY074Lzz29	HQ269822.1	99	438
	Ceratobasidium sp. AG-K isolate RhJL1075Lzz11	HQ269813.1	98	433
1923	*Westerdykella purpurea* strain HN6-5B	FJ624258.1	99	407
	Westerdykella purpurea isolate 90_DS.ST11.TLOM2	KY977570.1	99	405
	Westerdykella sp. MS-2011-F01	HE608773.1	99	405
1554	*Paraconiothyrium* sp. isolate PCR65	KY436117.1	100	505
	Paraphaeosphaeria sporulosa isolate 91	KY977581.1	100	505
	Paraphaeosphaeria sp. sedF2	KT265808.1	100	505
1351	Uncultured *Chalara* clone 10D50C41	HG936399.1	90	309
	Uncultured *Chalara* clone 10D50C08	HG936398.1	90	309
	Uncultured *Chalara* clone 09DWuC15	HG936396.1	90	309

续表

OTU ID	Subjest	Accession	identity/%	Bit score
386	*Phaeosphaeriopsis musae* isolate A727	KU529841.1	99	381
	Phaeosphaeriopsis sp. 014	KR012892.1	99	381
	Phaeosphaeria oryzae strain MFLUCC 11-0170	KM434269.1	99	381
562	*Coniochaeta gigantospora* ILLS 60816	NR_121521.1	97	422
	Coniochaeta gigantospora	JN684909.1	97	422
	Coniochaeta gigantospora isolate caf5	KP119482.1	87	279
87	*Xylariales* sp. strain MR107	KY031690.1	96	368
	Xylariales sp. strain MR100	KY031686.1	96	368
	Xylariales sp. strain MR61	KY031662.1	96	368
1448	*Laetisaria arvalis* CBS 131.82	NR_119689.1	99	497
	Laetisaria sp. RhMY076Lzz7	HQ404664.1	89	309
	Laetisaria sp. RhMY077Lzz19	HQ404663.1	89	300
1491	Uncultured *Ceratobasidiaceae* clone GX2-1	KP053814.1	100	475
	Ceratobasidiaceae sp. CBS 573.83	KF267011.1	100	475
	Uncultured *Ceratobasidiaceae* clone DOf-YC11	JX545227.1	100	475
1999	*Ceratobasidium* sp. AG-F isolate Str56	DQ102438.1	99	507
	Ceratobasidium sp. AG-F isolate Str51	DQ102437.1	99	507
	Ceratobasidium sp. AG-F isolate Str47	DQ102441.1	99	503
103	*Ceratobasidium* sp. clone OTU3	KY965395.1	97	451
	Ceratobasidium sp. AG-F isolate Str56	DQ102438.1	95	444
	Ceratobasidium sp. AG-F isolate Str51	DQ102437.1	95	444
1054	*Strelitziana eucalypti* isolate AM23	KM246179.1	97	459
	Strelitziana eucalypti isolate AM18.1	KM246173.1	97	459
	Strelitziana eucalypti culture-collection CBS:128214	HQ599596.1	91	361
365	Uncultured *Emericellopsis* clone 09J70C18	HG936805.1	100	440
	Uncultured *Emericellopsis* clone 09J10C86	HG936804.1	100	440
	Uncultured *Emericellopsis* clone 09J10C15	HG936802.1	100	440
911	*Arthrobotrys thaumasia* strain CBS 322.94	AF106526.1	100	507
	Arthrobotrys thaumasia strain CBS 376 97	KT215216.1	98	479
	Arthrobotrys thaumasia isolate 114	EU977538.1	98	468
345	Uncultured *Trichosporon* clone JB40C29	HG935387.1	100	424
	Uncultured *Trichosporon* clone JB40C14	HG935386.1	100	424
	Uncultured *Trichosporon* clone 10S50C23	HG935381.1	100	424

注：ID 号被加粗的 OTU 为关键物种。

表6.21　优势 OTU 对真菌群落差异性的解释率以及优势 OTU 相对丰度
与环境变量之间的相关性

OTU ID	相关性(R)						解释率/%				
	ACu	pH	PDW	AN	AP	AK	AS vs CK	LI vs CK	AP vs CK	MA vs CK	NA vs CK
426	0.473*	−0.360	0.314	−0.429	−0.465*	−0.531*	13.74	13.14	12.07	13.28	11.73
1205	0.517*	−0.253	0.069	−0.164	−0.490*	−0.137	7.95	8.73	8.44	8.00	9.05
803	−0.511*	−0.609**	−0.265	−0.523*	−0.601**	−0.358	6.18	5.97	5.52	6.05	5.38
2077	−0.748**	0.639**	0.104	0.445	0.653**	0.102	11.59	9.43	15.09	22.97	24.74
1388	0.503*	−0.395	−0.092	−0.185	−0.486*	−0.486*	3.95	3.56	3.94	3.61	3.62
2078	0.410	−0.284	0.127	−0.018	−0.463*	−0.141	0.92	1.19	1.35	0.99	1.57
1817	−0.397	0.290	0.148	0.265	0.384	0.110	3.26	3.08	3.60	3.84	10.97
525	0.605**	−0.500*	−0.074	−0.337	−0.410	−0.513*	2.40	2.31	2.17	2.38	2.08
783	0.559*	−0.401	−0.246	−0.379	−0.494*	−0.282	2.25	2.21	1.91	2.22	1.92
1379	0.544*	−0.355	−0.180	−0.364	−0.494*	−0.445	1.89	1.78	1.65	1.82	1.61
912	−0.588*	0.354	−0.016	0321	0.515*	0.096	1.23	3.73	1.65	2.93	2.08
1855	0.476*	−0.354	0.034	−0.063	−0.383	0.370	1.92	1.51	1.46	1.44	1.38
1509	0.211	−0.207	−0.058	0.127	−0.177	−0.525*	1.28	0.96	1.26	0.77	1.11
1259	0.502*	−0.411	0.020	−0.301	−0.448	−0.179	1.18	1.16	1.19	1.23	1.10
54	0.176	−0.404	0.158	−0.044	−0.294	0.366	1.87	0.93	0.80	0.93	1.15
825	0.055	0.119	0.782**	0.373	0.069	0.503*	1.78	2.39	0.71	1.18	0.80
1327	−0.199	−0.049	0.394	0.404	−0.034	0.075	0.56	0.81	0.51	0.83	0.47
881	−0.143	0.053	0.457*	0.135	−0.001	0.756**	5.59	4.70	6.76	2.61	1.09
1356	−0.290	0.470*	0.404	0.255	0.290	0.647**	3.80	4.48	6.10	2.13	2.12
1518	−0.019	0.304	0.378	0.191	0.133	0.487*	2.02	2.03	2.27	0.85	1.19
1778	0.183	−0.068	0.151	−0.081	−0.031	0.256	1.93	2.54	2.82	0.10	1.05
1923	0.023	−0.318	0.412	0.185	−0.093	0.664**	1.42	0.12	0.05	0.12	0.07
1554	−0325	0.236	0.549*	0.476*	0.067	0.728**	1.17	0.68	0.89	1.36	0.11
1351	−0.215	0.114	0.024	0.112	0.229	0.170	0.18	0.10	0.13	0.04	0.16
386	−0.376	0.317	0.372	0.422	0.345	0.285	1.01	0.04	0.04	0.07	0.03
562	−0.398	0.291	0.132	0.079	0.249	0.476*	0.92	0.02	0.73	0.56	0.14
87	0.412	−0.335	0.584*	0.123	−0.290	0.224	0.44	2.29	0.34	0.35	0.34
1448	−0.105	0.048	0.174	0.081	−0.090	0.194	0.01	1.60	1.00	0.02	0.57
1491	0.210	−0.004	0.168	0.217	−0.121	−0.095	0.49	1.57	0.13	0.26	0.14
1999	0.054	0.130	0.164	0.206	−0.101	0.367	0.09	0.99	0.42	0.02	0.08
103	0.287	−0.034	0.335	0.099	−0.144	0.215	0.11	0.83	0.13	0.09	0.08
1054	0.144	−0.182	0.209	0.111	−0.134	0.186	0.14	0.72	0.05	0.013	0.05

OTU ID	相关性(R)						解释率/%				
	ACu	pH	PDW	AN	AP	AK	AS vs CK	LI vs CK	AP vs CK	MA vs CK	NA vs CK
365	−0.618*	0.655**	0.233	0.383	0.482*	0.523*	0.48	0.36	0.23	1.05	0.31
911	0.342	0.203	0.532*	0.489*	0.224	0.332	0.57	0.29	0.13	0.80	0.16
345	−0.637**	0.516*	0.126	0.640**	0.383	−0.033	0	0	0	0.008	0

注：ID 号被加粗的 OTU 表示关键物种。

*P<0.05 表示显著相关，**P<0.01 表示极显著相关。

众所周知，真菌的代谢产物如有机酸(Faraji et al.，2018)和胞外多糖(Paria et al.，2018)对土壤 pH 和有效态重金属含量的变化影响很大，这说明真菌在钝化/稳定化作用中是有一定贡献的。本书中，与对照相比，OTU 426 的相对丰度经不同钝化材料处理后大大降低(对照中为 17.97%，其他处理中为 0.20%～0.32%)(表6.19)，且其相对丰度与土壤有效态铜含量呈正相关关系(r=0.473，P<0.05)(表6.21)。经比对发现该 OTU 隶属于 *Aspergillus* sp.(图 6.15)，*Aspergillus* sp.可以通过产生有机酸(如柠檬酸、草酸和葡萄糖酸)来浸出土壤重金属(Faraji et al.，2018)。这些代谢物可以通过从矿石或土壤基质中置换金属离子来溶解矿物中的金属(Burgstaller et al.，1993)。另外，在不同的钝化材料应用后，OTU 1205(其相对丰度在 CK 中为 15.65%，在其他处理中大幅度降低至 2.40%～9.01%)和 OTU 1259(其相对丰度在 CK 中为 1.83%，在其他处理中降低至 0.07%～0.97%)的相对丰度显著降低，这两个 OTU 与土壤有效态铜含量呈正相关关系(r 分别为 0.517 和 0.502；P<0.05) (表 6.21)。OTU 1205 和 OTU 1259 都与 *Penicillium* sp.亲缘关系最近(图6.15)，*Penicillium* sp.有着与 *Aspergillus* sp.类似的生物浸出机制，产生有机酸以溶解土壤中的重金属(Deng et al.，2013)。因此，这些 OTU 相对丰度的减少可能有助于钝化效果的加强。此外，OTU 2077 相对丰度(对照中为 7.38%，处理组中为20.08%～44.85%)与土壤有效态铜含量呈负相关关系(r= −0.748，P<0.01)(表6.21)。该 OTU 属于 *Fusarium* sp.(图 6.15)，据报道，*Fusarium* sp.通常存在于矿区土壤和东南景天(*Sedum alfredii*)等超富集植物的组织中(Zhang et al.，2012)。一些研究表明，属于 *Fusarium* sp.的菌株对重金属具有抗性，因为它们具有生物吸附能力，即固定在细胞表面或细胞外的过程(Zafar et al.，2007)。因此，土壤真菌对钝化材料施加的响应很可能不是被动的，而是通过增加与重金属吸附相关的种群丰度和减少与重金属淋溶相关的种群丰度，与钝化材料的稳定化作用具有协同效应。

加入钝化材料后，土壤 pH 升高，有效态铜含量降低，海州香薷得以生长。

这种现象主要是由于重金属毒性的减轻，但也可能是由于植物促生菌数量的增加。本书中，OTU 1817 在 CK 中的相对丰度为 3.24%，施加不同钝化材料后增加到 4.48%～18.27%，该 OTU 属于 *Mortierella* sp.(图 6.15)，有研究表明该菌属具有溶解磷酸盐的能力，有助于丛枝菌根真菌(AMF)的定殖，并且能够促进植物生长(Zhang et al.，2011)。OTU 912(相对丰度在 CK 中为 2.43%，在其他处理中为 2.66%～6.23%)属于 *Trichoderma* sp.(图 6.15)，据报道，*Trichoderma* sp.可促进植物生长(Altomare et al.，1999)。OTU 881 的相对丰度(隶属于 *Didymella* sp.)(图 6.15)也随着钝化材料的应用而显著增加(在 CK 中为 0.67%，在其他处理中为 2.27%～10.62%) (表 6.19)，并且与植物干重呈正相关($r=0.457$, $P<0.05$)(表 6.21)。据报道，*Didymella* sp.可以增强寄主对非生物胁迫的耐受性，因此有益于提高植物宿主对环境的抗逆性(Soltani et al.，2015)。

钝化材料的施用引起某些真菌群落的变化，这些群落不仅能够促进植物生长，还能够减少植物的病害，改善植物健康。例如，OTU 525(CK 中的相对丰度为 3.20%，处理组中的相对丰度降至 0.01%～0.10%)(表 6.19)隶属于 *Calonectria* sp. (图 6.15)，据报道 *Calonectria* sp.会对重要的经济作物造成病害，如立枯病、茎溃疡和根腐病(Lombard et al.，2010)。而病原菌拮抗菌的存在通常表明病原菌的存在(Sun et al.，2016)。例如，OTU 1388(在 CK 中为 6.10%，处理组中下降至 0.61%～1.29%)(表 6.19)与 *Coniosporium* sp.亲缘关系最为密切(图 6.15)，据报道其可能是病原菌拮抗菌(Dong et al.，2016)。OTU 1379(在 CK 中为 2.45%，处理组中为 0.01%～0.06%)与 *Talaromyces* sp.关系最为密切(表 6.20)，*Talaromyces* sp.被证明能够与几种经种传播的病原体相拮抗(Kato et al.，2012)。此外，OTU 1356(在 CK 中为 5.49%，其他处理中为 3.33%～5.14%)与 *Thielavia* sp.密切相关，*Thielavia* sp. 是一种能够抑制植物病原真菌 *Sclerotium rolfsii* 的拮抗剂(Danon et al.，2010)。因此，上述真菌物种相对分度的变化表明，钝化材料的施加可能降低植物病原菌的丰度，从而利于植物的生长，最终提高联合修复重金属污染土壤的效率。

总体而言，高通量测序结果表明，施加不同钝化材料后，与生物吸附(如 *Fusarium* sp.)和植物生长促进(*Mortierella* sp.、*Trichoderma* sp.和 *Didymella* sp.)相关的真菌相对丰度增加。与此相应的，真菌群落中与重金属耐性(*Helotiales* sp.、*Xenophacidiella pseudocatenata*)、耐酸性(如 *Hamigera* sp.)、生物浸出(*Aspergillus* sp.、*Penicillium* sp.)、潜在病原菌(*Calonectria* sp.)和病原菌拮抗菌相关(*Coniosporium* sp.、*Talaromyces* sp.和 *Thielavia* sp.)的种群相对丰度降低，说明施用钝化材料可以通过改善土壤微生物群落组成，从而提高钝化材料联合植物修复的修复效率，而这些真菌物种同样可以作为钝化修复过程中指示性物种，以表征土壤生态质量的恢复。

第三节 钝化材料联合植物修复对土壤微生物功能的影响

一、钝化材料对土壤酶活性的影响

土壤酶活性与微生物获得有效养分的能力之间呈正相关关系，因此其可用于估计土壤重金属污染的程度(Garau et al., 2007)。本书研究结果表明，与对照相比，5 种不同钝化材料均能显著提高土壤脲酶、过氧化氢酶和酸性磷酸酶的活性($P<$0.05)(图 6.16)。对于过氧化氢酶和脲酶活性而言，以含磷材料的效果要优于其他材料；对于酸性磷酸酶而言，微/纳米材料的效果优于其他 3 种经典钝化材料，且其活性与土壤有效态铜含量呈负相关。大多数土壤酶是土壤转化过程的催化剂，因而容易受到环境的影响(Yang et al., 2013)。本书中供试钝化材料对土壤酶活性的增强作用可归因于土壤有效态铜含量降低，土壤微生物的活性得以恢复。Wei 等(2016)研究表明 NA 的应用可以提高重金属污染土壤中的酸性磷酸酶活性，与本书的结果一致。因此，本书中的 5 种钝化材料，特别是 MA 和 NA，缓解了铜对土壤微生物的毒害作用，从而提高了土壤微生物的活性。

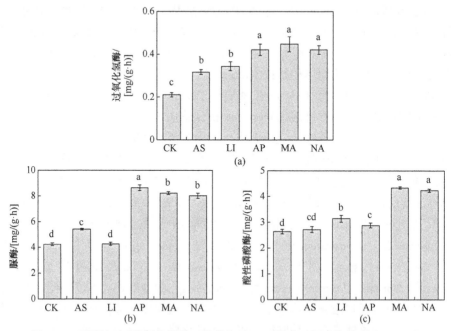

图 6.16　不同处理下表层土壤的过氧化氢酶(a)、脲酶(b)和酸性磷酸酶(c)的活性

误差棒上方不同字母表示处理间在 $P<0.05$ 水平上存在显著性差异

二、钝化材料对土壤细菌产 IAA 和铁载体能力的影响

从前面对关键物种的分析中，推断施加不同钝化材料后可以提高植物促生细菌的相对丰度，以提高钝化材料-植物联合修复的效率。为了验证这一推断，从每个处理土壤悬液的培养平板上随机挑选一定数量的菌落，分离纯化后保证每个处理获得 50 株纯培养细菌，共 300 株菌株，并定性测定菌株的产 IAA 和铁载体的能力，结果如图 6.17 所示。

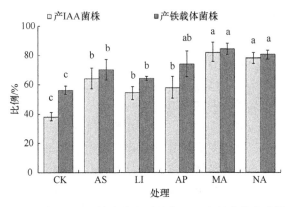

图 6.17　不同处理下土壤中分离到的产 IAA 和铁载体的菌株比例
误差棒上方不同字母表示处理间在 $P<0.05$ 水平上存在显著性差异

由图 6.17 可知，不同钝化材料处理后的土壤中产 IAA 菌株的比例为 54%～82%，显著高于对照中的 38%。此外，从施加 MHA 和 NHA 的土壤中观察到产 IAA 菌株的比例(分别为 82%和 78%)要显著高于其他处理。另外，在含磷材料处理组中，施用 MA 的处理中产 IAA 菌株比例略高于其他两个处理。

产 IAA 菌株的一个主要作用是增加植物侧根和不定位根，从而增加植物对矿物和营养的吸收，且根系分泌物可以反过来刺激根部细菌的增殖(Lambrecht et al.，2000；Steenhoudt et al.，2000)。例如，菌株 *Pseudomonas putida* GR12-2 可以合成低水平的 IAA，该菌株可以诱导油菜不定根的形成，即促进根的生长；同时接种 IAA-缺陷型 GR12-2，结果表明接种野生型菌株的油菜其根长显著高于不接菌和接 IAA 缺陷型突变株的油菜根(Patten et al.，2002)。同时细菌还可以通过合成 IAA 抵御环境压力对植物造成的不利影响。例如，通过在紫花苜蓿的根瘤处接种 IAA 过量表达菌株 *Sinorhizobium meliloti* DR-64，可以观察到植物对高盐的耐受性有所提高(Bianco et al.，2009)。本书中，钝化材料的施加提高了土壤中产 IAA 菌株的比例，这可能是由于钝化材料降低了土壤中铜的有效态含量，缓解了铜对土壤微生物的毒性，恢复了其生理代谢能力。

类似地，在施加不同钝化材料的处理中产铁载体菌株的比例显著高于对照。

结果表明，本书中供试的钝化材料均能提高产 IAA 和产铁载体的细菌比例。据报道，超富集植物修复土壤重金属污染效率的主要限制是其生长缓慢，生物量低，但产 IAA 和铁载体菌株能促进植物的生长，从而提高植物从土壤吸收转运重金属的效率(Rajkumar et al.，2012)。因此，MA 和 NA 可以增加土壤中植物促生细菌的比例，且效果优于其他 3 种经典的钝化材料。这一结果也证实了前述钝化材料的施加可以提高植物促生细菌相对丰度的推论。

三、基于 PICRUSt 对土壤细菌的功能预测

应用 PICRUSt 方法推测样本的宏基因组含量，并通过 16 SrRNA 序列信息对细菌群落宏基因组的功能潜力进行评价。虽然这样的方法会被可用基因组数所限制，但它已被证明能够高度精确地复制宏基因组(Langille et al.，2013)。

不同处理下的细菌群落宏基因组基于 PICRUSt 分析方法，被分为 41 个 level 2 KO(KEGG Orthology)组(图 6.18)，其中属于"代谢"中的糖代谢和氨基酸代谢的基因相对丰度最高，它们对微生物的生存至关重要(Liu et al.，2018)。此外，属于"环境信息加工"中的跨膜运输的基因相对丰度也很高，这些基因与有毒有机化合物的潜在降解机制以及土著微生物如何适应污染的沉积物有关(Liu et al.，2018)。Jiang 等(2016)基于 PICRUSt 对三个矿区的铜耐性植物海州香薷的根际土壤细菌进行功能预测，结果发现土壤总铜含量与细菌"碳水化合物及脂质代谢"基因的相对丰度呈显著负相关，同时随着土壤 pH 的降低，"次生代谢产物生物合成"及"信号分子和相互作用"基因的相对丰度显著增加。因此，这些相对丰度高的功能基因很可能与土壤重金属的钝化/稳定化过程有关。

除此之外，隶属于"人类疾病"的基因虽然相对丰度较低，但其中与癌症、传染性疾病和神经退行性疾病相关的基因，其相对丰度在不同钝化材料处理组中显著低于对照(图 6.18)，说明不同钝化材料的施加改善了土壤环境，可能降低了人类患某些疾病的风险。

为了研究不同钝化材料和海州香薷共同修复重金属污染过程中土壤细菌功能的响应过程，将隶属于相对丰度最高的"代谢"和"环境信息加工"大类中的功能基因单独列出，并找到其中相对丰度大于 0.1%的功能基因，进行后续分析(图 6.19)。

在"环境信息加工"中，与"膜运输"相关的基因，如 ABC 转运蛋白(ATP binding cassette transporters，ABC transporters)基因的相对丰度在钝化材料处理组中显著高于对照(图 6.19)。Hou 等(2017)利用 PICRUSt 对比研究了积累型和非积累型东南景天的根际和非根际细菌功能的差异，结果表明积累型东南景天的根际细菌中 ABC 转运蛋白的相对丰度显著高于非根际土壤、非积累植物根际和非根际土壤细菌中的相对丰度，说明这类功能基因与积累型植物特性有关。同时，细

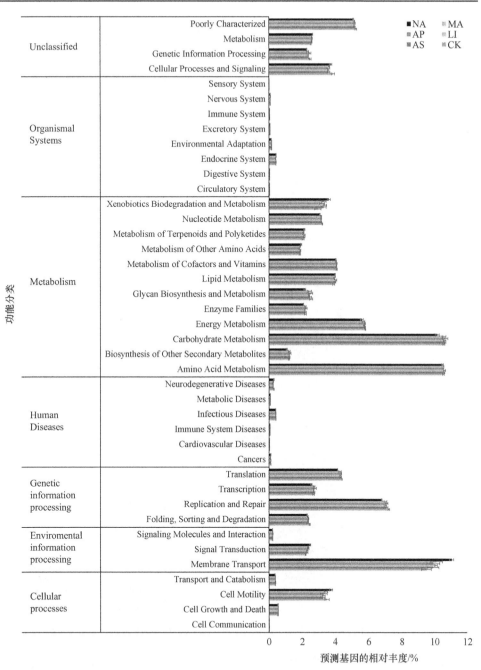

图 6.18　基于 PICRUSt 的不同处理下细菌群落的功能预测

菌中跨膜运输蛋白与积累和吸收重金属有关(Luo et al.，2017)，本书中该基因的
相对丰度在钝化材料施加后显著增高，这可能是由于种植"喜"铜植物海州香

薷，其根际分泌的有机酸将土壤中的重金属元素溶出时，对土壤细菌形成选择压力，土壤细菌为了存活而合成更多的这种转运蛋白以适应环境的变化。

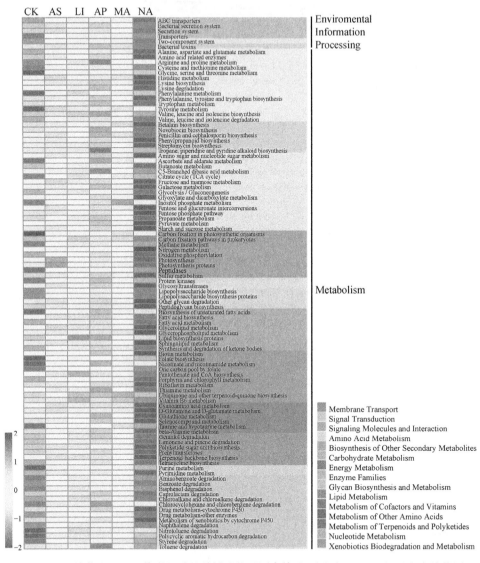

图 6.19　环境信息处理和代谢相关的关键功能基因家族(相对丰度＞0.1%)相对丰度的热图

此外，与碳水化合物代谢相关的基因，如柠檬酸循环基因(柠檬酸是一种常见的有机酸)，能够强化植物对重金属的吸收和转运(Chen et al.，2014；Duarte et al.，2007)。该基因在施加不同钝化材料的处理组中的相对丰度要显著低于CK，说明钝化材料的施加能够减少土壤细菌分泌有机酸，降低土壤重金属有效性，即降低土壤重金属溶出的风险。另外，果糖和甘露糖代谢基因的相对丰度在处理组中显著高于对照，这些化合物的存在可以帮助植物应对镉胁迫(Luo et al., 2014, 2015)。该基因相对丰度的提高说明添加不同钝化材料能够提高细菌协同植物修复重金属污染土壤的能力。

除了碳水化合物代谢之外，与氨基酸新陈代谢相关的基因的比重很大，如脯氨酸、半胱氨酸和蛋氨酸代谢，参与从土壤中获取金属和缓解金属引起的氧化应激反应(Hassinen et al., 2011)。谷胱甘肽和烟碱被报道能够降低土壤重金属的生物有效性，从而提高植物耐受重金属的能力(Pan et al., 2016; Tsednee et al., 2014)。本书中该基因的相对丰度在处理组中显著低于对照，说明不同钝化材料的添加有效地降低了土壤有效态铜含量，因此土壤细菌分泌的谷胱甘肽和烟碱也随之减少。

本书中，除上述提及的功能基因外，还有很多基因在处理组和对照中有显著差异，如能量代谢相关基因。然而，由于利用 PICRUSt 进行宏基因组功能预测的局限性，后续的研究将使用组学技术以精确地确定宏基因组的功能，如宏基因组和宏转录组，以解释不同钝化材料的施加联合海州香薷钝化修复后土壤细菌功能响应的机制。

四、基于 FUNGuild 对土壤真菌的功能预测

根据生态类型和营养模式对不同处理下的真菌群落进行了分类[图 6.20(a)]，CK 中有 55.15%的 OTU，处理组中有 55.01%~75.40%的 OTU 被进行了注释。此外，根据 FUNGuild 数据库不同处理下的土壤真菌群落被分为 8 个营养模式，其中以病理型、共生型和腐生型为主[图 6.20(a)]。真菌群落中的致病菌丰度从 CK 的 5.94%显著降低到碱渣和微米羟基磷灰石处理组的 3.03%和 5.48%，但在其他钝化材料处理中显著增加，特别是在石灰处理中，达到 8.76%[图 6.20(a)]。这些结果表明，应用碱渣和微米羟基磷灰石结合植物修复可以改善土壤质量，降低铜污染土壤中病原真菌的丰度。这一结果与前一章中 SIMPER 的分析结果一致。此外，对于病原真菌，包括植物病原体、动物病原体和真菌寄生虫，本书仅列出了植物和动物病原体[图 6.20(b)]，与对照相比，处理组的动植物病原菌比例明显下降，表明应用钝化材料后，尤其是碱渣和微米羟基磷灰石，可以改善土壤健康，这与之前的 SIMPER 分析结果也是一致的。

与病原菌不同，施加供试钝化材料后，属于腐生真菌的 OTU 丰度从 CK 中的 36.84%显著增加到钝化材料处理组的 40.12%~70.53%，特别是在微米羟基磷灰石处理中增加到 70.53%[图 6.20(a)和(c)]。一般认为腐生真菌是土壤中死亡或衰老植物的主要分解者，对分解有机质和养分循环具有重要意义(Phillips et al., 2014)。腐生真菌可以产生一系列水解酶和氧化酶，这些酶有分解碳水化合物和

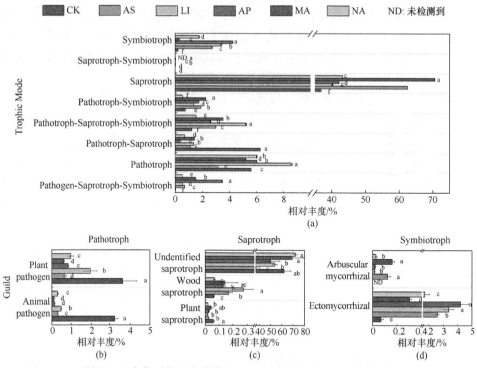

图 6.20　不同处理下真菌群落的营养模式(a)和主要营养模式(b)、(c)、(d)的相对丰度

字母不同表示处理间在 $P < 0.05$ 水平上有显著性差异

调动土壤有机质营养素的潜力(Courty et al.，2010；Floudas et al.，2012)。因此，腐生真菌丰度的增加表明，供试钝化材料特别是微米羟基磷灰石，可以提高土壤有机质含量和营养元素循环速率。

　　此外，共生真菌在研究中也占主导地位，包括丛枝菌根真菌(AMF)和外生菌根真菌(EMF)。本书中，CK 中未检测到 AMF，但在施加钝化材料的处理组中，尤其是在微米羟基磷灰石处理中其丰度显著增加[图 6.20(d)]。据报道，几乎所有的植物物种都可以与共生真菌形成植物-真菌联合体(菌根共生)，它在植物生长、群落多样性和稳定性以及生态系统的生产力中都发挥着重要作用(Lin et al.，2012)。AMF 通常与植物有关，并可促进营养吸收(Lin et al.，2012)。关于共生体的另一个成员，EMF 是广泛分布的植物共生真菌，利用其广泛的菌丝网络从植物中获取碳源，并增强植物对矿物质营养素的吸收(Hou et al.，2012)。结果表明，EMF 的丰度在钝化材料处理组中(0.30%~3.38%)高于 CK(0.07%)，说明钝化材料的施用改善了铜污染土壤的真菌群落，使土壤环境有利于植物恢复。此外，由于 FUNGuild 数据库的局限性，未被分类的序列丰度比例相当高(超过 40%)，因此不能忽略。

参 考 文 献

贾晓红, 李新荣, 李元寿. 2007. 干旱沙区植被恢复中土壤碳氮变化规律. 植物生态学报, 31: 66-74.

米国华, 赖宁薇, 陈范骏. 2008. 细菌、真菌及植物氮营养信号研究进展. 植物营养与肥料学报, 14: 1008-1016.

孙秋玲, 戴思兰, 张春英. 2012. 菌根真菌促进植物吸收利用氮素机制的研究进展. 生态学杂志, 31: 1302-1310.

唐玉姝, 魏朝富, 颜廷梅. 2007. 土壤质量生物学指标研究进展. 土壤, 39: 157-163.

王江, 张崇邦, 常杰, 等. 2008. 五节芒对重金属污染土壤微生物生物量和呼吸的影响. 应用生态学报, 19: 1835-1840.

谢锦升, 杨玉盛, 陈光水, 等. 2008. 植被恢复对退化红壤团聚体稳定性及碳分布的影响. 生态学报, 28: 702-709.

Albert R, Jeong H, Barabási A. 2000. Error and attack tolerance of complex networks. Nature, 406: 378-382.

Altomare C, Norvell W, Björkman T, et al. 1999. Solubilization of phosphates and micronutrients by the plant-growth-promoting and biocontrol fungus *Trichoderma harzianum* Rifai 1295-22. Applied and Environmental Microbiology, 65: 2926-2933.

Anderson J A H, Hooper M J, Zak J C, et al. 2009. Molecular and functional assessment of bacterial community convergence in metal-amended soils. Microbial Ecology, 58: 10-22.

Aono R, Ito M, Machida T. 1999. Contribution of the cell wall component teichuronopeptide to pH homeostasis and alkaliphily in the alkaliphile bac illus lentus C-125. Journal of Bacteriology, 181: 6600-6606.

Baker-Austin C, Dopson M. 2007. Life in acid: pH homeostasis in acidophiles. Trends Microbiol, 15: 165-171.

Barabási A L, Oltvai Z N. 2004. Network biology: understanding the cell's functional organization. Nature Reviews Genetics, 5: 101-113.

Barberán A, Bates S T, Casamayor E O, et al. 2012. Using network analysis to explore co-occurrence patterns in soil microbial communities. The ISME Journal, 6: 343-351.

Benjamini Y, Hochberg Y. 1995. Controlling the false discovery rate: A practicaland powerful approach to multiple testing. Journal of the Royal Statistical Society Series B: Methodological, 57: 289-300.

Bianco C, Defe R. 2009. Medicago truncatula improves salt tolerance when nodulated by an indole-3-acetic acid-overproducing *Sinorhizobium meliloti* strain. Journal of Experimental Botany, 60: 3097-3107.

Bolan N S. 1991. A critical review on the role of mycorrhizal fungi in the uptake of phosphorus by plants. Plant and Soil, 134: 189-207.

Bouizgarne B, Oufdou K, Ouhdouch Y. 2015. Actinorhizal and Rhizobial-Legume symbioses for alleviation//Arora N K. Plant Microbes Symbiosis: Applied Facets. New Delhi: Springer:

273-295.

Burgstaller W, Schinner F. 1993. Leaching of metals with fungi. Journal of Biotechnology, 27: 91-116.

Chaffron S, Rehrauer H, Pernthaler J, et al. 2010. A global network of coexisting microbes from environmental and whole-genome sequence data. Genome Research, 20: 947-959.

Chao A. 1984. Nonparametric Estimation of the number of classes in a population scandinavian. Journal of Statistics, 11: 265-270.

Chen B, Zhang Y, Rafiq M T, et al. 2014. Improvement of cadmium uptake and accumulation in *Sedum alfredii* by endophytic bacteria *Sphingomonas SaMR12*: Effects on plant growth and root exudates. Chemosphere, 117: 367-373.

Chen Y, Sun R B, Sun T T, et al. 2018. Organic amendments shift the phosphorus-correlated microbial co-occurrence pattern in the peanut rhizosphere network during long-term fertilization regimes. Applied Soil Ecology, 124: 229-239.

Chimwamurömbe P M, Grönemeyer J L, Reinhold-Hurek B. 2016. Isolation and characterization of culturable seed-associated bacterial endophytes from gnotobiotically grown *Marama bean* seedlings. FEMS Microbiology Ecology, 92: fiw083.

Chow C E T, Kim D Y, Sachdeva R, et al. 2014. Top-down controls on bacterial community structure: Microbial network analysis of bacteria T4-like viruses and protists. The ISME Journal, 8: 816-829.

Cooper B, Campbell K B, Beard H S, et al. 2018. A proteomic network for symbiotic nitrogen fixation efficiency in *Bradyrhizobium elkanii*. Molecular plant-microbe interaction, 31: 334-343.

Cotter P D, Hill C. 2003. Surviving the acid test: Responses of gram-positive bacteria to low pH. Microbiology and Molecular Biology Reviews, 67: 429-453.

Courty P, Buée M, Diedhiou A G, et al. 2010. The role of ectomycorrhizal communities in forest ecosystem processes: New perspectives and emerging concepts. Soil Biol Biochem, 42: 679-698.

Cui H B, Zhou J, Si Y B, et al. 2014. Immobilization of Cu and Cd in a contaminated soil: One- and four-year field effects. Journal of Soils and Sediments, 14: 1397-1406.

Danon M, Chen Y, Hadar Y. 2010. Ascomycete communities associated with suppression of *Sclerotium rolfsii* in compost. Fungal Ecology, 3: 20-30.

de Almeida Fernandesa L, Pereiraa A D, Leala C D, et al. 2018. Effect of temperature on microbial diversity and nitrogen removal performance of an anammox reactor treating anaerobically pretreated municipal wastewater. Bioresour Technol, 258: 208-219.

Degryse F, Smolders E, Parker D R. 2009. Partitioning of metals (Cd, Co, Cu, Ni, Pb, Zn) in soils: Concepts methodologies prediction and applications: A review. European Journal of Soil Science, 60: 590-612.

Deng X H, Chai L Y, Yang Z H, et al. 2013. Bioleaching mechanism of heavy metals in the mixture of contaminated soil and slag by using indigenous *Penicillium chrysogenum* strain F1. Journal of Hazardous Materials, 248: 107-114.

Deng Y, Jiang Y H, Yang Y, et al. 2012. Molecular ecological network analyses. BMC Bioinformatics, 13: 113.

Dong L L, Xu J, Feng G Q, et al. 2016. Soil bacterial and fungal community　dynamics in relation to *Panax notoginseng* death rate in a continuous cropping system. Scientific Reports, 6: 31802.

Duarte B, Delgado M, Caçador I. 2007. The role of citric acid in cadmium and nickel uptake and translocation in *Halimione portulacoides*. Chemosphere, 69: 836-840.

Fageria N K, Barbosa M P. 2008. Influence of pH on productivity nutrient use efficiency by dry bean and soil phosphorus availability in a no-tillage system. Communications in Soil Science and Plant Analysis, 39: 1016-1025.

Falagán C, Johnson D B. 2014. *Acidibacter ferrireducens* gen. nov., sp. nov.: An acidophilic ferric iron-reducing gammaproteobacterium. Extremophiles, 18: 1067-1073.

Faraji F, Golmohammadzadeh R, Rashchi F, et al. 2018. Fungal bioleaching of WPCBs using *Aspergillus niger*: Observation optimization and kinetics. Journal of Environmental Management, 217: 775-787.

Favas P J, Pratas J, Gomes M, et al. 2011. Selective chemical extraction of heavy metals in tailings and soils contaminated by mining activity: Environmental implications. Journal of Geochemical Exploration, 111: 160-171.

Ferreira V, Gonçalves A L, Pratas J, et al. 2010. Contamination by uranium mine drainages affects fungal growth and interactions between fungal species and strains. Mycologia, 102: 1004-1011.

Fierer N, Jackson R B. 2006. The diversity and biogeography of soil bacterial communities. Proceedings of the National Academy of Sciences of the United States of America, 103: 626-631.

Fierer N, Lauber C L, Ramirez K S, et al. 2012. Comparative metagenomic phylogenetic and physiological analyses of soil microbial communities across nitrogen gradients. ISME Journal, 6: 1007-1017.

Floudas D, Binder M, Riley R, et al. 2012. The paleozoic origin of enzymatic lignin decomposition reconstructed from 31 fungal genomes. Science, 336: 1715-1719.

Freilich S, Kreimer A, Meilijson I, et al. 2010. The large-scale organization of the bacterial network of ecological co-occurrence interactions. Nucleic Acids Research, 38: 3857-3868.

Galloway J N, Dentener F J, Capone D G, et al. 2004. Nitrogen cycles: Past present and future. Biogeochemistry, 70: 153-226.

Garau G, Castaldi P, Santona L, et al. 2007. Influence of red mud zeolite and lime on heavy metal immobilization culturable heterotrophic microbial populations and enzyme activities in a contaminated soil. Geoderma, 142: 47-57.

Gołębiewski M, Deja-Sikora E, Cichosz M, et al. 2014. 16S rDNA pyrosequencing analysis of bacterial community in heavy metals polluted soils. Microbial Ecology, 67: 635-647.

Guo G X, Deng H, Qiao M, et al. 2014. Effect of long-term wastewater irrigation on potential denitrification and denitrifying communities in soils at the watershed scale. Environmental Science & Technology, 47: 3105-3113.

Hansgate A M, Schloss P D, Hay A G, et al. 2005. Molecular characterization of fungal community dynamics in the initial stages of composting. FEMS Microbiology Ecology, 51: 209-214.

Hassinen V H, Tervahauta A I, Schat H, et al. 2011. Plant metallothioneins-metal chelators with ROS scavenging activity. Plant Biology (Stuttgart, Germany), 13: 225-232.

He J Z, Zheng Y, Chen C R, et al. 2008. Microbial composition and diversity of an upland red soil under long-term fertilization treatments as revealed by culture-dependent and culture-independent approaches. Journal of Soils and Sediments, 8: 349-358.

Hegler F, Schmidt C, Schwarz H, et al. 2010. Does a low-pH microenvironment around phototrophic Fe^{II} oxidizing bacteria prevent cell encrustation by Fe^{III} minerals. FEMS Microbiology Ecology, 74: 592-600.

Hong C, Si X Y, Xing Y, et al. 2015. Illumina MiSeq sequencing investigation on the contrasting soil bacterial community structures in different iron mining areas. Environmental Science and Pollution Research, 22: 10788-10799.

Horner-Devine M C, Carney K M, Bohannan B J M. 2004. An ecological perspective on bacterial biodiversity. Proceedings Biological Sciences, 271: 113.

Hou D D, Wang K, Liu T, et al. 2017. Unique rhizosphere micro-characteristics facilitate phytoextraction of multiple metals in soil by the hyperaccumulating plant *Sedum alfredii*. Environmental Science & Technology, 51: 5675-5684.

Hou W G, Lian B, Dong H L, et al. 2012. Distinguishing ectomycorrhizal and saprophytic fungi using carbon and nitrogen isotopic compositions. Geoscience Frontiers, 3: 351-356.

Janssen P H, 2006. Identifying the dominant soil bacterial taxa in libraries of 16S rRNA and 16S rRNA genes. Applied and Environmental Microbiology, 72: 1719-1728.

Jenkins J, Viger M, Arnold E C, et al. 2017. Biochar alters the soil microbiome and soil function: Results of next-generation amplicon sequencing across Europe. Global Change Biology Bioenergy, 9: 591-612.

Jiang L F, Song M K, Yang L, et al. 2016. Exploring the influence of environmental factors on bacterial communities within the rhizosphere of the Cu-tolerant plant, *Elsholtzia splendens*. Scientific Reports, 6: 36302.

Jiang Y J, Sun B, Li H X, et al. 2015. Aggregate-related changes in network patterns of nematodes and ammonia oxidizers in an acidic soil. Soil Biology & Biochemistry, 88: 101-109.

Jiang Y J, Li S Z, Li R P, et al. 2017. Plant cultivars imprint the rhizosphere bacterial community composition and association networks. Soil Biology & Biochemistry, 109: 145-155.

Junker B H, Schreiber F. 2008. Correlation networks//Analysis of Biological Networks. WileyInterscience, Hoboken, NJ.

Kato A, Miyake T, Nishigata K, et al. 2012. Use of fluorescent proteins to visualize interactions between the Bakanae disease pathogen *Gibberella ujikuroi* and the biocontrol agent *Talaromyces* sp. KNB-422. Journal of General Plant Pathology, 78: 54-61.

Klaubauf S E, Inselsbacher S, Zechmeister-Boltenstern W, et al. 2010. Molecular diversity of fungal communities in agricultural soils from Lower Austria. Fungal Divers, 44: 65-75.

Lacercat-Didier L, Berthelot C, Foulon J, et al. 2016. New mutualistic fungal endophytes isolated from poplar roots display high metal toleranc. Mycorrhiza,26: 657-671.

Lambrecht M, Okon Y, Vande Broek A, et al. 2000. Indole-3-acetic acid: A reciprocal signalling molecule in bacteria-plant interactions. Trends in Microbiology, 8: 298-300.

Langille M G I, Zaneveld J, Caporaso J G, et al. 2013. Predictive functional profiling of microbial communities using 16S rRNA marker gene sequences. Nature Biotechnology, 31: 814-821.

Lauber C L, Hamady M, Knight R, et al. 2009. Pyrosequencing-based assessment of soil pH as a predictor of soil bacterial community structure at the continental scale. Applied and Environ mental Microbiology, 75: 5111-5120.

Li J, Wang J T, Hu H W, et al. 2016. Copper pollution decreases the resistance of soil microbial community to subsequent dry-rewetting disturbance. Journal of Environmental Sciences, 39: 155-164.

Lin X, Feng Y, Zhang H, et al. 2012. Long-term balanced fertilization decreases arbuscular mycorrhizal fungal diversity in an arable soil in North China revealed by 454 pyrosequencing. Environmental Science and Technology, 46: 5764-5771.

Liu J, Chen X, Shu H Y, et al. 2018. Microbial community structure and function in sediments from e-waste contaminated rivers at Guiyu area of China. Environmental Pollution, 235: 171-179.

Lombard L, Crous P W, Wingfield B D, et al. 2010. Species concepts in *Calonectria* (*Cylindrocladium*). Studies in Mycology, 66: 1-14.

Luef B, Fakra S C, Csencsits R, et al. 2013. Iron-reducing bacteria accumulate ferric oxyhydroxide nanoparticle aggregates that may support planktonic growth. The ISME Journal, 7: 338-350.

Luo J P, Tao Q, Wu K R, et al. 2017. Structural and functional variability in root-associated bacterial microbiomes of Cd/Zn hyperaccumulator *Sedum alfredii*. Applied Microbiology and Biotechnology, 101: 7961-7976.

Luo Q, Sun L, Hu X, et al. 2014. The variation of root exudates from the hyperaccumulator *Sedum alfredii* under cadmium stress: metabonomic analysis. PLoS One, 9: e115581.

Luo Q, Sun L N, Wang H, et al. 2015. Metabolic profiling analysis of root exudates from the Cd hyperaccumulator *Sedum alfredii* under different Cd exposure concentrations and times. Analytical Methods, 7: 3793-3800.

Mao Y, Yannarell A C, Davis S C, et al. 2013. Impact of different bioenergy crops on N-cycling bacterial and archaeal communities in soil. Environmental Microbiology, 15: 928-942.

Montoya J M, Pimm S L, Sole R V. 2006. Ecological networks and their fragility. Nature, 442: 259-264.

Newman M E J. 2006. Modularity and community structure in networks. PNAS, 103: 8577-8582.

Niazi N K, Singh B Minasny B. 2015. Mid-infrared spectroscopy and partial least-squares regression to estimate soil arsenic at a highly variable arsenic-contaminated site. International Journal of Environmental Science and Technology, 12: 1735-1472.

Padan E, Bibi E, Ito M, et al. 2005. Alkaline pH homeostasis in bacteria: new insights. Biochimica et Biophysica Acta, 1717: 67-88.

Pan F, Meng Q, Wang Q, et al. 2016. Endophytic bacterium *Sphingomonas SaMR*12 promotes cadmium accumulation by increasing glutathione biosynthesis in *Sedum alfredii* Hance. Chemosphere, 154: 358-366.

Paria K, Mandal S M, Chakrborty S K. 2018. Simultaneous removal of Cd(Ⅱ) and Pb(Ⅱ)using a fungal isolate *Aspergillus penicillioides* (F12) from Subarnarekha Estuary. International Journal of Environmental Research, 12: 77-86.

Patten C L, Glick B R. 2002. Role of Pseudomonas putida indoleacetic acid in development of the host plant root system. Applied and Environmental Microbiology, 68: 3795-3801.

Pereira S I A, Castro P M L. 2004. Diversity and characterization of culturable bacterial endophytes from zea mays and their potential as plant growth-promoting agents in hetal-degraded soils. Environmental Science and Pollution Research, 21: 14110-14123.

Pérez-de-Mora A, Burgos P, Madejon E. 2006. Microbial community structure and function in a soil contaminated by heavy metals: effects of plant growth and different amendments. Soil Biology & Biochemistry, 38: 327-341.

Phillips L A, Ward V, Jones M D. 2014. Ectomycorrhizal fungi contribute to soil organic matter cycling in sub-boreal forests. ISME Journal, 8: 699-713.

Prasher I, Chauhan R, Singh A. 2014. Effect of physical and nutritional factors on the growth and sporulation of *Arthrinium phaeospermum* (Corda) M. B. Ellis. Journal of Advanced Botany and Zoology, 1I4: 4.

Qin N, Yang F, Li A, et al. 2014. Alterations of the human gut microbiome in liver cirrhosis. Nature, 513: 59-64.

Rajkumar M, Sandhya S, Prasad M N V, et al. 2012. Perspectives of plant-associated. microbes in heavy metal phytoremediation. Biotechnology Advances, 30(6): 1562-1574.

Shen C C, Xiong J B, Zhang H Y, et al. 2013. Soil pH drives the spatial distribution of bacterial communities along elevation on Changbai Mountain. Soil Biology and Biochemistry, 57: 204-211.

Soltani J, Moghaddam M S H. 2015. Fungal endophyte diversity and bioactivity in the mediterranean cypress *Cupressus sempervirens*. Current Microbiology, 70: 580-586.

Soman C, Li D F, Wander M M. 2017. Long-term fertilizer and crop-rotation treatments differentially affect soil bacterial community structure. Plant and Soil, 413: 145-159.

Steele J A, Countway P D, Xia L, et al. 2011. Marine bacterial archaeal and protistan association networks reveal ecological linkages. The ISME Journal, 5: 1414-1425.

Steenhoudt O, Vanderleyden J. 2000. *Azospirillum*, a free-living nitrogen-fixing bacterium closely associated with grasses: Genetic biochemical and ecological aspects. FEMS Microbiology Reviews, 24: 487-506.

Stemmer M, Watzinger A, Blochberger K, et al. 2007. Linking dynamics of soil microbial phospholipid fatty acids to carbon mineralization in a ^{13}C natural abundance experiment: impact of heavy metals and acid rain. Soil Biology and Biochemistry, 39: 3177-3186.

Sun R B, Dsouza M, Gilbert J A, et al. 2016. Fungal community composition in soils subjected to long-term chemical fertilization is most influenced by the type of organic matter. Environmental Microbiology, 18: 5137-5150.

Talley K, Alexov E. 2010. On the pH-optimum of activity and stability of protein. Proteins-Structure Function and Bioinformatics, 78: 2699-2706.

Tedersoo L, Bahram M, Polme S. 2014. Global diversity and geography of soil fungi. Science, 346: 1078.

Tessier A, Campbell P G, Bisson M. 1979. Sequential extraction procedure for the speciation of particulate trace metals. Analytical Chemistry, 51: 844-851.

Tsednee M, Yang S C, Lee D C, et al. 2014. Root-secreted nicotianamine from *Arabidopsis halleri* facilitates zinc hypertolerance by regulating zinc bioavailability. Plant Physiol, 166: 839-852.

Wan M X, Yang Y, Qiu G Z, et al. 2009. Acidophilic 656 bacterial community reflecting pollution level of sulphide mine impacted by acid mine drainage. Journal of Central South University of Technology, 16: 223-229.

Wei L, Wang S T, Zuo Q Q, et al. 2016. Nano-hydroxyapatite alleviates the detrimental effects of heavy metals on plant growth and soil microbes in e-waste-contaminated soil. The Royal Society of Chemistry, 9: 26-42.

Xue Y F, Zhang X Q, Zhou C, et al. 2006. *Caldalkalibacillus thermarum* gen. nov., sp. nov., a novel alkalithermophilic bacterium from a hot spring in China. International Journal of Systematic and Evolutionary Microbiology, 56: 1217-1221.

Yang S X, Cao J B, Hu W Y. 2013. An evaluation of the effectiveness of novel industrial by-products and organic wastes on heavy metal immobilization in Pb-Zn mine tailings. Environment Science-processes and Impacts, 15: 2059-2067.

Yu Y J, Zhang J W, Petropoulos E, et al. 2018. Divergent responses of the diazotrophic microbiome to elevated CO_2 in two rice cultivars. Frontiers in Microbiology, 9: 1139.

Zafar S, Aqil F, Ahmad I. 2007. Metal tolerance and biosorption potential of filamentous fungi isolated from metal contaminated agricultural soil. Bioresource Technology, 98: 2557-2561.

Zhang H S, Wu X H, Li G, et al. 2011. Interactions between arbuscular mycorrhizal fungi 712 and phosphate-solubilizing fungus (*Mortierella* sp.) and their effects on Kostelelzkya virginica growth and enzyme activities of rhizosphere and bulk soils at different salinities. Biology and Fertility of Soils, 47: 543-554.

Zhang W, Chen L, Zhang R, et al. 2016. High throughput sequencing analysis of the joint effects of BDE209-Pb on soil bacterial community structure. Journal of Hazardous Materials, 301: 1-7.

Zhang X C, Lin L, Chen M Y, et al. 2012. A nonpathogenic *Fusarium oxysporum* strain enhances phytoextraction of heavy metals by the hyperaccumulator *Sedum alfredii* Hance. Journal of Hazardous Materials, 229: 361-370.

Zhang X H, Li L Q, Pan G X. 2007. Topsoil organic carbon mineralization and CO_2 evolution of three paddy soils from South China and the temperature dependence. Journal of Environmental Sciences, 19: 319-326.

Zhang X, Liu W, Zhang G, et al. 2014. Mechanisms of soil acidification reducing bacterial diversity. Soil Biology and Biochemistry, 81: 275-281.

Zhou J Z, Deng Y, Luo F, et al. 2011. Phylogenetic molecular ecological network of soil microbial communities in response to elevated CO_2. mBio, 22(2): 1-11.

第七章 修复工程环境风险评估

磷基钝化材料(磷灰石、磷酸二氢钾、过磷酸钙和羟基磷灰石等)可以有效降低土壤和废水中铅、镉及钴等重金属的活性,目前被广泛应用于修复重金属污染的土壤和沉积物(Beesley et al., 2009; Cao et al., 2004)。前期研究表明磷基材料对重金属污染土壤的钝化效果,在酸沉降、淋溶、干湿交替等作用下较石灰和木炭具有更好的稳定持久性。这些研究中磷基材料的用量大多数显著高于理论钝化重金属的需要量。然而,当前大多数研究忽视了其溶解释放的磷酸盐可能产生的环境效应,尤其是进入地表水体后加重农业面源污染。因此,本章基于我国南方酸雨分布特征,以重金属污染土壤为研究对象,模拟酸雨作用下不同磷基材料处理淋出液中磷酸盐和重金属含量,淋溶前后土壤磷形态分布,以及不同用量磷灰石处理后磷和重金属等的垂直分异特征。研究结果可为磷基材料在我国南方重金属污染区的规模化应用提供一定的指导。

第一节 酸雨淋溶对磷基材料处理淋出液性质的影响

采用室内模拟酸雨淋溶方法考察磷基材料钝化重金属过程中的磷释放特征,共 3 个处理,对照(CK)、磷酸二氢钾(易溶性磷酸盐,PDP)、羟基磷灰石(难溶性磷酸盐,HAP),采用体积比(硫酸:硝酸)=4:1 的混酸配制的 pH=4.5 的溶液模拟酸雨,淋溶后各处理分别标记为 CK-4.5、PDP-4.5 和 HAP-4.5。土壤采自冶炼厂堆渣场附近,为达到较好的钝化效果,将过筛后的污染土壤按照重金属与磷形成磷酸盐[$M_5(PO_4)_3X$(M 为 Cu、Pb 或 Cd;X 为 F、Cl、OH 或 Br)],沉淀(指 Pb 和 P 的沉淀)的摩尔比为 1:3,添加羟基磷灰石 10.54 g 和磷酸二氢钾 8.57 g(Cao et al., 2009)。淋溶柱每个装土 1 kg,地表径流量取年降水量(年均降水量为 1752 mm)的50%计算(Dai et al., 2013),实际年淋溶量取 4 L。

一、淋出液 TOC、EC、pH 和磷酸盐变化

图 7.1 显示了不同处理中淋出液性质的动态变化。第 1 L 淋出液中,PDP-4.5和 HAP-4.5 处理电导率(EC)最高,分别为 3161 μS/m 和 1391 μS/m;直到第 8 L淋出液时,EC 分别下降到 92.5 μS/m 和 88.6 μS/m;之后基本维持在 68.9~78.9 μS/m[图 7.1(a)]。然而,在收集前 3 L 淋出液过程中,对照处理淋出液 EC 从 823 μS/m

快速降低到 41 μS/m。此外，渗滤液中的 EC 含量依次为 PDP-4.5＞HAP-4.5＞CK-4.5。该结果表明，HAP 和 PDP 促进了碱基离子(如 K^+、Na^+、Ca^{2+}、Mg^{2+})的释放，这可能是由于 PDP 比 HAP 具有更高的溶解度[图 7.1(d)]。

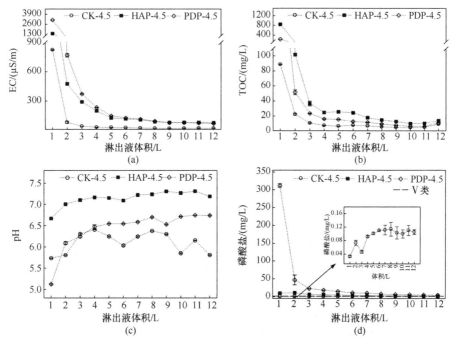

图 7.1　淋出液电导率(EC)、总有机碳(TOC)、pH 和磷酸盐的动态变化

CK-4.5，pH=4.5 模拟酸雨淋溶未经处理的对照土壤柱；HAP-4.5，pH=4.5 模拟酸雨淋溶淋溶羟基磷灰石(HAP)
处理的土壤柱；PDP-4.5，PH=4.5 模拟酸雨淋溶淋溶磷酸二氢钾(PDP)处理的土壤柱

与 EC 变化相似，TOC 的最大值出现在初始淋出液中，然后迅速下降，最后稳定在 4.2～17.8 mg/L；不同的是，TOC 变化规律表现为 HAP-4.5＞PDP-4.5＞CK-4.5[图 7.1(b)]。例如，在第 1 L 淋出液中，HAP-4.5 和 PDP-4.5 处理的 TOC 浓度分别为 844 mg/L 和 277 mg/L，分别为对照的 9.5 倍和 2.6 倍。这可能是因为 HAP 和 PDP 对土壤有机质中的重金属有强烈的竞争作用,这导致了 TOC 的释放。本书结果与 Seaman 等(2001)和 Zhang 等(2010)的相一致，他们发现 HAP 和 $(NH_4)_3PO_4$ 的添加增加了土壤溶解性有机碳的含量。

对照处理中的淋出液 pH 保持在 5.73～6.41 的范围内[图 7.1(c)]。然而，HAP 的溶解[式(7-1)](Ma et al.，1994)使第 1 L 淋出液的 pH 显著增加到 6.67，然后在接下来的 11 L 淋出液中 pH 维持在 7.0～7.31。相反，PDP 处理首先使第 1 L 淋出液 pH 降低到 5.12，较对照降低了 1.55 个单位。这可能是由于 PDP 的快速溶解释放的 $H_2PO_4^-$ 水解，产生大量的 H^+[式(7-2)和式(7-3)，Mustafa et al.，2004]。随后，金属磷酸盐、铁磷、铝磷和钙磷的形成增加了土壤负电荷，降低了通过静电引力固定的 H^+。因此，在收集前 4L 的过程中，淋溶液 pH 增加到 6.47，然后在收集剩余 8L 时保持在 6.55～6.74。

$$Ca_5(PO_4)_3(OH) + 7H^+ \Longrightarrow 5Ca^{2+} + 3H_2PO_4^- + H_2O \tag{7-1}$$

$$H_2PO_4^- \longleftrightarrow H^+ + HPO_4^{2-} \tag{7-2}$$

$$HPO_4^{2-} \Longrightarrow H^+ + PO_4^{3-} \tag{7-3}$$

在整个实验期间，对照处理淋出液磷酸盐的浓度低于 0.11 mg/L，这低于《地表水环境质量标准》(GB 3838—2002)规定的Ⅲ类限值(0.2 mg/L)[图 7.1(d)]。对照处理中低磷酸盐含量可能是由于磷酸盐可以与酸性土壤中的铁(Fe)和铝(Al)反应，形成无定形和不溶性的铝和铁磷酸盐(Ling et al.，2007)。在 HAP-4.5 处理前 5 L 淋出液中，大量的磷酸盐(5.04～10.9 mg/L)被淋出土体，然后在接下来的 7 L 淋出液中逐渐降低。这表明在淋溶实验过程中，HAP 的溶解是一个缓慢的过程。此外，HAP-4.5 中的最小磷酸盐含量达到 1.69 mg/L，为Ⅴ类限值(最大限值，0.4 mg/L)的 4.23 倍。更严重的是，PDP-4.5 处理第 1 L 淋出液中磷酸盐达到 312 mg/L，这表明实验开始时 PDP 迅速溶解。随后，在前 7 L 收集的淋出液中，磷酸盐含量大于 10 mg/L，在剩余的 5 L 淋出液中磷酸盐含量降至 4.29～7.68 mg/L。这一结果表明，PDP 诱导了最高的磷酸盐淋失，比《地表水环境质量标准》(GB 3838—2002)Ⅴ类限值高出 10.7 倍以上，具有磷酸盐诱导的富营养化风险。本书结果与 Liu R 等(2007)的结果一致，他们发现在溶液与土壤的比例=2∶1 的情况下，用磷酸钠(300 mg/L 磷酸盐)固定铅污染的酸性土壤时，磷酸盐浓度为 4.68 mg/L。类似地，Melamed 等(2003)还指出，可溶性磷源(如磷酸、磷酸二氢钾)导致磷富营养化加剧的高风险。因此，当施用磷酸盐钝化材料固定重金属污染的土壤时，有必要评估土壤磷的富集和淋出风险。

二、淋出液重金属含量变化

图 7.2 为三种不同处理土壤淋出液中铜、铅和镉含量的变化情况。从 CK-4.5 柱流出的铜最初在收集前 4 L 淋出液中从 145 mg/L 减少到 1.8 mg/L，然后在接下来的 8 L 淋出液中稳定在 0.38～0.79 mg/L[图 7.2(a)]。与对照相比，PDP-4.5 处理第 1 L 淋出液铜含量显著降低，然后在最后 3 L 淋出液中达到背景浓度 0.37～0.45 mg/L 水平。然而，HAP-4.5 处理第 1 L 淋出液中铜浓度迅速增加到 277 mg/L，是对照的 1.91 倍。随后，在收集前 8 L 淋出液中，铜浓度超过地表水Ⅴ类限值(1 mg/L)。与铜类似，PDP-4.5 中的铅浓度显著降低，但 HAP-4.5 处理第 1 L 淋出液中铅浓度增加，然后在剩余 7 L 的淋出液中铅含量达到 0.16～0.27 mg/L 的背景水平[图 7.2(b)]。此外，在实

验过程中，PDP 的添加使铅保持在 0.18～0.35 mg/L 的浓度范围内，这表明 PDP 对铅具有优异的固定能力。但是，在整个实验过程中，所有淋溶柱的铅浓度都超过了《地表水环境质量》标准 V 类限值(0.1 mg/L)，这表明铅具有较高的淋出风险。

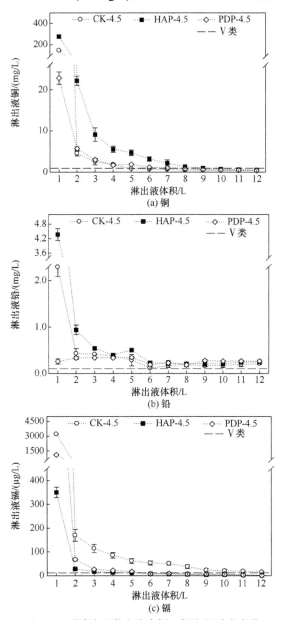

图 7.2　不同处理淋出液中铜、铅和镉动态变化

CK-4.5，pH=4.5 模拟酸雨淋溶未经处理的对照土壤柱；HAP-4.5，pH=4.5 模拟酸雨淋溶淋溶羟基磷灰石(HAP)
处理的土壤柱；PDP-4.5，pH=4.5 模拟酸雨淋溶淋溶磷酸二氢钾(PDP)处理的土壤柱

　　与铜和铅相比，PDP-4.5 和 HAP-4.5 处理与对照相比均显著降低了淋出液镉的含量，表现为 HAP-4.5＜PDP-4.5＜CK-4.5 的顺序[图 7.2(c)]。在对照处理淋出液中镉最高的含量为 3.21 mg/L，这表明土壤中的大部分镉非常活跃，容易淋出。此外，淋出液镉含量高于《地表水环境质量标准》V 类水限量 0.01 mg/L，这表明镉具有较高的淋出风险。与实验中 PDP 的表现类似，先前的研究也表明磷酸盐钝化材料可以通过形成金属磷酸盐来促进重金属在土壤中的固定化(Huang et al.，2016)。然而，与镉相比，HAP 对铜和铅表现出不一样的效果。这可能是因为 HAP(微米颗粒大小)被分散并转化成大量的纳米 HAP，与 PDP-4.5 和 CK-4.5 柱相比，HAP-4.5 柱的浊度更高，进一步支持了这一点。此外，根据 Wang 等(2012)的研究结果，高浓度的 TOC 可以促进 HAP 的迁移，释放的可溶性有机配合物可能会提高重金属的移动性和淋溶潜力(Li et al.，1997)。因此，吸附在纳米 HAP 上的大量铜和铅会迁移到淋出液中，导致 HAP-4.5 处理淋出的铜和铅高于 PDP-4.5 和 CK-4.5 中的铜和铅(表 7.1)。但是，HAP-4.5 淋出的镉低于 PDP-4.5 和 CK-4.5 中的镉，这可能是由于 HAP 对铜和铅的最大吸附容量高于对镉的最大吸附量(Chen et al.，2010)。此外，铜和铅的存在会抑制 HAP 对镉的吸附(Corami et al.，2008)，因而导致更少的镉迁移到淋出液中。然而，本书无法解释 HAP-4.5 中的镉低于 PDP-4.5 和 CK-4.5 中的镉。因此，需要更多的实验来揭示 HAP 对铜、镉和铅淋洗行为差异的原因。

表 7.1　不同处理土柱淋出磷、铜、铅、镉质量及其占土壤总磷、铜、铅、镉的质量分数

处理	质量/mg				质量分数/%			
	磷	铜	铅	镉	磷	铜	铅	镉
CK-4.5	1.1	158	5.01	3.85	0.15	7.11	0.39	22
HAP-4.5	54.8	328	8.32	0.45	2.28	14.6	0.65	2.56
PDP-4.5	464	39.7	3.28	1.27	18.9	1.79	0.26	7.19

第二节　淋溶前后土壤重金属和磷形态变化

一、模拟酸雨作用下土壤 pH 和氯化钙提取态重金属的影响

　　如图 7.3(a)所示，在用模拟酸雨淋溶前，对照土壤的 pH 最低，但是 HAP 和 PDP 的添加都显著增加了土壤 pH，分别增加了 1.1 和 0.5 个单位。酸雨淋洗前后，同一个处理的土壤 pH 均没有显著差异，这表明由于土壤具有一定的缓冲能力，模拟的两年酸沉降对土壤 pH 的影响很小。

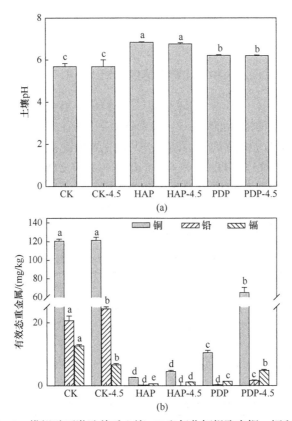

图 7.3　模拟酸雨淋洗前后土壤 pH 和氯化钙提取态铜、镉和铅

不同字母表示处理间在 $P < 0.05$ 水平上存在显著性差异。CK，未用模拟酸雨淋溶前的土壤；CK-4.5，pH=4.5 模拟酸雨淋溶未经处理的对照土壤柱；HAP，用 HAP 处理的土壤；HAP-4.5，pH=4.5 模拟酸雨淋溶溶羟基磷灰石(HAP)处理的土壤柱；PDP，用 PDP 处理的土壤；PDP-4.5，pH=4.5 模拟酸雨淋溶淋溶磷酸二氢钾(PDP)处理的土壤柱

与预期结果一致，对照土壤中可提取氯化钙的重金属含量最高[图 7.3(b)]。用模拟酸雨淋溶后，氯化钙提取态铅含量增加，但由于镉高达 22%淋出率(表 7.1)，氯化钙提取态镉显著减少。然而，在 PDP 和 HAP 处理的土壤中，氯化钙提取态铜、铅和镉含量显著降低，并且它们都遵循 HAP<PDP<CK 的顺序。与对照相比，氯化钙提取态铜、铅和镉在 HAP 处理的土壤中分别降低了 97.8%、99%和 95%，在 PDP 处理的土壤中分别降低了 95%、99.4%和 79%。淋溶并没有增强 HAP 处理土壤氯化钙提取态铜和铅，只是略微增加了氯化钙提取态镉。然而，与 PDP 相比，PDP-4.5 中氯化钙提取态铜、铅和镉分别显著增加了 5.27 倍、4.71 倍和 2.53 倍。本书结果与之前的一项研究一致，该研究发现 HAP 和 PDP 能有效降低氯化钙和 TCLP 可提取态的重金属(Dong et al., 2016)。对于 HAP，铜和镉的固定化机理主要包括吸附和络合(Cao et al., 2004；Dong et al., 2016)。对于铅来说，这主要归因于不溶性含铅磷酸盐的沉淀，如 $Pb_5(PO_4)X$，其中 X 是 Cl、OH、F 或

Br，这种沉淀是在自然条件下较宽范围 pH 条件下惰性最强的含铅化合物(Chen et al.，1997；Miretzky et al.，2009)。

二、模拟酸雨对土壤铜、镉和铅化学形态的影响

表 7.2 列出了铜、铅和镉的总浓度以及五种化学形态的含量。在用模拟酸雨淋溶前，对照土壤中的铜(30.3%)和铅(34.8%)主要以残渣态形式存在，而镉(75.3%)则主要以离子交换态形式存在。不同处理间最主要的变化是 HAP 处理离子交换态铜、铅和镉分别降低了 89.0%、95.4%和48.5%，而在 PDP 中分别下降了 39.9%、94.9%和30.5%。HAP 和 PDP 没有改变残渣态铜和镉含量，但是分别使残渣态铅增加了 61.7%和37.8%。此外，HAP 和 PDP 都增加了铁锰氧化物结合态和有机结合态铜、铅和镉的含量，但是降低了碳酸盐结合态铅的量。

表 7.2　模拟酸雨淋溶前后土壤铜、镉和铅的化学形态变化　　　(单位：mg/kg)

重金属	处理	全量	EXC	CA	FeMnO$_x$	OM	Res
铜	CK	2223±53^a	351±24^a	401±36^b	425±31^{bc}	373±19^b	673±50^b
	CK-4.5	2026±88^b	335±16^a	417±10^{ab}	448±27^{bc}	272±21^c	554±37^c
	HAP	2239±46^a	38.5±1.3^e	462±40^a	643±48^a	426±28^a	669±65^b
	HAP-4.5	1901±57^c	88.9±9.1^d	324±22^d	475±23^b	130±17^d	883±21^a
	PDP	2216±70^a	211±2.6^c	335±32^{cd}	582±29^a	399±17^{ab}	689±52^b
	PDP-4.5	2140±22^a	308±7^b	385±21^{bc}	393±27^c	403±12^{ab}	651±82^{bc}
镉	CK	17.5±0.6^a	13.2±0.67^a	0.73±0.03^d	0.68±0.06^d	0.2±0.02^e	2.72±0.31^a
	CK-4.5	13.8±0.6^c	8.81±0.68^b	0.79±0.06^d	0.98±0.11^d	0.61±0.07^{bc}	2.56±0.19^a
	HAP	17.6±0.3^a	6.8±0.66^c	3.13±0.27^a	4.6±0.43^a	0.77±0.08^a	2.27±0.27^a
	HAP-4.5	17.0±0.6^{ab}	7.3±0.23^c	2.41±0.13^b	4.32±0.03^a	0.66+0.06^b	2.26±0.35^a
	PDP	17.7±0.5^a	9.17±0.56^b	1.75±0.12^c	3.41±0.27^b	0.54±0.06^c	2.8±0.3^a
	PDP-4.5	16.3±0.3^b	9.49±0.37^b	1.55±0.17^c	2.42±0.19^c	0.3±0.02^d	2.51±0.41^a
铅	CK	1275±46^a	439±6^a	181±15^b	175±13^c	36±3.6^e	444±39^d
	CK-4.5	1264±27^a	380±33^b	264±13^a	324±40^d	21.5±0.8^f	274±15^e
	HAP	1284±50^a	20.3±0.7^d	39.2±3.3^e	379±5^{bc}	127±10^b	718±60^a
	HAP-4.5	1251±84^a	35±2.9^d	56.5±2.2^d	531±37^a	103±9^c	525±23^c
	PDP	1267±52^a	22.5±0.2^d	25±2.4^e	389±28^b	218±13^a	612±60^b
	PDP-4.5	1254±44^a	143±11^c	123±2^c	503±42^a	62.7±3.1^d	422±17^d

注：CK，未用模拟酸雨淋溶前的土壤；CK-4.5，pH=4.5 模拟酸雨淋溶未经处理的对照土壤柱；HAP，用 HAP 处理的土壤；HAP-4.5，pH=4.5 模拟酸雨淋溶淋溶羟基磷灰石(HAP)处理的土壤柱；PDP，用 PDP 处理的土壤；PDP-4.5，pH=4.5 模拟酸雨淋溶淋溶磷酸二氢钾(PDP)处理的土壤柱。表中数据均为均值(n=3)±标准误差，不同的字母表示处理间在 P<0.05 水平上具有显著性差异。

模拟酸雨淋溶后，由于淋溶损失(表 7.1)，土壤总铜和镉含量微弱降低，仅有铅在淋溶前后总量未有明显变化。与用模拟酸雨淋溶之前的结果相似，总体上HAP-4.5 和 PDP-4.5 处理中离子交换态铜、铅和镉含量低于 CK-4.5。与对照相比，模拟酸雨使 CK-4.5 处理中离子交换态镉和铅含量分别降低了 33.3%和 13.4%。然而，与 HAP 和 PDP 相比，HAP-4.5 和 PDP-4.5 处理增加了离子交换态铜、铅和镉。这个结果也进一步解释了模拟酸雨淋溶后氯化钙提取态重金属为何增加。此外，在模拟酸雨淋溶后的 HAP 和 PDP 处理土壤中，有机结合态铜、铅和镉显著降低，这可能是由于淋出液中的 TOC 浓度高于对照。总的来说，除 HAP-4.5 外，淋溶降低了所有土壤残渣态铜和铅，但在所有土壤中，残渣态镉没有表现出显著变化。因此，可以得出结论，模拟酸雨淋出的重金属主要来源于土壤中可交换态和与有机结合的重金属。

根据 Tessier 等(1979)，离子交换态部分和碳酸盐结合态部分被认为是弱结合金属。它们的总和除以土壤重金属总量，已经被用来评估重金属有效性的相关风险(Liu et al., 2009；Tessier et al., 1979)，被定义为风险评估指数(RAC)。图 7.4 清楚地显示了 RAC_{Cd} 的值最高，超过了之前研究中 46.1%的比例(Cui et al., 2016a)。这可能是由于氯化钙对土壤镉具有较高的提取效率，这表明即便在非常短期内的突发事件，镉也显示出较大的环境风险。此外，淋溶导致 PDP 处理柱中铜、铅和镉的 RAC 值增加，然而，只有在模拟酸雨淋溶的 HAP 处理柱中 RAC_{Pb} 的值略有增加。这表明在酸沉淀区，HAP 比 PDP 能更有效地固定重金属。

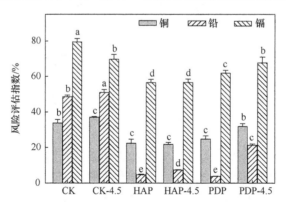

图 7.4　模拟酸雨淋溶前后铜、镉和铅的风险评估指数变化

CK，未用模拟酸雨淋溶前的土壤；CK-4.5，pH=4.5 模拟酸雨淋溶未经处理的对照土壤柱；HAP，用 HAP 处理的土壤；HAP-4.5，pH=4.5 模拟酸雨淋溶淋溶羟基磷灰石(HAP)处理的土壤柱；PDP，用 PDP 处理的土壤；PDP-4.5，pH=4.5 模拟酸雨淋溶淋溶磷酸二氢钾(PDP)处理的土壤柱。
误差棒上方不同字母表示处理间在 $P<0.05$ 水平上具有显著性差异

三、模拟酸雨淋溶对土壤磷化学形态的影响

如表 7.3 所示，HAP 和 PDP 处理显著影响土壤中磷的化学形态，与对照相比，

活性磷形态的含量显著增加。正如预期，HAP 和 PDP 处理的土壤中总磷较对照分别增加了 2.27 倍和 2.33 倍。PDP 是可溶性磷酸盐，因此，与 PDP 相比，PDP-4.5 中的总磷显著降低了 15.78%。然而，与用模拟酸雨淋溶前相比，HAP-4.5 和 CK-4.5 处理总磷没有发现显著差异。在所有土壤中，对照中的树脂-磷浓度最低，为 86.7 mg/kg(11.8%)，这与之前的 Wang 等(2008)的研究结果一致，其研究指出江西鹰潭红壤中树脂-磷含量不到总磷的 13.3%。但是，HAP(14.9%)和 PDP(68.2%)中的树脂-磷浓度显著增加了 3.13 倍和 18.3 倍，且模拟酸雨淋溶前后树脂磷变化都遵循 CK＜HAP＜PDP 顺序。类似地，Rivaie 等(2008)也发现，随着磷矿粉和重过磷酸钙的应用，土壤树脂磷显著增加。另外，树脂磷是自由可交换的磷形态，可以作为土壤中短期磷损失潜力和水生态系统富营养化的良好指标(Li H et al.，2016)。因此，显而易见，与 HAP 相比，PDP 的使用增加了磷诱导富营养化的风险，这也进一步解释了 PDP-4.5 处理淋出液中具有较高的磷淋溶损失(表 7.3)。

表 7.3　模拟酸雨淋溶前后土壤连续提取磷形态变化

处理	总磷	活性磷			中等活性磷		残渣磷	
		树脂-磷	NaHCO$_3$-Pi	NaHCO$_3$-Po	NaOH-Pi	NaOH-Po	HCl-P	残渣-磷
CK	737±10[c]	86.7±2.6[d]	34.5±3.6[c]	8.64±1.64[d]	80.9±2.2[d]	35.6±1.4[a]	133±19[c]	358±13[c]
CK-4.5	740±41[c]	74.2±4.0[d]	48.9±4.6[d]	15.9±1.8[dc]	79.5±9.2[d]	36.3±1.4[a]	107±5[c]	378±42[c]
HAP	2408±60[a]	358±32[c]	65±2.9[b]	17.4±1.5[bc]	95.3±7.4[c]	8.7±1.1[d]	1036±43[a]	828±76[b]
HAP-4.5	2380±68[a]	300±13[c]	60.2±4.1[b]	15.7±1.4[c]	102±6[c]	5±0.8[e]	770±44[b]	1127±72[a]
PDP	2452±50[a]	1673±63[a]	116±9[a]	20.6±1.3[a]	141±8[a]	18.3±1.3[b]	159±23[c]	324±46[c]
PDP-4.5	2065±78[b]	506±40[b]	66.9±1.7[b]	19.0±1.3[ab]	113.8±3.3[b]	13.5±1[c]	147±10[c]	1199±104[a]

注：CK，未用模拟酸雨淋溶前的土壤；CK-4.5，pH=4.5 模拟酸雨淋溶未经处理的对照土壤柱；HAP，用 HAP 处理的土壤；HAP-4.5，pH=4.5 模拟酸雨淋溶淋溶羟基磷灰石(HAP)处理的土壤柱；PDP，用 PDP 处理的土壤；PDP-4.5，pH=4.5 模拟酸雨淋溶淋溶磷酸二氢钾(PDP)处理的土壤柱。表中数据为均值(n=3)±标准误差，不同的字母表示处理间在 P＜0.05 水平上具有显著性差异。

根据 Negassa 等(2009)的研究，活性无机磷(碳酸氢钠提取无机磷)和中等活性无机磷(NaOH 提取无机磷)是植物可获取的有效磷。在这项研究中，HAP 和 PDP 应用后，显著增加了活性无机磷和中等活性无机磷。这些结果与之前的研究结果相似(Liu et al.，2014；Malik et al.，2012)，在土壤施用有机或无机磷钝化材料后，碳酸氢钠和氢氧化钠提取的无机磷含量显著增加。PDP-4.5 处理碳酸氢钠和氢氧化钠提取无机磷之和(180.7 mg/kg)较淋溶前 PDP 处理(257 mg/kg)显著降低，然而，HAP 处理土壤淋溶前后碳酸氢钠和氢氧化钠提取无机磷之和保持在 160.3～162.2 mg/kg 水平。与对照组相比，施用 HAP 和 PDP 后，降低了氢氧化钠提取的有机磷。此外，较淋溶前土壤，模拟酸雨淋溶 HAP 和 PDP 处理土壤，碳酸氢钠和氢氧化钠提取的有机磷之和分别减少了 20.7%和 16.5%。

因为盐酸提取态磷是一种与磷灰石、钙磷化合物或者表面带负电荷氧化物相关的无机磷(Negassa et al., 2009；Rodrigues et al., 2016)。HAP 施用后显著增加了盐酸提取态磷，但是对照和 PDP 处理间盐酸提取态磷没有显著差异。另外，HAP 应用后显著增加了残渣态磷的含量，PDP 处理没有改变土壤残渣态磷含量，但是模拟酸雨淋溶后的 PDP 残渣态磷含量增加到 1199 mg/kg。这表明淋溶前后对照处理磷主要以残渣态形式存在，但是 HAP 处理土壤淋溶前后土壤磷主要以盐酸提取态和残渣态磷形式存在。对于 PDP 处理，淋溶前土壤磷主要以树脂磷形式存在，淋溶后主要以残渣态形式存在。

总的来说，HAP 和 PDP 的施用促进了土壤活性磷和稳定态磷的增加，但对中度稳定磷的影响不大。淋溶没有明显影响对照土壤中磷组分的分布，但是显著降低了 HAP 处理盐酸提取态磷。此外，淋溶作用显著增加了 PDP 处理残渣态磷含量，降低了树脂-磷的含量，具有磷诱导水体富营养化的风险。

四、环境影响

磷基钝化材料能有效降低土壤中的铜、铅和镉的有效性，并促进土壤活性磷的增加。对于我国南方缺磷的重金属污染土壤来说，磷基材料的应用是一个非常有效的修复手段(MLR et al., 2014；Li B et al., 2016)。遗憾的是，PDP 和 HAP 的处理在早期的淋溶阶段显示了较高的淋溶损失，尤其是易溶性 PDP 处理的土壤，最高的磷溶出浓度超过了 4.29 mg/L。同样，Yang 等(2007)用磷酸处理铅污染土壤和尾矿时，磷溶出浓度达到 1~4 mg/L。即便是难溶性的 HAP，淋溶过程中磷酸盐的含量也超过 1.69 mg/L，高于《地表水环境质量》标准 V 类水限值 0.4 mg/L。另外，Yang 等(2009)指出植物生长可以降低磷酸盐的含量。但是，在实际的早期修复过程中很少有植物可以快速生长。更糟糕的是，文献中报道的磷基材料的用量达到土壤质量的 1%~5%(Cui et al., 2017；Dong et al., 2016)，其中，美国环保局推荐的磷酸盐材料用量为土壤质量的 3%。因此，高剂量的材料添加不可避免地会导致因过量磷释放而形成的水体富营养化。

当 HAP 从微粒转化为纳米微粒时，大量的铜和铅被淋出到淋溶液中。这提醒我们，在将纳米材料应用于自然环境之前，评估它们的迁移和归趋是必不可少的(Wang et al., 2012)。此外，模拟酸雨淋溶将重金属从非活性部分转化为活性部分，因此，后期应该更加注意固定化的长期稳定性。此外，我们清楚地发现，重金属和磷酸盐损失主要发生在淋溶过程的早期。因此，建议在使用磷酸盐钝化材料修复实际土壤过程中考虑采用以下措施。

第一，必须限制钝化材料的应用剂量。预实验对于确定合适的剂量是必不可少的，这不仅可以有效降低金属生物利用度，还可以将最少的磷酸盐释放到土壤环境中。

第二，应该在土壤修复区附近修建一些地表水收集渠道，以便对废水进行简单的净化。这种方法可以减少金属和磷向河流的迁移，特别是在土壤修复的早期阶段。

第三，在混合土壤和磷酸盐钝化材料后，快速植被恢复是必要的。建议移植修复植物，如伴矿景天、香根草和香薷，而不是通过直接播种植物种子来缓慢恢复植被。这项措施可以进一步减少水土流失、地表水和地下水中的磷和重金属。

第三节　磷灰石田间钝化修复土壤重金属和磷垂直迁移特征

提高钝化材料用量能够有效钝化土壤重金属，提高其持久性。但是高剂量的钝化材料施用可能导致土壤碱化、压实、甚至降低作物产量。此外，钝化材料中富含的潜在有害元素，如镉、砷、铅，生物堆肥和磷灰石等富集的有益营养物质氮、磷持续累积在表层土壤中，甚至土壤剖面中发生一定的淋溶效应，增加污染物进入食物链的潜在风险。前人的研究主要集中在污染物在土壤剖面中垂直分布评价，很少有研究涉及长期钝化修复后土壤重金属垂直分布及其化学形态。因此，本节内容主要考察不同用量的石灰和磷灰石钝化修复重金属污染土壤后铜、镉、钙、磷、土壤有机碳不同土层的分布特征，研究结果对于进一步评估钝化材料的长期应用风险有一定的参考价值。

一、土壤理化性质及钙、磷等垂直分布

如表 7.4 所示，在 0.58%～2.32%磷灰石处理的土壤中，土壤 Olsen -磷从未处理土壤中的 53.5 mg/kg 增加到 74.2～143 mg/kg，但是在石灰处理的土壤中几乎没有发现差异。可交换酸在未处理土壤中从 42.1 mmol/kg 降低到 7.86～35.6 mmol/kg (石灰土壤中)和 1.16～24.3 mmol/kg(磷灰石土壤中)。可交换铝的趋势与可交换酸相似，只有 H-石灰、M-磷灰石和 H-磷灰石土壤有效钾含量显著高于对照土壤。然而，所有处理对土壤总氮、碱解氮和阳离子交换量没有影响。

表 7.4　不同剂量石灰和磷灰石改良土壤的基本化学特性

处理	总氮/ (g/kg)	碱水解氮/ (mg/kg)	Olsen-磷/ (mg/kg)	有效钾/ (mg/kg)	阳离子交换容量/ (mmol/kg)	可交换酸/ (mmol/kg)	可交换铝/ (mmol/kg)
对照	16.4±0.85[a]	125±10[a]	53.5±5.1[d]	85.5±4.2[b]	8.66±0.43[a]	42.1±1.96[a]	36.3±2.29[a]
L-石灰	16.7±1.15[a]	119±13[a]	47.1±5.8[d]	87.5±10.6[b]	8.92±0.36[a]	35.6±1.96[b]	28.9±2.73[b]
M-石灰	16.7±1.13[a]	132±10[a]	42.1±4.2[d]	108±7.1[ab]	9.10±0.50[a]	28.9±0.33[c]	20.7±0.85[c]

续表

处理	总氮/ (g/kg)	碱水解氮/ (mg/kg)	Olsen-磷/ (mg/kg)	有效钾/ (mg/kg)	阳离子交换容量/ (mmol/kg)	可交换酸/ (mmol/kg)	可交换铝/ (mmol/kg)
H-石灰	16.8±1.94[a]	129±10[a]	36.8±4[d]	121±11.7[a]	9.20±0.22[a]	7.86±0.65[e]	4.58±0.21[d]
L-磷灰石	16.0±0.60[a]	116±3[a]	74.2±6.1[c]	97.5±7.1[ab]	9.06±0.14[a]	24.3±3.6[d]	18.3±3.51[c]
M-磷灰石	16.3±0.78[a]	123±8[a]	114±6[b]	118±11[a]	9.16±0.70[a]	7.17±0.34[e]	4.39±1.41[d]
H-磷灰石	17.1±0.42[a]	125±16[a]	143±12[a]	119±5[a]	9.45±0.14[a]	1.16±0.13[f]	1.12±0.27[d]

注：对照，未处理的土壤；L-石灰，0.1%石灰+土壤；M-石灰，0.2%石灰+土壤；H-石灰，0.4%石灰+土壤；L-磷灰石，0.58%磷灰石+土壤；M-磷灰石，1.16%磷灰石+土壤；H-磷灰石，2.32%磷灰石+土壤。表中数据为平均值(n=3)±标准误差，不同字母表示处理间在P<0.05水平上存在显著性差异。

尽管石灰中氧化钙含量(25.8%)高于磷灰石(13.5%)，但是磷灰石用量为2.32%，高于石灰最高用量0.4%，因而2.32%磷灰石处理土壤 pH 最高[图 7.5(a)]。例如，7 年后，H-磷灰石处理的土壤 pH 为 6.12，高于 H-石灰(pH=5.49)。在较低的土壤

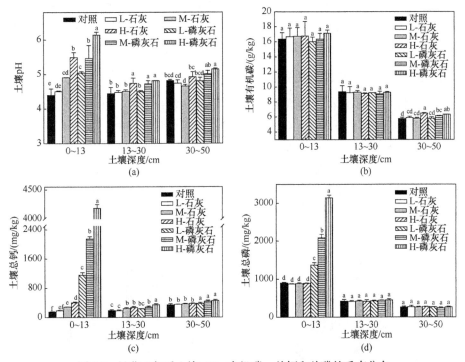

图 7.5 钝化 7 年后土壤 pH、有机碳、总钙和总磷的垂直分布

对照，未处理的土壤；L-石灰，0.1%石灰+土壤；M-石灰，0.2%石灰+土壤；H-石灰，0.4%石灰+土壤；L-磷灰石，0.58%磷灰石+土壤；M-磷灰石，1.16%磷灰石+土壤；H-磷灰石，2.32%磷灰石+土壤。误差棒上方的不同字母表示处理间在 P<0.05 水平上有显著性差异

剖面上，仅在 13～30 cm 处的 H-石灰、M-磷灰石和 H-磷灰石以及 30～50 cm 处的 H-磷灰石与对照土壤相比具有显著差异。此外，石灰和磷灰石对土壤 pH 的影响主要局限于表层，这取决于石灰和磷灰石的施用量，并且随着土壤深度的增加而降低。土壤有机碳的变化特征是具有显著的表面富集，并且随着土壤深度的增加而降低[图 7.5(b)]。此外，磷灰石和石灰的施用并没有改变 0～13 cm 和 13～30 cm 深度处土壤有机碳的分布，这可能是因为黑麦草和狗尾草的茎和根都被从地块上移走，未有明显的残留，降低了有机碳累积速率。

土壤总钙主要集中在表层，随着石灰和磷灰石处理土壤深度的增加而降低。在 0～13 cm，H-石灰和 H-磷灰石土壤中的钙分别比对照土壤增加了 1.67 倍和 27.3 倍[图 7.5(c)]，13～30 cm 时分别比对照增加 0.47 倍和 0.87 倍。在 30～50 cm 深度，只有 L-磷灰石、M-磷灰石和 H-磷灰石处理的土壤钙含量分别显著增加了 12.4%、30.8%和 36.6%。与土壤总钙相似，总磷主要集中在表层[图 7.5(d)]。尤其是 0～13cm 处的总磷从对照土壤中的 895 mg/kg 增加到磷灰石处理土壤中的 1364～3139 mg/kg，增幅为 0.52～2.51 倍。然而，在 0～50 cm 土层，石灰改良土壤与对照之间，土壤总磷没有显著差异。总体上，30～50 cm 处的钙浓度高于 13～30 cm 处的钙浓度，这表明在低层(13～30 cm)有明显的淋失效应。然而，磷被限制在 0～13 cm 层，在所有处理中没有观察到明显的淋溶效应。

二、土壤铜和镉总量与氯化钙提取态变化

与对照相比，随着石灰和磷灰石剂量的增加，深度为 0～13 cm 的总铜和镉略有增加，特别是在 H-石灰和 H-磷灰石处理中。在对照处理中，13～30 cm 层的铜(1071 mg/kg)和镉(663 g/kg)浓度最高，高于 0～13 cm 层的浓度[图 7.6(a)和(b)]，下层(13～30 cm)的铜和镉总量增加是顶部土壤(0～13 cm)的淋溶效应所致。在 30～50 cm 深度的土壤，铜和镉的浓度低于表层土壤，只有 M-石灰、H-石灰和 H-磷灰石降低了总铜，但对总镉没有发现显著变化。

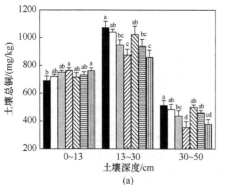

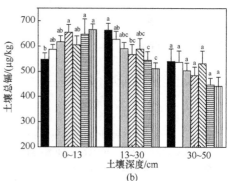

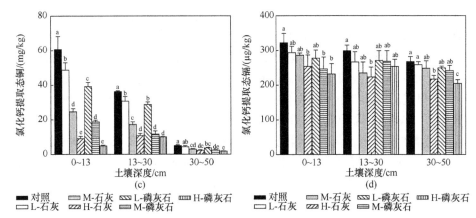

图 7.6　钝化 7 年后土壤重金属总量和氯化钙提取态垂直分布的变化

对照，未处理的土壤；L-石灰，0.1%石灰+土壤；M-石灰，0.2%石灰+土壤；H-石灰，0.4%石灰+土壤；L-磷灰石，0.58%磷灰石+土壤；M-磷灰石，1.16%磷灰石+土壤；H-磷灰石，2.32%磷灰石+土壤。误差棒上方的不同字母表示处理间在 $P < 0.05$ 水平上有显著性差异

先前的田间实验表明，石灰和磷灰石处理后，土壤 pH 开始增加，但后来由于碱性物质的淋失，土壤 pH 呈下降趋势(Cui et al.，2016a)。本研究表明土壤 pH 的影响主要取决于钝化材料的类型和应用比例，且磷灰石在缓解酸化方面具有更持久的效果。经过 7 年的田间实验，对照处理 0～13 cm 土壤中的铜和镉显著高于 2009 年，这可能是大气干湿沉降导致的重金属输入，使得 7 年后土壤中铜(690 mg/kg)和镉(0.55 mg/kg)含量高于 2009 年的土壤铜(662 mg/kg)和镉(0.52 mg/kg)的含量。例如，陶美娟等(2014)报道本研究区附近，铜和镉的干湿沉降总量分别是 1973 mg/m^2 和 15.2 mg/m^2。但是，与对照相比，随着磷灰石和石灰用量的增加，土壤总铜和镉微弱增加，尤其是 H-石灰和 H-磷灰石处理土壤。由最高剂量石灰和磷灰石输入带来的土壤铜总量分别增加 5 μg/kg 和 221 μg/kg，镉分别增加 3.48 μg/kg 和 27.4 μg/kg，因此这些增加对土壤重金属总量的增加非常有限。因此，土壤重金属总量增加的原因可能是不同处理间地表径流和向下淋溶。关于此现象的解释参见第五章第四节。

根据先前的研究(Cui et al.，2016a，2016b)，绘制了图 7.7，该图清晰地显示了石灰和磷灰石的加入固定了原先土壤中存在的重金属以及通过大气干湿沉降输入的重金属。第一，不同处理中大气干湿沉降输入的重金属总量一致。第二，黑麦草和狗尾草在对照处理中由于不利的土壤条件均无法生长，它们仅仅能够在石灰和磷灰石改良的土壤中定植。但是，通过黑麦草和狗尾草吸收输出的重金属对土壤中重金属总量增加的影响很小(Cui et al.，2016a)。第三，植被覆盖(黑麦草和狗尾草)减少了土壤表面风蚀和水蚀，降低了重金属向下淋溶和径流损失。这与前期研发发现的磷灰石和石灰处理土壤溶液中重金属含量显著低于对照处理的事实相吻合。第四，图 7.7 表明 7 年后，磷灰石和石灰处理的土壤中通过地表径流和淋溶输出的重金属总量($L+R$)低于对照处理。因此，磷灰石和石灰处理中持留的重金属含量高于对照处理。类似地，Bidar 等(2016)指出飞灰钝化材料处理的土壤显著增加了 0～25 cm 表层土壤重金属的含量，尤其是镉、锌、汞和铅。然而，Madejón 等(2009)报道田间条件下不同钝化材料添加 3 年后，与对照相比没有增加土壤重金属总量。Tedoldi 等(2017)也指出重金属在表层呈现显著的富集特征，且随着土层深度的增加而降低。与这些研究不同，本书中对照处理在 13～30 cm 土层铜和镉的含量最高，表明存在强烈的淋溶效应，这主要是由于本研究中表层土壤表现出强酸性(pH=4.40)。而且，不同于其他研究的一点是，该区域目前仍然有大量的重金属由于冶炼厂的工业活动(废气、粉尘)通过沉降持续不断地进入土壤。

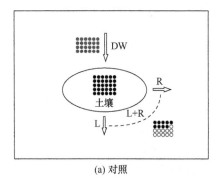

(a) 对照 (b) 石灰/磷灰石

图 7.7 对照、磷灰石和石灰处理中铜和镉的迁移

对照，表示未处理的土壤；石灰/磷灰石，表示石灰或磷灰石处理的土壤；DW，干湿沉降输入的重金属；R，通过径流输出的重金属；L，通过向下淋溶输出的重金属；P，通过植物提取输出的重金属。圆圈表示干湿沉降输入的重金属，圆点表示土壤中原先存在的重金属，右下角表示为"L+R"的圆点表示田间修复 7 年后通过地表径流和向下淋溶输出的重金属总量

与对照相比，随着石灰和磷灰石剂量的增加，深度为 0～13 cm 的平均氯化钙提取态铜浓度显著降低[图 7.6(c)和(d)]。在深度为 13～30 cm 和 30～50 cm 的氯化钙萃取铜中也表现出类似的趋势。然而，只有 H-石灰、M-磷灰石和 H-磷灰石处理降低了深度为 0～13 cm 的氯化钙提取态镉含量。总体上，在所有处理中，氯化钙提取态铜含量随着土壤深度的增加而降低，但氯化钙提取态镉浓度没有显著降低。此外，除了石灰处理降低了 13～30cm 处氯化钙提取态镉含量外，磷灰石在降低可提取氯化钙的铜和镉方面比石灰具有更好的固定化效果。

三、铜和镉化学形态转化

表 7.5 显示了 0～13 cm 土壤中五种铜和镉形态的变化。对于对照土壤来说，铜主要以残渣态形式存在(266 mg/kg, 38.5%)，其次是离子交换态(150 mg/kg, 21.7%)和有机结合态(112 mg/kg, 16.2%)，而铁锰氧化物结合态(96.8 mg/kg, 14.0%)和碳

酸盐结合态(65.9 mg/kg，9.5%)的比例较低。随着石灰和磷灰石用量的增加，离子交换态铜显著降低，尤其是在 H-石灰和 H-磷灰石处理中，离子交换铜分别占总铜的 5.4%(41.3 mg/kg)和 4.0%(30.7 mg/kg)。相反，随着石灰和磷灰石用量的增加，碳酸盐结合态、铁锰氧化物结合态和有机结合态部分略有增加。对于残渣态铜，在钝化材料处理的土壤和对照土壤之间，未观察到显著差异。

表 7.5　不同用量磷灰石和石灰改良的土壤中连续提取铜和镉变化

重金属	处理	EXC	CA	FeMnO$_x$	OM	Res	总量
铜/(mg/kg)	对照	150±13[a]	65.9±2.9[d]	96.8±6.5[c]	112±1.9[b]	266±27[a]	691±34[b]
	L-石灰	115±9[b]	81.1±12[cd]	109±9.3[bc]	131±6.2[ab]	285±33[a]	721±15[ab]
	M-石灰	71.5±6.2[d]	107±4.9[ab]	130±5.3[ab]	149±12[a]	294±15[a]	752±14[ab]
	H-石灰	41.3±4.6[ef]	123±4.8[a]	139±9.2[a]	147±8.7[a]	314±37[a]	764±19[a]
	L-磷灰石	89.8±3.3[c]	78.7±0.6[cd]	107±8.9[bc]	118±6.8[b]	323±32[a]	717±31[ab]
	M-磷灰石	54.6±4.2[e]	89.2±9.5[bc]	115±9.6[abc]	141±6.1[a]	331±22[a]	731±24[ab]
	H-磷灰石	30.7±3.7[f]	103±7.5[b]	136±19[a]	149±11[a]	345±12[a]	764±21[a]
镉/(μg/kg)	对照	221±11[a]	49.8±5.3[c]	77.8±6[c]	13.6±2.5[d]	186±6[b]	548±25[b]
	L-石灰	189±11[b]	77.1±9.7[b]	89.9±8.8[bc]	16.4±4.6[cd]	214±6[ab]	586±19[ab]
	M-石灰	179±4[b]	82.5±8.9[ab]	111±8.4[ab]	21.9±2.1[abc]	222±19[ab]	616±24[ab]
	H-石灰	176±8[b]	89.2±4.6[ab]	133±10[a]	23.2±1.1[ab]	233±9[a]	654±30[a]
	L-磷灰石	194±19[b]	73.2±5.9[b]	99±10[bc]	12.2±2.8[d]	227±9[ab]	605±35[ab]
	M-磷灰石	178±13[b]	91±8.9[ab]	114±19[ab]	18.1±1.6[bcd]	246±35[a]	647±60[a]
	H-磷灰石	171±4[b]	98.8±9.1[a]	121±12[ab]	25.8±1.8[a]	248±6[a]	665±22[a]

注：对照，未处理的土壤；L-石灰，0.1%石灰+土壤；M-石灰，0.2%石灰+土壤；H-石灰，0.4%石灰+土壤；L-磷灰石，0.58%磷灰石+土壤；M-磷灰石，1.16%磷灰石+土壤；H-磷灰石，2.32%磷灰石+土壤。表中数据为平均值(n=3)±标准误差，不同的字母表示处理间在 $P<0.05$ 水平上有显著性差异。

对照处理中，镉主要集中在离子交换态和残渣态部分，分别占土壤中总镉的 40.3%和 33.9%(表 7.5)。与铜相似，随着石灰和磷灰石剂量的增加，离子交换态镉显著降低，碳酸盐结合态、铁锰氧化物结合态和有机结合态镉略有增加。与对照相比，H-石灰、M-磷灰石和 H-磷灰石分别使残渣态镉增加了 47 μg/kg、60 μg/kg 和 62 μg/kg。Tessier 等(1979)指出离子交换态是具有高移动性和有效性的形态，碳酸盐结合态、铁锰氧化物结合态和有机结合态是潜在可利用形态。因此，实验表明，增加磷灰石和石灰用量能够通过降低离子交换态，转变为碳酸盐结合态、铁锰氧化物结合态和有机结合态的方式来降低土壤铜和镉的有效性。

四、土壤磷形态转化

表 7.6 显示了不同土壤中磷化学形态[树脂-磷、碳酸氢钠提取态无机磷($NaHCO_3$-Pi)、碳酸氢钠提取态有机磷($NaHCO_3$-Po)、氢氧化钠提取态无机磷(NaOH-Pi)、氢氧化钠提取态有机磷(NaOH-Po)、盐酸提取态磷(NCl-P)和残渣态磷(残渣-P)]的转化规律。磷灰石处理的土壤中，树脂-磷、碳酸氢钠提取态有机磷、盐酸提取态磷和残渣态磷的相对增加最大，并且都遵循 L-磷灰石＜M-磷灰石＜H-磷灰石的顺序。由于树脂-磷是可自由交换的磷，可以作为土壤中短期磷损失潜力的良好指标，树脂-磷的增加可能会导致过度磷释放诱导富营养化的潜在风险。然而，施用石灰降低了土壤树脂-磷和碳酸氢钠提取态无机磷，增加了氢氧化钠提取态有机磷和盐酸提取态磷。此外，对照中土壤活性磷和稳定态磷的百分比分别为 42.1%和 35.8%。然而，石灰都降低了活性磷和中等活性磷的百分比，增加了土壤的稳定磷百分比。此外，磷灰石处理的土壤中，90.4%～94.2%增加的土壤总磷转化为稳定磷，只有 5.55%～8.40%增加的磷转化为树脂-磷。尤其是，盐酸提取态磷占土壤总磷增加的 66.7%～74.4%，这可能是因为盐酸提取态磷被认为是与磷灰石、其他钙-磷化合物或带负电荷的氧化物表面相关的稳定磷。

表 7.6　在不同石灰和磷灰石添加量的土壤中连续提取磷组分　(单位：mg/kg)

处理	总磷	活性磷			中等活性磷		残渣磷	
		树脂-磷	$NaHCO_3$-Pi	$NaHCO_3$-Po	NaOH-Pi	NaOH-Po	HCl-P	残渣-P
对照	895±22[d]	222±13[cd]	135±14[a]	19.4±1.6[d]	176±9[abc]	22±1[d]	92±6[e]	229±18[d]
L-石灰	870±9[d]	206±12[cd]	99.3±9[b]	10.6±1.3[f]	146±13[bc]	27.2±1.3[c]	128±5[de]	253±7[d]
M-石灰	879±25[d]	186±16[de]	96.2±2.9[b]	10.3±0.7[f]	143±18[c]	28.7±1.4[bc]	148±6[d]	267±12[d]
H-石灰	889±11[d]	140±13[e]	102±6[b]	13.8±1.3[e]	153±7[bc]	31.7±1.5[b]	177±17[d]	271±27[d]
L-磷灰石	1365±70[c]	248±26[bc]	146±9[a]	21.8±0.1[c]	178±8[ab]	25.8±0.4[c]	411±27[c]	334±35[c]
M-磷灰石	2085±95[b]	275±22[b]	148±1[a]	24.4±0.6[b]	188±12[a]	25.3±1.2[cd]	885±63[b]	539±39[b]
H-磷灰石	3138±76[a]	338±24[a]	135±5[a]	27.8±0.1[a]	158±11[abc]	44.3±2.2[a]	1761±60[a]	674±22[a]

注：对照，未处理的土壤；L-石灰，0.1%石灰+土壤；M-石灰，0.2%石灰+土壤；H-石灰，0.4%石灰+土壤；L-磷灰石，0.58%磷灰石+土壤；M-磷灰石，1.16%磷灰石+土壤；H-磷灰石，2.32%磷灰石+土壤。表中数据为平均值(n=3)±标准误差，不同的字母表示处理间在 P<0.05 水平上有显著性差异。

此外，本书研究清楚地表明，增加石灰和磷灰石的剂量可以有效地固定土壤中的铜和镉(0～50 cm)，并减少铜和镉向下层(13～50 cm)的浸出，这导致 13～30 cm 和 30～50 cm 层的铜和镉总量与对照有显著差异。正如预期，增加钝化材料的剂量会导致总磷和总钙的增加，并促进土壤 pH 的增加。因此，土壤 pH 与土壤总磷和总钙呈正相关关系(表 7.7)。此外，氯化钙提取态铜和镉与土壤 pH 呈负相关。这些结果与前人的研究相一致：增加土壤 pH 是固定重金属的有效方法，并控制被固定金属的潜在释放(Guo et al.，2018；Meng et al.，2018)。此外，有研究认为，土壤有效硅、无定形铁氧化物和锰氧化物的含量在不同土壤层之间存在显著差异，它们对重金属具有较高的固定能力(Akama，2014；He et al.，2017；Li et al.，2014)。因此，在今后的研究中，有必要评估土壤有效硅、无定形铁氧化物和锰氧化物的分布，并阐明土壤剖面中重金属的固定机制。

表 7.7　土壤 pH、SOC、CaCl₂ 提取态铜镉、铜和镉总量以及总磷和总钙相关系数

	pH	SOC	CaCl₂-Cu	CaCl₂-Cd	总 Cu	总 Cd	总 P	总 Ca
pH	1	0.06	−0.44[a]	−0.41[a]	−0.24	0.22	0.72[a]	0.31[b]
SOC		1	0.33[b]	0.37[b]	0.38[b]	0.29	0.28	0.18
CaCl₂-Cu			1	0.71[a]	0.47[a]	0.39[b]	0.15	−0.05
CaCl₂-Cd				1	0.34[b]	0.38[b]	0.02	0.06
总 Cu					1	0.63[a]	0.15	−0.00
总 Cd						1	0.56[a]	0.30
总 P							1	0.08
总 Ca								1

注：SOC，土壤有机碳；CaCl₂-Cu，氯化钙-铜；CaCl₂-Cd，氯化钙提取态镉。

a 表示相关性在 $P<0.01$ 水平上是显著的；b 表示相关性在 $P<0.05$ 水平上是显著的。

五、不同土层土壤矿物组成变化

研究表明，增加土壤 pH 可以促进重金属氢氧化物、碳酸盐、磷酸盐沉淀的形成(Huang et al.，2018；Sun et al.，2018)。因此，本书采用 X 射线衍射(XRD)来研究石灰和磷灰石应用后土壤中新形成的金属沉淀。XRD 结果表明，未处理土壤(0~13 cm)的主要矿物相包括石英、长石、绿泥石和高岭石等[图 7.8(a)]。此外，

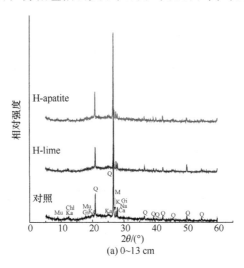

(a) 0~13 cm

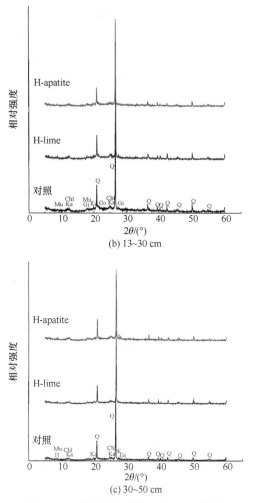

图 7.8 钝化材料处理后土壤 XRD 谱图

对照，未处理的土壤；H-lime，0.4%石灰+土壤；H-apatite，2.32%磷灰石+土壤。Ca，Ca 长石；Chl，绿泥石
[(MgAl)$_6$(SiAl)$_4$O$_{10}$(OH)$_8$]；Ka，高岭石[Al$_2$Si$_2$O$_5$(OH)$_4$]；Gi，斜方钙沸石[CaAlSiO$_8$·4H$_2$O]；Mu，白云母[2M1]；Q，
石英；M，微斜长石；K，钾长石[K(AlSi$_3$O$_8$)]；Na，钠长石[Na(AlSi$_3$O$_8$)]；Go，针铁矿[α-FeO(OH)]

与对照相比，在 H-石灰和 H-磷灰石处理的土壤中没有发现任何新的物相。与 0～13 cm 相似，磷灰石和石灰处理的 13～30 cm 和 30～50 cm 土壤的物相与对照土壤相比没有显著差异[图 7.8(b)和(c)]。与 0～13cm 土壤相比，在 13～30 cm 和 30～50 cm 处具有更低含量的长石，且只有针铁矿在 13～30 cm 处被发现。类似地，Huggett 等(2010)研究表明，在 0～70 cm 内土壤矿物成分基本相同，仅在大于 90 cm 的土层中发现了微弱的差异。推测可能是无定形的金属磷酸盐/碳酸盐的沉淀，或者新的结晶矿物的含量≤1%～2%(质量分数)使得 XRD 无法识别(Huang et al.，2016；Mignardi et al.，2012)。此外，金属磷酸盐/碳酸盐可能会以未知的组成、光谱，或者峰变宽，模糊了峰位置的识别(Hettiarachchi et al.，2001)。此外，新形成的 0～13 cm 的金属沉淀可能会在 7 年内被植物根系吸收或者发生一定的淋溶。

六、环境意义

在过去的研究中，为了保持对土壤重金属的长期稳定性，钝化材料用量范围为 0.2%～10%不等(Khan et al.，2013；Luo et al.，2018；Yuan et al.，2017)。然而，考虑成本、土壤碱性和压实性、有毒重金属富集，无节制提高施用的钝化材料剂量以获得高固定化效率并不是理想的方法(Farrell et al.，2010；Hussain et al.，2017；Shi et al.，2018)。一个重要的原因是，这些修复措施缺乏风险评估，高施用剂量可能导致更多重金属富集和更高的修复成本。例如，在土壤中施用 10%(W/W)污水污泥生物炭(Cd，3.69 mg/kg；Cu，222 mg/kg；Zn，1102 mg/kg)(容重=1.31 g/cm^3)(Khan et al.，2013)后，镉的浓度超过了土壤镉风险筛选值(GB 15618—2018，pH＜5.5，0.3mg/kg)。另一个原因是富含磷和有机物的钝化材料与普通石灰相比可以稳定重金属并促进植被生长，但是缺少应用后潜在的富营养化风险评价。

然而，最近的实验表明，在 1%羟基磷灰石处理柱中，土壤流出物中的磷酸盐高于《地表水环境质量标准》(GB 3838—2002)规定的 V 类限值(0.4 mg/L)，这显示出潜在的富营养化风险(Cui et al.，2017)。本书中 H-磷灰石的剂量(2.32%)是羟基磷灰石的 2 倍以上，树脂-磷(338 mg/kg)也显著高于羟基磷灰石处理过的土壤(84.6 mg/kg)(Cui et al.，2017)。这意味着高剂量的磷灰石施用可能会由于过度磷流失，从而导致富营养化风险。遗憾的是，因为在目前的野外实验中缺乏对径流中磷的评估，本书无法确定磷灰石的最佳剂量。

基于以上讨论，我们认为在固定化过程中，开展对径流和浸出液中的金属与有益营养物，如氮、磷和有机碳的调查及风险预测在未来的修复研究中是非常必要的。但是，田间野外条件下，预测重金属固定的长期潜在风险在短期内是一项具有挑战性的工作。考虑我国受污染耕地超过 333 万 hm^2，对于重金属钝化必须起草和制定一些政策和技术指南，应该包括以下几个方面：①寻找廉价的重金属污染土壤钝化材料；②对钝化材料中污染物(重金属、病毒、有机污染物和放射性元素等)制定明确的限制标准；③根据土壤环境容量限制施用剂量和施用频率；④监测田间野外条件下改良固定效率和持久稳定性；⑤在长期修复过程中，监测地表水和土壤剖面中的氮、磷和其他污染物。

第四节　修复后冶炼厂附近居民对铜的暴露风险研究

越来越多的证据表明,在污染地区接触铜的情况可能比以前认为的更为普遍,轻度缺铜或过量接触铜的情况并不容易识别(Gaetke et al., 2014)。铜冶炼厂周围的农业土壤将成为铜污染的大汇,农业土壤中的铜有望转移给当地居民,这对于居住在冶炼厂周围的人来说具有极高的风险。因此,迫切需要评估铜冶炼活动对冶炼厂周围当地居民健康的潜在影响。

本书中,在一个最大的闪铜冶炼厂附近调查了大量的沉积物、食物(大米、蔬菜、鸡蛋、鸭蛋、肉和牛奶)、饮用水、头发和尿液中的铜浓度。据我们所知,本研究是目前首次对中国铜冶炼地区的铜污染和潜在健康风险进行的调查。本节的主要内容有:①研究大气铜沉积;②研究当地居民各种食物类型和饮用水中铜的浓度,以及食物和饮用水中铜的摄入量;③通过对贵溪铜冶炼厂附近三个村庄居民的毛发和尿液分析,评估与食物消费相关的潜在健康风险。假设大气沉降是当地环境中铜污染最重要的来源之一,且铜暴露风险随人口年龄的变化而变化。

冶炼厂周围超过 130 hm^2 的农田遭受重金属污染,导致作物中的重金属浓度超过可接受的水平(Xu et al., 2017)。选取三个村庄对铜污染和当地居民的暴露情况进行评价,其分别位于冶炼厂以西 1.0 km(九牛岗, JNG)和 7 km(江南村, JNC)、冶炼厂以东 1.5 km(滨江小区, BJXQ)(图 7.9)。

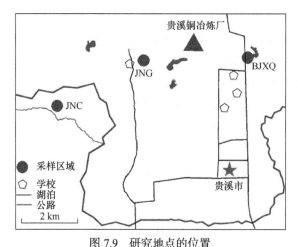

图 7.9　研究地点的位置

一、大气铜沉积

贵溪铜冶炼厂附近三个村庄的年均干、湿大气铜浓度和沉积量如图 7.10 所示。这三个地区的大气沉积通量和浓度差异显著。JNG 干、湿部分的铜浓度分别为

$6.2×10^4$ mg/kg 和 0.30 mg/L，远高于 BJXQ($1.68×10^4$ mg/kg 和 0.045 mg/L)和 JNC($6.36× 10^3$ mg/kg 和 0.016 mg/L)。同样，JNG 显示最大的铜沉积通量 [767 μg/($m^2 · a$)]，其次是 BJXQ[136 μg/($m^2 · a$)]，最低的是在 JNC[56 μg/($m^2 · a$)]。铜沉积量是中国南部平原[16.93 μg/($m^2 · a$)]的 3～45 倍(Xia et al.，2014)，是中国海南岛的农业土壤[(6.9±9.7)μg/($m^2 · a$)]的 8～111 倍(Jiang et al.，2014)，是西班牙北部沿海城市区域[11.2 μg/($m^2 · a$)]的 5～68 倍。此外，在本书中，大部分沉积的铜溶解在液相中并呈现为湿沉积(图 7.10)。以前的研究表明，重金属的可溶性形式具有生物可利用性(Fernández-Olmo et al.，2014；Zhou et al.，2013)。此外，最近的一项研究表明，大气颗粒中的重金属被高度呈现为潜在的流动性部分，当它们沉积到土壤中时，它们将通过氧化还原状态和 pH 的变化而再活化(Lee et al.，2015)。因此，大量的铜沉积和潜在的高生物利用度可能会威胁当地土壤中种植的作物，这与大气沉积导致当地环境中铜污染的假设是一致的。

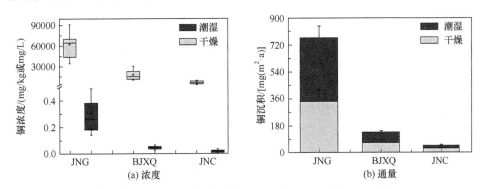

图 7.10 贵溪铜冶炼厂周围三个村庄大气沉降干燥和潮湿部分的铜浓度(a)和通量(b)

二、农业土壤中铜的浓度

农业土壤中的重金属含量被广泛用于表示重金属污染(Herawati et al.，2000；Vorobeichik et al.，2017；Xiao et al.，2011；Zheng et al.，2007)。作者比较了贵溪铜冶炼厂周围三个县农业土壤中铜的浓度(图 7.11)。结果表明，与 JNC 相比，BJXQ 中的铜浓度略高，但没有显著差异。然而，JNG 农业土壤中的铜浓度比 BJXQ 和 JNC 高 5～8 倍。土壤铜浓度与大气沉降相似，这意味着冶炼厂的铜通过大气输送，导致周围区域铜污染。对于这三个村庄来说，在中国 pH<6.5 时，三个村庄的土壤铜含量均高于全国土壤背景值(35 mg/kg)。此外，铜的浓度也远远高于在中国和其他国家受采矿和其他人类活动影响地区的测量值(Song et al.，2012；Vorobeichik et al.，2017；Yu et al.，2016；Zheng et al.，2006)。

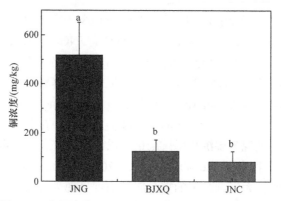

图7.11　贵州冶炼厂周边三个农村农业土壤中铜的含量

不同字母表示使用LSD多重比较测试在 $P<0.05$ 水平的组之间的显著性差异

三、大米和副食中的铜浓度

食物摄取被认为是人类暴露于重金属的主要途径，与其他三种途径(气溶胶吸入、手到口活动和皮肤接触)相比，食物摄取占人体暴露于重金属的85%以上(Cao et al.，2004)。在铜冶炼厂附近的JNG和BJXQ村庄，当地政府从2010年开始禁止种植水稻和食用蔬菜。但是，一些蔬菜仍然由当地农民种植和消费。在离冶炼厂相对较远的JNC村，水稻和蔬菜都是在当地种植的。食物的可食用部分中的铜浓度显示在图7.12中。根据当地居民的饮食习惯，精心挑选了食物类别，可有效减小选择偏差。

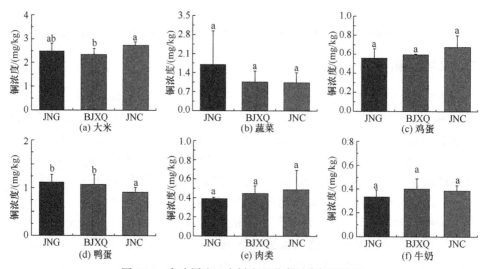

图7.12　贵冶周边三个村庄六种食品中铜的浓度

不同字母表示使用LSD多重比较测试在 $P<0.05$ 水平的组之间的显著性差异

平均而言，在这三个村庄中，大米中铜的浓度普遍高于其他食物。从 JNC 收集的大米中的铜浓度普遍高于 JNG 和 BJXQ，并显示三个村庄之间的统计差异。总体而言，这与三个村庄铜沉积和污染的减少趋势并不一致，因为 JNG 和 BJXQ 收集的大米是从市场上购买的，JNC 的大米是在当地土壤中生产的。结果表明，尽管距离冶炼厂 7 km，但 JNC 村的高污染农业土壤对当地水稻的铜含量影响还是很大。将贵冶周边地区采集的水稻平均铜浓度与日本(2.81 mg/kg)(Ohmomo et al.，1981)和印度尼西亚(2.7 mg/kg)(Herawati et al.，2000)进行了比较。然而，铜浓度显著高于 He 等(2013)报道的浓度，其在长江三角洲培育的浓度范围为 1.81~1.29 mg/kg。由于大米是当地居民的主要主食，大米样品中铜浓度的升高会对当地居民健康造成威胁。

蔬菜中铜的空间分布与水稻中的铜浓度不相似，但与 JNG 向 JNC 的铜沉降减少趋势一致，这是因为蔬菜是在三个村的当地田间种植的。JNG 蔬菜中铜含量高于 BJXQ 和 JNC 的(图 7.12)，且三个村庄的铜含量变化系数均较大，表明不同蔬菜中铜含量差异显著。平均铜浓度显著高于从北京和桂林采集的普通蔬菜(Song et al.，2012；Zheng et al.，2006)。蔬菜被认为是最重要的副食品，为贵冶周围的居民提供了＞25%的食品。因此，应更加重视蔬菜摄入对当地居民健康的风险。

JNC 鸡蛋中的平均铜浓度高于 JNG 和 BJXQ。这可能是因为 JNC 的母鸡用含有较高铜含量的当地农业大米喂养，而位于冶炼厂附近的 JNG 和 BJXQ 的母鸡则用从市场购买的大米喂养。相反，鸭蛋的铜浓度在 JNG 中最高，其次是 BJXQ 和 JNC。原因可能是鸭子更多的时间在田间觅食，其周围的培养基含有高含量的铜。三个村的食物中铜浓度低于卫生部允许的最大允许浓度值，水稻、蔬菜和肉类为 10 mg/kg，鸡蛋为 5 mg/kg(GB 15199—1994)。

四、每日估计的铜摄入量

图 7.13 显示了儿童、成年人和老年人通过饮食摄入铜的每日估计摄入量。男性和女性组之间的浓度没有显著差异，因此将它们合并，并且仅分为三个年龄组。对于年龄组，来自儿童组的铜的慢性日摄入量(CDI)在三个村庄的所有研究中最高，具有统计学显著性差异($P<0.05$)。三个地区儿童和成年人的总 CDI 顺序遵循 JNG＞JNC＞BJXQ，而三个村庄的老年人的 CDI 类似。因此，JNG 的居民，特别是儿童，对铜的暴露风险要高得多。本书中铜的 CDI 显著高于 Wang 等(2017)报道的值。他们发现，中国西南部铅锌矿区居民的儿童和成年人的铜摄入量为 0.072 μg/kg 和 0.28 μg/kg。同时，来自欧盟人群的典型铜摄入量为 0.8~1.8 mg/d(Sadhra et al.，2007)。如果假设欧洲人的平均体重为 70 kg，则欧盟人口的 CDI 范围为 11.4~25.7 μg/(kg·d)。然而，Yu 等(2016)研究了乐安河流域农村居民的铜暴露情况，他们发现在过去的几十年里，靠近亚洲最高年度铜产量的雷安河

上游的 CDI 值低于乐安河的上游，但与乐安河流域中下游地区相当。原因是铜冶炼厂消耗的大米没有在当地种植，其浓度低于矿区。

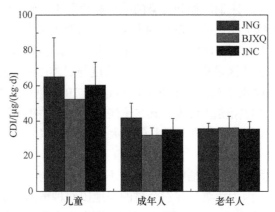

图 7.13　贵冶周边的三个村庄中三个年龄组的各种食物中铜的总慢性日摄入量(CDI)

图 7.14 显示了三个村庄中每日食物对膳食暴露于铜的相对比例。大米摄入是铜长期摄入量的最大来源，分别占 JNG、BJXQ 和 JNC 总 CDI 的 61.46%、69.06% 和 72.73%。第二大贡献者为蔬菜摄入量，占 CDI 总量的 20.31%~32.24%。在这三个村子里，大米和蔬菜摄入这两种主要的进食性途径占总 CDI 的 93%以上，而剩下的四个品种(肉、鸡蛋、鸭蛋和牛奶)只做出了很小的贡献。来自三个村庄的六个自来水样品的铜平均浓度为 5.1 μg/L，远低于世界卫生组织(WHO)推荐的饮用水(2.0 mg/L)。在目前的研究中，假设儿童用水 2 L/d，成年人和老年人饮用水 3 L/d，则可以得到水中 CDI 的摄入量＜每日摄入铜总量的 1%，表明饮用水被认为对研究区域的总 CDI 贡献微不足道。

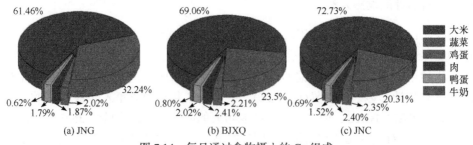

图 7.14　每日通过食物摄入的 Cu 组成

饮食习惯的差异将显著影响重金属对人类的暴露途径。例如，de Souza 等 (2016)提出，水摄入是巴西手工金矿食品中总铜 CDI 的主要贡献因素；玉米和海鲜是中国东北葫芦岛市工业区的主要贡献者(Zheng et al., 2007)；小麦和蔬菜是中国北方山西省食品中铜的 CDI 的主要暴露途径。有趣的是，在中国南方，Yu 等

(2016)发现，受采矿活动影响的地区，大米和蔬菜对铜的总 CDI 的贡献率超过93%，这与本书结论相似。此外，在中国内陆，许多研究表明，重金属暴露于当地居民主要来自主食和蔬菜摄入(Su et al.，2014；Du et al.，2016)。因此，在中国内陆南部，减少当地居民铜暴露的有效策略是降低蔬菜和大米中的铜浓度。

五、健康风险评估

以危害商数(HQ)为特征的非致癌健康风险用来评估贵溪铜冶炼厂附近的当地居民可能受到的不良健康影响。与铜的 CDI 顺序类似，JNG 地区 HQ>1 的当地居民的比例最大，其次是 JNC，最后是 BJXQ，分别为 53%、38%和 20%。对于生活在铜冶炼厂附近的当地居民的所有三个年龄组，HQ>1 的情况遵循儿童(85%)>老年人(21%)>成年人(17%)的顺序，通过食物每日摄入铜，对当地儿童造成更高的非致癌风险。结果表明，需要更加关注铜对铜冶炼厂周围儿童的不良健康影响。冶炼厂附近三个年龄组之间的差异与人口年龄组的铜暴露风险假设一致。

江西省贵溪铜冶炼厂是中国最大的闪铜冶炼厂，是周边环境中铜污染的主要来源。许多研究都集中在矿山和工业区附近的农业生态系统中的工业废物、废水灌溉、化学肥料和农药污染(Cejpková et al.，2016；Šillerová et al.，2017)。很少有研究关注农业土壤中重金属污染物的大气迁移和沉积以及人类健康。该研究结果表明，大气中的铜将从冶炼厂运输很长距离，这与居住在冶炼厂附近的当地人的健康风险呈正相关。应采取有效的废气净化措施，禁止在污染区进行种植活动，以防止铜暴露于当地居民。

六、头发和尿液样本中的铜浓度

膳食铜摄入量的评估被限制为缺乏公认的铜状态生物标志物。人们普遍认为，缺乏有效和准确的铜状态生物标志物。一些公认的指标在之前的研究中被广泛分析，如血浆和血清铜、血浆铜蓝蛋白、铜酶(红细胞超氧化物歧化酶、二胺氧化酶和皮肤赖氨酰氧化酶)。此外，一些易于收集和保存的指标也被用作铜暴露和健康风险评估的生物标志物，因为铜可以在组织中积累并具有铜暴露的回顾性特征，如尿液、血液、毛发或指甲。在目前的研究中，尿液和头发被用作铜暴露和健康风险评估的生物标志物，因为铜可以在这些生物样品中积累，并且在暴露一定时间后被检测。尿液可记录在采集前几天发生的暴露(吸收的铜主要在尿液中排泄，其在人体中的半衰期约为 3 天)(Johnson et al.，1992)，而头发可能记录采集前几个月发生的暴露(头发每月生长 1 cm)(Bost et al.，2016)。

在这项研究中，JNG 的头发中铜的浓度范围为 7.72～28.85 mg/kg(15.13 mg/kg)，显著高于 BJXQ 和 JNC($P<0.05$)，分别为 5.13～28.44 mg/kg(10.11 mg/kg)和 6.41～18.02 mg/kg(11.19 mg/kg)。对于年龄组，三个研究村的儿童(5～16 岁)头发中铜的

浓度最高(表 7.8)。上述结果与在 JNC 中观察到的最高 CDI 和三个村庄中儿童 CDI 最高的研究结果一致(图 7.13)。中国居民正常未暴露的人类头发的铜浓度范围为 8~16 mg/kg，平均浓度为(11.0±3.5)mg/kg。JNG、BJXQ 和 JNC 的当地居民中约有 59%、35% 和 36% 的头发中铜含量高于中国正常居民的平均浓度。最近的一项研究收集了中国 11 个城市的 383 份人发样本,结果显示总体平均浓度为 8.97 mg/kg,与本研究中的三个村庄相比较低(Zhou et al.，2017)。另外，Ni 等(2011)报道，中国江西省铜矿附近两个村的人的头发中铜浓度范围为 2.59~23.32 mg/kg，平均值为 2.34~34.36 mg/kg。另外，Ni 等(2011)报道，中国江西省铜矿附近两个村的人头发中铜浓度分别为 2.59~23.32 mg/kg 和 2.34~34.36 mg/kg，平均值分别为 9.1 mg/kg 和 8.4 mg/kg。Drobyshev 等(2017)报道，来自列宁格勒州污染区域的人的头发中铜浓度平均为 11.3 mg/kg。在伊朗 DarrehZereshk 铜矿(Khazaee et al.，2016)，男性的头发铜浓度平均为(9.1±2.4)mg/kg，女性为(10.1±2.9)mg/kg。本书中 BJXQ 和 JNC 发现的头发铜浓度与上述文献中的居民相当，但 JNG 中的头发铜浓度显著高于这些区域。头发中高水平的铜会导致皮肤病变(Li H et al.，2016)，表明对当地居民的潜在不良健康影响。但是，应该注意的是，样品制备过程会影响头发样品中的元素。例如，Pozebon 等(2017)提出，一些外源性元素与头发紧密相连，有效的洗涤程序会显著影响测量的准确性。以上研究采用了不同的洗涤程序，可能会影响比较结果。

表 7.8　头发中的铜浓度　　　　　　　(单位：mg/kg)

村庄	年龄	数量	最小值	最大值	平均值	中位数	标准差
JNG	5~16	7	9.35	28.33	17.48[a]	15.01	6.86
	17~60	7	7.72	28.85	13.77[a]	10.81	7.30
	61~81	3	17.41	9.84	12.83[b]	11.23	4.03
	总计	17	7.72	28.85	15.13	13.12	6.62
BJXQ	5~16	3	7.68	18.84	13.44[b]	13.80	0.66
	17~60	9	7.75	28.44	12.52[bc]	10.62	6.28
	61~81	8	5.13	10.55	8.05[c]	7.89	1.82
	总计	20	5.13	28.44	10.11	8.82	4.87
JNC	5~16	3	9.81	16.94	13.87[ab]	14.86	3.67
	17~60	6	6.41	12.41	9.09[c]	8.56	2.50
	61~81	4	10.65	18.02	13.43[ab]	11.62	4.00
	总计	13	6.41	18.02	11.19	10.65	3.70

注：标记有不同字母的区域的平均值显著不同(ANOVA，LSD 检验，$P<0.05$)。

在这项研究中，三个村庄的居民的头发铜浓度与食物摄入的铜的 CDI 之间存在显著的相关性(r=0.52，n=50，P<0.01)，表明可能食物摄入在头发中的铜积累中起重要作用。然而，一些研究表明，头发作为人体内铜生物指示剂的功能存在争议。只有少数研究试图研究铜摄入量与头发中铜浓度之间的关系。Suliburska(2011)报道了健康年轻男性饮食中铜浓度为1.6~7.8 mg/d，头皮中铜浓度从9.2 mg/kg 增加到21.1 mg/kg。然而，同样的实验处理表明，头发中的铜浓度与月经期妇女的铜摄入量没有显著相关性。因此，还有一些其他因素会影响人类头发中的铜浓度，其中可能包括性别、使用激素避孕、癌症和其他一些受身体功能或功能障碍干扰的病理情况(Bost et al.，2016；Suliburska，2011)。

尿中铜水平是铜暴露和肾损伤的重要敏感指标(Ohashi et al.，2006)，尽管在短时间内不被认为是饮食摄入的敏感指标(Milne et al.，1996)。在本书中，尿液中的铜浓度在 JNG 中为27.87~102 μg/L，在 BJXQ 中为19.90~54.61 μg/L，在 JNC 中为30.85~61.29 μg/L(表7.9)。在 JNG 居住的儿童中观察到最高的平均值，这与该地区儿童中观察到的最高 CDI 和毛发铜浓度一致。在这项研究中，尿液中的铜浓度是居住在11个县的正常日本成年女性(13.4 μg/L)(Ohashi et al.，2006)和中国8个省区市的一般人群(9.28 μg/L)(Pan et al.，2015)的2~4倍。

表 7.9 尿液中的铜浓度 (单位：μg/L)

村庄	年龄	数量	最小值	最大值	平均值	中位数	标准差
	5~16	7	27.87	102.00	43.95[a]	33.5	26.08
	17~60	7	36.81	37.67	32.67[a]	36.66	5.79
JNG	61~81	3	30.66	45.57	40.48[a]	45.22	8.51
	总计	17	27.87	102.00	38.94	33.50	17.35
	5~16	3	19.90	30.40	25.03[b]	24.80	5.25
	17~60	9	31.03	53.32	35.84[a]	33.41	8.59
BJXQ	61~81	8	29.92	54.61	40.06[a]	41.87	10.64
	总计	20	19.90	54.61	37.84	34.80	11.55
	5~16	3	31.08	46.77	37.72[a]	35.31	8.12
	17~60	6	33.19	61.29	41.35[a]	37.84	9.68
JNC	61~81	4	30.85	51.88	40.80[a]	39.67	10.56
	总计	13	30.85	61.29	38.64[a]	37.84	4.55

注：标记有不同字母的区域的平均值显著不同(ANOVA，LSD 检验，P<0.05)。

虽然研究表明，目前所有生物指示剂(如血液、血浆、血清、头发和尿液)在一般人群的膳食摄入量范围内对铜暴露的指示变化很小或没有变化(Bost et al.，2016)，但是头发和尿样中的铜浓度较高。本书研究的污染数值可能部分反映了当地人相对较高的暴露风险。因此，其他生物标志物(如可交换的铜)用于病理状况[肝豆状核变性(又称威尔逊病，Wilson disease)](Buckley et al.，2008)，并且应该在进一步的研究中进行探索。

七、不确定性分析

一般来说，铜暴露于人体的污染物状态和环境中的易位应该通过一定数量的参与者来说明，然后进一步研究(Su et al.，2014)。然而，在目前的研究中，由于人们在抽样活动期间的合作限制，只收集了少量生物样本(尿液和头发)和相应的食物样本。

使用生物可用性或生物可及性重金属内容进行非致癌和致癌风险评估被认为是最可靠和有效的方法(Praveena et al.，2017)。本书在计算 CDI 和对当地居民非致癌风险时，没有考虑不同食物品种中铜的生物有效浓度，这导致了从消化系统吸收的摄入铜与体内循环系统的比率没有被评估。因此，在一定程度上，本书中的健康风险评估将被高估，而且这项研究只调查和评估了三个村庄的健康风险，无法提供铜冶炼厂周围的绝对准确的风险水平。未来，应采用更多的研究方法来完善铜冶炼厂对当地居民健康风险的贡献。

八、环境影响和结论

对大气沉降的监测表明，铜的空气来源在当地农业土壤中起着重要作用。结果与世界上一些农村地区的其他重金属一致。例如，Luo 等(2009)提出大气沉降是中国农业土壤中砷、铬、汞、镍和铅总投入的 43%～85%；Hou 等(2014)表明，大气沉降是锌和铅的重要来源，估计占中国长江三角洲农业生态系统总投入的 72%和 84%；大气沉降是法国北部农业生态系统土壤中铜、镍、铅和锌的主要输入途径(Azimi et al.，2004)。假设目前铜对土壤的沉积速率用于估算将表层土壤中(0～20 cm)铜浓度提高到极限所需的时间(年)，并且限制由农业土壤中的铜的环境标准(50 mg/kg)调节。在大约 10 年、59 年和 173 年之后，土壤中铜的浓度将分别超过其在 JNG、BJXQ 和 JNC 中的限制(基于土壤的背景值35 mg/kg)。

大气沉降量高，导致土壤和作物中铜的浓度高。随着铜在食物链中的传递，高浓度的铜会影响环境和人体健康。目前研究区头发和尿液生物指标中铜的浓度远高于正常人群。头发中铜的浓度与摄入铜的 CDI 呈显著相关，说明食物摄入是铜暴露的最重要来源。蔬菜和大米是铜暴露的两种主要途径。CDI 和 HQ 对当地居民的人类健康，特别是通过食物消费生活在铜冶炼厂周围的儿童，显示出更高的潜在非致癌风险。目前的研究结果表明，有色金属冶炼显著增加了半径 7 km 范围内当地居民的健康风险。因此，冶炼厂应远离居民区。应采取和实施适当的措施对冶炼厂周围的铜污染进行控制和修复，如禁止当地作物种植、冶炼厂搬迁和土壤修复。

参 考 文 献

陶美娟, 周静, 梁家妮, 等. 2014. 大型铜冶炼厂周边农田区大气重金属沉降特征研究. 农业环境科学学报, 33(7):1328-1334.

Akama A. 2014. Vertical migration of radiocesium and clay mineral composition in five forest soils contaminated by the Fukushima nuclear accident. Soil Science and Plant Nutrition, 606: 751-764.

Azimi S, Cambier P, Lecuyer I, et al. 2004. Heavy metal determination in atmospheric deposition and other fluxes in northern France agrosystems. Water Air and Soil Pollution, 157: 295-313.

Beesley L, Moreno-Jiménez E, Clemente R, et al. 2009. Mobility of arsenic, cadmium and zinc in a multi-element contaminated soil profile assessed by *in-situ* soil pore water sampling, column leaching and sequential extraction. Environmental Pollution, 158: 155-160.

Bidar G, Waterlot C, Verdin A, et al. 2016. Sustainability of an *in situ* aided phytostabilisation on highly contaminated soils using fly ashes: Effects on the vertical distribution of physicochemical parameters and trace elements. Journal of Environmental Management, 171: 204-216.

Bost M, Houdart S, Oberli M, et al. 2016. Dietary copper and human health: Current evidence and unresolved issues. Journal of Trace Elements in Medicine & Biology, 35: 107-115.

Buckley W T, Vanderpool R A, 2008. Analytical variables affecting exchangeable copper determination in blood plasma. Biometals, 21(6): 601-612.

Cao S, Duan, X, Zhao, X, et al. 2014. Health risks from the exposure of children to As, Se, Pb and other heavy metals near the largest coking plant in China. Science of the Total Environment, 472：1001-1009.

Cao X D, Ma L Q, Rhue D R, et al. 2004. Mechanisms of lead, copper, and zinc retention by phosphate rock. Environmental Pollution, 131: 435-444.

Cao X, Wahbi A, Ma L, Li B, et al. 2009. Immobilization of Zn, Cu, and Pb in contaminated soils using phosphate rock and phosphoric acid. Journal of Hazardous Materials, 164: 555-564.

Cejpková J, Gryndler M, Hršelová H, et al. 2016. Bio-accumulation of heavy metals, metalloids, and chlorine in ectomycorrhizae from smelte-polluted area. Environmental Pollution, 218: 176-185.

Chen S B, Ma Y B, Chen L, et al. 2010. Adsorption of aqueous Cd^{2+}, Pb^{2+}, Cu^{2+} ions by nano-hydroxyapatite: Single- and multi-metal competitive adsorption study. Geochemical Journal, 44: 233-239.

Chen X, Wright J V, Conca J L, et al. 1997. Effects of pH on heavy metal sorption on mineral apatite. Environmental Science & Technology, 31: 624-631.

Corami A M S, Ferrini V. 2007. Copper and zinc decontamination from single- and binary-metJournal of hazardous materialsal solutions using hydroxyapatite. Journal of Hazardous Materials, 146(1-2): 164-70.

Corami A M S, Ferrini V. 2008. Cadmium removal from single- and multi-metal (Cd + Pb + Zn + Cu) solutions by sorption on hydroxyapatite. Journal of Colloid Interface Science, 317(2): 402-408.

Cui H B, Fan Y C, Xu L, et al. 2016a. Sustainability of *in situ* remediation of Cu- and Cd-contaminated soils with one-time application of amendments in Guixi, China. Journal of Soils and Sediments, 16(5): 1498-1508.

Cui H B, Fan Y C, Fang G D, et al. 2016b. Leachability, availability and bioaccessibility of Cu and Cd in a contaminated soil treated with apatite, lime and charcoal: A five-year field experiment. Ecotoxicology and Environmental Safety, 134: 148-155.

Cui H B, Zhang S W, Li R Y, et al. 2017. Leaching of Cu, Cd, Pb, and phosphorus and their availability in the phosphate-amended contaminated soils under simulated acid rain. Environmental Science and Pollution Research, 2426: 21128-21137.

Dai Z, Liu X, Wu J, et al. 2013. Impacts of simulated acid rain on recalcitrance of two different soils. Environmental Science and Pollution Research, 20: 4216-4224.

de Souza E S, Texeira A, Da C H, et al. 2016. Assessment of risk to human health from simultaneous exposure to multiple contaminants in an artisa gold mine in Serra Pelada, Pará, Brazil. Science of the Total Environment, 576: 683-695.

Dong A, Ye X X, Hong Y, et al. 2016. Micro/nanostructured hydroxyapatite structurally enhances the immobilization for Cu and Cd in contaminated soil. Journal of Soils and Sediments, 16(8): 2030-2040.

Drobyshev E J, Solovyev N D, Ivanenko N B, et al. 2017. Trace element biomonitoring in hair of school children from a polluted area by sector field inductively coupled plasma mass spectrometry. Journal of Trace Elements in Medicine and Biology, 39: 14-20.

Du B, Li P, Feng X, et al. 2016. Mercury exposure in children of the Wanshan mercury mining area, Guizhou, China. International Journal of Environmental Research and Public Health, 13: 1107.

Farrell M, Perkins W T, Hobbs P J, et al. 2010. Migration of heavy metals in soil as influenced by compost amendments. Environmental Pollution, 1581: 55-64.

Fernández-Olmo I, Puente M, Montecalvo L, et al. 2014. Source contribution to the bulk atmospheric deposition of minor and trace elements in a Northern Spanish coastal urban area. Atmospheric Research, 145-146: 80-91.

Gaetke M L, Chow-Johnson S H, Chow K C. 2014. Copper: toxicological relevance and mechanisms. Archives of Toxicology, 88: 1929-1938.

Guo F, Ding C, Zhou Z, et al. 2018. Stability of immobilization remediation of several amendments on cadmium contaminated soils as affected by simulated soil acidification. Ecotoxicology and Environmental Safety, 161: 164-172.

He H D, Tam N F Y, Yao A J, et al. 2017. Growth and Cd uptake by rice(Oryza sativa)in acidic and Cd-contaminated paddy soils amended with steel slag. Chemosphere, 189: 247-254.

He J, Ren Y, Zhu C, et al. 2013.Variations in cadmium, mercury and copper accumulation among different rice cultivars in the Yangtse River Delta, China. Journal of Chemical & Pharmaceutical Research, 5(12): 49-53.

Herawati N, Suzuki S, Hayashi K, et al. 2000. Cadmium, copper, and zinc levels in rice and soil of Japan, Indonesia, and China by soil type. Bulletin of Environmental Contamination and Toxicology, 64: 33-39.

Hettiarachchi G M, Pierzynski G M, Ransom M D. 2001. In situ stabilization of soil lead using phosphorus. Journal of Environmental Quality, 304: 1214-1221.

Hou Q, Yang Z, Ji J, et al. 2014. Annual net input fluxes of heavy metals of the agro-ecosystem in the Yangtze River delta, China. Journal of Geochemical Exploration, 139: 68-84.

Huang G, Su X, Rizwan M S, et al. 2016. Chemical immobilization of Pb, Cu, and Cd by phosphate materials and calcium carbonate in contaminated soils. Environmental Science and Pollution Research, 2316: 16845-16856.

Huang T H, Lai Y J, Hseu Z Y. 2018. Efficacy of cheap amendments for stabilizing trace elements in contaminated paddy field. Chemosphere, 198: 130-138.

Huggett J, Cuadros J. 2010. Glauconite formation in lacustrine/palaeosol sediments, Isle of Wight (Hampshire Basin), UK. Clay Minerals, 45(1): 35-49.

Hussain L A, Zhang Z, Guo Z, et al. 2017. Potential use of lime combined with additives on immobilization and phytoavailability of heavy metals from Pb/Zn smelter contaminated soils. Ecotoxicology and Environmental Safety, 145: 313-323.

Jiang W, Hou Q, Yang Z, et al. 2014. Annual input fluxes of heavy metals in agricultural soil of Hainan Island, China. Environmental Science and Pollution Research, 21: 7876-7885.

Johnson P E, Milne D B, Lykken G I. 1992. Effects of age and sex on copper absorption, biological half-life, and status in humans. The American Journal of Clinical Nutrition, 56: 917-925.

Khan S, Chao C, Waqas M, et al. 2013. Sewage sludge biochar influence upon rice(*Oryza sativa* L) yield, metal bioaccumulation and greenhouse gas emissions from acidic paddy soil. Environmental Science & Technology, 4715: 8624-8632.

Khazaee M, Hamidian A H, Alizadeh S A, et al. 2016. Accumulation of heavy metals and As in liver, hair, femur, and lung of Persian jird (*Meriones persicus*) in Darreh Zereshk copper mine, Iran. Environmental Science and Pollution Research, 23: 1-11.

Lee P K, Choi B Y, Kang M J. 2015. Assessment of mobility and bio-availability of heavy metals in dry depositions of Asian dust and implications for environmental risk. Chemosphere, 119: 1411-1421.

Li B, Ge T, Xiao H, et al. 2016. Phosphorus content as a function of soil aggregate size and paddy cultivation in highly weathered soils. Environmental Science and Pollution Research, 23: 7494-7503.

Li H, Toh P Z, Tan J Y, et al. 2016. Selected biomarkers revealed poten skin toxicity caused by certain copper compounds. Scientific Reports, 6: 37664.

Li R H, Wang J J, Zhou B Y, et al. 2016. Enhancing phosphate adsorption by Mg/Al layered double hydroxide functionalized biochar with different Mg/Al ratios. Science of the Total Environment, 559: 121-129.

Li Y, Zhang H, Chen X, et al. 2014. Distribution of heavy metals in soils of the Yellow River Delta: Concentrations in different soil horizons and source identification. Journal of Soils and Sediments, 146: 1158-1168.

Li Z, Shuman L M. 1997. Mobility of Zn, Cd and Pb in soils as affected by poultry litter extract— I . Leaching in soil columns. Environmental Pollution, 95: 219-226.

Ling D, Zhang J, Ouyang Y, et al.2007. Role of simulated acid rain on cations, phosphorus, and organic matter dynamics in latosol. Archives of Environmental Contamination and Toxicology,

52: 16-21.

Liu J L, Li Y L, Zhang B, et al. 2009. Ecological risk of heavy metals in sediments of the Luan River source water. Ecotoxicology, 18: 748-758.

Liu R, Lal R. 2014. Synthetic apatite nanoparticles as a phosphorus fertilizer for soybean (Glycine max). Scientific Reports, 4:5686.

Liu R, Zhao D. 2007. Reducing leachability and bioaccessibility of lead in soils using a new class of stabilized iron phosphate nanoparticles. Water Research, 41: 2491-2502.

Luo L, Ma Y, Zhang S, et al. 2009. An inventory of trace element inputs to agricural soils in China. Journal of Environmental Management, 90: 2524-2530.

Luo W, Ji Y, Qu L, et al. 2018. Effects of eggshell addition on calcium-deficient acid soils contaminated with heavy metals. Frontiers of Environmental Science & Engineering, 123: 4.

Ma Q Y, Trainasj, Logan T J, et al. 1994. Effects of aqueous Al, Cd, Cu, Fe(II), Ni, and Zn on Pb immobilization by hydroxyapatite. Environmental Science & Technology, 28 (7):1219-1228.

Madejón E, Madejón P, Burgos P, et al. 2009. Trace elements, pH and organic matter evolution in contaminated soils under assisted natural remediation: A 40-year field study. Journal of Hazardous Materials, 162: 931-938.

Malik M A, Marschner P, Khan K S.2012. Addition of organic and inorganic P sources to soil: Effects on P pools and microorganisms. Soil Biology and Biochemistry, 49: 106-113.

Melamed R, Cao X, Chen M, et al. 2003. Field assessment of lead immobilization in a contaminated soil after phosphate application. Science of the Total Environment, 305: 117-127.

Meng J, Tao M, Wang L, et al. 2018. Changes in heavy metal bioavailability and speciation from a Pb-Zn mining soil amended with biochars from co-pyrolysis of rice straw and swine manure. Science of the Total Environment, 633: 300-307.

Mignardi S, Corami A, Ferrini V. 2012. Evaluation of the effectiveness of phosphate treatment for the remediation of mine waste soils contaminated with Cd, Cu, Pb, and Zn. Chemosphere, 864: 354-360.

Milne D B, Nielsen F H. 1996. Effects of a diet low in copper on copper-status indicators in posenopausal women. American Journal of Clinical Nutrition, 63: 358-364.

Miretzky P, Fernandez-Cirelli A. 2009. Phosphates for Pb immobilization in soils: A review. Environmental Chemistry Letters, 6: 121-133.

MLR, MEP. 2014. The communique of national investigation of soil contamination.

Mustafa S, Naeem A, Rehana N, et al. 2004. Phosphate/sulphate exchange studies on amberlite IRA-400. Environmental Technology, 25: 1115-1122.

Negassa W, Leinweber P. 2009. How does the Hedley sequential phosphorus fractionation reflect impacts of land use and management on soil phosphorus: A review. Journal of Plant Nutrition and Soil Science, 172(3): 305-325.

Ni S Q, Li R P, Wang A J. 2011. Heavy metal content in scalp hair of the inhabitants near Dexin Copper Mine, Jiangxi Province, China. Science China Earth Sciences, 54: 780-788.

Ohashi F, Fukui Y, Takada S, et al. 2006. Reference values for cobalt, copper, manganese, and nickel in urine among women of the general population in Japan. International Archives of Occupational and Environmental Health, 80: 117-126.

Ohmomo Y, Sumiya M. 1981. Estimation on Heavy Metal Intake from Agricultural Products. Tokyo: Japan Sci Soc Press.

Pan X F, Ding C G, Pan Y J, et al. 2015. Distribution of copper and zinc level in urine of general population in eight provinces of China. Chinese Journal of Preventive Medicine, 10: 919-923.

Pozebon D, Scheffler G L, Dressler V L. 2017. Elemental hair analysis: A review of procedures and applications. Analytica Chimica Acta, 992: 1-23.

Praveena S M, Omar N A. 2017. Heavy metal exposure from cooked rice grain ingestion and itotential health risks to humans from total and bioavailable forms analysis. Food Chemistry, 235: 203-211.

Rivaie A A, Loganaehan P, Graharm J D, et al. 2008. Effect of phosphate rock and triple superphosphate on soil phosphorus fractions and their plant-availability and downward movement in two volcanic ash soils under *Pinus radiata* plantations in New Zealand. Nutrient Cycling in Agroecosystems, 82(1): 75-88.

Rodrigues M, Pavinato P S, Witers P J A, et al. 2016. Legacy phosphorus and no tillage agriculture in tropical oxisols of the Brazilian savanna. Science of the Total Environment, 542: 1050-1061.

Sadhra S S, Wheatley A D, Cross H J. 2007. Dietary exposure to copper in the European Union and its assessment for EU regulatory risk assessment. Science of the Total Environment, 374: 223-234.

Seaman J C, Arey J S, Bertsch P M. 2001. Immobilization of nickel and other metals in contaminated sediments by hydroxyapatite addition. Journal of Environmental Quality, 30: 460-469.

Shi P, Schulin R. 2018. Erosion-induced losses of carbon, nitrogen, phosphorus and heavy metals from agricultural soils of contrasting organic matter management. Science of the Total Environment, 618: 210-218.

Šillerová H, Chrastný V, Vítková M, et al. 2017. Stableotope tracing of Ni and Cu pollution in North-East Norway: Potentials and drawbacks. Environmental Pollution, 228: 149-157.

Song B, Yuan L Z, Zhong X M, et al. 2012. A survey of copper concentrations in vegetables and soils in Guilin and the potential risks to human health. Journal of Agro-Environment Science, 5,942-948.

Su Z C, Duan X, Zhao X, et al. 2014. Health risks from the exposure of children to As, Se, Pb and other heavy metals near the largest coking plant in China. Science of the Total Environment, 472: 1001-1009.

Suliburska J. 2011. A comparison of levels of select minerals in scalp hair samples with estimd dietary intakes of these minerals in women of reproductive age. Biological Trace Element Research, 144: 77-85.

Sun R, Chen J, Fan T, et al. 2018. Effect of nanoparticle hydroxyapatite on the immobilization of Cu and Zn in polluted soil. Environmental Science and Pollution Research, 25(1):73-80.

Tedoldi D, Chebbo G, Pierlot D, et al. 2017. Assessment of metal and PAH profiles in SUDS soil based on an improved experimental procedure. Journal of Environmental Management, 202: 151-166.

Tessier A, Campbell P G C, Bisson M. 1979. Sequential extraction procedure for the speciation of particulate trace metals. Analytical Chemistry, 517: 844-851.

Vorobeichik E L, Kaigorodova, S Y. 2017. Long-term dynamics of heavy metals in the upperrizons of soils in the region of a copper smelter impacts during the period of reduced emission. Eurasian Soil Science, 50: 977-990.

Wang D J, Bradford S A, Harvey R W, et al. 2012. Humic acid facilitates the transport of ARS-labeled hydroxyapatite nanoparticles in iron oxyhydroxide-coated sand. Environmental Science & Technology, 46: 2738-2745.

Wang X, Jie X, Zhu Y, et al. 2008. Relationships between agronomic and environmental soil test phosphorus in three typical cultivated soils in China. Pedosphere, 18: 795-800.

Wang Y, Wang R, Fan L, et al. 2017. Assessment of multiple exposure to checal elements and health risks among residents near Huodehong lead-zinc mining area in Yunan Southwest China. Chemosphere, 174: 613-627.

Xia X, Yang Z, Cui Y, et al. 2014. Soil heavy metal concentrations and their tical input and output fluxes on the southern Songnen Plain, Heilongjiang Province, China. Journal of Geochemical Exploration, 139: 85-96.

Xiao H Y, Jiang S Y, Wu D S, et al. 2011. Risk element (As, Cd, Cu, Pb, and Zn) contanation of soils and edible vegetables in the vicinity of Guixi Smelter, South China. Soil and Sediment Contamination: An International Journal, 20: 592-604.

Xu L, Cui H B, Zheng X B, et al. 2017. Changes in the heavy metaltributions in whole soil and aggregates affected by the application of alkaline materials and phytoediation. RSC Advances, 7: 41033-41042.

Yang J, Tang X. 2009. Leaching characteristics of phosphate-stabilized lead in contaminated urban soil and mill waste. Journal of Environmental Monitoring, 6: 127-134.

Yang J, Tang X, Wang Z. 2007. Water quality and ecotoxicity as influenced by phosphate and biosolid treatments in lead contaminated soil and mine waste. Journal of Environmental Monitoring, 3: 21-33.

Yu Y, Hui W, Qi L, et al. 2016. Exposure risk of rural residents to coppen the Le'an River Basin, Jiangxi Province, China. Science of the Total Environment, 402: 548-549.

Yuan Y, Chai L, Yang Z, et al. 2017. Simultaneous immobilization of lead, cadmium, and arsenic in combined contaminated soil with iron hydroxyl phosphate. Journal of Soils and Sediments, 172: 432-439.

Zhang M, Zhang H. 2010. Co-transport of dissolved organic matter and heavy metals in soils induced by excessive phosphorus applications. Journal of Environmental Sciences, 22: 598-606.

Zhang Z, Li M, Chen W, et al. 2010. Immobilization of lead and cadmium from aqueous solution and contaminated sediment using nano-hydroxyapatite. Environmental Pollution, 158: 514-519.

Zheng N, Wang Q, Zhang X, et al. 2007. Population health risk due toetary intake of heavy metals in the industrial area of Huludao City, China. Science of the Total Environment, 387: 9104.

Zheng Y M, Song B, Chen T B, et al. 2006. A survey of copper concentrations in vegetables and soils in Beijing and their health risk. Journal of Agro-Environment Science, 25: 1093-1101.

Zhou J, Feng X, Liu H, et al. 2013. Examination of total mercury inputs by precipitation and litterfall in a remote upland forest of Southwestern China. Atmospheric Environment, 81: 364-372.

Zhou T, Li Z, Shi W. 2017. Christie P Copper and zinc concentrations in human hair and popular foodstuffs in China. Human and Ecological Risk Assessment, 23: 112-124.

Zhuang P, Zhang C, Li Y, et al. 2016. Assessment of influences of cooking on cadmium and arsenic bioaccessibility in rice, using an *in vitro* physiologically-based extraction test. Food Chemistry, 213: 206-214.

第八章 修复工程效益评价

第一节 重金属污染土壤修复再利用效益评价方法

污染土壤再利用效益评价作为本章讨论内容,旨在客观评价贵冶周边污染土壤再利用情况和效益。本章引用棕地概念,棕地一般被认为是因工业污染等遭到废弃、闲置或无法使用,重新开发和再次利用可能存在障碍的已开发过的土地。棕地再利用是多因素综合作用的结果,并且棕地再开发过程是一个复杂的经济、社会、环境复合的综合系统,因此用棕地概念,对污染土地再利用效益评价体系进行完善,其评价成果可更好地应用于棕地再利用实践中。本节主要从棕地再利用效益评价对象及评价程序、评价指标体系构建、评价方法确定、棕地再利用效益评价等级确定及棕地再利用修复植物筛选这几个方面进行分析。

一、棕地再利用效益评价对象及评价程序

(一) 评价对象

江铜贵冶周边区域九牛岗土壤修复示范工程项目对贵冶周边包含3个乡镇15个自然村的8个区域内总计 2000 余亩重金属铜镉污染的农田土壤开展了修复工作。该项目的主要目的可概括为 "削减存量、降低活性",削减贵冶周边土壤重金属污染隐患,解决重金属污染带来的各种问题。同时实现轻度污染土壤经修复治理后,可种植纤维、能源等经济植物或水稻等粮食作物,并且经济效益显著;中度污染土壤经修复治理后,可种植纤维、能源或其他经济植物,经济以及生态效益均显著;重度污染土壤经修复治理后,可达到植被逐渐恢复、景观逐步美化、生态效益显著等目标。由重金属污染导致的废弃土地符合棕地相关概念,因此该项目可作为本章棕地再利用效益评价的研究对象。

(二) 项目概况

该项目共分为 8 个区域(图 8.1),各区域遭受的污染状况不同,因此修复目标也不同,项目概况如表 8.1 所示。

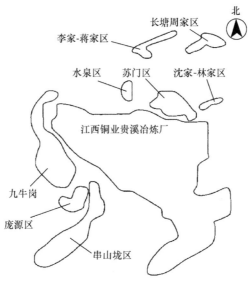

图 8.1　土壤修复区域示意图

表 8.1　江铜贵冶周边区域九牛岗土壤修复示范项目概况一览表

修复区域名称	待修复面积/亩	污染源	土地利用现状	修复植物
苏门区	273.3	贵冶北门排污渠、综合堆渣场	渣场外溢积水指示农田及菜地受到污染	桂花树、栾树
庞源区	72.0	贵冶渣场、厂区废水	部分农田种植水稻，大部分呈抛荒状态	樟树
九牛岗	580.0	贵冶厂区工业废水	印石区小部分农田种植水稻，九牛岗农田大部分废弃土壤严重沙化	樟树
李家-蒋家区	138.8	贵冶渣场渗漏液	邻近贵冶渣场的极小部分农田弃耕，其余绝大部分田块选种水稻	—
沈家-林家区	69.5	贵冶渣场渗漏液	靠近沪昆高速贵溪连接线公路附近的部分农田呈弃耕状态	红叶石楠、栾树
水泉区	100.0	贵冶厂区工业废水	距串山垅水库约 100 m 范围内农田弃耕，而 100 m 以外农田种植水稻	能源草
长塘周家区	232.5	贵冶渣场渗漏液	靠近沪昆高速贵溪连接线公路的小部分农田抛荒	瓜子黄杨、红叶石楠
串山垅区	609.5	串山垅水库污水、贵冶工业废水	以种植水稻为主，部分田块因污染抛荒	—

二、棕地再利用效益评价指标体系构建

根据棕地再利用政策的调整,运用指标体系对其棕地利用效益进行综合评价。棕地再利用的特征取决于多种因素,指标的存在恰好可满足从各个侧面反映其利用效益的状况。一方面,评价指标体系的构建既能从总体上反映棕地再利用地区的发展水平,又能反映棕地再利用条件下该地区经济、社会、环境效益方面的状况;另一方面,棕地再利用调查数据的更新直接反映到各个指标的数据变化上,可运用遗传算法和 BP 神经网络耦合模型,为决策者制定再利用发展战略和调整政策提供理论依据(图 8.2)。

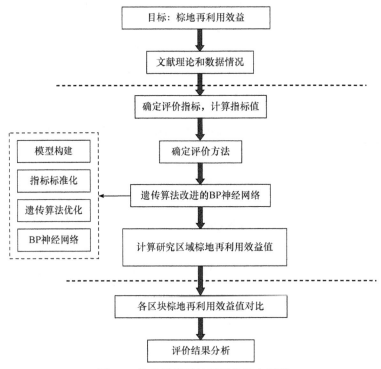

图 8.2 棕地再利用效益评价基本程序

(一) 评价指标体系的构建原则

棕地再利用效益评价指标体系的构建总体上遵照科学性、系统性和层次性、可操作性、可持续性以及可比性五项原则。

按照科学性原则,围绕棕地生命周期特点,结合其再利用效益变化,科学表达出棕地再利用效益的内涵、本质和规律。棕地再利用效益评价这个复合系统内部组成要素相互联系、相互影响,按照系统性和层次性原则构建由总目标、子目

标和指标层构成的体系，协调系统复杂的内部。评价指标并非越多越好，其要具有概念清晰、通俗易懂、计算方便、数据易收集的特征。为了保证评价工作的正常进行，评价指标体系的确定应遵守可操作性原则。同时，棕地再利用效益与环境行为密切相关，因此指标的选择应遵守可持续性原则。不仅如此，系统的综合比较是提高评价准确性的必然要求，因此指标体系的构建应遵守具有可比性原则(宋飚等，2015；王滋贯等，2017)。

(二) 评价指标体系的总体框架

1. 构建评价指标体系

在评价指标体系构建原则的指导下，基于棕地再利用的特点，借鉴现有的城市土地利用效益评价指标体系，污染土壤修复的理化性质和修复植物特点，并且考虑指标数据收集的局限性，建立再利用效益评价指标体系。评价指标体系包括目标层、子目标层和指标层，其中每个子目标层下有若干个指标层，采用最小均方差法计算的筛选指标结果如表 8.2 所示。

表 8.2　棕地再利用效益评价指标体系

目标层	子目标层	指标层(代码)	单位
		受体人群数量(A_1)	个
	社会效益(影响因素)	项目相关就业人数(A_2)	个
		当地居民与项目相关收入(A_3)	元
		租赁土地费用(A_4)	元
		污染程度下降率(A_5)	%
	环境效益(影响因素)	植被覆盖增加率(A_6)	%
		植物镉富集系数(A_7)	mg/kg
棕地再利用		植物铜富集系数(A_8)	mg/kg
效益评价		植物生长周期(A_9)	年
		植物株数(A_{10})	株
		植物存活率(A_{11})	%
	经济效益(影响因素)	产值(A_{12})	万元
		种苗投入(A_{13})	万元
		道路通达度(百分制)(A_{14})	%
		产品到消费地距离(A_{15})	km
		运输成本(元)(A_{16})	元

注：与产品消费地的距离因修复植物不同存在差异，能源草消费地在当地电厂，其他植物主要销往鹰潭市。

2. 评价指标体系说明

1) 社会效益

棕地再利用的社会效益，体现在棕地再利用能否给当地居民带来好处，以及能否提高居民的生活质量。本书以受体人群数量、项目相关就业人数、当地居民与项目相关收入和租赁土地费用四个指标来衡量棕地再利用的社会效益。

(1) 受体人群数量(A_1)。指各棕地区域附近居民数量，该指标用来反映棕地再利用项目中产生的社会效益的享受人群数量，数值越大，享受到棕地这一修复项目福利的人数就越多，社会效益越高。反之亦然。

(2) 项目相关就业人数(A_2)。指从事项目开展相关工作的人数，主要包括项目执行组、雇佣劳动力、雇佣当地农民人数及其他人员总和，这些人员主要从事组织、挖坑、栽苗、挖掘机操作等工作。项目相关就业人数反映了项目辐射所带来的社会效益，人数越多，对当地居民带来的收入越多，社会效益越明显，为项目开展必需的前期工作。

(3) 当地居民与项目相关收入(A_3)。指在棕地再利用项目进程中，当地居民从事组织、挖坑、栽苗、挖掘机操作等工作获得的与项目有关的收入。当地居民与项目相关收入反映了项目带动周边居民生活水平的提高程度，收入越高，社会效益越高。反之亦然。

(4) 租赁土地费用(A_4)。指在棕地再利用工程中，为进行土地修复而支付的租用居民农田的补偿费用，包括棕地及其他临时性用地。租用的土地利用钝化材料进行修复，使其达到可耕种状态。根据项目规划，中标的园林绿化公司需要种植植物并承担部分租赁费用，租地补偿为 700 元每亩。此项指标越高，反映的社会效益越高。反之亦然。

2) 环境效益

土地是社会经济活动的载体，在获得社会经济效益的同时，由于技术条件和认识水平的局限，在一定的生产力条件下，也会造成如土壤污染等生态环境问题。棕地再利用是对污染土地进行修复，并重新建立生态支撑系统，从而在整体上提高社会效益和经济效益。该修复项目的棕地环境效益体现在污染程度下降率、植被覆盖增加率、植物镉富集系数、植物铜富集系数等方面。

(1) 污染程度下降率(A_5)。指棕地再利用所达到的重金属污染下降值目标，可以作为直接反映环境效益的重要指标。

(2) 植被覆盖增加率(A_6)。指土壤污染造成的棕地区域内抛荒地、农田废弃地和荒漠化地块的植被恢复增加的面积与未修复时植被面积之比。它反映的是环境效益中植被恢复的情况，增加值越大，环境效益越高。反之亦然。

(3) 植物镉富集系数(A_7)。指棕地再利用植物对重金属元素镉的富集量，单位为 mg/kg。重金属富集系数越高，说明对土壤修复作用越好，环境效益越大。反之亦然。

(4) 植物铜富集系数(A_8)。指棕地再利用植物对重金属元素铜的富集量，单位为 mg/kg。与重金属镉富集指数对环境效益的影响相同。

3) 经济效益

经济效益是资金占用、成本支出和有效生产成果之间的比较。经济效益好，就是资金占用少，成本支出少，有效成果多。棕地修复过程中引入市场参与，企业作为主体参与到修复过程中，同时通过修复植物获取一定的经济效益。

(1) 植物生长周期(A_9)。指棕地再利用的修复植物从幼苗到成熟即成长到可销售状态所经历的时间。生长周期根据植物类型来确定，树木一般 2～3 年可销售，红叶石楠、瓜子黄杨等乔灌木植物 1 年可销售，能源草半年内可销售。

(2) 植物株数(A_{10})。是指棕地修复区域，每亩土地上可种植的修复植物株数，根据园林绿化公司提供的数据，同时参考植物种植合适间隔来确定可种植株数。

(3) 植物存活率(A_{11})。指棕地再利用区域植物存活状况，它是影响经济效益的重要指标。

(4) 产值(A_{12})。指棕地再利用的修复植物所产生的经济效益值，该指标为亩产数量与土地面积的乘积。产值根据不同植物种植的亩数和植物株数计算。

(5) 种苗投入(A_{13})。指在棕地再利用中，用于土壤修复而种植的植被幼苗投入费用，它是影响经济效益的投入部分。种苗费用根据植物类型而有所不同，一般来说，1.3 m 高树苗价值 20～30 元，而灌木植物则价值 1～2 元。

(6) 道路通达度(A_{14})。指在棕地区域周边能够有效反映道路等级、数量的指标。用百分制表示，邻近三条以上道路为 100 分，按数量降序递减。

(7) 产品到消费地距离(A_{15})。指在产品产出后到消费地的距离。产品与消费地之间的距离因消费地而异，园林植物的消费地为鹰潭市，而能源草消费地为当地的发电厂。

(8) 运输成本(A_{16})。指运输企业在一定时期内完成一定客货运输量的全部费用支出。运输成本因消费地点而异。

三、棕地再利用效益评价方法确定

棕地再利用效益评价是发现土地利用中存在的问题，为提高土地再利用效益水平提供理论依据。合理选择评价方法是评价过程中的重要环节，对评价结果的确定影响较大。棕地再利用评价方法的选择应与评价目的和评价对象达成有效统一。本节运用 BP 神经网络模型和遗传算法(GA)进行耦合，提高了评价的准确性。

神经网络是一种通过模拟人脑思维建立数学模型的算法系统，通过样本训练过程建立起输入与输出之间的非线性映射关系，具有自学习的功能，可以充分逼近任意复杂的非线性问题，是目前广泛应用的一种 BP 神经网络，其缺点是学习速度较慢，难以控制较复杂的对象。而遗传算法是目前优化神经网络最有效的方法，可以增强局部寻优能力(刘廷祥，2009)，加快网络收敛。

根据复杂程度，神经网络可分为单层和多层。BP 神经网络是由大量简单的神经元按各种不同的拓扑结构相互连接而形成的复杂网络系统，输入单元可以多样化，但输出只有一个，该输出可以映射多个其他输入单元(张雷，2004)。

(一) BP 神经网络算法

BP 神经网络算法的表述方法由 David Rumelhart 等于 20 世纪 80 年代提出，这一表述方法的提出解决了多层神经网络的学习问题，极大地推动了神经网络的发展。BP 神经网络具有隐含层和线性输出层，可以通过函数公式来逼近输出点的结果。神经网络通过调整网络权值和阈值来完成自动学习模型构建过程，学习算法可以分为两类：非监督学习和监督学习。神经网络训练一般需要一定数量的训练样本，训练样本由输入数据和目标数据组成(程福亨，2012)，通过自动训练不断调整权值，从而接近期望输出。根据实际情况，本节选择遗传算法优化的 BP 神经网络。BP 神经网络算法是监督学习的一类，需要提供输入向量 p 和期望响应 t，网络学习的过程是由正向传播和反向传播所组成的(刘耀林和焦利民，2008)。

典型的三层 BP 神经网络由输入层、隐含层和输出层构成，其算法步骤如图 8.3 所示。

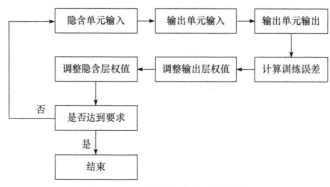

图 8.3　BP 神经网络训练流程图

(二) BP 神经网络的逼近能力及其应用的适宜性分析

合理的神经网络自动学习能够实现非线性映射，有利于解决复杂问题，可作为多维非线性函数的通用数学模型(韩立群，2006)。在 BP 神经网络训练过程中，神经网络的结构和权值不断自行调整并最终确定，网络的输入和输出就模拟了一个非线性映射过程。因此，BP 神经网络具有解决非线性问题的优势，可以通过足够的样本训练，以任意精度逼近函数，在研究中经常被用于综合评价、系统预测、模型模拟、风险预警(刘锐金等，2012；张克鑫等，2012；丁真真，2012)。

(三) BP 神经网络应用中存在的问题及优化方法

虽然多层神经网络克服了单层感知器和线性网络缺陷，可以逼近任意线性或非线性问题的输入、输出关系，但 BP 神经网络算法有可能存在收敛速度慢、耗费大量时间、无法找到切合点(图 8.4)(朱文龙，2009)、易陷入局部极小值等缺陷。因此，有必要对其进行优化。采用 MATLAB 工具箱中的函数 trainlm 实现 Levenberg-Marquardt 算法，从而运行较小规模的 BP 神经网络。可以通过优化网络连接权重、神经网络的学习规则、神经网络的结构等方法来实现对 BP 神经网络算法的优化。本节采用遗传算法对 BP 神经网络进行优化，通过优化网络连接的权值和阈值，提高网络的收敛性和准确性。

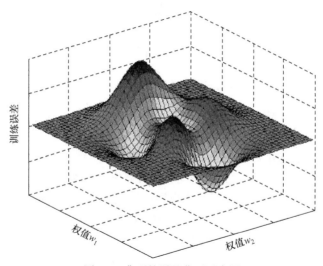

图 8.4　典型的误差曲面示意图

(四) 遗传算法的基本原理

遗传算法于 19 世纪 70 年代初期开始发展，它是模拟生物的遗传而发展起来的一种搜索和优化算法，其主要特点是：并行性、通用性、全局优化性、稳健性和简单性。遗传算法经常用于工程和科学领域，具有多目标优化的特点，可以实现整体优化。

遗传算法主要包括选择(selection)、交叉(crossover)和变异(mutation)过程。

(1) 选择。根据个体的适应度，按照一定规则或方法，从 t 代群体 $S(t)$ 中选择出优良的个体遗传到下一代群体 $S(t+1)$ 中。

(2) 交叉。将群体 $S(t)$ 中的个体随机搭配成对，对每一对个体，以某种概率交换它们之间的染色体。

(3) 变异。对群体 $S(t)$ 中每一个个体，以某一概率将某一个或某一些基因座上的基因值改为其他的等位基因。

遗传算法的数学理论基础是模式定理和积木块假说(陈国良等，1996)，模式定理使遗传算法具有全局寻优的可能性，积木块假说阐述了遗传算法具备寻找到全局最优解的能力。

(五) 遗传算法改进 BP 神经网络的优势

针对 BP 神经网络的特点，遗传算法与 BP 神经网络的结合主要体现在利用遗传算法不断调整和优化 BP 神经网络的连接权值，加快训练过程，快速得到全局最优解。本节就采用以上方法提高 BP 神经网络的性能。棕地再利用效益空间差异分析及修复植物筛选是一个复杂的非线性问题，棕地再利用效益分为社会效益、经济效益和环境效益，为了达到综合效益最大化，需要通过遗传算法和 BP 神经网络的耦合模型进行量化计算，以达到整体最优目标。

(六) BP 神经网络-遗传算法耦合模型的建立

遗传算法优化的神经网络的权值训练过程分为两步：第一步是运用遗传算法优化网络的初始权重；第二步运用 BP 算法完成网络训练。

运用遗传算法优化 BP 神经网络权值步骤如下。

(1) 初始化种群 S，包括交叉规模、交叉概率 P_c、突变概率 P_m 以及对任一输入层和隐藏层连接权值、隐藏层和输出层连接权值进行初始化。编码时采用遗传算法训练神经网络的实数编码。使用实数编码，随机产生一组分布(编码)，它就对应着一组神经网络的连接权值(阈值)(李明和李雪铭，2007)。

(2) 输入训练样本，以误差函数公式计算适应度。本节棕地再利用效益训练样本为 6 个，输入指标为 16 个。

(3) 根据个体的适应度，按照规则从 t 代群体 $S(t)$ 中选择出个体遗传到下一代群体 $S(t+1)$ 中。对于适应度大的个体，则直接遗传给下一代。

(4) 利用交叉，变异产生下一代群体。

(5) 交叉操作采用算术交叉，变异操作采用非均匀变异。以概率 P_c 对个体 G_i 和 G_{i+1} 交叉产生新的个体 G_i' 和 G_{i+1}'，没有进行交叉操作的个体之间进行复制，利用概率 P_m 突变产生 G_j 的新个体 G_j'。将新个体插入种群 S 中，并重新计算个体的评价函数。如果找到了满意的个体，则结束；否则重复交叉变异操作步骤。当以另外的样本作为输入层，使用训练好的 BP 网络进行仿真时，将得到期望的输出。

四、棕地再利用效益评价等级确定

棕地再利用效益等级是在再利用效益计算的基础上确定的，评价分值越大，则棕地的利用效益越合理或是越接近合理，同时也意味着修复植物的选择是合适的。因此，需要适当推广该修复植物，以提高其再利用效益。本节参照有关文献的选取方法，应用线性内插法，通过构建所有样本数据的最大和最小区间，线性设定影响等级，棕地再利用效益评价目标分为 5 级，由 5 到 1 分别表示城市人居环境质量由高到低。本节参照已有研究，将棕地再利用效益划分为 5 个不同的等级(表 8.3)。

表 8.3 棕地再利用效益评价等级

等级标准	评价等级	等级意义	建议措施
$0 \leqslant Y < 0.2$	效益极低	棕地再利用效益极低，土地最大效益未实现，宜改变土地利用方式或修复植物	改变修复植物 分析土壤理化性质 分析影响植物存活的原因 采用多种植物混种方式
$0.2 \leqslant Y < 0.4$	效益较低	棕地再利用效益较低，土地最大效益未实现，宜改变土地利用方式或修复植物	改变修复植物 分析影响植物存活的原因 采用多种植物混种方式
$0.4 \leqslant Y < 0.6$	效益居中	棕地再利用效益居中，土地最大效益未实现，宜改变土地利用方式或修复植物	种植高效修复植物 分析影响植物存活的原因 采用多种植物混种方式
$0.6 \leqslant Y < 0.8$	效益较高	棕地再利用效益较高，土地效益实现，宜保持利用方式或改变修复植物种植模式，减少效益低的植物	改变或保持修复植物 分析影响植物存活的原因 采用多种植物混种方式
$0.8 \leqslant Y < 1$	效益极高	棕地再利用效益较高，实现土地最大效益，宜保持或推广该修复植物	保持该修复植物 进行该种植模式推广 进行日常田间维护

五、基于耦合模型棕地再利用修复植物筛选

植物修复技术以其投资少、生态效益好等优点，日益成为棕地生态修复的关键。植物修复尤其是超富集植物的筛选及其在污染土壤修复中的实际应用已成为越来越热点的研究内容，但目前仍缺乏定量化筛选标准。一方面，筛选过程以定性分析为主，降低了结果的合理性和准确性。另一方面，修复植物筛选仅根据植物对重金属元素的富集系数，未综合考虑经济效益、生态效益和社会效益。从园林物种中筛选出对污染土壤修复有重要意义和作用的超积累园林植物，将为植物修复开辟一条新的途径。

基于耦合模型棕地再利用修复植物筛选是利用棕地再利用效益模型，对修复

植物进行定量化筛选，选择综合效益高的植物。主要步骤如下(图 8.5)。

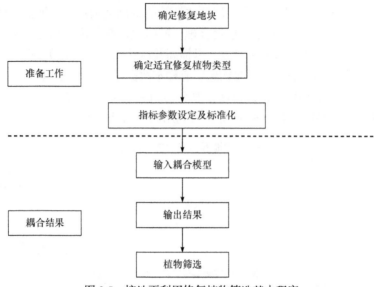

图 8.5　棕地再利用修复植物筛选基本程序

(1) 确定需要进行修复植物筛选的实验地块。

(2) 选择适宜的当地种植的园林植物类型。

(3) 根据地块面积、植物类型等因素，修改该地块的各项指标参数，不修改不受植物种类变化影响的指标参数。

(4) 规范修复地块的指标参数数据，输入已耦合的棕地再利用效益模型。

(5) 输出结果，比较各植物综合效益，选择综合效益高的植物类型。

第二节　重金属污染土壤修复再利用效益评价
——以示范工程为例

一、研究区域概括

(一) 自然生态条件

1. 地理概况

贵溪市位于 28.295811°N，117.240331°E，属于亚热带温暖湿润型气候，区域内低山丘陵地带占土地总面积的 71%。主水系信江自东向西流经中部。

2. 矿产资源

贵溪市现有的金属矿产主要有金、银、铅、锌、铜、铁、稀土等，非金属矿产主要有石膏、瓷土(石)、黏土、硅石、石灰石、花岗岩、透辉石等，能源矿产有铀、煤、石油等。

(二) 贵冶基本概况

贵冶是中国铜工业的重要力量，是目前世界唯一一家单厂铜产能规模超百万的炼铜工厂，是中国最大的铜、硫化工、稀贵金属产品生产基地。20世纪80年代正式投产，主要产品有铜、硫酸、电解铜、电金、电银、硫酸、镍、硒等。贵冶在投产初期的数年间生产过程中所产生的"三废"对贵冶周边区域土壤和水体产生了重金属污染。

二、棕地再利用效益评价

棕地再利用效益评价从三个层次开展，即从社会效益、经济效益和环境效益来衡量。根据棕地再利用效益评价差异，实施差别化的引导政策，为棕地再利用提供定向指导。

(一) 遗传算法改进BP神经网络模型的建立

BP神经网络是人工神经网络中应用极为广泛而反向传播的一种神经网络，具有很强的非线性映射能力。遗传算法是一种高效率的全局优化概率搜索方法，它具有全局寻优的优点，可以有效地利用历史信息来推测下一代期望性能有所提高的寻优点集(李明和李雪铭，2007；陈政，2011；刘永芳，2004)。将遗传算法与BP神经网络结合，适用于复杂系统的评价，可以提高收敛速度，提升学习能力。网络模型设计流程见图8.6。

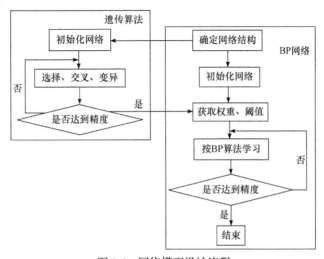

图 8.6 网络模型设计流程

(二) 由遗传算法得到 BP 网络训练的最优权值和阈值

最优权值和阈值训练过程如下。

(1) 初始化。

初始化种群 S，包括交叉规模、交叉概率 P_c、突变概率 P_m 以及对任一输入层和隐藏层连接权值、隐藏层和输出层连接权值进行初始化。编码时采用遗传算法训练神经网络的实数编码，免去了编码解码的烦琐，使得操作更简化。码串由四部分组成：隐藏层与输入层连接权值、输出层与隐藏层连接权值、隐藏层阈值、输出层阈值。本节初始种群规模设置为 50。

(2) 计算每一个个体评价函数，并将其排序，按照概率值选择网络个体。

$$P_s = \frac{f_i}{\sum\limits_{i=1}^{n} f_i} \tag{8-1}$$

式中，f_i 为每个个体评价值。

(3) 适应度函数。

$$E = 1/2 \sum_{k=1}^{n} \sum_{j=1}^{p} (y_j^k - o_j^k) \tag{8-2}$$

式中，n 为训练样本个数；p 为输出节点数；$y_j^k - o_j^k$ 为第 k 个样本相对于第 j 个输出单元的误差。

适应度函数为

$$\text{fitness} = 1/E \tag{8-3}$$

(4) 交叉及变异操作。交叉操作采用算术交叉，变异操作采用非均匀变异。以概率 P_c 对个体 Q_i 和 Q_{i+1} 交叉产生新的个体 Q_i' 和 Q_{i+1}'，没有进行交义操作的个体之间进行复制，利用概率 P_m 突变产生 Q_j 的新个体 Q_j'。将新个体插入种群 S 中，并重新计算个体的评价函数。如果找到了满意的个体，则结束；否则重复交叉变异操作步骤，直到寻找到最优解。

(三) 棕地再利用效益评价

本节采用改进的 BP 神经网络对棕地再利用效益进行评价，包括 BP 神经网络构建、评价指标标准化和神经网络训练数据选取与模型训练三项内容。

1. BP 神经网络构建

函数 newff()用于建立 BP 神经网络结构。网络分为三层，分别为输入层、隐含层和输出层。评价指标体系中有 16 个评价因子，棕地最终得出的神经网络结构为 16×6×1(表 8.4)。整个过程在软件 MATLAB R2011a 中实现。

表 8.4　棕地再利用效益的指标数据

指标	苏门区	庞源区	九牛岗	沈家-林家区	水泉区	长塘周家区
A_1/个	10660	2720	21320	7330	5330	21995
A_2/个	23	6	35	12	7	24
A_3/元	63420	31710	159600	31920	32000	63840
A_4/元	191310	50400	406000	48650	70000	162750
A_5/%	0.7	0.65	0.72	0.55	0.55	0.45
A_6/%	1	0.7	0.85	0.6	0.75	0.3
A_7/(mg/kg)	0.645	0.125	0.125	1.34	0.530	0.65
A_8/(mg/kg)	0.85	0.27	0.27	0.735	0.476	0.565
A_9/年	2	3	3	2	0.5	1
A_{10}/株	117000	28800	201200	90800	1000000	575000
A_{11}/%	0.85	0.8	0.85	0.7	0.95	0.8
A_{12}/万元	120	11.5	85.5	78.0	20	331
A_{13}/万元	299	28.8	200	22.0	5	11.5
A_{14}/%	80	40	60	60	20	80
A_{15}/km	26.4	26.7	25.23	27.12	1.52	28.5
A_{16}/元	483	489	462.55	497.2	27.9	522

2. 评价指标标准化

　　指标标准化处理旨在消除不同指标量纲的影响。为了削弱数值较大指标在评价中的作用，选择在网络训练前将各指标的原始数据进行无量纲化(表 8.5)。参照效益评价指标的无量纲化文献，效益型指标一般采用最值法进行标准化，各指标处理后的数值介于[0, 1]。其计算公式如下：

$$F_{ij} = \frac{X_{ij}}{\max X_{ij}} \tag{8-4}$$

式中，F_{ij} 为评价指标标准化后的数值；X_{ij} 为第 i 个区块第 j 个评价指标的实际值。

表 8.5　无量纲化后的指标数据

指标	苏门区	庞源区	九牛岗	沈家-林家区	水泉区	长塘周家区
A_1	0.485	0.124	0.969	0.333	0.242	1
A_2	0.657	0.171	1	0.343	0.2	0.686
A_3	0.397	0.199	1	0.2	0.201	0.4
A_4	0.471	0.124	1	0.120	0.172	0.401

续表

指标	苏门区	庞源区	九牛岗	沈家-林家区	水泉区	长塘周家区
A_5	0.972	0.903	1	0.764	0.764	0.625
A_6	1	0.7	0.85	0.6	0.75	0.3
A_7	0.481	0.093	0.093	1	0.396	0.485
A_8	1	0.318	0.318	0.865	0.560	0.665
A_9	0.667	1	1	0.667	0.167	0.333
A_{10}	0.117	0.029	0.201	0.091	1	0.575
A_{11}	0.895	0.842	0.895	0.737	1	0.842
A_{12}	0.362	0.035	0.258	0.235	0.00604	1
A_{13}	1	0.0964	0.669	0.0738	0.0167	0.0385
A_{14}	1	0.5	0.75	0.75	0.25	1
A_{15}	0.926	0.936	0.886	0.953	0.0534	1
A_{16}	0.926	0.936	0.886	0.953	0.0534	1

3. 神经网络训练数据选取与模型训练

使用无量纲化后的 16 项指标数据作为网络的输入神经元,棕地再利用效益水平作为输出神经元,来构建 BP 网络。本节采用线性内插法,设定再利用效益等级,将效益等级从低到高分为 5 级,0.2、0.4、0.6、0.8、1 依次表示极低、较低、中等、较高、极高再利用效益水平。训练数据如表 8.6 所示。神经网络结构确定为 16×6×1。

表 8.6 棕地再利用效益输入数据和输出数据

输入数据							
1	1	1	1	1	1	1	1
0.5	0.657	0.397	0.471	0.972	0.85	0.481	0.86
0.344	0.342	0.201	0.172	0.903	0.75	0.396	0.56
0.25	0.2	0.2	0.124	0.764	0.7	0.093	0.318
0.128	0.171	0.199	0.120	0.764	0.6	0.093	0.317

输入数据								输出数据
1	1	1	1	1	1	1	1	1
1	0.201	0.894	0.712	0.67	0.75	0.982	0.983	0.8
0.667	0.117	0.894	0.650	0.096	0.75	0.972	0.972	0.6
0.667	0.091	0.842	0.096	0.074	0.5	0.930	0.93	0.4
0.167	0.028	0.737	0.0167	0.0167	0.25	0.056	0.056	0.2

在 MATLAB 环境下,运用 GA 工具箱及 MATLAB 编程语言,采用实数编码,码串长度为 181,初始种群规模为 50,遗传代数为 100,精度为 0.01,选择运算使用比例算子;交叉概率 P_c=0.1,变异概率 P_m=0.09,输入训练样本数据对网络进行训练,算法经过训练,达到精度要求(图 8.7)。根据表 8.3 中的标准进行等级划分,具体结果见表 8.7。数据训练过程如图 8.8 所示。

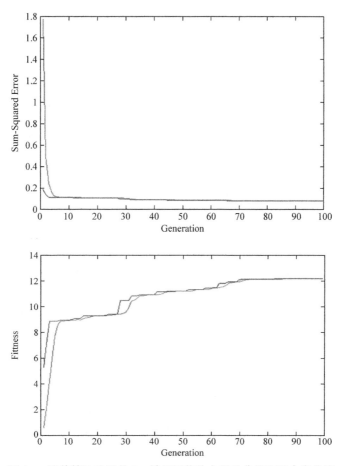

图 8.7　遗传算法改进的 BP 神经网络均方误差曲线和适合度曲线

表 8.7　BP 网络训练的期望输出与实际输出

输出	效益极高	效益较高	效益中等	效益较低	效益极低	极小值
期望输出	0.9999	0.8000	0.6000	0.4000	0.2000	0.0001
实际输出	0.9999	0.7999	0.6000	0.3999	0.2000	0.0001

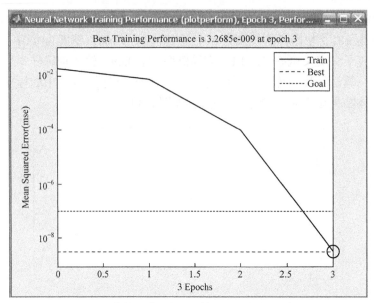

图 8.8　遗传算法改进的 BP 神经网络数据训练过程

遗传算法改进的 BP 神经网络训练完成后，得到各权值及阈值。输入层与隐含层的连接权值矩阵为 W_1=[0.49　−0.42　0.48　0.45　−0.46　−0.21　−0.43　−0.22　0.32　0.48　−0.20　−0.71　0.01　−0.24　−0.61　−0.40　−0.26　−0.23　0.442　0.37　−0.56　−0.76　0.14　0.17　0.34　0.58　0.69　−0.27　−0.12　0.63　0.19　−0.49　0.52　0.51　−0.31　−0.31　0.66　−0.51　−0.14　0.77　−0.88　−0.48　−0.04　0.17　0.27　0.10　−0.86　−0.06　−0.27　0.27　0.97　0.17　−0.24　−0.05　0.22　−0.52　−0.56　−0.68　0.31　−0.41　0.83　0.57　0.49　0.53　−0.86　0.47　0.71　0.33　0.06　−0.72　0.09　0.55　−0.36　−0.70　−0.42　0.345　0.41　−0.53　0.34　0.77　−0.42　−0.43　−0.25　0.46　0.30　−0.86　−0.09　0.33　−0.28　0.66　−0.87　−0.28　−0.28　0.89　−0.10]

隐含层与输出层之间的连接权值矩阵为 W_2=[−0.54777　−0.044893　−0.4841286　0.05353648　0.188679　−0.041035]。

隐含层神经元的阈值矩阵为 b_1=[−0.0287410　−0.70633715　0.3859670　−0.5513019　0.4717543　−0.1685513]。

输出神经元的阈值为 b_2=[0.1077431]。

(四) 棕地再利用效益评价结果

遗传算法改进的 BP 神经网络在 3 个周期内可以达到最佳值，并且属于误差范围内，其均方误差低于 0.2，适应度曲线高(适应度用于评价个体的优劣程度，适应度越大，个体越好)。遗传算法和 BP 神经网络耦合模型训练完成后，将样本数据作为网络的测试数据，测试结果均精确拟合。将贵溪市各修复区块标准化后的指标数据输入训练好的网络，得出各块棕地再利用效益评价值，如表8.8所示。

表8.8 贵溪市铜冶炼区域棕地再利用效益评价

项目	苏门区	庞源区	九牛岗	沈家-林家区	水泉区	长塘周家区
棕地再利用效益值	0.871	0.3696	0.315	0.664	0.0506	0.726
棕地再利用效益等级	效益极高	效益较低	效益较低	效益较高	效益极低	效益较高

从表8.8可以看出，贵溪市铜冶炼区域棕地在修复过程中，各区块间再利用综合效益存在较大差异，其中，水泉区棕地再利用效益最低，仅为0.0506，苏门区棕地再利用效益最高，为0.871，两者之间差距高达16倍以上；九牛岗和庞源区棕地再利用效益值相近，且均小于0.4，属于效益较低区块，这缘于两区种植的植物类型存在较大的相似性；沈家-林家区和长塘周家区再利用效益较高，两者种植作物上有差异，但总体效益相近，共有的修复植物为红叶石楠，区别在于沈家-林家区种植的是栾树，而长塘周家区瓜子黄杨受气候影响大，产量较少。

从棕地再利用效益柱状图(图8.9)来看，棕地再利用综合效益均为正值，这对改善社会、经济、生态环境都具有积极意义。但棕地再利用效益平均分值仅为0.499，因此还需加大力度提升棕地再利用的效益，实现植物修复与效益并重。在种植植物类型方面，树木和灌木植物混合种植能产生较好的效益，而单纯种植一种植物类型，其总体效益低，如产生了较好效益的苏门区、九牛岗和长塘周家区，都采取了大面积混种两种修复植物的措施。

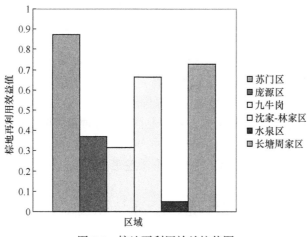

图8.9 棕地再利用效益柱状图

对比以上棕地再利用效益情况，发现土地再利用中存在不协调的情况，需要及时处理。例如，水泉区棕地再利用效益值仅为 0.0506，在所有棕地修复区域中排名最后。作为棕地再利用项目的引导者，政府需要对棕地采取有针对性的措施，从不同的侧面弥补棕地再利用中的不足，最终促进其再利用效益的提高，这既有益于当地经济发展、提高企业积极性，也有益于维护政府形象。

三、基于耦合模型棕地再利用植物筛选结果

定量化修复植物筛选是依据棕地再利用效益模型结果(表 8.9)，选择综合效益高的植物。本书修复植物筛选选择效益最高的苏门区地块和效益最低的水泉区地块作为比较对象，其他因区块条件相似，结果存在相似性，不另作比较。根据地块面积、植物类型等因素，改变植物铜/镉富集系数、产值、存活率(预期)、种苗投入、株数等数据并进行标准化，不修改不受植物类型改变影响的参数。将修复地块的指标参数数据进行标准化，输入已耦合的棕地再利用效益评价模型，以苏门区和水泉区为例，结果见表 8.9。

表 8.9　苏门区与水泉区不同修复植物棕地再利用效益

苏门区				水泉区			
植物类型	耦合模型结果	植物类型	耦合模型结果	植物类型	耦合模型结果	植物类型	耦合模型结果
雪松	0.563	夹竹桃	0.699	雪松	0.349	夹竹桃	0.456
水杉	0.786	垂柳	0.693	水杉	0.482	垂柳	0.49
广玉兰	0.633	丁香	0.819	广玉兰	0.381	丁香	0.579
桂花	0.657	柳杉	0.578	桂花	0.457	柳杉	0.408
海桐	0.613	女贞	0.702	海桐	0.412	女贞	0.499
龙柏	0.632			龙柏	0.383		

从耦合模型结果来看，苏门区棕地再利用可选植物类型较多，其中，园林植物丁香和水杉产生的棕地再利用效益较高，可作为候选植物。水泉区地块面积较小，区块位置相对偏远，由于地形、区位条件的限制，效益较低。根据当地条件，输入 11 种园林植物产生的综合效益各不相同，适宜种植的园林植物包括水杉、女贞、垂柳、丁香。相较于水泉区原有植物产生的效益值 0.0506，改变种植植物可以极大地增加综合效益，种植丁香时综合效益最高为 0.579。

第三节　修复工程环境、经济与社会的综合效益评价

一、评价模型的建立

种植能源植物作为一种重金属污染土壤治理修复模式，需要从环境修复角度

评价这种土壤治理修复模式的环境效益,即污染土壤环境质量的改善情况。收获移走的能源植物秸秆能够带走一部分重金属,施入的土壤钝化材料能够固定污染土壤中的重金属,根系和地表形成的植被覆盖也可能阻截重金属随地表径流和渗漏水进入水体。除了上述目标重金属污染物污染风险的削减外,土壤的生产力和生态功能也可能在修复过程中得到逐步恢复,因此有必要选取一些重要的土壤属性作为环境效益评价的指标。能源植物的秸秆部分是生物质发电厂的原料,是一种经济作物,种植能源植物也可视为一种土地利用方式,因而也能从经济学角度评价这种土地利用方式的经济效益。另外,污染地块的流转集中连片需要与农田承包农户进行协商,能源植物从种植到收获需要雇佣当地村民进行农事操作,其他有关活动也会涉及当地村民,因此镉、铜污染土壤能源植物修复过程中的公众参与也十分活跃。通过对修复工程的参与,当地村民对污染土壤修复的认识和环保意识也得到了很大的提高。因而有必要以当地村民为目标人群评价这一修复活动的社会效益。环境效益、经济效益和社会效益的评价是从不同角度分析重金属污染土壤能源植物修复技术模式的成效。

评价方法的总体设计为:建立一个约由 10 个指标组成的评价指标体系,运用层次分析法(AHP)确定各指标因子的权重,以多层次模糊综合评价法构建评价模型,对能源草修复模式的环境效益、经济效益、社会效益以及综合效益进行评价(图 8.10)。

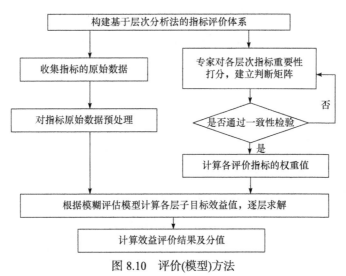

图 8.10　评价(模型)方法

二、修复工程的综合效益评价

根据所建立的评价模型,以 2014~2015 年监测数据为基础,对巨菌草能源植物和观赏苗木两种修复技术模式的效益进行了评价与比较,并评判该评价模型的适用性。

　　评价样本地块位于贵冶西南一带的九牛岗治理片区(图 8.11, 样本地块位置仅标示在镉污染图上)。

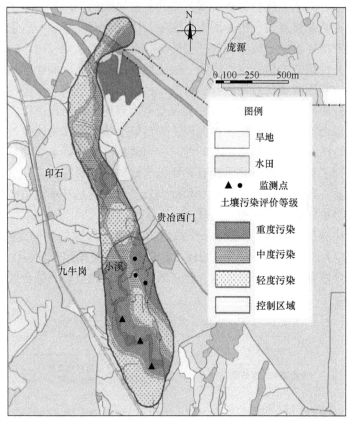

图 8.11　能源植物(巨菌草)样本地块(▲)和观赏苗木样本地块(●)的位置及镉污染程度

　　构建的指标体系分为三个层次：目标层、准则层、指标层。准则层是指所评价的三个方面的效益；指标层共有 9 个指标，这 9 个指标的观察值经过数值转换变为无量纲的比值或百分数(表 8.10)。

表 8.10　评价指标体系

目标层(Z)	准则层(Y)	指标层(X)
重金属污染土壤修复技术模式的效益评估(Z)	环境效益(Y_1)	土壤镉有效态含量下降率(X_1)
		土壤铜有效态含量下降率(X_2)
		植被覆盖率增加值(X_3)

续表

目标层(Z)	准则层(Y)	指标层(X)
重金属污染土壤修复技术模式的效益评估(Z)	社会效益(Y_2)	环境意识提高程度(X_4)
		冶炼厂群众投诉率下降率(X_5)
		道路通达度提高率(X_6)
		当地居民项目收入占个人收入比(X_7)
	经济效益(Y_3)	农作物投入产出比(X_8)
		种植植物存活率(X_9)

构建指标体系后，邀请有关专家根据"$X_1 \sim X_9$"标度法规则对各指标的重要性进行甄别。随后应用层次分析法软件对各专家的指标重要性判定结果进行一致性检验分析，保留通过一致性检验的结果。然后对专家的判断矩阵进行加权算术平均运算构造综合判断矩阵，求解其特征向量，从而确定各指标的权重值，构建权重关系矩阵 W(表 8.11)。

表 8.11　准则层和指标层的权重关系矩阵

目标层(Z)	准则层(Y)	指标层(X)	相对权重	组合权重
重金属污染土壤修复利用综合效益(Z)	环境效益(Y_1)	X_1	0.285	0.402
		X_2	0.340	0.480
		X_3	0.084	0.119
	社会效益(Y_2)	X_4	0.048	0.294
		X_5	0.027	0.128
		X_6	0.054	0.334
		X_7	0.039	0.243
	经济效益(Y_3)	X_8	0.048	0.371
		X_9	0.081	0.629

比照项目预定的修复目标，邀请有关专家评判各指标的实现程度或等级。根据专家的打分结果，计算各指标的隶属度，并构建模糊关系矩阵 X(略)。按照效益评价的基本模型：$Z = W \times X$，得到评价结果矩阵 Z(表 8.11)。其中，W 表示各评价指标的权重系数矩阵，X 表示由隶属度值构成的模糊关系矩阵。

为了将效益评价结果进行分值比较，采用百分制 5 等级均分规则(即 $A=100$，$B^+=80$，$B=60$，$C^+=40$，$C=20$)把评价等级结果转换为分值，由此得到各效益的分值(表 8.12)。

表 8.12 评价结果矩阵

技术模式	效益	A	B⁺	B	C⁺	C	结果级别
能源草修复技术模式	环境效益	0.520	0.480	0.000	0	0	A
	社会效益	0.284	0.541	0.174	0	0	B⁺
	经济效益	0.126	0.800	0.074	0	0	B⁺
	综合效益	0.431	0.532	0.038	0	0	B⁺

根据评价结果，能源草(巨菌草)修复技术模式的综合效益突出。对重金属污染土壤钝化-生物质能源植物(巨菌草/甜高粱)-农艺调控技术建立基于层次分析法的效益指标评价体系，计算效益评价分值分别为：环境效益 90.4，社会效益 83.2；经济效益 81.0，综合效益 87.8，修复模式的综合评价等级为 B⁺(表 8.13)。

表 8.13 评价结果(等级与分值)

技术模式	效益	结果级别	对应分值
能源草修复技术模式	环境效益	A	90.4
	社会效益	B⁺	83.2
	经济效益	B⁺	81.0
	综合效益	B⁺	87.8

参 考 文 献

陈国良, 王煦法, 庄镇泉, 等. 1996. 遗传算法及其应用. 北京: 人民邮电出版社.

陈政. 2011. 一种改进的遗传算法优化 BP 网络的研究及应用. 广州: 暨南大学.

程福亨. 2012. BP 神经网络与模糊神经网络在空气质量评价中的研究. 广州: 广东工业大学.

丁真真. 2012. 基于 BP 神经网络的快速消费品上市公司财务风险预警系统研究. 哈尔滨: 东北林业大学.

韩立群. 2006. 人工神经网络教程. 北京: 北京邮电大学出版社.

李明, 李雪铭. 2007. 基于遗传算法改进的 BP 神经网络在我国主要城市人居环境质量评价中的应用. 经济地理, (1): 99-103.

刘锐金, 魏宏杰, 莫业勇. 2012. 基于 BP 神经网络的天然橡胶市场风险预警系统构建. 华中农业大学学报(社会科学版), (1): 37-41.

刘廷祥. 2009. 基于神经网络和遗传算法的耕地分等评价研究. 济南: 山东师范大学.

刘耀林, 焦利民. 2008. 土地评价理论、方法与系统开发. 北京: 科学出版社.

刘永芳. 2004. 遗传算法和 BP 网络及其在城市系统评价中的应用. 合肥: 合肥工业大学.

宋飏, 林慧颖, 王士君. 2015. 国外棕地再利用的经验与启示. 世界地理研究, 24(3): 65-74.

王滋贯, 赵丹, 王瑞雪. 2017. 我国矿区棕地综合治理及再利用. 煤田地质与勘探, 45(5): 127-134.

张克鑫, 陆开宏, 朱津永, 等. 2012. 基于 BP 神经网络的藻类水华预测模型研究. 中国环境监测, (3): 53-57.

张雷. 2004. 基于神经网络技术的结构可靠性分析与优化设计. 长春: 吉林大学.

朱文龙. 2009. 基于遗传算法的 BP 神经网络在多目标优化中的应用研究. 哈尔滨: 哈尔滨理工大学.

第 三 篇

土壤污染修复工程项目管理

第九章　农用地土壤污染修复工程项目实施流程

本章以我国现有的法律法规、标准规范、技术文件和实践经验为支撑，归纳出一条技术可行、便捷实用、完整全面的农用地土壤污染修复工程项目实施流程，涵盖从项目动议到项目结束全环节，见图9.1。

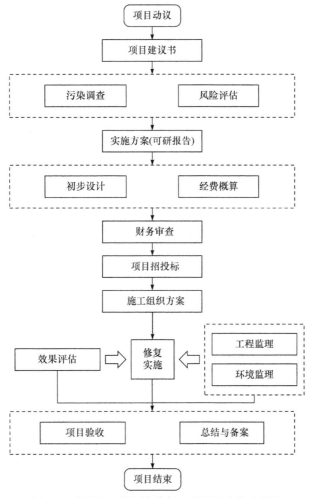

图 9.1　农用地土壤污染修复工程项目实施流程图

项目建议书(又称项目立项申请书或立项申请报告)是由项目法人(业主单位)

向其主管部门上报，进行立项审批工作的文件。该文件主要从宏观上论述立项的必要性和可能性，把项目投资的设想变为概略的投资建议，以供项目审批机关据此做出初步决策。

项目财务审查等是土壤修复项目在组织招投标工作前的必要环节。现阶段农用地土壤污染修复工程项目主要属于政府采购管理范畴，项目资金主要来源于中央或地方财政专项资金。由政府财政部门对该类项目的投资概算进行审查，加强专项资金使用的管理监督。财务审查依据主要有《政府投资条例》(国务院令第712号)、《基本建设财务规则》(2016年财政部令第81号)、《国家发展改革委关于加强中央预算内投资绩效管理有关工作的通知》(发改投资〔2019〕220号)、《关于印发〈土壤污染防治资金管理办法〉的通知》(财资环〔2022〕28号)以及地方政府采购有关规定等文件。

除此之外，农用地土壤污染修复工程项目实施的主要环节，将在下面详细介绍。

第一节 农用地土壤污染状况调查及风险评估

本节以《农用地土壤环境风险评价技术规定(试行)》(环办土壤函〔2018〕1479号)、《农用地土壤污染状况调查技术规范》(DB41/T 1948—2020)、《土壤环境质量 农用地土壤污染风险管控标准(试行)》(GB 15618—2018)等规范性文件为依据，结合实践经验，整体协调各环节，统一细化相关技术内容，规范该工作阶段技术管理程序。为避免赘述，对与上述规范文件完全一致的内容进行了适当简化，着重梳理及细化农用地土壤污染状况调查及风险评估工作各环节的技术要点。

一、工作程序与内容

(一) 工作程序图

农用地土壤污染状况调查及风险评估工作一般包括初步调查(第一阶段调查)、详细调查(第二阶段调查)、风险评估三个阶段，如图9.2所示。遵循DB41/T 1948—2020规范中的针对性、代表性和规范性等原则，开展土壤污染状况调查工作。本节介绍的风险评估工作是以《土壤污染防治行动计划》(简称"土十条")第三条"实施农用地分类管理，保障农业生产环境安全"结合本书第三章介绍的"分级分类分区技术路线"为指导思路开展的。

(二) 第一阶段调查

第一阶段调查工作以资料收集、现场踏勘和人员访谈为主，原则上不进行现场采样分析。该阶段在汇总分析所收集资料的基础上，结合现场踏勘及人员访

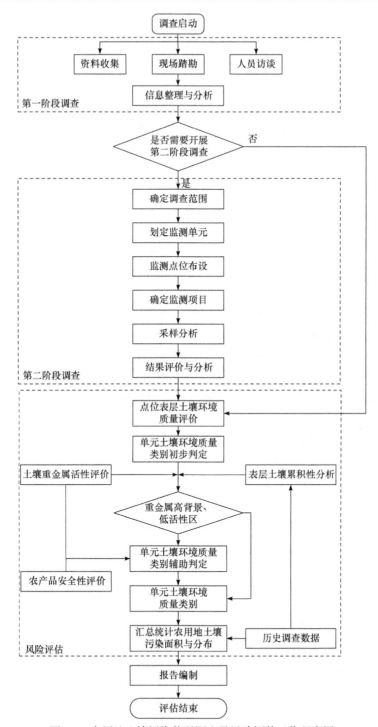

图 9.2　农用地土壤污染状况调查及风险评估工作程序图

谈情况，分析项目区污染的成因和来源，判断已有资料能否满足进行后续风险评估工作的要求，获得评估结论，进行报告编制。如现有资料满足要求，可直接进行下一步工作。

1. 资料收集

收集的资料主要包括：土壤环境和农产品质量资料、土壤污染源信息、区域农业生产状况、区域自然环境特征、社会经济资料、其他相关资料等。

2. 现场踏勘

通过现场踏勘核实项目基本情况，明确项目区内土壤或农产品的超标点位、曾发生泄漏或环境污染事故的区域、其他存在明显污染痕迹或农作物生长异常的区域，观察和记录区域土壤污染源情况等。对于污染事故发生区域，可结合快速测定仪器现场检测，综合考虑事故发生时间、类型、规模、污染物种类、污染途径、地势、风向等因素，初步界定关注污染物和土壤污染范围，必要时对污染物及土壤进行初步采样及实验室分析。

3. 人员访谈

访谈对象主要包括：①调查区域农用地的承包经营人；②区域内现存及历史上存在过的工矿企业的生产经营人员(包括管理及技术人员)以及熟悉企业的第三方；③当地生态环境、农业农村、自然资源等行政主管部门的政府工作人员；④污染事故责任单位有关人员、参与应急处置工作的知情人员。访谈方式有当面交流、电话交流、电子或书面调查表等。访谈过程记录方法有拍照、录像、录音等。访谈内容主要包括在资料收集和现场踏勘过程中所产生的疑问、信息补充以及对已有资料的考证等。另外，针对污染事故进行的访谈还应记录污染事故发生的时间、地点、类型、规模、事件经过、影响范围和采取的应急措施等。

4. 信息整理与分析

对已有资料、现场踏勘及人员访谈内容进行系统整理，在此基础上对现有资料进行汇总，分析农用地土壤污染的可能成因和来源，判断现有资料是否足以确定项目区土壤污染特征、污染程度、污染范围及对农产品质量安全的影响等，是否满足进行下一步工作的要求。

(三) 第二阶段调查

第二阶段调查基本包括确定调查范围等 6 个步骤。通过第二阶段检测及结果分析，明确土壤污染特征、污染程度、污染范围及对农产品质量安全的影响等。调查结果不能满足分析要求的，则应当补充调查，直至满足要求。

1. 调查范围

(1) 农用地安全利用、严格管控等任务区域土壤污染状况调查范围为任务范围，并可根据调查需要进行适当调整。

(2) 土壤或农产品超标点位区域土壤污染状况调查范围应根据污染的可能成因和来源，综合考虑污染源影响范围、污染途径、污染物特点、农用地分布等情况确定调查范围。

(3) 污染事故农用地土壤污染状况调查，应考虑事故类型、影响范围、污染物种类、污染途径、地势、风向等因素，结合现场检测结果，综合确定调查范围。

2. 监测单元

在确定的调查范围内按受污染的途径划分不同的监测单元，可分为大气污染型、灌溉水污染型、固体废物堆污染型、农用固体废弃物污染型、农用化学物质污染型、其他污染型(包括前文未包含的污染类型、污染成因不明型和复合污染型三类)。监测单元是监测布点的独立考察单元。污染事故农用地土壤污染状况调查，可直接开展点位布设，不再设置监测单元。监测单元按土壤接纳污染物的途径划分为基本单元，同时综合考虑农用地土壤类型、农作物种类、耕作制度、行政区划、污染类型和特征、地形地貌等因素进行划定，同一单元的差别应尽可能小。

3. 点位布设

1) 点位布设方法

任务区域和超标点位区域农用地土壤污染状况调查，原则上应开展土壤环境和农产品协同监测。针对不同的监测单元，确定不同的点位布设方法。

(1) 大气污染型监测单元土壤监测点，采用放射状布点法，以大气污染源为中心，布点密度由中心起由密渐稀，在同一密度圈内均匀布点。同时，适当延长在大气污染源主导风下风向的监测距离，相应增加布点数量。

(2) 灌溉水污染型监测单元土壤监测点，采用带状布点法，在纳污灌溉水体两侧按水流方向，布点密度自灌溉水体纳污口起由密渐稀，各引灌段相对均匀。

(3) 固体废物堆污染型监测单元监测点可结合当地常年主导风向和地表产流，采用放射状布点法和带状布点法。

(4) 农用固体废弃物污染型和农用化学物质污染型监测单元监测点一般采用均匀布点法。

(5) 其他污染型监测单元监测点布设时，以主要污染物排放途径为主，结合具体情况，综合采用放射状、带状、均匀布点等多种形式的布点法。

2) 点位布设密度

一般要求每个监测单元最少设 3 个监测点位。土壤中污染物含量超过农用地土壤污染风险管制值或食用农产品超过《食品安全国家标准　食品中污染物限量》(GB 2762—2017)等质量安全标准要求的点位区域，原则上按 1 hm² 布设 1 个点位，根据实际情况可酌情调整。土壤中污染物含量超过农用地土壤污染风险筛选值但未超过管制值，且食用农产品满足 GB 2762—2017 等质量安全标准限值要求的点位区，原则上按 10hm² 布设 1 个点位，根据实际情况可酌情调整。在风险较高、污染物含量空间变异较大、地势起伏较大区域适度增加布设密度。

3) 污染事故监测布点

污染事故农用地土壤污染状况调查应在污染源清理后首先开展土壤采样分析，按照《土壤环境监测技术规范》(HJ/T 166—2004)中"6.5 污染事故监测土壤采样"要求进行。再根据土壤检测结果综合判断是否需要补充食用农产品监测。

4. 监测项目

(1) 土壤环境监测以 pH、镉、汞、砷、铅、铬、铜、镍、锌为基础，根据农用地历史监测数据、污染源情况、污染物特点和环境管理需求选择监测项目，但不限于以上项目。

(2) 任务区域和超标点位区域农用地土壤污染状况调查根据已有监测结果，监测项目应包含土壤中污染物含量超过 GB 15618—2018 农用地土壤污染风险筛选值的因子及食用农产品超过 GB 2762—2017 等质量安全标准的因子。

(3) 污染事故农用地土壤污染状况调查，土壤监测项目应包含污染事故的特征污染物，并根据事故类型和污染物特征，结合现场快速测定等检测结果综合选定监测项目。

(4) 农产品监测项目应根据土壤环境监测项目，结合 GB 2762—2017、《食品安全国家标准　食品中农药最大残留量》(GB 2763—2021)等质量安全标准进行确定。

(5) 必要时可监测土壤有机质、机械组成、阳离子交换量等土壤理化性质及重金属可提取态指标。

5. 样品采集、流转、制备和保存

土壤和农产品样品的采样、流转、制备和保存按 HJ/T 166—2004、《农田土壤环境质量监测技术规范》(NY/T 395—2012)和《农、畜、水产品污染监测技术规范》(NY/T 398—2000)执行。

6. 监测时段

农用地土壤污染状况调查包括土壤环境监测及食用农产品的监测，应在农产品成熟或收获后同步采集，优先选择小麦和水稻等当地常规或主栽农产品收获季进行采样。污染事故调查应在事故污染源清理后立即组织土壤样品采集，根据土壤检测结果确定需补充监测食用农产品的，在当季农产品成熟或收获后采集。

7. 分析方法

按照 HJ/T 166—2004、GB 15618—2018 对采样样品进行检测、记录、分析，确定污染项目及其空间分布状况。农用地污染土壤 pH 可按照 NY/T 1377—2007 测定。

（四）风险评估

1. 评估内容

1) 土壤环境质量初步评估

以表层土壤污染物含量对照 GB 15618—2018，初步判定土壤环境质量类别。

2) 农产品安全性评估

以食用农产品中污染物含量对照 GB 2762—2017，判定食用农产品中污染物含量的超标程度。一般主要针对水稻和小麦，其他食用农产品可根据项目区实际情况确定。

3) 表层土壤重金属活性评估

以表层土壤重金属可提取态含量，对照可提取态含量阈值，判定表层土壤重金属的活性。根据项目要求，可只评估一种或多种重金属，如只评估土壤镉(Cd)活性。

4) 表层土壤重金属累积性分析

以同一点位表层土壤与深层土壤中重金属含量的比值，或者以表层土壤重金属含量与同一区域(3 km 之内)最近点位深层土壤重金属含量的比值，判定表层土壤重金属累积程度。

5) 农用地土壤环境风险评估

在土壤环境质量初步评估的基础上，结合农产品安全性评估、土壤重金属活性评估等结果，评估农用地土壤环境风险，判定土壤环境质量类别。

2. 评估项目

(1) 评估项目与监测项目保持一致。

(2) 对于需要与历史数据进行比较的农用地，评估项目在满足与历史数据评估项目一致的基础上，需考虑新增污染物评估项目。

3. 评估标准

(1) 农用地土壤评估按 GB 15618—2018 中的污染物风险筛选值及风险管制值要求，并分别给出样品超标率。GB 15618—2018 中未规定的项目，可参照其他土壤质量相关标准。

(2) 食用农产品评估按 GB 2762—2017、GB 2763—2021 等相关食用农产品质量安全标准要求。

(3) 在评估土壤污染物累积情况时，评估依据优先采用该区域的土壤环境背景值。评估依据也可选用该土地前期调查确定的土壤环境本底值。

4. 评估方法

1) 超标评估

农用地土壤和食用农产品超标评估应通过统计分析给出样本数量、最大值、最小值、均值、标准差、超标率等。

样品超标率按式(9-1)计算:

$$P = \frac{N_O}{N_T} \times 100\% \qquad (9-1)$$

式中, P 为样品超标率; N_O 为样品超标总数; N_T 为检测样品总数。

2) 累积性评估

比较单一污染物累积程度采用单项累积指数法,比较多种污染物累积程度采用多项污染累积指数评估法。

单一污染物采用单项累积指数法,按式(9-2)计算:

$$A_i = \frac{C_i}{B_i} \qquad (9-2)$$

式中, A_i 为土壤污染物 i 的单项累积指数,无量纲; C_i 为调查点位土壤污染物 i 的实测浓度,单位与 B_i 一致; B_i 为土壤污染物 i 的累积性评估依据,评估依据的确定见"评估标准"。

多项污染累积指数按单项累积指数法中最大值计,按式(9-3)计算:

$$A = \mathrm{MAX}(A_i) \qquad (9-3)$$

式中, A 为土壤中污染物多项污染累积指数,无量纲。

根据 A_i 或 A 值将土壤点位的污染物累积程度分为无明显累积和有明显累积。如果评估依据 B_i 采用区域土壤环境背景值,则以累积指数 1 为评判值;如果评估依据为土壤环境本底值,则以累积指数 1.5 为评判值(表 9.1)。如果两种评估方法得出的评估结果不一致,以较严格的结果作为结论。

表 9.1　土壤污染物累积评估标准

等级	累计指数(A_i或 A)		累积程度
	评估标准 B_i 为本底值	评估标准 B_i 为背景值	
I	$A_i(A) \leqslant 1.50$	$A_i(A) \leqslant 1.00$	无明显累积
II	$A_i(A) > 1.50$	$A_i(A) > 1.00$	有明显累积

3) 污染面积计算

在农用地土壤监测点位分布矢量图基础上,选用 Kriging 插值法、反距离权重法、样条函数插值法等空间插值的方法将其转换为栅格图,并根据污染物浓度分布制作分层设色图和等值线图,通过与农用地分布图叠加(两部分数据坐标系应一致且是等积投影),编绘生成农用地土壤污染物浓度分布图等相关图件，并导出土壤超标面积，结合农产品监测结果计算超标面积率。矢量图形采用 ESRI 的 ShapeFiles 格式，栅格图形采用 ESRI Gird 格式，坐标系为 CGCS 2000 坐标系，高程系统采用 1985 国家高程基准。图件应覆盖整个调查范围，不得丢漏。图中包含图名、图例、比例尺、绘图时间、插值方法、坐标系及高程说明等。

4）综合分析

根据土壤环境及食用农产品的监测数据，按照《农用地土壤环境质量类别划分技术指南》(环办土壤函〔2019〕53 号)、《农用地土壤环境风险评价技术规定(试行)》(环办土壤函〔2018〕1479 号)等相关技术规定，评估分析土壤环境及食用农产品，得出风险评估结论，确定农用地土壤污染田块分布情况及其面积。

二、报告编制

调查及风险评估工作完成后，提交相关工作成果，包括文字报告、图件、附件材料等。相关成果涉及国家秘密的，应按我国有关法律法规要求规范使用和管理，确保涉密内容的安全保密。农用地土壤污染修复工程项目可根据项目实际情况将现状调查报告和风险评估报告合并编制，编制内容可酌情参考图 9.3。

农用地土壤污染现状调查及风险评估报告编制大纲示例

一、总论
编制背景、编制依据、污染调查情况、风险评估情况等。
二、区域概况
(一) 项目区气候、水文、土壤、地质地貌、地形、土地利用现状及规划等情况；
(二) 项目区工农业生产及排污、污灌、化肥农药施用情况；
(三) 项目区工业园区、水源保护区、农业种植区等情况；
(四) 项目区的土壤环境背景情况或土壤环境本底资料；
(五) 项目区已有的土壤环境及食用农产品监测数据和监测结果；
(六) 项目区污染源特征等。
三、现状调查
包括污染状况调查工作方案制定、现场采样、分析测试、质量控制、数据分析与评估，重点说明监测布点、监测项目、分析方法的确定原则、方法和结果。
四、风险评估
明确评估项目、评估标准和评估方法，并进行土壤环境及食用农产品污染状况评估，给出评估结果并进行分析。
五、农用地污染特征和成因分析
根据调查及风险评估结果，分析农用地污染状况、分布、面积、成因及来源等。
六、结论与建议
明确农用地土壤污染状况及存在的主要问题，给出下一步土壤污染修复治理的建议。
七、其他
附图：项目区地理位置图、卫星平面图或航拍图、土地利用现状图、周边环境示意图、农用地分布图、土壤类型分布图、土壤污染源分布图、监测布点图、土壤环境评价点位图、污染物含量分布图等。
附件：相关历史记录、现场状况及周边环境照片、工作过程照片、手持设备日常校准记录、原始采样记录、现场工作记录、检测报告、实验室质控报告等。

图 9.3　农用地土壤污染现状调查及风险评估报告编制大纲示例

第二节　农用地土壤污染修复工程项目实施方案编制

本节按照《土壤污染防治行动计划》的相关要求，结合农用地土壤污染修复工程项目实践经验，借鉴《农用地土壤污染治理与修复项目实施方案编制指南(征求意见稿)》(环办土壤函〔2016〕2308号)文件内容，梳理细化农用地土壤污染修复工程项目实施方案编制要求与内容要点。

一、总体要求

实施农用地土壤污染修复项目技术性和专业性要求较高，根据项目区实际情况，制定科学合理的实施方案，是工程质量达到预期效果的重要保障。实施方案编制应遵循科学性、可行性和安全性等原则。

二、编制内容及技术要求

(一) 编制内容

农用地土壤污染修复工程项目实施方案应内容全面、指导性强，为后续编制项目初步设计、施工组织方案等文件提供重要依据。实施方案主要从项目背景、编制依据、治理与修复范围和目标、技术比选、工程方案设计、项目管理与组织实施、经费预算、效益分析和项目可行性分析等方面展开进行编制。

(二) 各项内容编制要点

1. 项目背景

主要对项目所在区域概况和立项必要性进行介绍。区域概况主要包括区域自然、经济社会及环境概况等内容；立项必要性主要从土壤污染现状及其危害、项目的代表性、项目与政策的符合性、项目的紧迫性等方面分析。

2. 编制依据

列出项目实施方案的编制依据，主要包括法律法规，如国家和地方相关法律法规、政策文件、规划(计划)等；标准规范，如项目所涉及标准与技术规范等；项目文件，如项目建议书、前期土壤污染状况调查报告、风险评估报告及评审意见、相关批复文件等。

3. 治理与修复范围和目标

简述前期土壤污染状况调查和风险评估的基本情况，根据污染调查和风险评估结论，明确农用地土壤污染修复范围，结合农用地利用方式和主要作物类型，用定性语言与定量指标描述农用地土壤修复应达到的目标，并根据拟选择的治理与修复技术，明确评估土壤修复效果的指标。

4. 治理与修复技术比选

简要介绍农用地土壤污染修复可用的技术及其国内外成功案例。根据修复目标，综合考虑土壤污染程度、修复成本、周期、效果以及施工条件等因素，提出不同的技术方案，通过比较优劣，筛选可行的修复技术，最后推荐相对优化的技术方案。

5. 治理与修复工程方案

主要从工程概述、主体工程、配套工程、主要设备、环境监测计划、二次污染防范和安全防护措施等方面介绍修复工程方案内容。

6. 项目管理与组织实施

明确项目管理与组织实施内容，主要包括项目管理机构组建与职责划分介绍、项目施工组织方案编制和公众参与计划制定等方面。

7. 经费预算

主要从经费预算情况、经费使用计划、资金筹措情况等方面介绍。

8. 效益分析

从环境效益、经济效益、社会效益等方面，采用定性与定量描述相结合的方法分析土壤修复工程项目实施后对区域经济社会发展的影响。

9. 项目可行性分析

主要从政策、技术、财务以及社会等方面，简要分析项目实施可能存在的风险。

10. 附件、附图

明确应提交的相关附件、附图等。附件一般包括实施方案编制单位的营业执照(组织机构代码证)、资质证明，前期土壤污染状况调查及风险评估报告等；附图一般包括项目区地理位置图，项目所在地的土地利用现状图、规划图、地形图，项目区平面布置方案图(比例尺一般为1：2000～1：10000)等；其他图件一般包括工艺流程图、永久性建(构)筑物的平面图和剖面图等。

(三) 方案格式

农用地土壤污染修复工程项目实施方案内容格式可参照环办土壤函〔2016〕2308号文件中"附件A"内容进行编制，如图9.4所示。

《农用地土壤污染治理与修复项目实施方案》编制大纲

1. 项目背景
　　1.1 立项过程
　　1.2 项目所在地自然、经济社会及环境概况
　　1.3 项目区土壤环境调查评价结论
2. 编制依据
　　2.1 法律法规
　　2.2 标准规范
　　2.3 政策文件
　　2.4 技术文件
3. 治理与修复范围和目标
　　3.1 治理与修复范围
　　3.2 治理与修复目标
4. 治理与修复技术比选
　　4.1 治理与修复技术概述
　　4.2 治理与修复技术筛选
　　4.3 治理与修复技术方案比选
5. 治理与修复工程方案
　　5.1 工程概述
　　5.2 主体工程
　　5.3 配套工程
　　5.4 主要设备
　　5.5 环境监测计划
　　5.6 二次污染防范和安全防护措施
6. 项目管理与组织实施
　　6.1 管理机构与职责
　　6.2 组织实施与进度安排
　　6.3 公众参与计划
7. 经费预算
　　7.1 经费预算
　　7.2 经费使用计划
　　7.3 资金筹措
8. 效益分析
　　8.1 环境效益
　　8.2 社会效益
　　8.3 经济效益
9. 项目可行性分析
　　9.1 政策风险
　　9.2 技术风险
　　9.3 财务风险
　　9.4 社会风险
10. 附件、附图
　　10.1 附件
　　10.2 附图

图 9.4　农用地土壤污染治理与修复项目实施方案编制大纲示例

第三节　农用地土壤污染修复工程初步设计及经费概算

初步设计文件以项目区土壤污染状况调查及风险评估报告、通过专家论证的实施方案(可行性研究报告)为基础进行编制，编制内容符合相关技术标准、规范。

初步设计文件编制单位和主要设计人员应具有相应资质，开展该项工作时，遵循独立、公正、科学、可靠等原则，严格遵守国家有关法规、标准及其他相关规定的要求。

一、一般要求

(一) 初步设计文件组成

(1) 设计说明书，包括设计总说明、各专业设计说明。

(2) 设计图纸。

(3) 工程概算书。

(二) 初步设计文件的编排顺序

(1) 封面：写明项目名称、编制单位、编制年月。

(2) 扉页：写明编制单位法定代表人、技术总负责人、项目总负责人和各专业负责人的姓名，并经上述人员签署或授权盖章。

(3) 设计文件目录。

(4) 设计说明书。

(5) 设计图纸(可另单独成册)。

(6) 概算书(可另单独成册)。

二、编制内容与要求

(一) 设计说明书

1. 前引部分

主要包括封面、编制单位资质证书、编制单位职签页、设计人员名单页、前言(可选)、目录等。

2. 编制大纲及要求

1) 总论

(1) 项目概要：包括项目名称、项目区范围、项目法人(项目单位)名称、项目法人代表、项目主管单位、项目性质、项目建设目标、项目主要建设内容及规模、项目建设期及建设进度安排、项目投资总概算与资金来源等。

(2) 设计依据：包括引用的相关国家标准、地方标准、行业标准及技术规范等标准规范；项目建议书、前期土壤污染状况调查及风险评估报告、项目实施方案(可行性研究报告)及相关审查、审批文件等；项目区的气象、水文、地质数据信息，工程主要原料来源和储量情况报告等设计基础资料。

(3) 项目基本情况：一般简要描述项目所在区域的自然地理和社会经济概况、

项目单位生产经营管理概况、与项目相关的其他概况等。

(4) 项目实施规模与内容方案：简要描述项目工程方案，实施规模、地址、范围等。

(5) 设计的指导思想：表述工程项目设计的指导思想、原则和目标等。

(6) 项目总工艺流程(或技术路线)：描述项目整体工艺流程或技术路线。

(7) 环境保护：遵循国家有关环境保护法律、法规，结合项目具体需要进行设计。

(8) 职业安全卫生：结合项目需要，提出安全防护措施，包括用电设备安全、野外防火作业、仪器设备操作安全、职业疾病防护等方面。

(9) 消防：针对不同工程项目，根据建(构)筑物的消防保护等级，考虑必要的安全防火间距，消防给水、安全出口、消防道路和防烟排烟等措施。

(10) 节约能源：结合项目实际情况，叙述能耗情况，以及采取的节电、节水和节燃料等主要节能措施与相应的节能效益。

(11) 抗震防灾与人防：提出项目建(构)筑物抗震防灾与人防措施等。

(12) 项目组织管理与实施进度：涵盖管理机构与职能分工、项目实施各阶段的管理方案或措施、工程项目招投标方案、运行管理机制方案、项目实施进度管理等方面的设计。

(13) 项目总指标：主要包括项目工程建设规模、修复治理材料投入量、主要附属设施建设数量、主要机械设备数量、人力投入量、投资测算指标、总投资概算及构成、投资来源等。

(14) 提请初步设计审批时注意(或需解决)的问题及对下阶段设计的要求(建议)：结合项目实际情况提出。

(15) 初步设计文件组成：表述初步设计文件的组成。

(16) 重要参考文献(可选)。

(17) 关键术语定义与说明(可选)。

2) 项目总平面设计(功能区划)

针对不同建设项目，描述总平面(或功能区划)设计的主要内容。

3) 各单项工程实施工艺(或技术路线)设计及工程设计

针对不同项目(或专业、单项工程)，说明其实施工艺(或技术路线)设计及工程设计，主体工程实施方案、主要辅助设施及公用配套工程建设方案等。

4) 设备选型

说明主要仪器设备的选型、规格和技术参数。

5) 建筑设计

6) 结构设计

7) 供电与通信设计

8) 给排水设计

9) 采暖通风设计

5)～9)结合项目实际需要，涉及建筑设计的，参考《建筑工程设计文件编制深度规定》的有关规定。

10) 说明书附表

对设计说明有关的表格。

11) 设计说明书附件

设计依据批复文件：包括批准的实施方案(可行性研究报告)、设计合同及上级有关批复文件、设计基础资料、项目有关协议、资金来源证明材料等。

注：以上所列说明书编制大纲的部分内容可根据项目实际情况进行选择，章节可进一步细化。

(二) 设计图纸

1. 图纸要求

(1) 图纸应按有关要求全部签署。

(2) 主要包括项目区域地理位置图，项目区现状图，项目建设规划图，总平面(或区划)布置图(包括方案比较图)，工艺流程图，设备平面布置图，建(构)筑物(若有)的平、立、剖面图，给排水管道、热力管道、供电等各专业系统图和总平面图等。

(3) 项目设计中的建筑、结构、电气、给排水、采暖通风设计图纸应符合《建筑工程设计文件编制深度规定》的有关规定。

2. 专业(单项工程)设计图纸

(1) 地理位置图：表示出项目区在省(自治区、直辖区)、市或县的概略位置。

(2) 总平面布置图：比例一般采用 1：200～1：500(农用地修复工程一般为1：2000～1：10000)，图上表示出坐标轴线、标高、风玫瑰(指北针)、平面尺寸。在平面布置图上标明项目区的范围、不同治理与修复技术在各项工程的空间布置及修复面积，图斑的边界和图例要清晰。列出修复治理工程一览表、主要技术指标和工程量表。另外，须标示清楚项目区及周边涉及的水系和道路。

(3) 根据项目实际情况增加其他工程图，如道路工程设计图、给排水工程设计图、供电工程设计图、灌溉工程设计图、环境绿化工程设计图等。

(三) 经费概算

1. 概算文件组成

概算文件由封面、扉页、概算编制说明、项目总概算书、综合概算书、单位工程概算书、主要材料用量及技术经济指标组成。

2. 概算文件要求

1) 封面与扉页

封面有项目名称、编制单位、编制日期及第几册和共几册内容，扉页有项目名称、编制单位、单位设计资质证书号、单位主管、审定、审核、专业负责人和主要设计人的署名。

2) 概算编制说明

(1) 工程概况：包括工程规模、范围，以及工程总概算中所包括和不包括的工程项目费用。若有多家单位共同编制概算，应说明分工编制的情况。

(2) 编制依据：包括经批准或论证的项目实施方案(可行性研究报告)及有关批复等文件，设计图纸及有关文件使用的定额、主要材料价格和各项费用取定的依据及编制方法。

(3) 项目实施所需各类材料的总用量。

(4) 工程总投资及各项费用的构成情况。

(5) 资金筹措及分年度使用计划：说明资金的来源和额度，包括中央财政专项资金、地方财政资金和自筹资金等；根据项目进度要求，编制经费使用年度计划。如使用外汇，应说明使用外汇的种类、折算汇率及外汇使用的条件。

3) 概算书

(1) 项目总概算书：由各综合概算及工程建设其他费用概算、预备费组成。

(2) 综合概算书：是单项工程建设费用的组成文件，由专业的单位工程概算书组成。工程内容简单的项目可汇编一份综合概算书，或将综合概算书的内容直接编入总概算，而不需另编制综合概算书。

(3) 单位工程概算书：指一项独立的专项工程按专业工程计算工程费用的概算文件。一般由工程直接费用、工程建设其他费用和综合费用组成。

(4) 对没有工程概算定额的工程，可参照类似工程造价指标编制。

(5) 设备及管线安装工程可根据工程的具体情况及实际条件，套用定额或参照工程概算测定的安装工程费用指标进行编制。

(6) 工程建设其他费用编制。

4) 技术经济指标

主要包括工程总概算(表)、主要材料用量计算表、主要设备和安装费用计算表等。

第四节 农用地土壤污染修复工程项目招投标

本节以《中华人民共和国招标投标法》《中华人民共和国政府采购法》《中华人民共和国招标投标法实施条例》等法律文件为依据，结合实践经验，介绍土壤污染修复工程项目招投标活动的各环节要点。

一、招投标制概述

(一) 基本原则

招投标活动应当遵循的基本原则：公开、公平、公正和诚实信用等。

(二) 组织形式

组织形式有两种：自行招标和委托招标。若业主具备编制相应招标文件和标底、组织开标、评标的能力，可自行招标；凡不具备条件的，应当委托具有相应资质的招标投标代理机构招标。一般情况下建议委托招标。

(三) 招标方式

招标方式有两种：公开招标和邀请招标。公开招标的工程项目的具体范围和规模标准按照《必须招标的工程项目规定》的相关规定执行。

(四) 公开招投标基本步骤

一般包括：发出招标公告、发标、投标、开标、评标、公示、定标、签约。

二、土壤污染修复工程项目施工招投标

土壤污染修复工程的项目资金一般来源于政府财政，故进行招投标工作时，须同时遵守《中华人民共和国招标投标法》和《中华人民共和国政府采购法》。

政府采购工程、货物和服务可采用的方式包括：公开招标、邀请招标、竞争性谈判、竞争性磋商、单一来源采购以及国务院政府采购监督管理部门认定的其他采购方式。其中，公开招标是政府采购的主要方式。

(一) 招标条件与招标准备

1. 招标条件

必须招标的工程项目，具备下列条件才能进行施工招标。

(1) 招标人已经依法成立。

(2) 初步设计及概算应当履行审批手续的，已经批准。

(3) 有相应资金或资金来源，已经落实。

(4) 有招标所需的设计图纸及技术资料。

2. 委托招标

一般委托招标代理机构开展招标工作。

3. 招标备案

招标人根据行业主管部门的有关规定，办理相应的招标备案手续。

(二) 发布招标信息

招标人在完成招标备案后，须根据已确定的招标方式发布招标信息。招标信息载体包括招标公告和投标邀请书。采取资格预审的，招标人应当发布资格预审公告。

依法必须招标项目的资格预审公告和招标公告应当在"中国招标投标公共服务平台"或者项目所在地省级电子招标投标公共服务平台发布。除在上述发布媒介发布外，招标人或其招标代理机构也可以同步在其他媒介公开资格预审公告和招标公告，但应确保公告内容一致。

(三) 投标申请人资格审查

招标人可以在招标公告中，要求对投标申请人进行资格审查。

资格审查分为资格预审和资格后审。资格预审是指在投标前对潜在投标人进行的资格审查；资格后审是指在开标后对投标人进行的资格审查。进行资格预审的，一般不再进行资格后审，但招标文件另有规定的除外。

(四) 招标文件编制与发放

招标文件是招标人向投标人发出的，向其提供编写投标文件所需的资料，并说明招标项目情况、招标投标规则和程序等内容的书面文件。

1. 招标文件内容

招标人根据施工招标项目的特点和需要编制招标文件，同时遵守相关原则与规定。招标文件内容一般包括：①招标公告；②投标人须知；③合同主要条款；④招标文件格式；⑤采用工程量清单招标的，应当提供工程量清单；⑥技术条款；⑦设计图纸；⑧评标标准和方法；⑨投标辅助材料。

招标人应当在招标文件中规定实质性要求和条件，并用醒目的方式标明。招标人可以要求投标人在提交符合招标文件规定要求的招标文件外，提交备选投标方案，但应当在招标文件中做出说明，并提出相应的评审和比较办法。

招标人编制的招标文件的内容违反法律、行政法规的强制性规定，违反公开、公平、公正和诚实信用原则，影响潜在投标人投标的，依法必须进行招标的项目的招标人应当在修改招标文件后重新招标。

2. 招标文件发放

招标人应当按照招标公告规定的时间、地点、发放方式，向合格的投标申请人发放招标文件。

3. 招标文件的澄清和修改

招标人可以对已发出的招标文件进行必要的澄清或者修改。澄清或者修改的内容可能影响投标文件编制的，招标人应当在投标截止时间至少15日前以书面形式通知所有获取招标文件的潜在投标人；不足15日的，招标人应当顺延提交投标文件的截止时间。

4. 对招标文件的异议

潜在投标人或者其他利害关系人对招标文件有异议的，应当在投标截止时间10日前提出。招标人应当自收到异议之日起3日内做出答复；做出答复前，应当暂停招投标活动。

(五) 编制工程标底或最高投标限价

1. 标底和最高投标限价编制要求

招标人可根据项目特点决定是否编制标底。标底由招标人自行编制或委托中介机构编制，任何单位和个人不得强制招标人编制或报审标底，或干预其确定标底。一个招标工程只能编制一个标底。招标项目可以不设标底，进行无标底招标。

招标人设有最高投标限价的，应当在招标文件中明确最高投标限价或者最高限价的计算方法。招标人不得规定最低投标限价。

2. 标底保密及使用要求

标底编制完成后应及时封存，在开标前应严格保密，所有接触过工程标底的人员都有保密责任，不得泄露。对设有标底的招标项目，招标人应当在开标时公布标底。标底只能作为评标的参考，不得以投标报价是否接近标底作为中标条件，也不得以投标报价超过标底上下浮动范围作为否决投标的条件。

(六) 组织踏勘现场与投标预备会

1. 踏勘现场

招标人根据招标项目的具体情况，可以组织潜在投标人踏勘项目现场，但招标人不得单独或者分别组织任何一个潜在投标人进行现场踏勘。

2. 投标预备会

是否组织投标预备会，何时组织投标预备会，由招标人依据项目特点及招标进程自主决定。组织投标预备会，目的在于解答潜在投标人对招标文件和在踏勘现场中提出的问题，包括书面的和在投标预备会上口头提出的问题。

　　(七) 投标文件编制与送达

　　投标人是响应招标、参加投标竞争的法人或者其他组织。任何不具有独立法人资格的附属机构(单位)，或者为招标项目的前期准备或者监理工作提供设计、咨询服务的任何附属机构(单位)，都无资格参加招标项目的投标。投标文件是投标人对招标人发出的招标文件进行响应的书面文件，旨在让招标人了解自己的投标报价和实力，进而选择自己。

　　1. 投标文件内容

　　1) 主要内容

　　一般包括：①投标函；②投标报价；③施工组织设计；④商务和技术偏差表。

　　投标人根据招标文件载明的项目实施情况，拟在中标后将中标项目的部分非主体、非关键性工作进行分包的，应当在投标文件中载明。

　　2) 投标保证金

　　招标人可以在招标文件中要求投标人提交投标保证金。投标保证金有效期应当与投标有效期一致。投标人应当按照招标文件要求的方式和金额，将投标保证金提交给招标人或其委托的招标代理机构。

　　2. 投标文件送达与签收

　　1) 送达及签收要求

　　投标人应当在招标文件要求提交投标文件的截止时间前，将投标文件密封送达投标地点。

　　2) 重新招标或终止招标

　　依法必须进行招标的项目提交投标文件的投标人少于 3 个的，招标人在分析招标失败的原因并采取相应措施后，应当依法重新招标。重新招标后投标人仍少于 3 个的，属于必须审批、核准的工程建设项目，报经原审批、核准部门审批、核准后可以不再进行招标。

　　除不可抗力原因外，招标人在发布招标公告、发出投标邀请书后或者售出招标文件或资格预审文件后不得终止招标。

　　3. 投标文件补充、修改或撤回

　　投标人在招标文件要求提交投标文件的截止时间前，可以补充、修改、替代或者撤回提交的投标文件，并书面通知招标人。补充、修改的内容为投标文件的组成部分。

　　1) 补充、修改

　　在投标过程中，由于投标人对招标文件的理解和认识水平不一，对招标文件常常产生误解，或者投标文件对一些重要的内容有遗漏，需要补充或者修改的，投标人可以在提交投标文件截止日期前，进行补充或者修改。这些修改、补充的文件也应当以密封的方式在规定的截止时间以前送达，并作为投标文件的组成部分。

2) 撤回

在投标截止日期前，投标人有权撤回已经送达的投标文件。在投标截止日期前，允许投标人撤回投标文件，但必须以书面形式通知招标人。投标人既可以在法定时间内重新编制投标文件，并在规定时间内送达指定地点，也可以撤回投标文件，放弃投标。如果在投标截止时间之前放弃投标，招标人不得没收其投标保证金。

在提交投标文件截止时间后到招标文件规定的投标有效期终止之前，投标人不得撤销其投标文件，否则招标人可以不退还其投标保证金。在开标前，招标人应妥善保管好已接收的投标文件、修改或撤回通知、备选投标方案等投标资料。

(八) 开标、评标与定标

1. 开标

1) 开标时间地点

开标应当在招标文件确定的提交投标文件截止时间的同一时间公开进行。开标地点也应当为招标文件中预先确定的地点。

2) 开标程序

开标时，由投标人或者推选的代表检查投标文件的密封情况，也可以由招标人委托的公证机构检查并公正；经确认无误后，由工作人员当众拆封，宣读投标人名称、投标价格和投标文件的其他主要内容。

3) 拒收投标文件

投标文件有下列情形之一的，招标人应当拒收。

(1) 未通过资格预审的申请人提交的投标文件。

(2) 逾期送达。

(3) 未按招标文件要求密封。

2. 评标

评标分为初步评审和详细评审两个阶段。评标委员会应当按照招标文件确定的评标标准和方法，对投标文件进行评审和比较。经初步评审合格的投标文件，进入到详细评审阶段。评标委员会应当根据招标文件确定的评标标准和方法，对其技术部分和商务部分做进一步评审、比较。评标委员会完成评标后，应向招标人提出书面评标报告，并抄送有关行政监督部门。

3. 定标

1) 评标结果和中标结果公示

依法必须进行招标的项目，招标人应当自收到评标报告之日起 3 日内公示中标候选人，公示期不得少于 3 日。

依法必须招标项目的中标候选人公示和中标结果公示应当在"中国招标投标公共服务平台"或者项目所在地省级电子招标投标公共服务平台发布。

2) 确定中标人

评标委员会提出书面评标报告后，招标人最迟应当在投标有效期结束前确定中标人。招标人也可以授权评标委员会直接确定中标人。

4. 提交招投标情况书面报告

招标人应当自发出中标通知书之日起 15 日内，向有关行政监督部门提交招标投标情况的书面报告。

(九) 签订合同

招标人和中标人应当在投标有效期内并在自中标通知书发出之日起 30 日内，按照招标文件和中标人的投标文件订立书面合同。

第五节　农用地土壤污染修复工程项目施工组织方案编制

按照批复的初步设计文件及项目实施方案(可行性研究报告)，编制施工组织方案，组织实施，确保工程按期完成。项目施工过程严格按照项目施工组织方案和有关要求执行，并做好施工等有关记录和有关资料存档。

一、编制的基本要求

1. 内容全面、针对性强、操作要求明确

施工组织方案以工程项目的实施方案、招标文件和项目合同书为基本依据进行编制，指导工程的具体实施，内容应该详尽全面。修复工程项目一般包括多项工程，施工组织方案应符合工程实际，重点突出各个施工阶段、不同施工内容的施工技术方案、工艺措施要结合工程不同特点，针对性强，操作要求明确，类似操作手册；有具体保证工程质量的措施及保证施工安全和现场文明的要求。根据施工进度和工程需要，及时增加补充方案，尤其是重点工程关键环节、施工难点和质量要求高的节点施工方案以及特殊气候、不利环境下的作业措施等。

2. 编制、审批、交底、执行与备案

施工组织方案一般由工程负责人主持编制，由施工单位技术负责人审批，可

根据需要分阶段编制和审批。经审批后，施工组织方案按分工逐级向下交底，并核准备案。

3. 实行动态管理

施工组织方案应实行动态管理。工程施工过程中，发生以下情况之一时，施工组织方案应及时进行修改或补充。

(1) 工程设计有重大修改。

(2) 有关法律、法规、规范和标准实施、修订和废止时。

(3) 主要施工方法有重大调整。

(4) 主要施工资源配置有重大调整。

(5) 施工环境发生重大改变。

施工组织方案经修改或补充后应重新审批，再行实施。工程施工前，应进行施工组织方案逐级交底，确保实施的一致性；工程施工过程中，定期或不定期检查施工组织方案的执行情况，分析并适时适度调整。

据《关于加强土壤污染防治项目管理的通知》(环办土壤〔2020〕23 号)文件中对有关项目调整的要求：对技术路线发生重大变化的项目，或者需要变更申请中央土壤污染防治专项资金额度、年度资金支持计划的，项目单位应当报项目立项批复单位、实施方案审查单位同意。

二、编制内容与技术要求

(一) 编制内容及技术要求

1. 编制说明及编制依据

编制说明包括项目实施方案、已批复的初步设计、招标文件、项目合同书及其他批复文件等资料文件，以及相关技术标准、规范等。

2. 工程概况及特点分析

包括：①项目总体情况，如项目名称、施工单位、施工地址及范围、施工时间、工程内容等；②现场概况，如项目区重金属污染情况等；③施工目标，包括施工总目标、各分项工程的治理目标、阶段性目标等；④工程概况，列明各项工程的内容，包括工程规模、工艺流程、实施时间段等内容；⑤工程的重点及难点，描述该项工程施工过程的重点及难点，并提出解决方案。

3. 项目组管理机构

介绍管理机构设置情况，绘制项目人员组织机构图(图 9.5)等；介绍项目负责人及主要管理人员的基本信息、项目经验等情况；明确各管理人员的职责范围，可根据需要编制奖惩等激励制度。

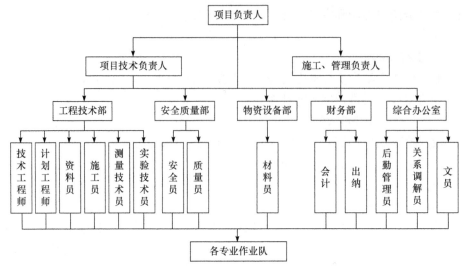

图 9.5　项目人员组织机构图示例

4. 施工进度计划及人力安排

根据确定的项目建设工期要求和修复工程施工特点,结合项目施工准备、具体实施、竣工验收等各阶段具体所需时间,划分施工时间段,确定起止日期,编制年度、季度、月度等项目实施进度表或图,明确各时间段的工作内容和进度要求。

编制工期保证措施,主要内容包括但不限于:组织保证措施、管理保障措施(包括施工进度监理、进度计划调整机制)、工期管理措施、资金保障措施等方面。

介绍结合施工段划分情况各阶段施工内容、强度,按需、高效、机动性地安排作业人员情况,如用工量、工作时长等。

5. 施工准备

主要介绍:①物资准备,如人力、材料、机械进场计划、材料的需求计划和货源安排、储备计划等内容;②劳动力准备,如施工组织安排、劳动班子组合调配和安排、职工进行计划、技术、安全交底等内容;③技术准备,如施工人员技术培训计划安排、施工组织设计和开工前的各项方案、措施编制情况等内容;④施工现场准备,如施工前结合项目工程实际需要对项目区现场开展的准备工作情况。

6. 工程施工方案及技术措施要求

主要包括主体工程及配套工程施工方案与技术措施、主要设备等内容。

7. 质量目标及保证措施

明确质量目标;制定质量保证措施,包括但不限于质量管理体系、质量管理制度、工程质量保证措施等方面内容。

8. 风险管控措施

包括但不限于雨季施工风险管控措施,冬季施工风险管控措施,农忙、节假日劳动力风险管控措施,高温季节风险管控措施等。

9. 安全文明施工措施

一般包括现场生产、生活安全措施,现场消防、保卫措施,文明施工和保证措施等。

10. 相关单位的协调管理措施

明确协调管理目标,制定各相关单位的协调措施、配合措施等方面内容。

11. 环境保护

包括环境保护责任目标、环境监测计划、二次污染防范和安全防护措施、减少噪声专项措施、降尘措施、污水排放控制、固体废弃物排放控制等。

(二) 方案格式

农用地土壤污染修复项目施工组织方案内容格式可酌情参照图9.6进行编制。

施工组织方案编制大纲示例

1. 编制依据及编制说明
  1.1 编制依据
  1.2 编制说明
2. 工程概况及特点分析
  2.1 总述
  2.2 现场概况
  2.3 施工目标
  2.4 工程概况
  2.5 工程的重点及难点
3. 项目组管理机构
  3.1 施工现场管理机构
  3.2 项目负责人及主要管理人员简介
  3.3 管理机构职责划分
4. 施工进度计划及劳动力安排
  4.1 施工段划分
  4.2 工期保证措施
  4.3 劳动力计划
5. 施工准备
  5.1 物资准备
  5.2 劳动力准备
  5.3 技术准备
  5.4 施工现场准备
6. 工程施工方案及技术措施要求
7. 质量目标及保证措施
  7.1 质量目标
  7.2 质量保证措施
8. 风险管控措施
  8.1 雨季施工风险管控措施
  8.2 冬季施工风险管控措施
  8.3 农忙、节假日劳动力风险管控措施
  8.4 高温季节风险管控措施
9. 安全文明施工措施
  9.1 现场生产、生活安全措施

```
   9.2 现场消防、保卫措施
   9.3 文明施工和保证措施
10. 相关单位的协调管理措施
11. 环境保护
   11.1 环境保护责任目标
   11.2 环境监测计划
   11.3 二次污染防范和安全防护措施
   11.4 减少噪声专项措施
   11.5 降尘措施
   11.6 污水排放控制
   11.7 固体废弃物排放控制
```

图 9.6　施工组织方案编制大纲示例

第六节　农用地土壤污染修复工程项目监理

土壤污染修复工程项目法人通过招标或其他形式委托工程监理和环境监理，对工程进行过程监督和管理，严格把控土壤修复工程每一环节，从而控制修复工程质量、进度和成本，确保修复工程顺利完成。

工程监理和环境监理两项工作有许多关联之处(凌晶，2019)：首先，两个监理方都是项目单位(业主)委托的第三方专业咨询单位，都需要签订监理合同、确定项目总监、成立项目监理小组、制定监理工作实施细则、明确工作原则。其次，两方监理工作依据主要为项目修复技术文件，如项目实施方案、初步设计和项目施工组织方案等，监理目标是一致的。再次，就监理的工作时段而言，二者都需要从项目开工时介入，至修复项目整体施工结束。最后，现场监理期间，二者应加强沟通联系，发挥各自优势，对共性问题共同讨论及监督，使其达成一致意见，促进修复工程有序开展。

同时，工程监理和环境监理二者工作在职责范畴、工作对象、工作内容等多方面各有侧重，有明显的区别，需各司其职，发挥各自所长，更加高效地做好监督工作。

一、工程监理

(一) 工程监理概述

土壤污染修复项目的工程监理单位按照工程监理方案，对项目建设、运行等各环节的工程质量和进度进行监理，并在项目完工后编制监理报告。对工程监理中发现的问题，工程监理单位应及时通报项目业主单位和施工单位。

工程监理的监理对象是项目工程本身及与工程质量、进度、投资控制等相关的事项，其监理内容主要包括施工安全、施工质量、施工技术、施工进度、施工款项等。

土壤污染治理工程的工程监理工作任务、性质、依据、方式等与环境监理基本类似(张长波，2013)。

(1) 工作任务："三控制、二管理、一协调"，即实行"质量、进度和造价"控制，"合同、信息"管理及工程项目各方的组织协调。

(2) 工作性质：服务性、独立性、公正性和科学性；事前控制和主动控制。

(3) 工作依据：项目工程文件(包括已批准或经专家论证的实施方案、初步设计、施工组织方案，经审核的施工图等)，并形成监理实施细则、工程监理方案；有关的法律法规、标准和规范；监理合同和有关的工程合同。

(4) 工作方式：旁站、巡视检查、现场记录、现场监测、跟踪检查、发布文件、监理工作会议等。

(5) 工作制度：会议(首次会议、监理例会、专题会议等)、报告、函件来往、记录、档案管理制度等。

(6) 工作频次：日常作息时间通知施工方；不定期检查重要工序和环节。

(二) 工程监理的工作重点

工程监理在施工阶段对整个工程的质量、进度、成本进行严格的控制管理，确保工程顺利完成。其中，工程监理工作的关键和核心是对土壤污染修复过程中质量的控制，保障工程质量的重要因素包括工程监理人员的专业水平、施工人员的技术水平、施工材料质量等。对于土壤污染修复项目，工程监理对照项目施工组织方案，施工前期重点关注各项临建设施的建设质量、施工进度、修复工程量等；修复期间重点关注修复机械及施工材料的配备情况、污染治理区放线、清挖修复后基坑复核、污染土壤外运进度及过磅计量等(凌晶，2019)。

二、环境监理

(一) 环境监理概述

环境监理单位受项目业主的委托，按照国家和地方环保法律法规、项目修复技术方案(实施方案、初步设计等文件)、施工组织方案及相关批复文件的要求，监督、协助及指导施工单位落实施工过程中的二次污染防治措施，减少或降低工程施工对环境的影响，为工程实施提供专业化的环境咨询服务。

对于农用地土壤污染修复项目，环境监理单位编制并按照环境监理方案，对工程实施、运行等各环节环境保护措施的落实情况进行跟踪监管，重点监控污染土壤的挖掘、运输、工程处理处置以及修复植物的安全处置等作业，避免产生二次污染，同时对修复效果进行跟踪监测。采集的样品应由监理单位妥善保存至项目验收后两年或以上，以备核查。对环境监理中发现的问题，环境监理单位应及时通报项目单位和施工单位。环境监理单位应在项目完工后编制环境监理报告。

《污染地块修复工程环境监理技术指南》(T/CAEPI 22—2019)中规定了核查、巡视、旁站、会议、监测、培训、记录、文件、跟踪检查、变更、暂停、复工、报告等13种环境监理工作方法,根据农用地土壤污染修复工程项目实际情况,可从中选取合适的工作方法开展环境监理工作。

(二) 环境监理的工作重点

在修复工程具体实施过程中,主要从以下几个阶段开展环境监理工作。

1. 施工前期阶段

施工前期阶段,环境监理工作主要涉及工程设计资料审核及前期临建设施建设。环境监理单位应尽量提前介入该阶段,收集并深入研究修复工程的实施方案、初步设计等资料,并以此为依据严格审核施工单位提供的施工组织方案及环保专项设计方案,审核修复工程中水、大气、噪声、固体废物等二次污染防治措施的全面性与合理性,从而确定不同阶段的环境目标、监理计划、监理重点,并制定环境监理工作实施细则。环境监理单位还应督促施工单位按照审核确认的施工方案,在正式修复施工前完成各项临建设施及环保设施建设,确保具备下一步修复施工的开工条件。

2. 修复施工阶段

修复施工阶段,环境监理除了关注施工内容和修复效果外,重点关注二次污染防治措施的落实情况。首先,严格监督施工单位采取的修复技术、施用药剂材料、施工范围等方面与施工组织方案的一致性,对于发生的变更要督促其履行变更手续再行实施。其次,严格监督施工单位有效落实对施工过程中所产生二次污染(如废水、固体废弃物等)的防治措施,在最大限度上降低对周围环境的不良影响。

第七节　农用地土壤污染修复工程效果评估与验收

一、效果评估

当前农用地土壤污染修复工程项目主要修复对象为种植食用类农产品的耕地。本节主要介绍针对该类耕地污染修复工程开展的效果评估工作流程及各环节技术要点。

本节以《耕地污染治理效果评价准则》(NY/T 3343—2018)为技术依据,结合实践经验,介绍开展修复效果评估工作的各重要环节。为避免赘述,对与上述规范文件完全一致的内容进行了适当简化,着重体现对其扩充和细化的内容。

（一）评估原则

根据 NY/T 3343—2018，开展效果评估工作应遵循科学性、独立性和公正性等原则。

（二）评估对象和范围

评估对象和范围应与项目实施方案(可行性研究报告)、初步设计及相关批复文件中确定的治理与修复目标和范围相一致；当治理范围发生变更时，应根据实际情况对评估范围进行调整。

（三）评估程序与内容

1. 工作程序图

土壤污染修复工程项目实施效果评估工作一般包括评估方案制定、采样与实验室检测分析、治理效果评估 3 个阶段，如图 9.7 所示。

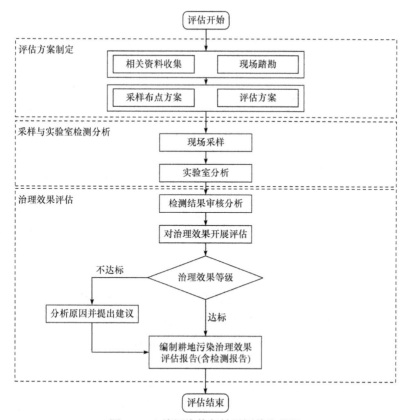

图 9.7　土壤污染修复效果评估流程图

2. 评估方案制定

在对收集资料的审阅分析基础上，结合现场踏勘获取的数据信息，明确采样布点方案，确定耕地污染治理效果评估内容，制定土壤污染修复效果评估方案。

1) 资料收集

应收集的相关资料主要包括：区域自然环境特征资料、农业生产土地利用状况资料、农作物污染监测资料、土壤环境污染状况资料、耕地污染治理资料、其他相关资料和图件等。

收集的资料应尽可能包括空间信息：点位数据包括地理空间坐标；面状数据是具有国家坐标系的地理信息系统矢量或栅格数据。

2) 现场踏勘

通过现场踏勘核实项目基本情况、项目主体工程及辅助工程建设情况等，观察和记录项目区治理后农业生产状况、农作物生长情况、区域土壤污染源控制情况等。

3) 治理效果评估点位布设

以耕地污染治理区域为监测单元，在治理区域内或附近布设治理效果评估点位和治理效果对照点位，布点方法按照 NY/T 398—2000 的规定执行，布点数量见表9.2。

表 9.2　治理效果评估点位布点数量

治理区域面积/hm²	评估单位数量/个
≤10	10
>10	每公顷设置 1 个点

3. 采样与实验室检测分析

按照评估方案的要求，结合耕地污染治理措施实施的具体情况，开展现场采样和实验室分析工作。

1) 治理所使用的农用地投入品采集检测

针对治理措施中所使用的土壤调理剂、有机肥、化肥等耕地投入品，依据随机抽样原则采集样品，按照相关标准规定的方法检测镉、汞、铅、铬、砷 5 种重金属，如无标准则参照《有机无机复混肥料》(GB 18877—2020)的规定执行。

2) 治理效果评估点位农产品采样及检测

治理或一个治理周期结束后，运用 NY/T 398—2000 规定的采样方法在治理效果评估点位采集农产品样品，按照 GB 2762—2017 规定的方法进行检测。

4. 治理效果评估

在审核分析样品实验室检测结果的基础上,根据评估标准进行治理效果评估,并得出评估结论。

1) 评估标准

(1) 治理区域内的食用农产品可食部位中目标污染物含量降低到 GB 2762—2017 规定的卫生标准以下(含)为耕地污染治理目标。GB 2762—2017 未规定的污染物项目,参照其他标准执行。

(2) 治理效果分为达标和不达标两个等级。达标表示治理效果已达到耕地污染治理目标;不达标表示未达到耕地污染治理目标。

(3) 耕地污染治理整体效果根据治理区域连续两年的治理效果等级进行综合评估。

(4) 耕地污染治理措施不能对耕地或地下水造成二次污染。治理所使用的有机肥、土壤调理剂等耕地投入品中镉、汞、铅、铬、砷 5 种重金属含量,不能超过 GB 15618—2018 规定的筛选值,或者治理区域耕地土壤中对应元素的含量。

(5) 耕地污染治理措施不能对治理区域主栽农产品产量产生严重的负面影响。种植结构未发生改变的,治理区域农产品单位产量(折算后)与治理前同等条件对照相比减产幅度应小于或等于10%。

注:治理区域内农产品单位产量及其测算方式由前期耕地污染风险评估确定。

2) 评估时段

在治理后两年内的每季农作物收获时,开展耕地污染治理效果评估;对于长期治理的,效果评估在一个治理周期结束后的农作物收获时开展;根据两年内每季评估结果,做出评估结论。

3) 评估方法

治理区域的耕地污染治理效果根据在治理效果评估点位采集的农产品可食部位中目标污染物单因子污染指数算术均值和农产品样本超标率进行判定。

农产品中目标污染物单因子污染指数均值计算公式如下:

$$E_{平均} = \frac{\sum\limits_{i=1}^{n} \dfrac{A_i}{S_i}}{n} \tag{9-4}$$

式中,$E_{平均}$ 为治理效果评估点位所采集的农产品中目标污染物单因子污染指数算术均值;n 为评估点位数量;A_i 为农产品中目标污染物的实测值;S_i 为农产品中目标污染物的限量标准值。

农产品样本超标率按式(9-5)计算:

$$样本超标率(\%) = \frac{农产品超标样本总数}{监测样本总数} \times 100 \qquad (9\text{-}5)$$

治理后，当季农产品中目标污染物单因子污染指数算术均值显著小于或等于1(单尾 t 检验，显著性水平一般小于或等于 0.05)，且农产品样本超标率小于或等于10%，则当季治理效果等级判定为达标。不满足任何一个条件，则判定为不达标。若耕地污染治理措施不符合上文 1)评估标准(4)或(5)条，则直接判定为不达标 (表 9.3)。

表 9.3 当季治理效果等级

农产品目标污染物单因子污染指数均值($E_{平均}$)		农产品样本超标率/%	污染治理效果等级
≤1*	且	≤10	达标
>1	或	>10	不达标
耕地污染治理措施不符合"评估标准"(4)或(5)条			

* 要求单尾 t 检验达到显著水平(显著性水平一般小于或等于 0.05)。

连续两年内每季的效果等级均为达标，则整体治理效果等级判定为达标。两年中任一季的治理效果等级不达标，则整体治理效果等级判定为不达标(表 9.4)。

表 9.4 整体治理效果等级

治理后连续两年每季效果等级	整体治理效果等级
任一季的治理效果不达标	不达标
连续两年内每季治理效果等级均达标	达标

若耕地污染治理效果评估点位农产品目标污染物不止一项，需要逐一进行评估列出。任何一种目标污染物的当季或整体治理效果不达标，则整体治理效果等级判定为不达标。

5. 效果评估报告编制

耕地污染治理效果评估报告应真实、全面及详细地介绍耕地污染治理效果评估过程，并对治理效果进行科学评估，给出总体结论。评估报告内容格式可参照NY/T 3343—2018 中"附录 C"进行编制，如图 9.8 所示。

二、验收与备案

(一) 验收程序

农用地土壤污染修复工程项目完工后，一般由项目所在地县级人民政府组织

```
                        耕地污染治理效果评价报告编写提纲
  1. 耕地污染治理背景
  2. 耕地污染治理依据
  3. 耕地污染风险评估情况
  4. 耕地污染治理方案(含相关审核审批文件清单,文件作为附件)
  5. 耕地污染治理开展情况
      5.1 治理措施实施情况(治理台账及过程记录文件清单,典型文件作为附件)
      5.2 二次污染控制情况(含耕地投入品污染物含量情况)
  6. 耕地污染治理效果评价
      6.1 评价内容与方法
          6.1.1 评价内容和范围
          6.1.2 评价程序与方法
      6.2 采样布点方案
          6.2.1 布点原则
          6.2.2 布点方案
          6.2.3 监测因子
      6.3 现场采样与实验室检测
      6.4 治理效果评价
          6.4.1 评价标准
          6.4.2 对农产品产量的影响
          6.4.3 效果评价
  7. 耕地污染治理效果评价总体结论(含建议)
  8. 附件(相关审核审批文件、治理台账及过程记录典型性文件、检测报告等)
```

图 9.8　效果评估报告编制大纲示例

项目主管部门、参与部门及项目参与实施单位对项目完成情况(主体工程、附属工程等)、实施效果、资金使用情况等进行初步验收。

效果评估单位在项目区域治理后,按照 NY/T 3343—2018 规定的方法开展治理效果评估并得出评估结论。

治理效果达标的,由项目所在地县级人民政府向省级生态环境主管部门提出项目验收申请。

省级生态环境主管部门收到验收申请后,组织项目验收工作。验收组由生态环境等部门代表、土壤修复相关领域专家和财务专家组成。

验收过程包括现场勘查,审阅工程监理报告、环境监理报告、效果评估报告、验收监测报告、工程竣工报告和项目竣工决算报告,形成验收报告和结论。未通过验收的,由有关责任方负责整改。

(二) 总结与备案

1. 项目总结

按照《关于加强土壤污染防治项目管理的通知》(环办土壤〔2020〕23 号)文件要求,项目完成后,项目单位编制项目总结报告,报省级生态环境主管部门。总结报告要对项目实施过程进行回顾,评估实施内容是否与项目批复文件或者项目实施方案一致,项目是否达到预期成果。按照国家有关规定竣工验收总结报告应当附竣工验收情况。

项目单位上报总结报告前，项目实施所涉及的土壤污染状况调查报告、风险评估报告、效果评估报告，以及修复实施方案等应当依据《中华人民共和国土壤污染防治法》通过评审或备案。

2. 报备项目档案

项目单位收集、整理项目各环节的文件资料，建立、健全项目档案，在上报项目总结报告的同时，向省级生态环境主管部门报备项目档案。国家另有规定的，从其规定。

参 考 文 献

国家环境保护总局. 2004. 土壤环境监测技术规范: HJ/T 166—2004.

国务院. 2016. 土壤污染防治行动计划.

河南省生态环境厅, 河南省市场监督管理局. 2020. 农用地土壤污染状况调查技术规范: DB41/T 1948—2020.

环境保护部办公厅, 农业部办公厅. 2016. 农用地土壤污染治理与修复项目实施方案编制指南(征求意见稿)(环办土壤函〔2016〕2308 号).

环境保护部办公厅, 农业部办公厅. 2018. 农用地土壤环境风险评价技术规定(试行)(环办土壤函〔2018〕1479 号).

凌晶. 2019. 污染场地修复环境监理与工程监理联合工作模式探讨. 低碳世界, 9(12): 18-19.

生态环境部, 国家市场监督管理总局. 2018. 土壤环境质量 农用地土壤污染风险管控标准(试行): GB 15618—2018.

生态环境部办公厅, 财政部办公厅. 2020. 关于加强土壤污染防治项目管理的通知.

生态环境部办公厅, 农业农村部办公厅. 2019. 农用地土壤环境质量类别划分技术指南(环办土壤〔2019〕53 号).

张长波. 2013. 污染场地土壤和地下水修复工程施工监理的个案研究. 环境科学与技术, 36(10): 152-156.

中国环境保护产业协会. 2019. 污染地块修复工程环境监理技术指南: T/CAEPI 22—2019.

中华人民共和国国家卫生和计划生育委员会, 国家食品药品监督管理总局. 2017. 食品安全国家标准 食品中污染物限量: GB 2762—2017.

中华人民共和国国家卫生健康委员会, 中华人民共和国农业农村部, 国家市场监督管理总局. 2021. 食品安全国家标准 食品中农药最大残留限量: GB 2763—2021.

中华人民共和国农业部. 2000. 农、畜、水产品污染监测技术规范: NY/T 398—2000 .

中华人民共和国农业部. 2007. 土壤 pH 的测定: NY/T 1377—2007.

中华人民共和国农业部. 2012. 农田土壤环境质量监测技术规范: NY/T 395—2012.

中华人民共和国农业农村部. 2019. 耕地污染治理效果评价准则: NY/T 3343—2018.

第十章 建设用地土壤污染修复工程项目实施流程

建设用地土壤污染修复工程项目的总体实施流程与农用地土壤污染修复工程项目的基本类似，如图 10.1 所示。本章主要介绍污染调查、风险评估、修复方案编制、修复效果评估与验收等重要工作环节。

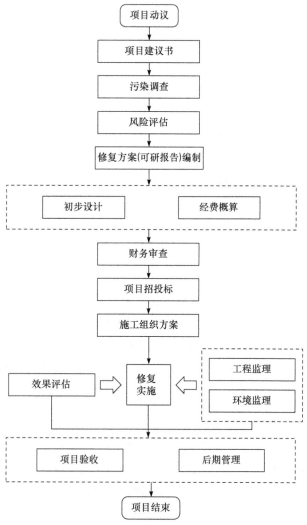

图 10.1 建设用地土壤污染修复工程项目实施流程图

第一节　建设用地土壤污染状况调查

本节以《建设用地土壤污染状况调查技术导则》(HJ 25.1—2019)为技术依据，结合项目实践经验，介绍建设用地土壤污染修复工程项目区土壤污染状况调查工作开展的具体流程。为避免赘述，适当简化了与上述规范文件完全一致的内容，着重梳理调查工作各环节的要点内容。

一、基本原则

按照 HJ 25.1—2019 要求，开展土壤污染状况调查应遵循针对性、规范性和可操作性等原则。

二、工作程序与内容

(一) 工作程序图

对疑似污染地块开展土壤污染状况调查一般包括初步调查(第一阶段调查)和详细调查(第二阶段调查)。由于土壤污染的复杂性和隐蔽性，经详细调查仍不能满足要求的，则需要继续补充调查直至满足要求。为使调查工作更加规范、系统，按照 HJ 25.1—2019 规定，分三个阶段开展土壤污染状况调查工作，调查的工作程序如图 10.2 所示。

(二) 第一阶段调查

土壤污染状况调查第一阶段是污染识别阶段，主要开展资料收集与分析、现场踏勘和人员访谈工作，原则上不进行现场采样分析。经过第一阶段调查，获得调查结论，明确地块内及周围区域有无可能的污染源。若当前和历史上均无可能的污染源，则认为地块的土壤环境状况可以接受，调查活动可以结束。若有可能的污染源，应说明可能的污染类型、污染状况和来源，并建议开展第二阶段土壤污染状况调查工作。

(三) 第二阶段调查

土壤污染状况调查第二阶段是污染证实阶段，主要开展采样与分析工作。第一阶段调查结论表明地块内或周围区域存在可能的污染源，如冶炼厂、化工厂、加油站、农药厂、化学品储罐、固体废物处理等可能产生有毒有害物质的设施或活动，由于资料缺失等造成无法排除地块内外存在污染源时，需开展第二阶段调查，确定污染物种类、浓度(程度)和空间分布等情况。第二阶段调查通常可以分

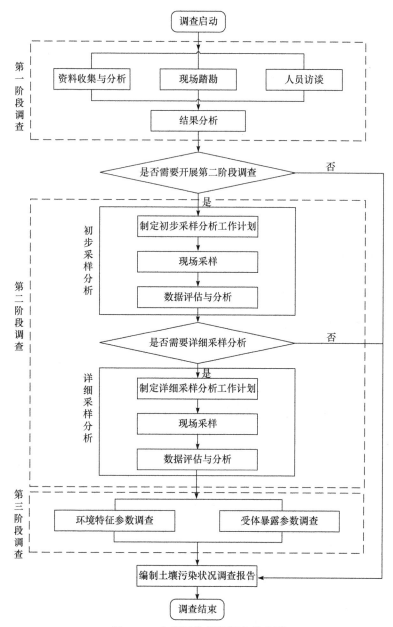

图 10.2 土壤污染状况调查程序图

为两步进行，初步采样分析和详细采样分析。为逐步减小调查的不确定性，可根据实际情况分批次实施初步采样分析和详细采样分析。

1. 初步采样分析

初步采样分析工作计划根据第一阶段土壤污染状况调查的情况制定，主要包括已有信息核查、污染物的可能分布判断、采样方案制定、健康和安全防护措施制定、样品分析方案制定、质量保证和控制等任务。然后进行现场采样、数据评估与分析等步骤。根据初步采样分析结果，若污染物浓度均未超过《土壤环境质量建设用地土壤污染风险管控标准(试行)》(GB 36600—2018)等国家和地方相关标准以及清洁对照点浓度(有土壤环境背景的无机物)，且经过不确定性分析确认不需要进一步调查后，该阶段调查工作可以结束；否则认为可能存在环境风险，需进行详细采样分析。若存在标准中没有涉及的污染物，可根据专业知识和经验综合判断。

2. 详细采样分析

在初步采样分析的基础上，开展详细采样分析，确定土壤污染程度和范围。详细采样分析工作计划基于初步采样分析情况制定，主要包括：对初步采样分析工作计划和结果进行评估，制定采样方案以及样品分析方案等。然后按照计划开展现场采样、数据评估与分析等步骤。详细调查过程中监测的技术要求参照《建设用地土壤污染风险管控和修复监测技术导则》(HJ 25.2—2019)、HJ/T 166—2004、《地下水环境监测技术规范》(HJ 164—2020)中的规定执行。

3. 数据评估和结果分析

基于调查信息和样品检测结果，进行样品检测数据的质量评估，分析数据的有效性和充分性，确定是否满足编制调查报告及进行后续风险评估的要求，否则需要开展补充采样分析。地块关注污染物种类、浓度水平和空间分布等情况通过统计分析土壤和地下水检测结果进行确定。

(四) 第三阶段调查

土壤污染状况第三阶段调查以补充采样和测试为主，通过对地块特征参数和受体暴露参数的调查，获得满足风险评估及土壤和地下水修复所需的参数。本阶段的调查工作可单独进行，也可在第二阶段调查过程中同时开展。

三、调查报告编制

(一) 第一阶段调查报告编制

1. 报告内容格式

报告内容包括对第一阶段调查过程和结果进行的分析、总结和评价。报告内容格式可参照 HJ 25.1—2019 中"附录 A"进行编制，如图 10.3 所示。

2. 结论和建议

调查报告中,关于在地块内及周围区域有无可能的污染源的结论应尽量明确，若有可能的污染源，应说明可能的污染类型、污染状况和来源情况，提出是否需要第二阶段调查的建议。

A.1 土壤污染状况调查第一阶段报告编制大纲	A.2 土壤污染状况调查第二阶段报告编制大纲
1 前言	1 前言
2 概述	2 概述
2.1 调查的目的和原则	2.1 调查的目的和原则
2.2 调查范围	2.2 调查范围
2.3 调查依据	2.3 调查依据
2.4 调查方法	2.4 调查方法
3 地块概况	3 地块概况
3.1 区域环境概况	3.1 区域环境状况
3.2 敏感目标	3.2 敏感目标
3.3 地块的现状和历史	3.3 地块的使用现状和历史
3.4 相邻地块的现状和历史	3.4 相邻地块的使用现状和历史
3.5 地块利用的规划	3.5 第一阶段土壤污染状况调查总结
4 资料分析	4 工作计划
4.1 政府和权威机构资料收集和分析	4.1 补充资料的分析
4.2 地块资料收集和分析	4.2 采样方案
4.3 其他资料检测和分析	4.3 分析检测方案
5 现场踏勘和人员访谈	5 现场采样和实验室分析
5.1 有毒有害物质的储存、使用和处置情况分析	5.1 现场探测方法和程序
5.2 各类槽罐内的物质和泄漏评价	5.2 采样方法和程序
5.3 固体废物和危险废物的处理评价	5.3 实验室分析
5.4 管线、沟渠泄漏评价	5.4 质量保证和质量控制
5.5 与污染物迁移相关的环境因素分析	6 结果和评价
5.6 其他	6.1 地块的地质和水文地质条件
6 结果和分析	6.2 分析检测结果
7 结论和建	6.3 结果分析和评价
8 附件	7 结论和建议
（地理位置图、平面布置图、周边关系图、照片和法规文件等）	8 附件
	（现场记录照片、现场探测的记录、监测井建设记录、实验室报告、质量控制结果和样品追踪监管记录表等）

图 10.3　调查报告编制大纲示例

3. 不确定性分析

报告应列出调查过程中遇到的限制条件和欠缺信息，分析其对调查工作和结果可能产生的影响。

（二）第二阶段调查报告编制

1. 报告内容格式

对第二阶段调查过程和结果进行分析、总结和评价。报告内容格式可参照导则 HJ 25.1—2019 中"附录 A"进行编制，如图 10.3 所示。

2. 结论和建议

结论和建议中应提出地块关注污染物清单和污染物分布特征等内容。

3. 不确定性分析

报告应说明本阶段调查实际开展情况与计划工作内容的偏差，以及限制条件对结论的影响。

(三) 第三阶段调查报告编制

按照《建设用地土壤污染风险评估技术导则》(HJ 25.3—2019)和《建设用地土壤修复技术导则》(HJ 25.4—2019)的要求，提供相关内容和测试数据。

第二节　建设用地土壤污染状况风险评估

本节以《建设用地土壤污染风险评估技术导则》(HJ 25.3—2019)为技术依据，结合项目实践经验，介绍建设用地土壤污染风险评估工作开展的具体流程。为避免赘述，对与 HJ 25.3—2019 完全一致的内容进行了适当简化，着重梳理风险评估各工作环节的技术要点。

一、风险评估程序和内容

地块风险评估工作程序(图 10.4)主要包括危害识别、暴露评估、毒性评估、风险表征，以及土壤和地下水风险控制值的计算等重要环节。

(一) 危害识别

按照 HJ 25.1—2019 和 HJ 25.2—2019 对地块进行土壤污染状况调查及污染识别。根据土壤污染状况调查和样品检测结果，识别关注污染物，即对人群等敏感受体具有潜在风险需要进行风险评估的污染物。

基于收集的地块土地利用(现状、规划)数据、土壤污染状况调查阶段获得的相关数据和资料、污染物相关资料等数据信息，掌握地块土壤和地下水中关注污染物的浓度分布情况，分析可能的敏感受体，如儿童、成年人、地下水体等。

(二) 暴露评估

在危害识别的基础上，分析地块内关注污染物迁移和危害敏感受体的可能性。按照 HJ 25.3—2019 对暴露评估的技术要求，分析暴露情景，确定地块土壤和地下水污染物的主要暴露途径和暴露评估模型，确定评估模型参数取值，计算敏感人群对土壤和地下水中污染物的暴露量。

(三) 毒性评估

在危害识别的基础上，分析关注污染物对人体健康的危害效应，包括致癌效应和非致癌效应，确定与关注污染物相关的参数，包括参考剂量、参考浓度、致癌斜率因子和呼吸吸入单位致癌因子等。

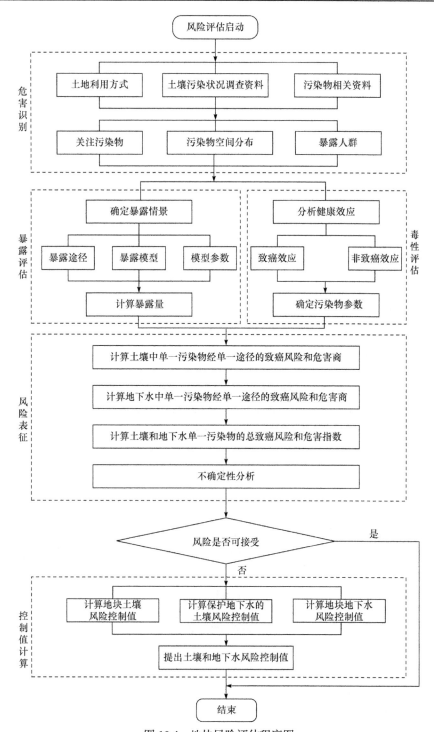

图 10.4 地块风险评估程序图

(四) 风险表征

在暴露评估和毒性评估的基础上，采用风险评估模型计算土壤和地下水中单一污染物经单一途径的致癌风险和危害商，计算单一污染物的总致癌风险和危害指数，进行不确定性分析。

(五) 土壤和地下水风险控制值的计算

在风险表征的基础上，判断计算得到的风险值是否超过可接受风险水平。遵循 HJ 25.3—2019 规定，如地块风险评估结果未超过可接受风险水平，则结束风险评估工作；如地块风险评估结果超过可接受风险水平，则计算土壤、地下水中关注污染物的风险控制值；如调查结果表明，土壤中关注污染物可迁移进入地下水，则计算保护地下水的土壤风险控制值；根据计算结果，提出关注污染物的土壤和地下水风险控制值。

按照 HJ 25.4—2019 和《污染地块地下水修复和风险管控技术导则》(HJ 25.6—2019)确定地块土壤和地下水修复目标值时，应将基于风险评估模型计算出的土壤和地下水风险控制值作为主要参考值。

二、修复目标和范围确定

采用浓度插值等方法将调查阶段与风险评估阶段的采样检测分析结果绘制成等值线图，与项目区修复目标值相对照，可以初步确定出修复区域。

若等值线图不能完全反映项目区实际情况，可结合监测点位置、生产设施分布情况及污染物的迁移转化规律对修复范围进行修正。

修复范围应根据不同深度的污染程度分别划定。

三、风险评估报告编制

风险评估报告应至少包括以下内容：项目区基本信息、地块污染识别与地块污染概念模型、现场采样与实验室分析、风险管控与修复目标和修复范围、需要环境无害化处理的生产设施和废物、污染地块环境评估的结论和建议。风险评估报告内容格式可酌情参考图 10.5 进行编制。

风险评估报告编制大纲
1 总论
2 第一阶段调查
3 第二阶段调查
4 风险评估
4.1 地块概念模型的建立
4.1.1 规划情景下暴露途径和关注污染物的确定
4.1.2 暴露点浓度的确定
4.1.3 地块概念模型的建立

```
4.2 健康风险计算
4.2.1 风险计算模型的选择
4.2.2 风险计算参数的选择
4.2.3 规划情景下的风险计算
4.3 修复目标和修复范围的确定
4.3.1 修复目标
4.3.2 修复范围估计
4.4 需要环境无害化处理的生产设施和废物
4.5 补充采样(可选)
4.5.1 补充采样计划
4.5.2 现场采样及实验室分析
4.5.3 检测结果分析
4.6 风险评估的基本结论
5 修复建议(可选)
6 结论与建议
附件
地块地形及位置、采样位置及设计、地块安全与健康保障计划、现场调查与钻井记录、采样与
数据分析质量保障/控制程序、实验分析结果、污染分布图等
```

图 10.5　风险评估报告编制大纲[①]

第三节　建设用地土壤污染修复工程项目修复方案编制

本节在总结污染地块土壤污染修复工程实践经验的基础上，结合《土壤污染防治行动计划》的相关要求，以《建设用地土壤修复技术导则》(HJ 25.4—2019)为技术依据，梳理污染地块土壤污染修复方案编制内容与技术要点。

一、基本原则

依据 HJ 25.4—2019 导则，地块土壤修复方案编制应遵循科学性、可行性和安全性等原则。

二、工作程序

地块土壤修复方案编制的工作程序可分为以下三个阶段，如图 10.6 所示。

(一) 选择修复模式

在分析前期污染土壤污染状况调查和风险评估资料的基础上，根据地块条件、目标污染物、修复目标、修复范围和修复时间长短，选择确定地块修复总体思路。

1. 确认地块条件

审阅前期完成的土壤污染状况调查报告和地块风险评估报告等相关资料，核

[①] 参考《工业企业场地环境调查评估与修复工作指南（试行）》"参考附录 5"改编。

实地块相关资料的完整性和有效性，重点核实前期地块信息和资料是否能反映地块目前实际情况。考察地块目前情况，特别关注与前期土壤污染状况调查和风险评估时发生的重大变化，以及周边环境保护敏感目标的变化情况。现场考察地块修复工程施工条件，特别关注地块用电、用水、施工道路、安全保卫等情况，为修复方案的工程施工区布局提供基础信息。

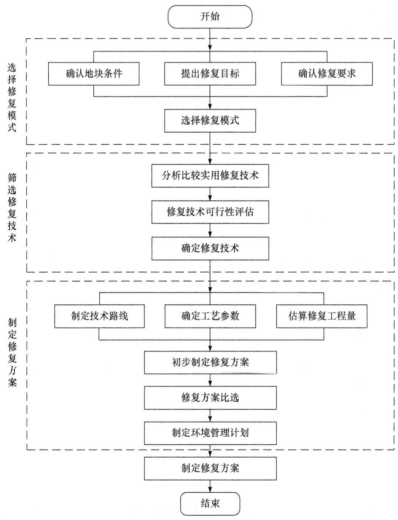

图 10.6 地块土壤修复方案编制程序图

通过核查地块已有资料和现场考察地块状况，如发现不能满足修复方案编制基础信息要求，应适当补充相关资料。必要时应适当开展补充监测，甚至进行补充性土壤污染状况调查和风险评估。

2. 提出修复目标

1) 确认修复目标

确认前期土壤污染状况调查和风险评估提出的土壤修复目标污染物，分析其与地块特征污染物的关联性和与相关标准的符合程度。

2) 提出修复目标值

分析比较风险评估阶段计算的土壤风险控制值、GB 36600—2018 规定的筛选值和管制值、地块所在区域土壤中目标污染物的背景含量以及国家和地方有关标准中规定的限值，结合目标污染物形态与迁移转化规律等，合理提出土壤目标污染物的修复目标值。

3) 确认修复范围

确认前期土壤污染状况调查与风险评估提出的土壤修复范围是否清楚，包括四周边界和污染土层深度分布，特别要关注污染土层异常分布情况，如非连续性自上而下分布。依据土壤目标污染物的修复目标值，分析和评估需要修复的土壤量。

3. 确认修复要求

与地块利益相关方进行沟通，确认对土壤修复的要求，如修复时间、预期经费投入等。

4. 选择修复模式

根据地块特征条件、修复目标和修复要求，选择确定地块修复总体思路。永久性处理修复优先于处置，即显著地减少污染物数量、毒性和迁移性。鼓励采用绿色的、可持续的和资源化修复。治理与修复工程原则上应当在原址进行，确需转运污染土壤的，应确定运输方式、路线和污染土壤数量、去向及最终处置措施。

(二) 筛选修复技术

根据地块的具体情况，按照确定的修复模式，分析比较修复技术，筛选实用的土壤修复技术；通过开展必要的实验室小试和现场中试，或对土壤修复技术应用案例进行分析，对修复技术进行可行性评估；在分析比较土壤修复技术优缺点和开展技术可行性实验的基础上，从技术的成熟度、适用条件，对地块土壤修复的效果、成本、时间和环境安全性等方面对各备选修复技术进行综合比较，选择确定修复技术，以进行下一步的修复方案制定。

(三) 制定修复方案

根据确定的修复技术，制定土壤修复技术路线，确定土壤修复技术的工艺参数，估算地块土壤修复的工程量，提出初步修复方案。然后从主要技术指标、修复工程费用以及二次污染防治措施等方面进行方案可行性比选，确定经济、实用和可行的修复方案。同时制定环境管理计划,包括:①修复工程环境监测计划。根据确定的最佳修复方案,结合地块污染特征和地块所处环境条件,有针对性地制定修复工程环境监测计划。②环境应急安全计划。内容包括安全问题识别、需要采取的预防措施、突发事故时的应急措施、必须配备的安全防护装备和安全防护培训等,确保地块修复过程中施工人员与周边居民的安全。

三、编制要求与内容

(一) 总体要求

修复方案要全面和准确地反映出全部工作内容。报告中的文字应简洁和准确,并尽量采用图、表和照片等形式描述各种关键技术信息,以利于后续土壤修复工程的设计与施工。

(二) 主要内容

修复方案内容格式可参考 HJ 25.4—2019 中"附录 A"进行编制,如图 10.7 所示。方案内容应根据地块的环境特征和地块修复工程的特点选择其中全部或部分内容。

```
                    地块土壤修复方案编制大纲
1 总论
    1.1 任务由来
    1.2 编制依据
    1.3 编制内容
2 地块问题识别
    2.1 所在区域概况
    2.2 地块基本信息
    2.3 地块环境特征
    2.4 地块污染特征
    2.5 土壤污染风险
3 地块修复模式
    3.1 地块修复总体思路
    3.2 地块修复范围
    3.3 地块修复目标
4 修复技术筛选
    4.1 土壤修复技术简述
    4.2 土壤修复技术可行性评估
5 修复方案设计
    5.1 修复技术路线
    5.2 修复技术工艺参数
    5.3 修复工程量估算
    5.4 修复工程费用估算
    5.5 修复方案比选
6 环境管理计划
    6.1 修复工程监理
    6.2 二次污染防范
    6.3 修复效果评估监测
    6.4 环境应急方案
7 成本效益分析
    7.1 修复费用
    7.2 环境效益、经济效益、社会效益
8 结论
    8.1 可行性研究结论
    8.2 问题和建议
```

图 10.7　地块土壤修复方案编制大纲

第四节　建设用地土壤污染修复工程效果评估与验收

本节以《污染地块风险管控与土壤修复效果评估技术导则(试行)》(HJ 25.5—2018)为技术依据介绍污染地块土壤修复效果评估工作流程；借鉴《工业企业场地环境调查评估与修复工作指南(试行)》，结合实践经验，梳理项目验收阶段工作程序各环节要点，细化相关技术内容。

一、风险管控与土壤修复效果评估

通过资料回顾与现场踏勘、布点采样与实验室检测，综合评估地块风险管控与土壤修复是否达到规定要求或地块风险是否达到可接受水平。

(一) 基本原则

污染地块风险管控与土壤修复效果评估应遵循科学性、独立性和公正性等原则，对土壤是否达到修复目标、风险管控是否达到规定要求、地块风险是否达到可接受水平等情况进行科学、系统的评估，提出后期环境监管建议，为污染地块管理提供科学依据。

(二) 工作程序与内容

根据 HJ 25.5—2018，污染地块风险管控与土壤修复效果评估的工作内容包括：更新地块概念模型、布点采样与实验室检测、风险管控与土壤修复效果评估、提出后期环境监管建议及编制效果评估报告等，工作程序如图 10.8 所示。

1. 更新地块概念模型

通过收集地块风险管控与修复相关资料，开展现场踏勘工作，并通过与地块责任人、施工负责人、监理人员等进行沟通和访谈，了解地块调查评估结论、风险管控与修复工程实施情况、环境保护措施落实情况等，掌握地块地质与水文地质条件、污染物空间分布、污染土壤去向、风险管控与修复设施设置、风险管控与修复过程监测数据等关键信息，对地块概念模型进行更新，完善地块风险管控与修复实施后的概念模型，为制定效果评估布点方案提供依据。

2. 布点采样与实验室检测

布点方案包括效果评估的对象和范围、采样节点、采样周期和频次、布点数量和位置、检测指标等内容，并说明上述内容确定的依据。原则上应在风险管控与修复实施方案编制阶段编制效果评估初步布点方案，并在地块风险管控与修复效果评估工作开展之前，根据更新后的概念模型进行完善和更新。

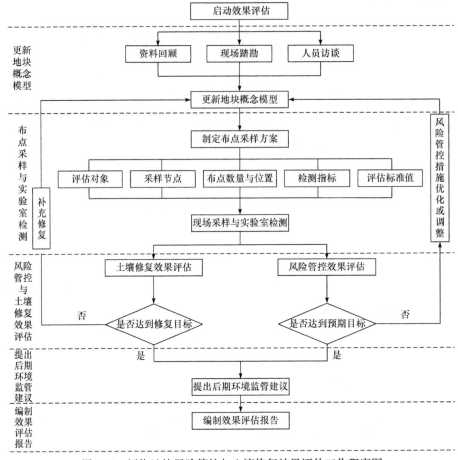

图 10.8　污染地块风险管控与土壤修复效果评估工作程序图

　　根据布点方案，制定采样计划，确定检测指标和实验室分析方法，开展现场采样与实验室检测，明确现场和实验室质量保证及质量控制要求。现场采样与实验室检测按照 HJ 25.1—2019 和 HJ 25.2—2019 的规定执行。

3. 风险管控与土壤修复效果评估

　　根据检测结果，评估土壤修复是否达到修复目标或可接受水平，评估风险管控是否达到规定要求。对于土壤修复效果，可采用逐一对比和统计分析的方法进行评估，若达到修复效果，则根据情况提出后期环境监管建议并编制修复效果评估报告，若未达到修复效果，则应开展补充修复。对于风险管控效果，若工程性能指标和污染物指标均达到评估标准，则判断风险管控达到预期效果，可继续开展运行与维护；若工程性能指标或污染物指标未达到评估标准，则判断风险管控未达到预期效果，须对风险管控措施进行优化或调整。

4. 提出后期环境监管建议

根据风险管控与修复工程实施情况及效果评估结论，对于修复后土壤中污染物浓度未达到 GB 36600—2018 第一类用地筛选值的地块以及实施风险管控的地块，均应提出后期环境监管建议。

5. 编制效果评估报告

汇总前述工作内容，编制效果评估报告，报告内容格式可参照 HJ 25.5—2018 中"附录 D"内容进行编制，如图 10.9 所示。

效果评估报告大纲

1 项目背景
2 工作依据
　2.1 法律法规
　2.2 标准规范
　2.3 项目文件
3 地块概况
　3.1 地块调查评价结论
　3.2 风险管控或修复方案
　3.3 风险管控或修复实施情况
　3.4 环境保护措施落实情况
4 地块概念模型
　4.1 资料回顾
　4.2 现场踏勘
　4.3 人员访谈
　4.4 地块概念模型
5 效果评估布点方案
　5.1 土壤修复效果评估布点
　　5.1.1 评估范围
　　5.1.2 采样节点
　　5.1.3 布点数量与位置
　　5.1.4 检测指标
　　5.1.5 评估标准值
　5.2 风险管控效果评估布点
　　5.2.1 检测指标和标准
　　5.2.2 采样周期和频次
　　5.2.3 布点数量与位置
6 现场采样与实验室检测
　6.1 样品采集
　　6.1.1 现场采样
　　6.1.2 样品保存与流转
　　6.1.3 现场质量控制
　6.2 实验室检测
　　6.2.1 检测方法
　　6.2.2 实验室质量控制
7 效果评估
　7.1 检测结果分析
　7.2 效果评估
8 结论与建议
　8.1 效果评估结论
　8.2 后期环境监管建议
附件
a) 地块规划图；b) 修复范围图；c) 水文地质剖面图；d) 钻孔结构图；e) 岩心箱照片；f) 采样记录单；
g) 建井结构图；h) 洗井记录单；i) 地下水采样记录单；j) 实验室检测报告。

图 10.9　效果评估报告大纲

二、修复验收

(一) 验收目的和内容

污染地块修复验收是在污染地块修复完成后，通过文件审核、现场勘察、现场采样和检测分析等对地块内土壤和地下水进行调查与评价，判断是否达到验收标准。若需开展后期管理，还应评估后期管理计划合理性及落实程度。在地块修复验收合格后，地块方可进入再利用开发程序，必要时需按后期管理计划进行长期监测和后期风险管理。

修复验收工作内容包括污染地块土壤和地下水清理情况验收、污染地块土壤和地下水修复情况验收，必要时还包括后期管理计划合理性及落实程度评估。

(二) 地块修复验收

1. 工作程序

参考《工业企业场地环境调查评估与修复工作指南(试行)》内容，污染地块修复验收工作程序主要分为文件审核与现场勘察等六个步骤，工作程序如图 10.10 所示。

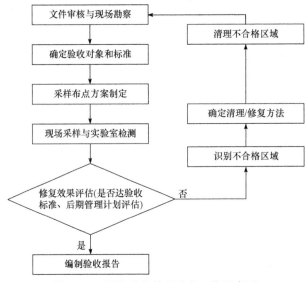

图 10.10　污染地块修复验收工作程序图

2. 文件审核与现场勘察

1) 文件审核

主要审核：①污染地块环境调查评估及修复方案相关文件；②污染地块修复工程资料；③工程及环境监理文件；④环境管理组织机构、相关合同协议(如委托处理污染土壤的相关文件和合同)等其他文件；⑤污染地块地理位置示意图、总平面布置图、修复范围图、污染修复工艺流程图、修复过程照片和影像记录等相关图件。

2) 现场勘察

污染地块修复验收现场勘察主要包括核定修复范围和识别现场遗留污染痕迹。

3. 确定验收对象和标准

污染地块修复验收的对象主要包括以下几项内容，针对不同的验收对象确定可测的验收标准。

1) 地块内部清挖污染土壤后遗留的基坑

验收时须对基坑遗留土壤进行采样检测，分析修复区域是否还存在污染，验收指标为污染地块修复的目标污染物，验收标准为污染地块土壤修复目标值。

2) 原位修复后的土壤和地下水

验收指标为污染地块修复的目标污染物，验收标准为污染地块污染物修复目标值。

3) 异位修复治理后的土壤和地下水

应针对不同类型的修复技术开展验收。

对于以消除或降低污染物浓度为目的的修复技术(土壤淋洗、土壤气相抽提、热脱附、空气注射等)，验收指标为修复介质中目标污染物的浓度；对于化学氧化、生物降解等还应考虑可能产生的有毒有害中间产物；对于降低迁移性或毒性的修复技术(如固化/稳定化)，验收指标为目标污染物的浸出限值。

异位修复的验收标准根据土壤的最终去向和未来用途确定：①若回填到本地块，验收标准为污染地块土壤修复目标值；②若外运到其他地方，以土壤中污染物浓度不对未来受体和周围环境产生风险影响为验收标准。必要时需根据目的地实际情况进行风险评估以确定外运土壤的验收标准。

抽出处理的地下水，若修复后排放到市政管道，应符合相关的排放标准；若修复后回灌到本地块，应达到本地块地下水修复目标值。

4) 修复过程可能产生的二次污染区域

二次污染区域包括污染土临时储存和处理区域，设施拆除过程的遗撒区域，修复技术应用过程造成的可能的污染扩散区域。验收指标为污染地块调查及二次污染的特征污染物，验收标准为污染地块污染物修复目标值。

5) 工程控制设施

对于切断污染途径的工程控制技术，验收指标一般为各种工程指标，如阻隔层厚度和渗透系数等。

4. 采样布点方案制定

采样布点方案应包括采样介质、采样区域、采样点位、采样深度、采样数量、检测项目等内容。根据目标污染物、修复目标值的不同情况在污染地块修复范围内进行分区采样；采样点的位置和深度应覆盖污染地块修复范围及其边缘；污染地块环境调查评估确定的污染最重区域，必须进行采样。

5. 现场采样与实验室检测

土壤样品和地下水样品的采样方法、现场质量控制、现场质量保证、样品的保存与运输方法、样品分析方法、实验室质量控制，现场人员防护和现场污染应急处理等参见 HJ 25.1—2019、HJ 25.2—2019 的规定执行。对于非挥发性有机物，可采集少量土壤混合样，混合样采样方法和要求按照 HJ/T 166—2004 的规定执行。

验收项目检测方法的检测限应低于修复目标值。实验室检测报告内容应包括检测条件、检测仪器、检测方法、检测结果、检测限、质量控制结果等。

6. 修复效果评估

验收时，可运用逐个对比法、95%置信上限、t 检验等评估方法对检测数据进行科学合理的分析，确定污染地块污染物是否达到验收标准，以判定污染地块是否达到修复效果要求。若未达到修复效果要求，需要给出继续清理或修复建议。污染地块若需开展后期管理，还应评估后期管理计划合理性及落实程度。

7. 编制验收报告

验收报告内容应真实、全面，验收报告内容格式可酌情参考图 10.11 进行编制。

```
                  污染地块修复验收报告编写提纲
  1 前言
  2 验收依据
  3 污染地块概况
       3.1 污染地块环境调查评估结论
       3.2 污染地块修复方案
       3.3 修复实施情况
  4 验收内容与方法
       4.1 工作范围和验收重点
       4.2 验收程序与方法
  5 文件审核与现场勘察
       5.1 文件审核
       5.2 现场勘察
  6 采样布点方案制定
       6.1 分析项目
       6.2 布点原则
       6.3 布点方案
  7 现场采样与实验室检测
       7.1 现场采样
       7.2 分析方法
       7.3 检测结果
       7.4 质量控制
  8 修复效果评估
  9 结论和建议
  附件
       监理报告
       检测报告
```

图 10.11　污染地块修复验收报告编写大纲[①]

---

① 由《工业企业场地环境调查评估与修复工作指南(试行)》"参考附录 12"改编。

参 考 文 献

国家环境保护总局. 2004. 土壤环境监测技术规范: HJ/T 166—2004.

环境保护部. 2014. 关于发布《工业企业场地环境调查评估与修复工作指南(试行)》的公告.

生态环境部, 国家市场监督管理总局. 2018. 土壤环境质量　建设用地土壤污染风险管控标准
(试行): GB 36600—2018.

生态环境部. 2018. 污染地块风险管控与土壤修复效果评估技术导则(试行): .HJ 25.5—2018.

生态环境部. 2019a. 建设用地土壤污染状况调查技术导则: HJ 25.1—2019.

生态环境部. 2019b. 建设用地土壤污染风险管控和修复监测技术导则: HJ 25.2—2019.

生态环境部. 2019c. 建设用地土壤污染风险评估技术导则: HJ 25.3—2019.

生态环境部. 2019d. 建设用地土壤修复技术导则: HJ 25.4—2019.

生态环境部. 2020. 地下水环境监测技术规范: HJ 164—2020.

第十一章　土壤污染修复工程项目管理对策

第一节　土壤污染修复工程项目管理概要

土壤污染修复工程是一项复杂的系统工程，涉及环境、工程、管理等多个方面，合理地做好土壤修复工程实施的项目管理工作，对实现项目的环境、社会与经济效益的统一具有重要意义。

一、土壤污染修复工程项目管理内涵

土壤污染修复工程项目管理可从主体、客体和环境三个维度进行分析。

(一) 工程项目管理的主体

土壤污染修复工程项目管理是多主体的管理。作为项目的责任者或者项目法人，业主对项目进行管理；作为中央或地方财政资金支持项目的投资者，政府必须对项目进行管理；作为工程项目的参与者，咨询、设计、施工、监理等单位参与项目管理或提供相关服务。其中，业主是集工程项目管理的总策划、总组织、总集成于一身的核心管理者。

按行为主体，工程项目管理可分为内部管理和外部管理两个层次。二者的管理角度和内容各有侧重，相辅相成，互为依托。内部管理是指项目业主、工程承包方(施工单位)和项目管理服务单位对项目实施的管理。外部管理主要是指各级政府部门按职能分工，主要通过法律法规、部门规章及行政许可等强制约束性文件对项目进行的行政管理。外部管理侧重于项目实施方案和工程实施是否满足宏观规划、产业政策、技术政策、征地拆迁、资源利用、环境保护等多方面管理要求。

(二) 工程项目管理的客体

工程项目建设周期内的各项任务和内容是管理的客体。各项目管理主体参与管理的客体不尽相同，例如，业主方管理的客体是项目从提出立项到竣工、交付使用全过程所涉及的全部工作；承包方(施工单位)管理的客体是所承包工程项目的范围，其范围与业主要求有关，取决于业主选择的发包方式。

(三) 工程项目管理的环境

工程项目管理的环境可分为内部环境和外部环境。内部环境主要包括管理团队内部组织文化、组织结构和管理流程、人事管理制度、人力资源、内部沟通渠道、组织信息化程度等。外部环境由多种因素构成，范围较广且复杂。其中主要因素包括：管理团队上级组织的影响，政治、法律、社会、经济和文化等多方面的影响，相关标准、规范和规程的约束等。

二、土壤污染修复工程项目管理的内容

借鉴目前国际上广为流行的项目管理知识体系 PMBOK 理论(美国项目管理协会，2018)，土壤污染修复工程项目管理的主要内容概括为 10 个方面。

(1) 整合管理，包括对项目总体安排和全面情况进行协调与控制而开展的过程与活动。

(2) 范围管理，包括按照合同约定的做且只做所需的全部工作以成功完成项目的各个过程。

(3) 进度管理，包括监控项目进度所需的各个过程。

(4) 成本管理，包括对成本进行规划、估算、预算、融资、筹资、管理和控制的各个过程，以保证项目在批准的预算内完成。

(5) 质量管理，包括按照合同约定与相关质量标准对项目质量进行控制的各个过程。

(6) 资源管理，包括为成功完成项目进行识别、获取和管理所需资源的各个过程。

(7) 沟通管理，包括为确保项目信息及时且恰当地规划、收集、生成、发布、存储、检索、管理、控制、监督和最终处置所需的各个过程。

(8) 风险管理，包括用于开展下列工作的各个过程，如规划风险管理、识别风险、开展风险分析、规划风险应对、实施风险应对和监督风险等。

(9) 采购管理，包括从项目团队外部采购或获取所需产品、服务或成果的各个过程。

(10) 相关方管理，包括识别项目影响或受影响的组织或个人，分析相关方对项目的期望和影响，制定相应管理策略来有效调动相关方参与项目决策和执行等所需的各个过程。

三、土壤污染修复工程项目管理模式

工程项目的管理模式确定了工程项目管理的总体框架、项目参与各方的职责、义务和风险分担，因而在很大程度上决定了项目的合同管理方式，以及项目建设

速度、工程质量和造价(纪续，2008)。本书按照项目管理主体不同将工程项目的管理模式分为业主方管理模式和承发包管理模式。

(一) 工程项目业主方管理模式

业主的管理模式可分为业主自行管理模式和业主委托管理模式。

1. 业主自行管理模式

该模式下，业主方主要依靠自身力量进行工程项目管理，在项目策划及实施过程中，部分管理可由聘用的咨询、监理等公司协助进行，但主要工作由业主方自行完成。该模式的优点：业主方对工程项目的控制可得到充分保障，为保障业主利益的最大化可随时采取措施。缺点：组织机构庞大、管理资源利用率低、专业力量不足等。

2. 业主委托管理模式

业主委托管理模式是指通过招标方式，从事工程项目管理的专业机构受业主委托，按照合同约定，代表业主对工程项目的组织实施进行全过程或若干阶段或部分内容的管理和服务。该类模式可以充分发挥项目管理机构的专业经验和优势，保障工程项目的高效实施。主要模式有项目管理(project management，PM)服务模式、项目管理承包(project management contracting，PMC)模式、施工管理(construction management，CM)模式等。

(二) 工程项目承发包管理模式

工程项目承发包管理模式是指业主单位向项目实施单位购买产品或服务的方式。工程项目的承发包方式根据工程项目设计与施工的一体化程度进行分类。主要模式有设计-招标-建造(design-bid-build，DBB)模式、设计-建造(design-build，DB)模式、设计-采购-施工/交钥匙(engineering-procurement-construction/turnkey，EPC/T)模式、设计-施工-运营(design-build-operate，DBO)模式等。目前我国土壤污染修复工程项目多采用 EPC 模式。

EPC 模式指工程总承包企业按照合同约定，承担工程项目的设计、采购、施工、试运行服务等工作，并对承包工程的质量、安全、工期、造价全面负责，使业主获得一个现成的工程，由业主"转动钥匙"就可以运行(纪续，2008)。在项目竣工验收时，按合同的要求对工程项目及其中的设备进行相应的严格检查与验收。采用EPC 模式，总承包单位可以比较容易地解决设计、采购、施工、试运转整个过程不同环节中存在的突出矛盾，使工程项目实施获得优质、高效、低成本的效果。

(三) 工程项目管理模式的选择

工程项目管理模式是在国内外长期实践中形成并得到普遍认可的一系列惯

例。每种模式都有其各自的优势和局限性，均还在不断地得到创新和完善。一般来说，由业主方选定工程项目的管理模式，但总承包商也可选用一些他所需要的项目管理模式。根据一个工程项目的类型和特点可以选择一种或多种适合的项目管理模式。例如，当项目管理者的管理能力比较强时，可将一个工程项目划分为多个部分，分别采用不同的管理模式。

第二节　土壤污染修复工程项目实施中关联方分析

一、项目实施中关联方及其要求和期望

工程项目管理的目标就是综合运用各种知识、技能、手段和方法去满足或超出利益相关者对某个工程项目的合理要求及期望。因此，项目管理首先要认真识别和理解同工程项目密切相关各方的不同要求和期望(包括范围、进度、费用、质量以及其他目标)。相关各方总体利益是一致的，但关注的焦点不同，存在对立统一的关系。本节主要从工程项目具有哪些主要关联方以及它们具有哪些方面的要求和期望两个层面进行讨论。

(一) 工程项目主要关联方

工程项目关联方是指影响项目目标的实现，或者受到项目实施过程影响的所有个体、群体和组织。工程项目管理者必须清楚谁是本工程项目的主要关联方，明确他们的要求和期望是什么，然后对这些要求和期望进行管理和施加影响，确保工程项目获得成功。本节根据土壤污染修复工程项目实践经验，对项目的主要关联方进行了命名和分组，如图 11.1 所示。

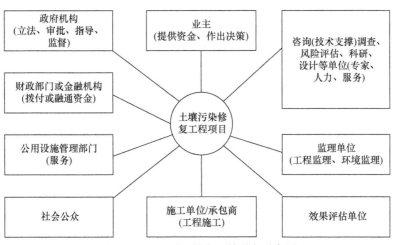

图 11.1　工程项目的主要关联方示意图

（二）工程项目主要关联方的要求和期望

一般情况下，各主要关联方的要求和期望如下。

（1）业主：项目投资少，收效高，工期短，质量合格。

（2）政府机构：与整个国家的目标、政策和立法相一致。现阶段，我国土壤污染修复工程项目的业主单位主要为政府部门，故该关联方主要指业主单位的上级主管部门。

（3）财政部门或金融机构：①财政部门拨付款项符合相关规定，专款专用；②金融机构期望贷款安全，按预定日期支付，项目能提供较高的回报，按期清偿债务。

（4）公用设施管理部门：及时提出对施工所需的水、电、通信线路等服务的要求，将工程施工的干扰限度，如对道路等公用设施的占用，降至最低。

（5）社会公众：工程项目无污染、无公害、无社会风险，在工程施工期对外部环境不产生有害的影响，项目可产生社会效益。例如，农用地土壤污染修复项目施工阶段，当地农民群众可提供劳动力参与修复实施，获取劳务报酬。

（6）施工单位/承包商：利润优厚，施工图纸及时提供，且变动限度最小，施工方法可由自己选择，不受其他关联方的干扰，原材料和设备及时送达工地，工程进度款按时支付，开工迅速批准，服务提供及时，公众无抱怨。

（7）咨询（技术支撑）、调查、风险评估、科研、设计等单位：报酬合理，工作进度表松弛，信息提供迅速，决策迅速，工作报酬按时支付。

二、工程项目主要关联方的管理目的、特点和任务

虽然工程项目涉及多个关联方，但真正可能参与到土壤污染修复工程项目管理过程的关联方主要包括业主和施工单位。由于主要关联方在具体项目中的工作内容会随着项目具体模式和委托合同的不同而有所变化，本节论述的是在通用模式下的一般情况。

（一）业主的管理目的、特点和任务

现阶段我国土壤污染修复工程项目的业主单位主要为政府部门，随着《建设用地土壤污染责任人认定暂行办法》《农用地土壤污染责任人认定暂行办法》的实施，土壤污染责任人可能会成为业主方。

1. 业主管理的目的

业主管理的目的主要包括：①实现投资主体的投资目标和期望；②将项目成本控制在预定或可接受的范围之内；③保证项目完成后达到合同约定的修复效果和质量目标。

2. 业主管理的特点

业主在工程项目中的特殊地位决定了其对工程项目管理的特点，主要有以下几个方面。

(1) 业主代表投资主体并按照其对项目的要求对工程项目进行管理。

(2) 业主作为核心管理者对工程项目进行全面管理。

(3) 工程项目一般涉及多个领域和诸多专业，在项目实施过程中业主大多采用间接而非直接的方式对工程项目进行管理。业主通过落实工程项目招投标制、合同制、监理制，运用各种合同或委托协议，把工程项目的任务、管理职责以及风险分解到各参与策划和实施的有关第三方单位，其通过总体协调和控制，保证项目如期、按质完成，并尽可能节省投资。

3. 业主管理的主要任务

在传统的发包模式下，业主管理的主要任务包括以下几点。

1) 项目前期阶段

业主主要围绕项目建议书、项目审批、核准、备案、资金筹措与申请及相关报批工作开展项目的管理工作。

2) 项目准备阶段

依据项目建议书等批准文件，选择符合相关资质的调查、评估、实施方案编制、初步设计等单位开展相应工作，办理有关设计文件的审批，组织落实项目实施用地，组织开展对工程施工、监理、效果评估等单位的招标及评标等工作。

3) 项目实施阶段

业主的主要工作是按合同规定为项目实施提供必要的条件，如办理施工许可、公共设施使用等各项法律法规规定的申请批准手续，并在项目实施过程中督促、检查并协调有关各方的工作，定期研究分析项目进展情况。

4) 竣工验收阶段

组织有关部门或单位对施工单位拟交付的工程成果进行竣工验收和工程决算，做好接收与管理工作，收集项目有关资料并归档，并进一步明确项目后期管理中施工方、咨询单位等各方的职责等。

(二) 施工单位的管理目的、特点和任务

施工单位对工程项目的管理主要是在施工阶段施工单位对自己所承担的项目任务中投入的各种资源进行规划、指挥、组织、协调的过程。

1. 施工单位管理的目的

施工单位是项目落实修复技术的实施者和提供工程劳务的组织者。其管理的目的主要是在项目工程具体实施过程中，从人力、物力资源的投入到成效的输出来获取其相应的收益。具体是：①在进度与质量上保证承担的工程任务达到合同书规定的要求。②追求自身收益的最大化。施工单位在完成合同规定的任务并达到合同规定的要求后，有权取得相应的报酬。

2. 施工单位管理的特点

施工单位管理的特点主要包括以下几点。

(1) 施工单位的管理工作是以固定场地为中心展开的。

(2) 以合同为根本要求。工程的进度、质量、费用等均以合同规定为标准。

(3) 施工单位的管理直接作用于工程实体，将对项目产生直接的作用。

(4) 管理过程中资金投入量相对巨大。

(5) 施工单位的管理过程是工程项目风险控制的最后过程。该阶段管理风险相对较大，为避免和减少损失的发生，施工单位必须加强施工管理，同时配合业主、监理单位到现场监督。

3. 施工单位管理的主要任务

主要任务包括从制定施工组织方案和质量保证计划，到施工结束移交工程项目成果，并向业主完整、及时地移交有关项目资料档案这一过程中的相关工作。

第三节　土壤污染修复工程项目施工过程管理

在土壤污染修复工程项目的施工阶段，业主、施工单位、监理等多方参与项目的管理，各有侧重。其中，施工单位的管理直接作用于工程实体，落实修复技术，对项目成果将产生直接影响。本节从施工单位的视角分析施工各阶段的管理要点。

一、施工前的管理与准备

施工准备工作根据施工顺序的先后，有计划、有步骤、分阶段进行，且要贯穿整个施工过程。按准备工作的性质大致归纳为以下几个方面。

(一) 技术准备

(1) 收集资料，摸清情况。收集项目技术资料和相关自然条件资料，现场踏勘，必要时开展施工测量，深入实地，摸清施工现场情况。

(2) 进行图纸会审，审查设计图纸，熟悉图纸及有关资料。同时应了解有关设计数据、结构特点及土层、地质、水文、工期要求等资料。

(3) 编制施工组织方案及其他开工前的各项方案、措施。对施工中每一环节、每个工种可能出现的技术难题提出符合施工实际的应对措施，进而降低施工成本和确保施工质量。

（二）施工现场准备

（1）做好施工现场通水、通电、通路、场地平整的"三通一平"工作。

（2）建好临时设施。包括附属仓库、加工场、办公食宿用房以及公用设施等。

（3）在现场安全通道设置醒目的标识牌。为保障整个现场忙而不乱、井然有序，对施工现场进行科学化管理：规划周全设施布局，科学布置材料加工仓储区域，明确机械操作范围，确保车辆进出方便，紧密衔接各道工序等。

（三）物资准备

（1）根据工程进度安排编制人力、机械、材料进场计划，配置与主导机械能力相适应的附属机械，确定材料储备量和货源计划，保障材料供应及时。

（2）准备好施工所需的机械机具，对已有的机械机具做好维修试运行工作，对尚缺的机械机具要及时订购、租赁或制作。

（四）施工队伍准备

（1）组建、充实、调整施工组织机构，安排、调配劳动班子组合。

（2）职工进场前对其进行专业技术考核，合格后进行安全教育和岗前培训，要求其熟练掌握施工规范(安全规范、操作规范、技术规范)后方可上岗，开工前对职工进行计划、技术、安全交底。

二、施工阶段的管理

施工阶段的管理主要从质量、进度、成本、安全等方面着手进行。其中，质量管理是整个施工过程控制的核心与重点。在施工过程中，为确保实现与业主约定的合同条款，施工单位须加强项目管理，积极运用先进的生产技术、制作工艺和良好的运行管理体系，对质量、进度、成本三大目标实行有效控制，从而取得较好的经济与社会效益。

（一）质量管理

质量管理受到人、材料、机械、方法以及环境等多种因素的影响，施工过程中应对主要因素进行逐个控制，进而达到全方位质量控制，确保工程质量。

（1）人的管理。人是直接参与施工的组织者、指挥者和操作者，要充分调动人的积极性，发挥人的主导作用。加强对人的管理和使用，以人的工作质量保证工序质量、保障工程质量，具体措施有：通过加强政治思想教育、劳动教育、职业健康教育、专业技术培训等方式提高人的素质；通过健全岗位责任制，改善劳动条件，制定公平合理的激励制度等措施提升劳动热情，根据项目特点，针对人的技术水平、生理缺陷、心理行为、错误行为等来管理，避免人为失误。

(2) 材料管理。严格检查验收工程上使用的原材料、成品、半成品、构配件等物品，建立管理台账，进行收、发、储、运等各环节的技术管理，确保材料正确合理使用，避免将不合格的材料使用到工程上。

(3) 机械管理。根据不同工程的工艺特点和技术要求，选用合适的机械设备，正确合理使用，并做好管理和保养工作。

(4) 方法管理。确保采用的技术方法结合工程实际、能解决施工难题、技术可行、经济合理，有利于控制质量、进度和成本，需加强施工组织方案、施工工艺、施工技术措施等技术方法的管理。

(5) 环境管理。影响工程质量的环境因素较多，主要从工程技术环境、工程管理环境、劳动环境等方面开展环境管理，保证工程质量。

(二) 进度管理

施工进度管理的主要任务是为保障项目工程在既定工期内完成，科学制定施工进度计划(包括施工总进度计划、分部分项进度计划、季度计划、月度作业计划等)，并控制其执行，按期完成其制定的目标任务。主要采取组织措施、合同措施、经济措施、技术措施和信息管理措施等进行进度控制。其中以组织措施为主导，主要是制定进度管理工作制度，建立进度管理组织系统，按施工项目的结构、进展阶段或合同结构等进行项目分解，落实各层次进度控制人员的具体任务和责任，保障进度目标按期完成。

(三) 成本管理

成本管理即成本控制，具体措施有：①建立项目成本审核签证制度，控制成本费用。②以用款计划(如月度财务收支计划)控制成本费用支出。③定期开展"三同步"检查(统计核算、业务核算、会计核算)，防止项目成本盈亏异常。④应用成本分析表法等财务方法来控制项目成本。⑤通过加强质量控制，减少或避免损失费用，以降低故障成本。⑥坚持现场管理标准化，堵塞浪费漏洞。成本管理应落入所有项目管理人员，特别是项目经理的职责范畴，基于原有职责分工，进一步明确成本管理责任，各负其责，为节约成本开支严格把关。

(四) 安全管理

落实安全责任，实施责任管理，具体措施包括：①施工单位要通过监督部门的安全生产资质审查并获得认可。②一切管理、操作人员均需与施工单位签订安全协议并做出安全保证。③建立、完善安全生产领导组织，有组织、有领导地开展安全管理活动，并承担相应责任。④建立各级人员安全生产责任制度，明确各级人员的安全责任。⑤定期、认真、详细地检查、记录安全生产责任落实情况，并将检查记录作为分配、补偿的原始资料之一。⑥做好施工中所用材料的审验工作并承担材料安全使用的管理责任。

三、竣工验收阶段的管理

(一) 竣工验收准备

(1) 建立竣工收尾小组，做到因事设岗，以岗定责，实现收尾的目标。

(2) 编制切实可行、便于检查考核的竣工收尾计划。包括：收尾工程单项名称、施工遗留问题简述、收尾完工时间、具体作业人员、施工负责人、完工验证人等。

(3) 项目经理完成各项竣工收尾计划后，向单位汇报，提请有关部门进行质量验收评定，对照标准进行检查。各种记录齐全、真实、准确。

(4) 经过自验后，确认可以竣工时，向业主单位发出竣工验收函件，报告工程交工准备情况，具体约定交付竣工验收的方式及有关事宜。

(二) 项目竣工验收步骤

(1) 竣工自验或竣工预验。主要要求：是否符合国家规定的竣工标准；工程完成情况是否符合施工图纸和设计的使用要求；工程质量是否符合国家或地方政府规定的标准和要求；工程是否达到合同规定的要求和标准等。

(2) 正式验收。在自验的基础上，确认工程全部符合竣工验收标准，可开始竣工验收工作。正式验收时，必须根据合同、设计图纸及相关批复文件的要求，严格执行国家有关工程项目质量检验评定标准和验收标准，及时地配合业主单位、监理单位、效果评估单位、环境监测等有关人员进行质量评定和办理竣工验收交接手续。施工结束后，项目管理班子应及时组织清场，将临时设施拆除，剩余物资退场，恢复临时占用土地。

在工程项目的保修期，要做到定期的质量回访，了解项目的使用情况，与业主建立良好的关系，如遇到质量问题，要及时进行维修，做好履约承诺。

第四节　土壤污染修复工程项目公众参与的方式方法

一、公众参与

公众参与作为一种制度化的公众参与民主制度，是公众通过直接以政府或其他公共机构互动的方式决定公共事务的过程。公众参与所强调的是决策者与受决策影响的利益相关人双向沟通和协商对话。遵循公开、互动、包容、尊重民意等基本原则(蔡定剑，2009)。

当前根据我国公众参与的内容可将其分为三个层面(蔡定剑，2010)：一是立法层面，如立法听证、立法游说和利益集团参与立法等；二是公共决策层面，包括政府和公共机构在制定公共政策过程中的公众参与；三是公共治理层面，如法律政策实施、基层公共事务的决策管理、农村基层民主管理和社区治理等。土壤污染修复工程项目中的公众参与属于第三个层面。

二、土壤污染修复工程公众参与

公众参与是项目实施单位与社会公众之间的一种双向交流，通过公众参与建立的沟通渠道，可以做到尊重和保障公众的知情权、参与权、表达权和监督权，其目的在于加强项目单位同当地公众的联系与沟通，使公众了解项目并有效介入项目的建设过程，获取项目区周边居民、单位、相关团体等对该项目完成前后在区域环境质量方面、项目实施成效方面的意见、建议和要求，同时是维护和实现公民环境权益、加强生态文明建设的重要途径。

结合土壤污染修复工程项目实施的特点，公众参与土壤污染修复工程的时机，并非某个时间节点，而是全程参与。根据公众参与的内容可分为：决策参与、施工参与、监督参与、管护参与和推广参与等。

(一) 决策参与

公众参与决策是指在决策过程中，认真倾听群体成员的意见，并尽可能吸收其合理成分的决策方法。决策参与实际上是一种智力开发，有利于集中群众的智慧，提高决策质量，避免决策者的决策失误。决策参与的重大意义在于，它可以使成员在心理上获得一种满足，容易获得责任感和对决策的认同感，增强主人翁感，可以充分调动群体成员的积极性，从而保证决策的有效性(萧浩辉，1995)。

土壤污染修复工程项目项目立项、项目区状况调查、实施方案编制与论证、施工前准备等重要环节都需要项目管理者的决策行为。向可能受影响的公众充分征求意见，有利于决策的制定。①项目申请立项前，举行听证会、论证会，或者以其他形式，征求有关单位、专家和公众对项目申请书的意见。②项目区污染状况调查阶段，可以通过问卷调查、访谈、座谈会等形式，向项目区及周边公众收集项目区的相关信息，公众对工程实施的认知以及意见和建议。③实施方案编制与论证时，实施单位组织召开专家论证会，邀请相关专家参加，可以邀请可能受工程项目实施影响的公众代表列席。选择公众代表时，综合考虑地域、职业、受教育水平、受项目实施影响程度等因素进行选取。④施工前准备阶段，施工单位可以通过发放科普资料、张贴科普海报、举办科普讲座或者通过学校、社区、大众传播媒介等途径，向公众宣传与工程项目实施影响有关的科学知识，加强与公众互动。公众可以通过信函、传真、电子邮件或者施工单位提供的其他方式，在规定时间内反映与项目实施产生影响有关的意见和建议。

(二) 施工参与

由于土壤污染修复工程施工不同于普通的建筑工程施工，特别是农用地土壤污染修复工程，其施工对象是农用地，与农民、村集体组织利益密切相关，故在施工阶段参与的公众主要是项目区的农户。按照"政府组织，科技支撑，群众参与，利益均衡"的原则和思路，即政府部门积极组织，科研部门主动参与，制定简单易行的技术方案，向群众发放技术明白纸、治污公开信，赢得公众信任与支持，并组织农户以劳务人员身份参与工程实施，获取劳务报酬，增加其收益。同时，工程实施期间还可专门召开土壤污染修复治理公众参与的研讨会，提升公众参与的深度。

(三) 监督参与

土壤污染修复工程实施过程中虽然有监理单位对其进行专业性的监督，但还应鼓励实施单位积极接受公众的监督。一方面，实施单位通过设置项目公示牌、张贴项目海报、召开项目启动动员会等多种方式向公众公示工程项目的基本信息，如项目内容、项目目标、施工平面图、土壤主要污染物及可能存在的环境风险和治理措施、项目相关责任人及联系电话等，方便社会公众了解情况、参与监督；另一方面，积极建立公众意见反馈机制，公众可通过电子邮件、信函、传真、上访或者其他方式向项目的实施单位、施工单位、监理单位或者相关管理部门提交对项目实施方面的意见或建议，举报与项目实施相关的各类环境、安全隐患，监督项目实施过程，见证项目实施后产生的效果。

(四) 管护参与

管护参与主要是指公众参与项目完工后的后续管理和维护工作。农用地土壤污染修复工程项目完工后，项目成果交付给业主(一般指政府部门)，后续的使用与维护管理一般采用"谁受益、谁管理、谁维护"的建设和管理理念，作为修复成果的共享者，农户必会参与其中。同时，需要群众共同爱护的，包括项目实施中建设的附属设施等，如沟渠、道路等基础设施，以及日益转好的生态环境。

(五) 推广参与

推广参与主要是指鼓励公众参与到技术工艺的推广工作中。土壤污染修复工程，特别是农用地土壤污染修复工程，涉及广大农民的切身利益，具有公益性。

在修复治理中形成有效的、成熟的、经济可行的技术工艺值得推广应用,要充分发挥公众的力量,可以通过广播、电视、微信、微博及其他新媒体等多种形式进行宣传,推动技术落地,让更多的地方获益。

第五节　我国土壤污染修复工程产业化分析

随着我国社会经济建设的快速发展,农业粮食体系和工业体系的需求不断增长,土壤污染问题逐渐暴露,严重威胁粮食安全以及人类和环境的健康,土壤修复行业应运而生。国家于 2016 年 5 月发布了《土壤污染防治行动计划》(简称"土十条"),给予了土壤修复行业飞跃式发展的契机。《中华人民共和国土壤污染防治法》的正式实施,标志着该行业进入有法可依的阶段。在资金方面,国家加大了对土壤修复产业的投资力度,中央财政设立专项资金,持续强化土壤污染防治资金保障,不断推动土壤污染防治技术、材料和装备研发(孙宁等,2017;史丹等,2015)。

然而,我国幅员辽阔,土壤污染问题复杂、多样,污染隐蔽性极强,目前土壤修复工作基础薄弱,土壤修复行业也仍未成熟,实现高质量发展仍需各相关方共同努力在制度建设、模式探索、市场培育、技术研发等方面破局(倪依琳等,2021)。

一、我国土壤修复产业发展状况

(一) 政府层面

"土十条"与《中华人民共和国土壤污染防治法》两项顶层纲领性文件为我国土壤污染防治工作确定了"预防为主、保护优先、分类管理、风险管控、污染担责、公众参与"的大方向,在"十三五"期间基本建立了五大重要工作机制。

1. 部署土壤污染详查并建设土壤环境监测网

生态环境部、自然资源部、农业农村部三部委联合开展了首次全国土壤污染状况详查(简称"土壤详查"),其中农用地详查布设点位达 55.8 万个,超过 2014 年首次全国土壤污染状况调查(简称"土壤调查")10 倍左右;重点行业企业用地调查方面涉及超过 11.7 万家在产企业和遗留工业地块,确定 1.3 万家为重点调查对象(全国人大常委会,2020)。同时,三部委已建成 8 万余个监测点位,形成土壤环境监测网(简称"监测网"),基本实现全国区县和土壤类型全覆盖。

2. 实施农用地污染源头管控与分类管理

以保障农产品安全为主要目标,以耕地为主要对象,以源头防控与分类管理为主要核心工作推进农用地土壤污染防治进程。其中,分类管理方面,各地基于农用地详查结果以及相关标准规范，将耕地划分为优先保护、安全利用、严格管控等三大类，分类施策，整县推进。

3. 实施建设用地重点监管与准入管理

建设用地土壤污染防治以工矿用地等为主要对象，除严格防范新增污染外，通过制定土壤污染重点监管单位名录和建设用地土壤污染风险管控和修复名录对受污染建设用地实施准入管理。

4. 建立土壤污染防治基金制度体系

土壤污染防治基金由中央土壤污染防治专项资金和省级土壤污染防治基金(以下简称"省级基金")组成，主要用于支持农用地土壤污染防治和土壤污染责任人或者土地使用权人无法认定的土壤污染风险管控和修复以及政府规定的其他事项。"十三五"时期，中央土壤污染防治专项资金累计计划安排了357.89亿元。在省级基金方面，按照《土壤污染防治基金管理办法》要求，截至2020年年底，已有吉林、湖南、江苏等多地陆续设立了省级基金，且各省基金初步规模基本以10亿元起步。同时，在财政方面，农业农村部和生态环境部正加快建立新的农业补贴制度，以绿色生态为导向，鼓励各地统筹涉农相关资金，保障受污染耕地实现安全利用；在基金方面，2020年7月由财政部牵头成立的国家绿色发展基金(首期总规模885亿元，其中财政部出资100亿元)也将为土壤修复提供支持。

5. 鼓励探索"土壤修复+"模式解决资金问题

为进一步解决土壤修复的资金问题，国家正逐步加大力度支持对"土壤修复+"模式的探索，希望通过土壤修复与其他业务(土地利用、资源化利用等)相结合的方式，提升社会资本参与土壤修复业务的积极性，以推动实现生态环境资源化、产业经济绿色化。但目前该模式尚未成熟，仍处于试点示范探索阶段。

(二) 市场层面

1. 需求方

1) 分阶段、分情况、分地区按需释放

我国土壤污染修复市场需求巨大。据2014年《全国土壤污染状况调查公报》，我国土壤总的超标率为16.1%，其中，耕地土壤点位超标率为19.4%；典型地块及其周边土壤污染状况中，重污染企业用地、工业废弃地以及采矿区的点位超标率均达30%以上，分别为36.3%、34.9%和33.4%。若据此进行估算，我国仅存量污染土壤修复市场需求便达万亿级。但据我国"预防为主、保护优先、分类管理、风险管控"的土壤污染防治思路，并不鼓励依靠巨大资金投入全部修复，而是从保障农产品安全以及人居环境安全出发，结合实际精准施策。即便在摸清土壤底数后，需求也仍是以一种较理性甚至保守的节奏分阶段、分情况、分地区地释放(倪依琳等，2021)。

2) 行业投资额增长迅速

根据中国土壤环境修复产业技术创新战略联盟、中国环境保护产业协会等统计，2005～2020 年年底，行业公示合同额累计约 850 亿元，其中，"十三五"期间的公示合同额占总额约 88%，年均复合增长率超 65%。从出资方看，政府出资占比约 80%，其中由地方土储中心部门、镇政府出资的项目金额约占 25%，污染责任人出资占比不足 15%。从业务对象看，工业污染场地项目金额约占半数，农用地、矿山次之。从业务类型看，修复工程类项目金额占总额 70%～80%。

2. 供给方

1) 从业企业数量迅速扩张，以中小企业为主

"十三五"期间，在"土十条"等政策的拉动下，企业迅速入场。据天眼查统计，截至 2020 年 12 月底，经营范围含"土壤修复"的企业有 21422 家，近 5 年内成立的约占 80%。行业新进入者中不乏大型央企及省级环保集团等国资企业，但总体来说，目前土壤修复行业仍以中小企业为主。

2) 技术研发突飞猛进，技术转化率较低

我国土壤修复技术研究起步于"十五"期间，在"十一五""十二五"期间初步构建了污染土壤及场地修复的技术综合管理体系，"十三五"期间国家拨款超 26 亿元支持农田与场地治理关键技术研发。目前，我国在药剂设备和技术规模化应用方面已实现了跨越式发展，技术专利占全球 60% 以上，与发达国家的差距正在加快缩短(骆永明等，2020)。若以"土壤修复"为关键词在 SooPAT 数据库中进行检索，截至 2020 年 12 月 31 日，我国专利共 8892 项，2016～2020 年研发速度显著加快，其间发布的专利数占总比约 89%；排名在前 20 的专利申请人中企业个人约占 45%，表明社会资本投入研发积极性高。但从实际应用来看，技术转化率较低，设备技术国产化水平仍待提升。

3) 项目模式以 EPC 为主，新模式尚在探索

目前我国土壤修复工程项目多采用 EPC 模式，该模式对承包方而言资金风险较低，但对业主而言资金压力较大，且易导致经营生产的不稳定，长期来看制约了行业的发展。与 EPC 模式相比，政府和社会资本合作(PPP)模式融资方法更加灵活，但土壤修复缺乏后续盈利点，多以与其他盈利模式清晰的项目打包发行为主(倪依琳等，2021)。目前国家鼓励探索"土壤修复+"(如 EOD 生态环境导向型开发模式等)等新模式，或为行业创造新机遇。

二、土壤污染修复行业发展前景分析

"十三五"期间，我国基本建立了土壤污染防治政策管理框架，使土壤污染加重趋势得到初步遏制(黄润秋，2020)，也推动行业实现了飞速发展，成绩斐然。

据统计,我国土壤污染修复产业修复产值从5年前的每年50亿元左右逐步发展到每年200亿元左右(张红振等,2021)。

然而,我国土壤修复作为环保产业中的新兴产业,目前仍处于发展阶段,现实问题、矛盾仍然较多,行业法规和技术规范尚不健全,责任落实不到位,资金短缺,土壤修复差异性强,全社会缺少相关应对经验等问题制约了行业规范化发展。根据"土十条"要求,土壤环境质量将由2020年的"加重趋势得到初步遏制"到2030年扭转为"稳中向好",结合我国新发展理念以及2035年基本实现美丽中国等目标,推测土壤修复行业将在"十四五"时期进入高质量发展的关键期。

(一) 政府层面

1. 将逐步实现依法、科学、精准治污

充分运用"土壤详查"和"监测网"成果,系统性指导"十四五"土壤污染防治工作,助力精准解决重点区域、重点行业、重点污染物问题,且土壤监测也将进入常态化,持续加强技术手段、制度建设和人才队伍建设,进一步提升监管能力。

2. 将进一步压实各级政府责任

"十三五"首次将土壤环境质量纳入指标考核体系并定为约束性指标——2020年全国受污染耕地安全利用率和污染地块安全利用率双双超过90%,顺利实现了"十三五"目标(国务院新闻办公室,2021)。"十四五"期间将延续使用土壤环境约束性指标,同时借鉴"土十条"终期考核相关经验进一步压实各级政府职责,推动土壤污染防治工作。

3. 将逐步落实土壤污染责任制度体系

我国提出到2025年构建现代化环境治理体系,其中"落实各类主体责任""严格落实'谁污染、谁付费'政策导向"是重要的组成部分。《建设用地土壤污染责任人认定暂行办法》《农用地土壤污染责任人认定暂行办法》已于2021年1月出台,于2021年5月1日实施,将结合监管执法进一步落实污染责任人责任。

4. 将不断完善市场化工具改善资金短缺问题

"十三五"时期部分地区存在土壤污染防治专项资金落地难、使用效益偏低等问题;省级基金等投融资机制、"土壤修复+"模式等也尚未成熟。目前各地正在加快推进试点示范工作,在各类探索经验的基础上,进一步强化政策引导,运用多项市场化政策工具,合理调动社会资本参与土壤修复市场的积极性,将是"十四五"时期土壤污染防治工作的重要内容之一。

5. 将不断完善标准规范体系建设

目前我国土壤环境标准规范仍难以支持国家及区域土壤环境标准化和差异化管理，如背景值和环境基准严重不足。在土壤详查与监测网坚实数据支撑下国家有关部门正对土壤环境标准、原位热脱附等技术规范、污染土壤与修复植物资源化利用、污染地块修复后期管理等方面加大研究力度，同时鼓励社会科技力量积极总结修复工程实践经验和模式形成导则及规范，持续完善标准规范体系，推动行业规范化发展。

(二) 市场层面

1. 需求方

(1) 在业务对象方面，将逐渐转向在产企业监测修复等，同时不断挖掘存量需求。

随着污染防治攻坚战的深入推进及国家对企业环境管理的日趋规范，土壤修复市场的重心将从历史遗留或关停搬迁产生的工业污染场地逐步转向对新建、在产企业的地块监测、修复与风险管控。此外，存量地块中除目前重点关注的有色金属矿采选、有色冶炼、石油开采、石油加工、化工、焦化、电镀、制革等行业以及危险废物与生活垃圾处理等场地外，其他地块需求也将得到不断挖掘，如农药和化肥生产等行业的污染修复治理需求逐步显现(张红振等，2021)。

(2) 在城乡分布方面，农村土地修复项目热度或将提升。

2020 年 12 月召开的中央农村工作会议强调要不断解放和发展农村社会生产力，落实最严格的耕地保护制度，要加强农村生态文明建设，加强土壤污染等治理和修复。新修订的《中华人民共和国土地管理法》支持集体经营性建设用地直接入市，已于 2020 年 1 月 1 日正式实施；在资金方面，2020 年中共中央办公厅、国务院办公厅印发的《关于调整完善土地出让收入使用范围优先支持乡村振兴的意见》中多项重点支持范围涉及土壤与生态修复等。综上判断，"十四五"农村耕地以及建设用地污染防治需求或将进一步提升。

(3) 在服务模式方面，"系统治理+开发"需求将提升。

随着生态文明建设、"绿水青山就是金山银山"理念在全国范围内的推行以及生态产品价值实现等方面的探索实践，土壤环境安全与土地开发、生态环境的结合将更加紧密，水、气、土、固联防共治(以地下水、固废为主)、山水林田湖草共治、"修复+开发"等"系统治理+开发"模式或将为土壤修复带来新的增长点(倪依琳等，2021)。

2. 供给方

(1) 在技术方面，掌握核心技术的企业或将开拓新的发展空间。

对技术提升的需求主要体现在两方面：一方面，对设备国产化的需求仍然较大，目前国产仪器的精度、适用性、可靠性以及设备的模块化、智能化、集成化程度有待提高，缺乏规模化应用及产业化运作的技术支撑；另一方面，对精细化、绿色高效技术研发应用的需求在不断提升，包括低成本、绿色高效和可持续的原位水土共治、风险管控及配套的监测管理、在产企业修复、技术耦合等，国家鼓励社会各界科技力量积极探索可行路径。能够在技术中得到突破，掌握技术核心的企业将占领发展新高地，或将成为土壤修复的龙头企业带动相关产业的发展。

(2) 在模式方面，"系统治理+开发"或将加快竞争格局变化。

未来随着"系统治理+开发"项目机会的不断涌现，对行业企业服务与融资能力也会相应提出更高要求，或将带来两大变化。一方面，或将推动从业企业特别是龙头企业，加大在环境综合治理、生态系统修复以及土地开发等项目上的联系与布局，使企业由单一的土壤修复服务商向城市、乡村或工业生态环境综合服务商转变。另一方面，关联产业的专业服务商(如固废处理、水处理等企业)或将加大土壤修复业务布局，行业竞争将进一步白热化，甚至推动行业加快进入整合期。

参 考 文 献

蔡定剑. 2009. 公众参与风险社会的制度建设. 北京: 法律出版社.

蔡定剑. 2010. 宪政讲堂.北京:法律出版社.

陈进斌, 陈建宏, 刘洋, 等. 2019.我国土壤修复现状与产业发展趋势. 科技创新与应用, (2): 65-66.

陈宇. 2020. 以生态环境保护督察推动土壤污染防治责任有效落实. 环境科学与管理, 45(5): 35-38.

崔轩, 刘瑞平, 王夏晖. 2020. 中国省级土壤污染防治立法实践及建议. 环境污染与防治, 42(7): 879-833.

国务院. 2016. 土壤污染防治行动计划.

国务院新闻办公室. 2021. 全文实录|生态环境部部长黄润秋国新办新闻发布会答记者问.

纪续. 2008. 公路工程施工企业的项目化管理. 济南: 山东大学.

黄润秋. 2020. 国务院关于 2019 年度环境状况和环境保护目标完成情况与研究处理水污染防治法执法检查报告及审议意见情况的报告.

骆永明, 滕应. 2020. 中国土壤污染与修复科技研究进展和展望. 土壤学报, 57(5): 1137-1142.

美国项目管理协会. 2018. 项目管理知识体系指南. 6 版. 北京: 电子工业出版社.

倪依琳, 王晓, 廖原, 等. 2021. 土壤修复行业政策市场研究与"十四五"展望. 环境保护, 49(2): 19-24.

全国人大常委会. 2020-10-17. 全国人大常委会围绕审议土壤污染防治法执法检查报告进行专题询问. http://www.china.com.cn/zhibo/content_76813979.htm.

史丹, 吴仲斌. 2015. 土壤污染防治中央财政支出: 现状与建议. 生态经济, 31(4): 121-124.

孙宁, 朱文会, 孙添伟, 等. 2017. 加强土壤污染防治资金和工程项目管理的建议. 环境保护科学, 43(5): 17-22.

萧浩辉. 1995. 决策科学辞典. 北京: 人民出版社.

张红振, 董璟琦, 何军, 等. 2021. 推动污染场地修复行业可持续发展. 中国环境报, 2021-08-17(03). https://m.gmw.cn/baijia/2021-08-17/35086077.html.